北京农业职业学院院级人文社科研究项目（项目编

U0690830

"都市农业职业教育"

专题文献研究

——基于"知网"数字期刊文献

辛力春◎编著

中国农业出版社

北 京

　　北京农业职业学院承担着为首都培养"都市农业"职业技能人才的重要任务和职责。学院非常重视"都市农业职业教育"相关的理论研究和实践探索，加强教改力度，推进专业改革建设。作为以提供文献信息支撑服务为职责的图书馆，一直非常重视各类专题文献的收集和研究，这也是图书馆应当担当并做好的分内工作。希望"都市农业职业教育"相关文献的研究成果能够对学院"都市农业职业教育"理论和实践工作起到一定的参考作用。

　　图书馆对"都市农业职业教育"相关资料的系统收集、整理、分析、汇总工作已经有了多年的努力和积累。在院领导的指示下，馆领导组织带领馆内主要力量从多个方面抓好、抓实这项工作。图书馆通过多次申请院级科研课题，不断完善并建立起了相关主题的典型数字文献汇编，储备了有一定研究参考价值的文献，积累了科研成果。

　　看到我馆辛力春同志主持的学院人文社科课题《"都市农业职业教育"专题文献信息深入研究》已结集成书，准备付梓，我作为馆领导对此感到欣慰，这是我馆取得的又一专题文献研究成果。辛力春同志在主持课题研究，完成专题、专著中，花费了不少时间和心血。本课题研究对前期课题进行了较大的改进、补足和提升，使研究方法更加科学合理，内容更加充实丰富，使得这本书具备了较好的参考价值。通过对书稿的认真研读，我认为这是一本对"都市农业职业教育"专题文献研究很有价值的难得之作。相信这本书的出版能够提升图书馆对学院"都市农业职业教育"的文献支撑服务能力，能够丰富我馆的专题文献研究成果。

作为多年的高校图书馆工作者，我亲身经历了我校图书馆一步步发展壮大的艰辛过程，也目睹了全国高职院校图书馆建设和发展的艰难历程。我深知图书馆发展之不易，高职院校图书馆更是如此，图书馆的生存和发展是第一要务。身处弱势就更要努力争取做出更多的成绩，才能不断满足广大师生、读者日益增长的文献信息需求，才能争取学院的认可和支持。辛力春同志专题文献研究新书的付梓，是全馆多年来对于"都市农业职业教育"专题文献执著研究付出而终所获之一叶。通过不断地提高文献信息获取、整理、分析和汇总能力，不断研究和实践积累成果，不断完善馆藏文献保障体系，为推动图书馆的进步，为支撑学院办学，为首都"都市农业职业教育"的发展做出应有的贡献。

借此机会，诚挚感谢学院领导对图书馆工作的大力支持，感谢全馆同志的共同努力，感谢课题组全体成员的辛苦付出，祝贺课题研究再获佳绩，预祝此书顺利出版。

张清华

2020 年庚子夏

　　我国正面临着乡村振兴战略实施与美丽乡村建设向城乡融合转变的重要历史挑战，这势必会对发展都市农业职业教育提出急迫的、高标准的要求。同时，《中华人民共和国国民经济和社会发展第十三个五年规划纲要》对城镇化和都市农业提出了新的要求。《北京市"十三五"时期都市现代农业发展规划》进一步明确了打造都市农业"升级版"的定位和方向。基于首都优势地位，北京农业职业学院作为中国都市农业职业教育集团、北京都市农业职业教育集团的牵头单位和理事长单位，承担着为北京乃至全国培养高素质都市农业职业技能人才的重任。学院非常重视有关都市农业职业教育的研究工作，重视都市农业相关专业的发展建设，专业设置覆盖了都市型现代农业一、二、三产业融合发展和乡村振兴战略、京津冀一体化协同发展、"一带一路"建设的人才需求，从而建立起符合首都需要的都市农业职业教育体系，为北京都市型现代农业发展和乡村振兴战略提供强大的人才支撑。从都市农业职业教育办学理念、成功经验到有益尝试等方面资料、信息的收集和积累，从图书馆自身职责和担当来说，学院方面也希望图书馆能够积累起对学校研究、实践和发展"都市农业职业教育"有重要理论参考价值和实践意义的资料和信息，并建立起这方面的资源库。

　　《都市农业职业教育专题文献研究》前期研究成果北京农业职业学院人文社科课题《都市农业职业教育专题信息服务研究》（XY-SK-13-07）（主持人：辛力春）的基础上，依托现有在研的北京农业职业学院人文社科课题《"都市农业职业教育"专题文献信息深入研究》（XY-SK-19-14）（主持人：辛力春）（现有课题将通过持续和深入完成前期研究未竟内容，深入专题文献研究，提供科学排序的文献分类汇编），并通过总结各分类专门问题的专题文献，提供较高附加价值的文献情报服务产品，为都市农业职业教育发展提供有价值参考；最终，经专业检索，从中国知网期刊文献中经过筛选得到170篇较高单篇影响力的文献，形成"都市农业职业教育数字文献汇编"并进行总结分析和研究。

成长中的都市农业职业教育要进一步发展，需要从现实经验、理论研究进一步归纳总结和提炼，从而有效提高前人研究对于都市农业职业教育发展的科学指导意义。因此，对于现有"都市农业职业教育"专题研究方面的文献进行全景化的揭示，对其中理论观点、实践经验进行系统的梳理、归纳和总结，形成清晰的发展脉络，都将会对都市农业职业教育研究乃至发展产生积极的影响。

由于国内相关的研究仍属空白，这项研究具有一定的首创性和学术价值，是对前期研究的升级和补充，提升了内在价值，能够对国内的都市农业职业教育研究、发展起到引导、启发的基础作用。

本书由辛力春编著，在研课题组成员吕巧枝、肖丽华、郭秀红、周建成、王晶、汤云提供了统稿、咨询和指导；张清华（北京农业职业学院图书馆副馆长）给予了大力支持，在此表示感谢。同时，向对本书和相关研究提供支持、指导和建议的领导、专家和同仁们一并表示感谢。

由于学识所限，加之时间仓促，以及所依据和积累的资料和信息所限，书中难免有疏漏和不当之处，敬请同行、专家、相关作者和读者朋友谅解，也请诸位能够第一时间指出，以便在后续工作中及时更新和改正。

编著者

2020 年 5 月

CONTENTS
目录

序言
前言

第 1 章
"都市农业职业教育"专题文献研究概述

1.1 研究背景及意义

1.1.1 政策及现实背景

（1）宏观政策导向

我国政府关于城乡融合、乡村振兴战略与美丽乡村建设、新型职业农民培育，以及都市现代农业的规划和政策，为都市农业的发展指明了未来的方向。

我国正面临着乡村振兴战略实施与美丽乡村建设向城乡融合转变的重要历史挑战，这对发展都市农业职业教育提出了急迫的、高标准的要求。

中共中央、国务院在《乡村振兴战略规划（2018—2022 年)》中提出，要"按照产业兴旺、生态宜居、乡风文明、治理有效、生活富裕的总要求，建立健全城乡融合发展体制机制和政策体系"，要"坚持遵循乡村发展规律，扎实推进生态宜居的美丽乡村建设"，要"坚持乡村全面振兴。统筹谋划农村经济建设、政治建设、文化建设、社会建设、生态文明建设和党的建设"，要"坚持城乡融合发展。坚决破除体制机制弊端，使市场在资源配置中起决定性作用，更好发挥政府作用，推动城乡要素自由流动、平等交换，推动新型工业化、信息化、城镇化、农业现代化同步发展，加快形成工农互促、城乡互补、全面融合、共同繁荣的新型工农城乡关系"。

《乡村振兴战略规划（2018—2022 年)》中还对强化乡村振兴人才支撑，培育新兴职业农民提出要求："全面建立职业农民制度，培养新一代爱农业、懂技术、善经营的新型职业农民，优化农业从业者结构。实施新型职业农民培育工程，支持新型职业农民通过弹性学制参加中高等农业职业教育。创新培训组织形式，探索田间课堂、网络教室等培训方式，支持农民专业合作社、专业技术协会、龙头企业等主体承担培训。鼓励各地开展职业农民职称评定试点。引导符合条件的新型职业农民参加城镇职工养老、医疗等社会保障制度。"除此外，还要"加强农村专业人才队伍建设""加强农技推广人才队伍建设""加强涉农院校和学科专业建设，大力培育农业科技、科普人才"。

《中华人民共和国国民经济和社会发展第十三个五年规划纲要》对城镇化和都市农业提出了新的要求。2005年11月，北京市发布了《关于加快发展都市型现代农业的指导意见》，首次提出"发展都市型现代农业是首都农业发展方向的必然选择"，正式将发展都市型现代农业确定为政府行为。《北京市国民经济和社会发展第十二个五年规划纲要》提出，要"推进都市型现代农业发展""大力发展籽种农业、休闲农业、循环农业、会展农业、设施农业、节水农业等都市型现代农业。"《北京市"十三五"时期都市现代农业发展规划》进一步明确："以发展北京都市现代农业为方向，按照高科技、高辐射、高效益、生态环保、质量安全、集约节约的发展要求，着力构建与首都功能定位相一致、与二三产业发展相融合、与京津冀协同发展相衔接的农业产业结构，打造生态环境友好、产业产品高端、田园乡村秀美、管理服务精细、城市郊区共融的都市农业'升级版'"。

职业教育发展政策方面，《国家中长期教育改革和发展规划纲要（2010—2020年)》《国务院关于加快发展现代职业教育的决定》及北京市《关于加快发展现代职业教育的实施意见》为职业教育展现了的良好的发展前景。

在国家和地方规划和政策的推动、实施、影响下，我国职业教育驶上了发展"快车道"。发展体系不断完善，办学模式不断创新。招生规模和毕业生就业率保持了稳定增长。

（2）学院发展定位

基于首都优势地位，北京农业职业学院作为北京地区唯一涉农专业高职院校，现为国家示范性高等职业院校、中国都市农业职教集团理事长单位、中国职业技术教育学会农村与农业职业教育专业委员会主任单位、农业农村部全国新型职业农民培育示范基地等。学院也是北京市职业教育先进单位、北京市特色高水平职业院校建设单位。

学院以"立足首都，面向全国，服务'三农'"为办学宗旨，主动适应首都城市战略定位、京津冀协同发展、城乡一体化和都市型现代农业发展的新形势和新要求。学院以服务乡村振兴战略、北京市4个中心战略定位及都市现代农业发展需要为统领，重点建设都市园艺专业群、动物医学专业群、绿色食品专业群及水利工程专业群，其中都市园艺专业群和动物医学专业群为北京市首批高水平特色骨干建设专业群。学院大力发展孵化农村经营管理、现代服务、智慧农业3个专业群，实现各专业群协同发展，形成与都市农业产业契合度高、总体规模适合、布局结构合理的专业集群，引领和助力北京都市农业发展。学院现有专业41个，其中涉农专业14个，专业设置满足了都市型现代农业一、二、三产业融合发展和乡村振兴战略、京津冀一体化协同发展、"一带一路"建设的人才需求。

在人才支撑方面，学院围绕北京都市农业发展和乡村振兴战略的需要，针对新型职业农民开展各类培训及中高职学历教育，进一步构建并完善了育训并重的职业教育体系，为北京都市型现代农业发展和乡村振兴战略提供强大的人才支撑。

(3) 图书馆服务职能要求

从图书馆自身职责和担当来说，为服务学院建设任务，重视从都市农业职业教育办学理念、成功经验，有益实践和尝试等方面资料、信息的收集和积累，丰富和充实对学校研究、实践和发展都市农业职业教育有重要理论参考价值和实践意义的资料和信息，建立起这方面的资源库，并力图从中提炼和总结出对学院建设发展有一定启发和指导意义的思路和建议，也是图书馆义不容辞的责任和提升自身价值的意义。

在我国，都市农业职业教育正处于发展成长期，但发展时间尚短。成长中的都市农业职业教育若要进一步发展，急需从现实经验、理论研究中，进一步归纳总结和提炼，以便其对自身发展的脉络和趋势有所了解和把握，吸取先进、成功的经验，避免重复前人的失败，从而有效提高前人研究对都市农业职业教育现实发展的科学指导意义。这些工作是图书馆人应当做好的工作。

(4) 在既往系统化的文献研究基础上进一步深入

都市农业职业教育研究的相关文献从数量上来看已初具规模，但对这些专题文献的全面系统收集、整理、汇总乃至深入分析却很有限。

在已完成的学院前期课题《都市农业职业教育专题信息服务研究》(XY-SK-13-07) 中，对都市农业职业教育相关的数字化期刊文献进行了系统搜集和整理、汇总以及初步的分析，形成了文献汇编和分析报告，并已结集出版 (辛力春、宬铁梅主编《"都市农业职业教育"研究文献分析报告 2017》，由光明日报出版社出版，ISBN：978-7-5194-4234-7)。前期的研究课题初步填补了这方面的空白，完成了文献搜集和检索的思路设计、收录的初步标准和办法制订，以及对文献的初步分析、分类整理和汇总等工作。但是还需要进一步调整扩充资料收集及主题范围，进一步调整检索词及检索策略，需加强对资料内容的深层挖掘、整理和统计、分析，提高研究的针对性，提高对文献资源内涵的挖掘程度。

1.1.2 研究课题背景——前期课题研究概述

本研究的基础是前期完成的北京农业职业学院院级课题《都市农业职业教

育专题信息服务研究》（XY-SK-13-07）（主持人：辛力春）的研究成果。前期研究以文献计量学、数理统计等方法，对全国主要的都市农业职业教育数字文献进行了系统收集和整理、汇总以及初步分析，形成文献汇编和分析报告，并结集出版《"都市农业职业教育"研究文献分析报告2017》。初步填补了这方面研究的空白，完成了文献搜集和检索的思路设计、收录的初步标准和办法制订以及对文献的初步分析、分类整理和汇总等工作。

（1）课题的提出

针对都市农业的特点和发展趋势，为对接都市农业实际需要，农业职业教育面临着机遇和挑战。作为研究选题，农业教育业界对于农业职业教育在都市农业方面的作用和功能方面的研究，多数还未成体系，且缺乏系统整理。为促进北京农业职业学院都市农业职业教育的发展和都市农业职教集团的建设，有必要利用好现有文献信息进行信息挖掘和准备好相关的文献资源库。

（2）研究思路

专题文献汇编按照一定标准通过广泛收集和严格筛选形成，是具有较好参考和研究价值的文献服务形式。作为课题研究，最终提出有关都市农业职业教育的专题文献汇编，并从文献集合中发现和总结经验，进一步提出专题文献分析和研究报告。

（3）研究路线

遵循多样性、系统性、实用性、权威性等信息源建设原则，依靠现有较为丰富的文献信息资源体系，依靠项目成员的专业知识结构、专业基础和科研情报分析能力、情报获取和信息检索能力，通过合理分工，广泛搜集有关的文献资源，整理、分类、加工文献资源信息，完成课题工作内容。

（4）专题文献汇编的具体问题

①需要收集和获取汇编文献的专题文献收录标准；②文献信息采集范围的确定；③专业数据库检索问题等。

1.1.3　研究课题背景——在研课题任务概述

本研究依托于正在进行中的北京农业职业学院院级课题《"都市农业职业教育"专题文献信息深入研究》（XY-SK-19-14）（主持人：辛力春）（该课题是前期课题的延续项目）。本研究将通过持续和深入完成前期研究未竟内容，深入专题文献研究，提供科学排序的文献分类汇编，并通过总结各分类专门问题的专题文献，提供较高附加价值的文献情报服务产品，为都市农业职业教育发展提供有价值的参考。

（1）研究课题的提出

政策及现实要求：①城乡融合，乡村振兴与美丽乡村建设，以及新兴职业农民培育的需要，对发展都市农业职业教育提出急迫的、高标准的要求；②北京农业职业学院有定位首都面向全国的优势及作为都市农业职业教育集团牵头单位的重要职责；③成长期的都市农业职业教育是北京农业职业学院的重要教育内容和职责，亟待深入研究；④既往系统化的文献研究很有限，同时前期课题研究需要进一步深入，加强文献收集和分析；⑤北京农业职业学院面临着都市农业相关中国特色高水平高职学校和高水平专业群申报和建设的重要任务；⑥图书馆自身职责和担当。

（2）研究思路

本研究将通过持续和深入完成前期研究未竟内容，深入专题文献研究，提供科学排序的文献分类汇编，并通过总结各分类专门问题的专题文献，提升文献情报服务产品附加价值，为都市农业职业教育发展提供有价值的参考。

（3）研究路线

本研究主要采用综合比较分析法、数理统计法、文献计量分析法、文献综述法等方法，运用计算机专业检索、可视化计算、数据分析等工具技术和方法进行有效分析、研究、归纳和总结，提升研究的内涵和价值。通过对前期课题项目研究的全面深化、扩展和持续研究，补足完善并加强前期研究，提升研究内在价值。

技术要点上主要包括进一步充实资料收集工作及主题范围定义；进一步调整检索词及检索策略；加强对资料内容的加工挖掘、整理和统计、分析，提高研究的针对性，提高对文献资源内涵的挖掘程度，对各专业、专门问题的专题文献进行梳理、提要、综合等。

（4）研究涉及的具体内容

主要包括都市农业职业教育研究内涵所涉及的知识图谱绘制；都市农业职业教育研究的计算机专业检索策略设计；都市农业职业教育研究专业检索结果的处理流程和排序；都市农业职业教育研究相关文献计量分析等问题的解决。

1.1.4 研究目的及意义

本研究以图书馆馆藏数字文献信息资源为主要文献信息来源，以专业的数字化文献信息收集、汇聚、筛选及数据整理分析等方法为研究手段，以为北京农业职业学院的都市现代农业专业教育研究及该校所牵头的都市农业职教集团办学和人才培养、领导决策、科研辅助等所需提供专题文献信息及其分析为主要目的，形成针对都市农业职业教育专题研究文献的研究报告和专题研究文献汇编。

希望通过对都市农业职业教育近些年的专题文献的系统梳理和深入总结、

归纳和提炼，对"都市农业职业教育"这些年的发展规律及趋势加以总结，达到对都市农业职业教育今后的发展有所启发。

1.2　研究主题概念解析与检索词调整

1.2.1　研究核心主题解析

研究的核心主题都市农业职业教育是一个复合的主题概念。在研究准备之初，首先要从概念语词的构成、组合方式、语义关系进行必要的解构分析，全面把握主题内涵，才能为下一步准确、全面的选用主题词和构建检索式，实现查全率和查准率较好平衡的检索目的打好基础。

都市农业职业教育是一个复合主题概念。由都市农业和职业教育两个专有名词概念组成，这两个名词概念之间属于语词的偏正搭配关系，即前一个词组都市农业修饰后一个词组职业教育，后一个词组职业教育的意义是整个复合概念语义的中心。

进一步细分来说，都市农业和职业教育这两个专有名词又分别是各具有偏正词间关系的语词复合构成的。都市农业概念中，都市修饰农业，农业是都市农业这一复合概念的语义中心。职业教育概念中，职业修饰教育，教育是职业教育这一复合概念的语义中心。

都市农业职业教育复合主题概念的语义关系解析详见图1-1所示。

图1-1　"都市农业职业教育"复合主题概念语义关系图

对于本研究的数字文献收集来说，应当根据对都市农业职业教育这一核心主题概念语义构成关系的解析，从严格忠实于都市农业和职业教育这两个专有名词的特定含义出发，尽可能做到应收尽收，尽量全面地找出能够有利于表达概念某一方面或者几方面含义的具有等同、相似或相近、相关，以及有重要包含等关系的词，并基于全面准确传达专有名词特定含义以及避免过多不相干、不希望的结果出现的原则，进行检索词和检索式的调整，最终达到较好的检全和检准之间平衡的目的。

1.2.2　"都市农业"概念解析及检索词调整

（1）前期研究概念解析

按照前期研究的分析，籽种农业、休闲农业、循环农业、会展农业、设施农业、节水农业 6 个专有名词属于"都市农业"这一概念的内涵词，是主要的检索词。

对于其他检索词的选词，主要根据以下 6 项原则综合判断：①借助中文主题词词表；②参照计算机检索的自然语言语词规则；③根据各主要数据库搜索引擎检索词扩展选词提示；④参考各数据库智能助手（如万方创新助手）的检索词扩展选词提示；⑤充分考虑根据构词规则，通过增加词缀、变化形式可形成的各种新派生词和短语；⑥还要根据是否有文献实际使用量来最终确定是否选词。

根据上述原则，前期研究选定的都市农业同义词（或近义词）及其派生词：都市农业、都市型农业、都市现代农业、都市型现代农业、都市指向型现代农业、城郊农业、城市农业。

根据上述原则，前期研究选定的都市农业相关词（下位词，词义包含关系）：休闲农业、都市休闲农业、休闲观光型农业、休闲观光农业、观光休闲农业、休闲旅游农业、旅游休闲农业、休闲型观光农业、都市生态农业、都市观光农业、都市型观光农业。

根据上述原则，前期研究选定的都市农业内涵扩展词：农业会展、节水生态农业、生态经济农业、生态旅游农业、生态农林业、生态效益农业、农业生态旅游、农业循环经济。

根据上述原则，以及都市农业显著的地域特点，前期研究选定以下都市农业地域扩展词作为检索词的重要补充：首都农业、北京农业、上海农业、苏州农业、无锡农业、常州农业、长三角农业、珠三角农业、广州农业、佛山农业、东莞农业、武汉农业、西安农业、天津农业、成都农业、重庆农业、沈阳农业、南京农业。

以上前期选定的有关都市农业这一主题概念的检索词经遴选共计 50 个关键词。

（2）都市农业检索词调整

总的调整原则：除了依据前期研究的检索词选词 6 项原则以外，必须要忠实于都市农业这一专有名词的特定含义，不能随意扭曲、蔓延其含义，才能保证选出的检索词能准确表达出主题内涵。同时，作为去重和减少不必要检索开销的原则，要选择基本词汇，筛选掉在基本词汇基础上组合而成的合成短语。

确定都市农业的特定含义，以日本地理经济学家青鹿四郎在《农业经济地理》一书中对都市农业所下的定义为代表，综合前人的研究和相关文件概括为如下特点：位于都市圈，城郊结合部；依托并服务于都市；集约化、多功能、高效益；生产、生态、生活、休闲功能兼备。

7

检索词调整办法和步骤：

①检索词扩展

本研究检索范围包括中国知网系列产品〔CNKI 百科、CNKI 远见搜索、CNKI 学术趋势、CNKI 学术热点、CNKI 职业教育教学资源库、CNKI 学术搜索（Scholar）〕以及万方创新助手、万方智搜、维普期刊、维普智立方、中国人民大学复印报刊资料、超星发现等数据库和产品。通过全面搜索和筛选，根据各主要文献数据库针对都市农业主题检索得到的结果进行分析，从检索结果得到的相关主题词、关键词和相关搜索词中与前期研究中选出的检索词相互对照，进行筛选，最终确定。

另外，由于与休闲农园相关的主题概念在检索结果中出现较多，虽然这些词属于休闲农业包含的具体内容，但具有一定的典型性意义，也一并选入检索词中。

最终共筛选新增出以下检索词：体验农业、城郊型农业、城市化农业、休闲农园、农业公园、观光农园、市民农园、休闲农场、教育农园、高科技农业园区、森林公园、民俗观光园、民俗农庄、休闲农庄、现代农业园区。

新增的地域扩展词：泰州农业、长沙农业、哈尔滨农业。

②检索词缩减

筛选掉前期研究中，已经包含了基本概念检索词的一类合成词。比如去除了包含休闲农业、观光农业、生态农业的合成词。并去掉个别不具有都市农业典型性含义的，如生态农林业、生态效益农业这样的词。总体尽量减少不必要的检索开销。

(3) 最终确定的检索词

都市农业核心概念词（6 个）：籽种农业、休闲农业、循环农业、会展农业、设施农业、节水农业。

都市农业同义词（或近义词）及其派生词（9 个）：都市农业、都市型农业、都市现代农业、都市型现代农业、都市指向型现代农业、城郊农业、城市农业、城郊型农业、城市化农业。

都市农业相关词（下位词，词义包含关系）及其派生词（4 个）：观光型农业、观光农业、休闲旅游农业、都市生态农业。

都市农业内涵扩展词及其派生词（19 个）：农业会展、节水生态农业、生态经济农业、生态旅游农业、农业生态旅游、农业循环经济、体验农业、休闲农园、农业公园、观光农园、市民农园、休闲农场、教育农园、高科技农业园区、森林公园、民俗观光园、民俗农庄、休闲农庄、现代农业园区。

都市农业地域扩展词（21 个）：首都农业、北京农业、上海农业、苏州农业、无锡农业、常州农业、长三角农业、珠三角农业、广州农业、佛山农业、东莞农业、武汉农业、西安农业、天津农业、成都农业、重庆农业、沈阳农业、南京农业、泰州农业、长沙农业、哈尔滨农业。

以上确定的有关都市农业这一概念的检索词经遴选共计 59 个关键词。

1.2.3　"职业教育"概念解析及检索词调整

（1）前期研究概念解析

按照前期研究的分析，根据选词原则和职业教育定义，确定职业教育内涵词及同义词（或近义词）：职业学校教育、职业技术教育、高等职业教育、中等职业教育。并确定职业教育、职教、职业技能教育、高职教育、中职教育、职业化教育作为检索用词的补充。

按照前期研究的分析，根据选词原则，选定的相关词（下位词，词义包含关系）：职业学历教育、高等农业职业教育、高等职业技能教育、高等职业技术教育、高职专科教育、高职本科教育、高职技术教育、高职高专院校教育、中等职业技术教育、中等农业职业教育。

按照前期研究的分析，根据选词原则，选定的内涵扩展词：职业培训、职业训练、职业进修、技能培训。

以上前期选定的有关职业教育这一主题概念的检索词经遴选共计 24 个关键词。

（2）职业教育检索词调整

总的调整原则：除了依据前期研究的检索词选词 6 项原则以外，必须要忠实于职业教育这一专有名词的特定含义，不能随意扭曲、蔓延其含义。同时，作为去重和减少不必要检索开销的原则，选择基本词汇，筛选掉在基本词汇基础上组合而成的合成短语。

确定职业教育的特定含义，综合前人的研究和相关文件概括如下主要特点：满足职业和实际生产劳动需要；注重业务知识、技术和技能教育，目的是提高职业能力；包括岗位（在职）培训、职前教育、再就业培训等；具有职业性、专门性、生产性、社会性、技术应用性特点。

检索词调整办法和步骤：

①检索词扩展

本研究检索范围包括中国知网系列产品以及万方创新助手、万方智搜、维普期刊、维普智立方、中国人民大学复印报刊资料、超星发现等数据库和产品。通过全面搜索和筛选，根据各主要文献数据库针对职业教育主题检索得到的结果进行分析，从检索结果得到的相关主题词、关键词和相关搜索词中与前期研究中选出的检索词相互对照，进行筛选，最终确定。

另外，考虑到在实际检索中发现职业教育相关概念人才培养是一个重要的热点词汇，词义能够涵盖职业教育的内涵，所以将人才培养也纳入职业教育的相关词汇。

最终共筛选新增出以下内涵扩展词及其派生词：继续教育、产业教育、实业教育、再教育、职前教育、专门教育、业务教育、专科教育。

对于高职、高专、中职、中专这类缩写词，由于其特定本意指代的是高等或中等职业及专科教育，所以也一并收入。

另外，由于与职业学校相关的主题概念在检索结果中出现较多，且职业学校虽属于职业教育所包含的一个具体概念，但也是职业教育所依托的主要实体，因此也一并选入相关的检索词中。主要有：职业学校、职业院校、职业技术院校、职业技术学校、职业技术学院、专科学校、专科学院、技校、技术学校、技工学校、中专、中职学校、职业中学、农业中学、专业学校。

②检索词缩减

筛选掉前期研究中已经包含了基本概念检索词的一类合成词，比如去除了包含职业教育、职业技术教育、职业技能教育、职业学校、高职、高专、中职、中专的合成词，总体上尽量减少不必要的检索开销。

（3）最终确定的检索词

职业教育同义词（或近义词）及其派生词（5个）：职业教育、职教、职业技术教育、职业技能教育、职业化教育。

职业教育相关词（包括下位词）及其派生词（2个）：职业学历教育、人才培养。

职业教育内涵扩展词及其派生词（17个）：职业培训、职业训练、职业进修、技能培训、继续教育、产业教育、实业教育、再教育、职前教育、专门教育、业务教育、专科教育、业务培训、高职、高专、中职、中专。

职业院校扩展词（12个）：职业学校、职业院校、职业技术院校、职业技术学院、专科学校、专科学院、技校、技术学校、技工学校、职业中学、农业中学、专业学校。

以上最终确定的有关职业教育这一概念的检索词经遴选共计36个关键词。

1.2.4 "都市农业职业教育"主题概念知识图谱绘制

根据以上对都市农业和职业教育两个概念内涵和外延解析并调整后的具有从属（或下位、包含）关系词、同义词（或近义词）以及相关词、扩展词等，将本研究中都市农业职业教育这一主题调整后的知识概念用知识图谱表示，见图1-2。

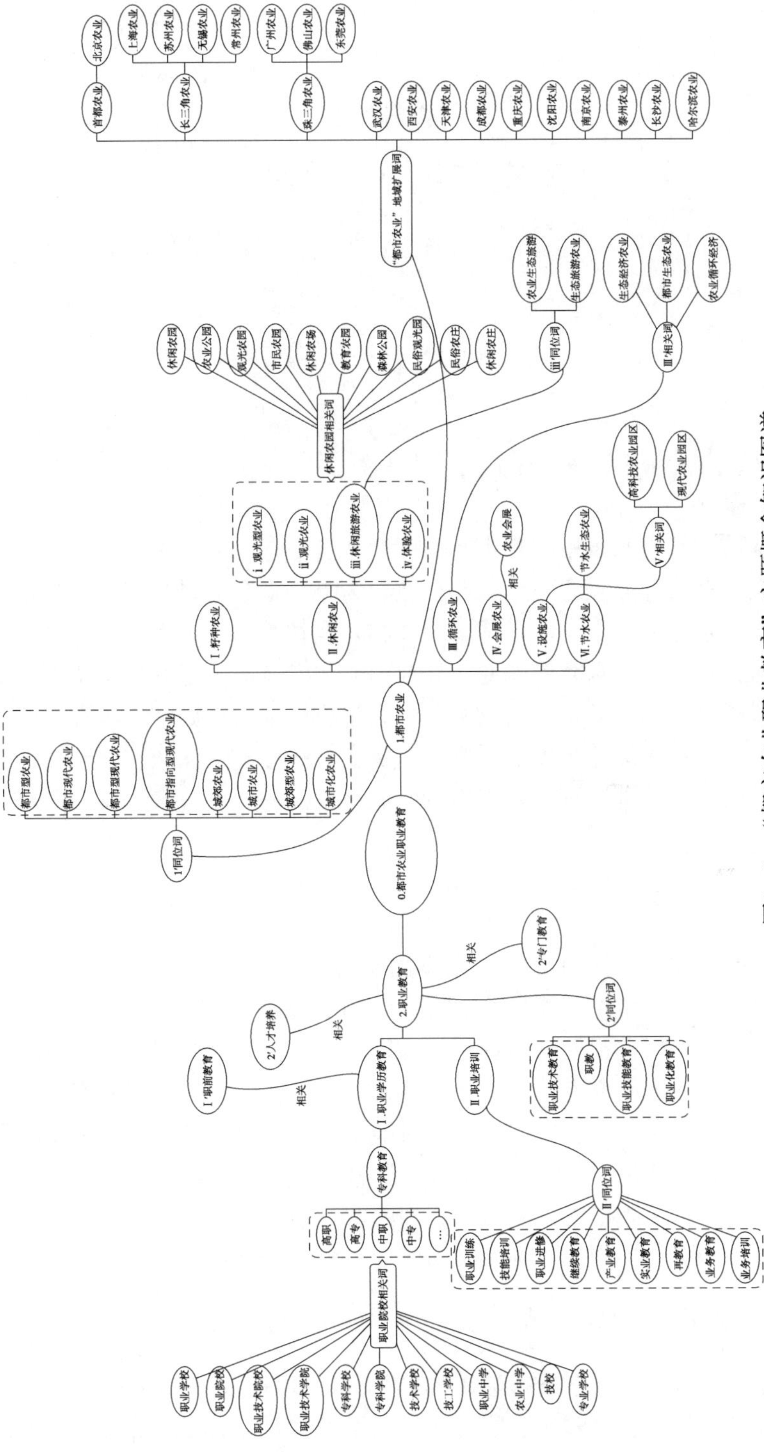

图1-2 "都市农业职业教育"主题概念知识图谱

北京农业 上海农业 苏州农业 无锡农业 常州农业 广州农业 佛山农业 东莞农业

首都农业 长三角农业 珠三角农业 武汉农业 西安农业 天津农业 成都农业 重庆农业 沈阳农业 南京农业 泰州农业 长沙农业 哈尔滨农业

"都市农业"地域扩展词

农业生态旅游 生态旅游农业 生态经济农业 都市生态农业 农业循环经济
III 相关词

休闲农业园 观光农园 市民农园 休闲农场 教育农园 森林公园 民俗观光园 民俗农庄 民俗农业
休闲农园相关词

I 观光型农业 II 观光农业 III 休闲旅游农业 IV 体验农业
II 面相关词

I 乡村农业 II 休闲农业 III 灌溉农业 IV 会展农业 V 设施农业 VI 节水生态农业

高科技农业园区 现代农业园区
V 相关词

会展农业 相关
设施农业
节水生态农业
III.灌溉农业 IV.会展农业 V.设施农业 VI.节水生态农业

都市型农业 都市现代化农业 都市型向型现代农业 城郊型农业 城市农业 城郊型农业 城市化农业
1I 同位词

1.都市农业

0.都市农业职业教育

2.职业教育
2'专门教育 相关
2'同位词
2人才培养 相关
相关

I 职前教育 相关 II 职业培训

职业技术教育 职业教育 职业技能教育
I.职业学历教育 II.职业培训

职业训练 技能培训 职业进修 继续教育 产业教育 实业教育 补习教育 业务培训
II 同位词

I'专科教育
高职 高专 中职 中专 …

职业教育相关词
职业学校 职业院校 职业技术院校 职业技术学院 专科学校 专科学院 技术学校 技工学校 农业中学 农业中学 技校 专业学校

第2章
"都市农业职业教育"
专题文献研究检索及分析

2.1 检索策略和检索式

在本研究检索实践中，都市农业职业教育是一个复合主题概念，由都市农业和职业教育两部分概念组成。职业教育为复合概念的语义中心，都市农业为复合概念的限定部分。同时，都市农业和职业教育这两个专有名词分别由具有偏正词间关系的语词复合构成的，复合而成的专有名词都有其特定的含义。通过概念解析（见第1章1.2研究主题概念解析与检索词调整）可知，表达都市农业和职业教育两部分概念的同义、近义、下位、包含和相关概念的词很多。对于这样的检索案例，只有采用构造专业检索式的方式直接进行专业检索，才是可行的方案。

2.1.1 检索策略

研究所需文献资料的收集主要考虑的原则有：①满足查全率、查准率较好平衡的要求，检索结果不能过多，检索结果中的非相关结果不能过多，否则这样的检索结果可用性很差，筛选成本难以承受；②应当按照尽量减少额外检索开销的原则，根据研究需要和实际条件选择适用的检索策略和检索范围，检索范围适当，并有代表性、典型性；③对检索初检结果进行分析，根据满足检索需求的程度，必要情况下调整检索策略，进行二次检索，需要的话可进行多次迭代二次检索，实施扩检或缩检，直到检索结果相对优化；④最终通过对检索结果的进一步去重、筛选、排序得到研究所需的文献集合。

2.1.2 检索式构建

构造专业检索式需根据所选择数据库不同而不同。要按照其规定的专业检索语法规则的要求和检索式字数的限制，针对性地构造相应的专业检索式，得到所需的检索结果集。

根据本研究内容和筛选出的检索词，专业检索式的构造方法就是利用布尔逻辑算法建立专业检索式。最终的检索结果是在上述确定的都市农业及职业教育两组相关检索词所获得的两个文献并集基础上的文献交集（图 2-1）。

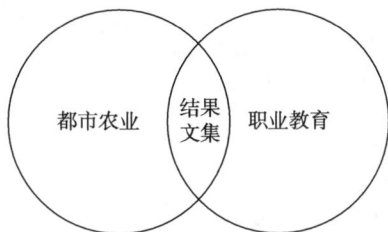

图 2-1　"都市农业职业教育"结果文献

即：【（都市农业相关词文献并集）与（职业教育相关词文献并集）】的交集，都市农业∩职业教育。

(1) 检索入口/途径

本研究是从都市农业职业教育这一主题概念出发，进行概念解析，找到相关的检索词实现检索。因此本研究的检索入口/途径也为主题途径。

主题途径包括了对篇名、关键词、中文摘要 3 个字段内容的检索。检索特征项设定为"主题"途径，即可检索出这 3 项中任意一项或多项满足指定检索条件的文献。

(2) 检索匹配方式

基于检准率的要求，检索词与检索内容要进行精确匹配，以控制和防止因检索词被拆开导致的非相关结果过多，对正确结果造成不必要的干扰。

(3) 检索式运算方式

按照以上检索策略的要求，对同一主题概念的检索词进行布尔逻辑并集运算，集中包含检索词相关的所有文献；对于两个主题概念（都市农业与职业教育）进行布尔逻辑交集运算，集中所有同时符合两个主题概念的文献。

通常的布尔逻辑算符如下：

并集：布尔逻辑"或""＋""OR"。交集：布尔逻辑"与""＊""AND"。

2.1.3　检索范围

与前期研究一致，不做变动。

(1) 文种（语种）**和加工层次**

本研究仅限于国内的中文文献，并以一次文献为主。

（2）时间范围

出于查全率的考虑，以及都市农业职业教育属于人文社会科学方面学科的特点，对年代性要求不是很强。所以在数据来源上尽量扩大覆盖范围，对时间范围不做限定。

（3）学科范围

同样理由，对检索的学科范围也不做限制。

（4）数据库类型

选择全文数据库。

（5）文献类型

因期刊论文出版和传播速度较快，观点较新、学术价值较高等优点，也由于本研究人员精力及成本所限，本研究专题文献检索范围限以期刊论文为主。

2.2　数据库的选择及检索实践

2.2.1　数据库的选择

数据库选取的主要原则：①国内主要的、主流的；②文献收录范围较为全面；③得到学术界公认；④检索功能较强，相关结果较易获得。

目前国内的综合性中文全文数据库以中国知网、万方数据、维普科技期刊和超星读秀知识库4大数据库为主，各有其特点，也有一定的内容重合度。实际使用中，应当从这几个数据库的性能、功能以及可获得结果的数量和质量等方面综合衡量，择优选择。表2-1为三大中文数据库的内容数量指标比较（由于读秀知识库无数据不列入）。

表2-1　三大中文全文数据库主要内容数量指标比较

数据库	学术期刊论文	学位论文	会议论文
中国知网	总量16 704万余篇。 中文期刊8 760余种，5 640万余篇。其中北大核心期刊1 960余种；外文期刊5.7万余种，1.0余亿篇。 SCI来源期刊、EI来源期刊135万余篇。北大核心、CSSCI、CSCD来源期刊共1 291万余篇	总计452万余篇。 博士42万余篇；硕士410万余篇	总计433万余篇。 其中国内会议248万余篇；国际会议86万余篇。会议论文集3万本
万方数据	总量13 247万余篇。 其中国内期刊共8 000余种；国外期刊40 000余种。核心期刊2 300余种	总计635万余篇。	总计1 392万余篇。 766万余篇全文

（续）

数据库	学术期刊论文	学位论文	会议论文
维普科技期刊	总量 7 143 万余篇。 期刊总计 15 723 种，其中现刊 9 000 余种	无	无

注：该表数据截至 2020 年 4 月，数据来源于各数据库自身网页。

表 2-2 是根据都市农业和职业教育词义解析及调整得到的检索词，以及根据各数据库专业检索的对应的语法规则编制的检索式，并根据检索式字数限制进行检索式拆分后对期刊论文、学位论文、会议论文检索得到的结果比较。

表 2-2 四大中文全文数据库"都市农业职业教育"专业检索式及检索结果比较

数据库	专业检索式	专业检索式拆分	拆分式结果	结果总数
中国知网	SU=（'籽种农业'＋'休闲农业'＋'循环农业'＋'会展农业'＋'设施农业'＋'节水农业'＋'都市农业'＋'都市型农业'＋'都市现代农业'＋'都市型现代农业'＋'都市指向型现代农业'＋'城郊农业'＋'城市农业'＋'城郊型农业'＋'城市化农业'＋'观光型农业'＋'观光农业'＋'休闲旅游农业'＋'都市生态农业'＋'农业会展'＋'节水生态农业'＋'生态经济农业'＋'生态旅游农业'＋'农业生态旅游'＋'农业循环经济'＋'体验农业'＋'休闲农园'＋'农业公园'＋'观光农园'＋'市民农园'＋'休闲农场'＋'教育农园'＋'森林公园'＋'民俗观光园'＋'民俗农庄'＋'休闲农庄'＋'高科技农业园区'＋'现代农业园区'＋'首都农业'＋'北京农业'＋'上海农业'＋'苏州农业'＋'无锡农业'＋'常州农业'＋'长三角农业'＋'珠三角农业'＋'广州农业'＋'佛山农业'＋'东莞农业'＋'武汉农业'＋'西安农业'＋'天津农业'＋'成都农业'＋'重庆农业'＋'沈阳农业'＋'南京农业'＋'泰州农业'＋'长沙农业'＋'哈尔滨农业'）and SU=（'职业教育'＋'职教'＋'职业技术教育'＋'职业技能教育'＋'职业化教育'＋'职业学历教育'＋'职业培训'＋'职业训练'＋'职业进修'＋'技能培训'＋'继续教育'＋'产业教育'＋'实业教育'＋'再教育'＋'职前教育'＋'专门教育'＋'业务教育'＋'专科教育'＋'业务培训'＋'高职'＋'高专'＋'中职'＋'中专'＋'职业学校'＋'职业院校'＋'职业技术院校'＋'职业技术学院'＋'专科学校'＋'专科学院'＋'技校'＋'技术学校'＋'技工学校'＋'职业中学'＋'农业中学'＋'专业学校'＋'人才培养'）	无需拆分	无	学术期刊论文 993 条。学位论文 71 条。会议论文 19 条

(续)

数据库	专业检索式	专业检索式拆分	拆分式结果	结果总数
万方数据	(主题：("籽种农业"+"休闲农业"+"循环农业"+"会展农业"+"设施农业"+"节水农业"+"都市农业"+"都市型农业"+"都市现代农业"+"都市型现代农业"+"都市指向型现代农业"+"城郊农业"+"城市农业"+"城郊型农业"+"城市化农业"+"观光型农业"+"观光农业"+"休闲旅游农业"+"都市生态农业"+"农业会展"+"节水生态农业"+"生态经济农业"+"生态旅游农业"+"农业生态旅游"+"农业循环经济"+"体验农业"+"休闲农园"+"农业公园"+"观光农园"+"市民农园"+"休闲农场"+"教育农园"+"森林公园"+"民俗观光园"+"民俗农庄"+"休闲农庄"+"高科技农业园区"+"现代农业园区"+"首都农业"+"北京农业"+"上海农业"+"苏州农业"+"无锡农业"+"常州农业"+"长三角农业"+"珠三角农业"+"广州农业"+"佛山农业"+"东莞农业"+"武汉农业"+"西安农业"+"天津农业"+"成都农业"+"重庆农业"+"沈阳农业"+"南京农业"+"泰州农业"+"长沙农业"+"哈尔滨农业"))＊(主题：("职业教育"+"职教"+"职业技术教育"+"职业技能教育"+"职业化教育"+"职业学历教育"+"职业培训"+"职业训练"+"职业进修"+"技能培训"+"继续教育"+"产业教育"+"实业教育"+"再教育"+"职前教育"+"专门教育"+"业务教育"+"专科教育"+"业务培训"+"高职"+"高专"+"中职"+"中专"+"职业学校"+"职业院校"+"职业技术院校"+"职业技术学院"+"专科学校"+"专科学院"+"技校"+"技术学校"+"技工学校"+"职业中学"+"农业中学"+"专业学校"+"人才培养"))	无需拆分	无	学术期刊论文4 274条。学位论文158条。会议论文112条
维普科技期刊	(M＝籽种农业＋M＝休闲农业＋M＝循环农业＋M＝会展农业＋M＝设施农业＋M＝节水农业＋M＝都市农业＋M＝都市型农业＋M＝都市现代农业＋M＝都市型现代农业＋M＝都市指向型现代农业＋M＝城郊农业＋M＝城市农业＋M＝城郊型农业＋M＝城市化农业＋M＝观光型农业＋M＝观光农业＋M＝休闲旅游农业＋M＝都市生态农业＋M＝农业会展＋M＝节水生态农业＋M＝生态经济农业＋M＝生态旅游农业＋M＝农业生态旅游＋M＝农业循环经济＋M＝体验农业＋M＝休闲农园＋M＝农业公园＋M＝观光农园＋M＝市民农园＋M＝休闲农场＋M＝教育农园＋M＝森林公园＋M＝民俗观光园＋M＝民俗农庄＋M＝休闲农庄＋M＝高科技农业园区＋M＝现代农业园区＋M＝首都农业＋M＝北京农业＋M＝上海农业＋M＝苏州农业＋M＝无锡农业＋M＝常州农业＋M＝长三角农业＋M＝珠三角农业＋M＝广州农业＋M＝佛山农业＋M＝东莞	无需拆分	无	学术期刊论文698条

（续）

数据库	专业检索式	专业检索式拆分	拆分式结果	结果总数
维普科技期刊	农业＋M＝武汉农业＋M＝西安农业＋M＝天津农业＋M＝成都农业＋M＝重庆农业＋M＝沈阳农业＋M＝南京农业＋M＝泰州农业＋M＝长沙农业＋M＝哈尔滨农业）＊（M＝职业教育＋M＝职教＋M＝职业技术教育＋M＝职业技能教育＋M＝职业化教育＋M＝职业学历教育＋M＝职业培训＋M＝职业训练＋M＝职业进修＋M＝技能培训＋M＝继续教育＋M＝产业教育＋M＝实业教育＋M＝再教育＋M＝职前教育＋M＝专门教育＋M＝业务教育＋M＝专科教育＋M＝业务培训＋M＝高职＋M＝高专＋M＝中职＋M＝中专＋M＝职业学校＋M＝职业院校＋M＝职业技术院校＋M＝职业技术学院＋M＝专科学校＋M＝专科学院＋M＝技校＋M＝技术学校＋M＝技工学校＋M＝职业中学＋M＝农业中学＋M＝专业学校＋M＝人才培养）	无需拆分	无	学术期刊论文698条
读秀知识库＊	（K＝籽种农业｜K＝休闲农业｜K＝循环农业｜K＝会展农业｜K＝设施农业｜K＝节水农业｜K＝都市农业｜K＝都市型农业｜K＝都市现代农业｜K＝都市型现代农业｜K＝都市指向型现代农业｜K＝城郊农业｜K＝城市农业｜K＝城郊型农业｜K＝城市化农业｜K＝观光型农业｜K＝观光农业｜K＝休闲旅游农业｜K＝都市生态农业｜K＝农业会展｜K＝节水生态农业｜K＝生态经济农业｜K＝生态旅游农业｜K＝农业生态旅游｜K＝农业循环经济｜K＝体验农业｜K＝休闲农园｜K＝农业公园｜K＝观光农园｜K＝市民农园｜K＝休闲农场｜K＝教育农园｜K＝森林公园｜K＝民俗观光园｜K＝民俗农庄｜K＝休闲农庄｜K＝高科技农业园区｜K＝现代农业园区｜K＝首都农业｜K＝北京农业｜K＝上海农业｜K＝苏州农业｜K＝无锡农业｜K＝常州农业｜K＝长三角农业｜K＝珠三角农业｜K＝广州农业｜K＝佛山农业｜K＝东莞农业｜K＝武汉农业｜K＝西安农业｜K＝天津农业｜K＝成都农业｜K＝重庆农业｜K＝沈阳农业｜K＝南京农业｜K＝泰州农业｜K＝长沙农业｜K＝哈尔滨农业）＊（K＝职业教育｜K＝职教｜K＝职业技术教育｜K＝职业技能教育｜K＝职业化教育｜K＝职业学历教育｜K＝职业培训｜K＝职业训练｜K＝职业进修｜K＝技能培训｜K＝继续教育｜K＝产业教育｜K＝实业教育｜K＝再教育｜K＝职前教育｜K＝专门教育｜K＝业务教育｜K＝专科教育｜K＝业务培训｜K＝高职｜K＝高专｜K＝中职｜K＝中专｜K＝职业学校｜K＝职业院校｜K＝职业技术院校｜K＝职业技术学院｜K＝专科学校｜K＝专科学院｜K＝技校｜K＝技术学校｜K＝技工学校｜K＝职业中学｜K＝农业中学｜K＝专业学校｜K＝人才培养）	拆分字数要求过小，造成无法拆分	略	略

＊ 检索时间为 2020 年 4 月。读秀知识库因检索式限制字数过小，拆分过多，破坏检索式完整性，使得都市农业和职业教育这两部分集合都同时被拆分，造成无法检索，所以忽略其检索结果。

通过以上比较和实际检索可以得出对 4 个综合性全文数据库专业检索方面性能的评价：

①中国知网：检索性能和响应时间表现都较好；从内容指标看，学术期刊论文收录总数最多，学术界认可度最高；通过专业检索得到的学术期刊论文数量适当，属于可接受的范围，便于收集筛选文献并进行下一步研究工作。

②万方数据：检索性能和响应时间表现都较好；从内容指标看，学术期刊论文文献收录总数次多。但通过专业检索得到的学术期刊论文数量太多（原因不明），因此筛选出需要的文献成本过高，可获得性差。同时，万方数据收录的学位和会议论文数量多于中国知网，且通过专业检索得到的学位和会议论文数量也多于中国知网。因此，可以利用万方数据检索和获取所需的学位论文和会议论文。

③维普科技期刊：检索性能和响应时间都较好；但是维普期刊收录的学术期刊论文总数明显少于知网和万方，这将影响检索结果的查全率。因此，本研究不采用维普期刊论文。

④读秀知识库：因检索式限制字数过小，拆分过多，破坏了检索式完整性，使得都市农业和职业教育这两部分集合都一起被拆分，造成检索混乱，无法完成检索，结果可获得性困难。因此，不能采用读秀知识库完成本研究。

综上比较，最终选择中国知网学术期刊库作为本研究的期刊论文数据库及文献来源。万方数据库可用来作为学位论文和会议论文的数据库和文献来源。

2.2.2 检索流程

确定选择中国知网期刊全文数据库之后，应进一步对检出结果进行大致浏览检查，判断不相关结果比率是否过多，进而考虑能否通过二次检索或适当增加检索式限制条件进行缩检。在排除造成误检的技术性因素后，对最终检索得到的结果，需进行人工筛选过滤，去除不相关结果，并进行排序得到的结果即为本研究所需的文献源。检索结果排序使用下载频次和被引频次这两个排序维度先后排序，最终课题研究用文献集以单篇文献影响值排序（见后文 2.4 检索结果文献影响力排序及课题研究文献集输出）。

检索步骤如下：

①对专业检索式的检索结果按下载频次→被引频次的先后排序顺序导出结果。

②浏览结果，综合判断其中不相关结果是否可通过增加检索限制条件重构检索式或对当前结果进行二次检索减少数量。重新检索后回到①对结果排序。

③人工判断筛选（先根据题名、摘要判断；不确定时打开全文通览判断）去除不相关结果后，以单篇文献影响值重排，得到最终排序结果。排序顺序

的先后一定程度上可以显示该篇文献的学术影响力和学术水平。

专业检索流程如图 2-2 所示。

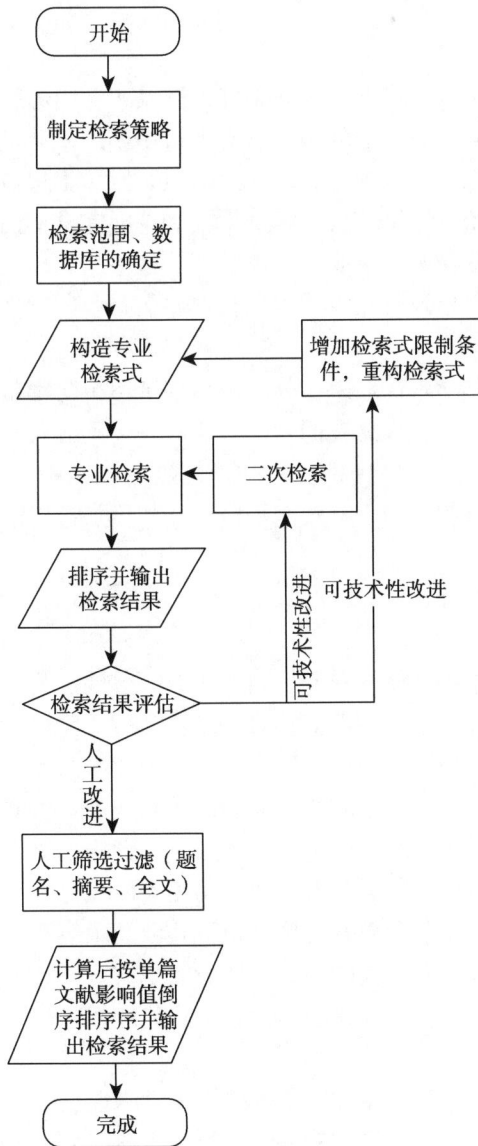

```
                        ┌──────────┐
                        │   开始   │
                        └────┬─────┘
                             │
                        ┌────┴─────┐
                        │ 制定检索策略 │
                        └────┬─────┘
                             │
                      ┌──────┴──────┐
                      │ 检索范围、数  │
                      │ 据库的确定   │
                      └──────┬──────┘
                             │
                    ╱────────┴────────╲       ┌──────────────┐
                   ╱  构造专业         ╲◄─────│ 增加检索式限制条 │
                   ╲  检索式          ╱      │ 件，重构检索式  │
                    ╲────────┬────────╱       └──────────────┘
                             │
                   ┌─────────┴───┐   ┌──────────┐
                   │  专业检索   │◄──│ 二次检索 │
                   └─────┬───────┘   └────┬─────┘
                         │                │
                  ╱──────┴──────╲         │ 可技术性改进
                 ╱  排序并输出   ╲        │
                 ╲  检索结果     ╱        │
                  ╲──────┬──────╱         │
                         │                │
                  ◇──────┴──────◇────────┘  可技术性改进
                  │ 检索结果评估 │
                  ◇──────┬──────◇
                         │ 人工改进
                  ┌──────┴──────┐
                  │ 人工筛选过滤（题 │
                  │ 名、摘要、全文）│
                  └──────┬──────┘
                         │
                  ╱──────┴──────╲
                 ╱ 计算后按单篇   ╲
                 │ 文献影响值倒   │
                 ╲ 序排序序并输   ╱
                  ╲ 出检索结果   ╱
                  ╲──────┬──────╱
                         │
                   ┌─────┴─────┐
                   │   完成    │
                   └───────────┘
```

图 2-2 专业检索处理流程图

2.2.3 检索结果的处理

在对中国知网学术期刊库使用专业检索后可得到 993 条检索结果，但这个结果数量还是较多，给文献分析带来困难。因此，对于本研究来说，必须要有效缩减结果文献数量，使得最终供研究的文献总量具备高质量、高相关性特点，并有一定代表性。有效的缩检或文献筛选任务对本研究来说就显得至关重要。

（1）结果概览

从对整个检索结果的浏览来说，整体情况是包含内容较为杂乱。

首先是包含的学科、专业较多。且随着被引率、下载量的下降，还出现了不少毫不相关的结果，比如消息、动态、简讯、宣传报道等，以及简介、讲话稿、目录、人物访谈，甚至广告等跟学术期刊论文完全不沾边的结果出现。但是这些结果却很难从构建检索式上避免，因为这些信息出现无明确规律，且都在学术期刊上刊登，导致数据库错误的将这些信息收入进来，只能通过人工浏览筛选掉。

除了上述这些非学术性结果以外，还出现了不少与都市农业职业教育这一主题不够相关的结果。解决这些问题的方法：一个是必须对研究主题的相关性有更明确具体的定义，方便判别；另一个是进一步判断这些不相关结果的出现，是什么原因造成的，能否从技术手段，比如增加检索限制条件或进行二次检索来减少。

（2）相关性判别标准

①专业性

如前述，籽种农业、休闲农业、循环农业、会展农业、设施农业、节水农业这6个是与都市农业密切相关的学科、专业和行业。

因此，在相关性判别标准中，这6个学科专业相关的学科专业可作为符合要求的主要专业范围。而对于北京农业职业学院来说，大的专业方向，比如园林园艺类、畜牧兽医类、水利机电信息化类、经营管理类、环境类、食品与生物类、休闲旅游类等都可归为都市农业密切相关的专业。

对于围绕都市农业职业教育发展和建设，以及围绕都市农业相关各专业发展和建设的文献都符合专业性的要求，应予收录。对于其他与都市农业关系不大的学科专业，本研究认为相关性不大，不具代表性，不予收录。

②学术性

要收录符合都市农业职业教育主题要求的学术性文献。具体的学术性要求主要有文献体裁方面。对于格式完整性、篇幅，被引率和下载率等影响学术性方面的因素，在为最终确定提供研究的文献而进行的文献影响力排序计算时，再进行统一考虑。

文献体裁为学术论文。结果中出现的非学术性文献信息都需要排除掉，比如消息、动态、简讯、宣传报道等，以及简介、讲话稿、目录、人物访谈、广告等。

③主题性

符合都市农业和职业教育这两个主题要求，总的标准是定位都市圈，符合为都市农业发展培养所需要的各方面专业人才的目的。重在收集具有启发性、创新性的理论和实践意义的文献。因此，都市农业方面的人才培养、继续教育、职业培训、新型职业农民培育等方面的文献也符合主题要求，予以收录。而那些单纯探讨某一专业领域中技术细节性的文献，并不符合主题，不予收入。

(3) 实际的检索结果处理

根据上述，对于检索结果中出现的不相关结果进行综合分析，发现并无比较普遍性的特征和规律可循，因此，从技术性角度通过二次检索或重构专业检索式来实现缩减，减少不相关结果的方式基本不可行，只能通过人工筛选和过滤结果。所以，对结果的处理方式主要采用人工处理。

①甄别、筛选

对中国知网期刊库进行专业检索式检索结果为 993 条。按照上述原则人工筛选，去除非相关专业、非学术性或学术性不强且不符合相关主题的文献。这样经过人工筛选后的最终结果为 469 篇文献。

筛选过程包含了两步。第一步粗筛，即通过浏览结果列表，可以直接判断出文体不符的文献，比如消息、动态、简讯、宣传报道等，以及简介、讲话稿、目录、人物访谈、广告等，进行筛除；第二步细筛，即筛除不符合相关专业、不符合主题要求的文献，有很多时候需要下载并浏览查看具体内容后才能做最后判断。这样经过粗细两道筛选过程，保证了最终结果的查准率。

②结果文献排序及分类

对这 469 篇文献进行排序。结果文献按内容侧重点不同可以大致划分为两类：都市农业职业教育有关理论以及合作办学、人才培养、继续教育、新型职业农民培育等相关文献；都市农业职业教育有关学科专业建设、教育教学改革和教法研究等相关文献。

2.3　检索结果及分析

本研究通过使用专业检索完成了复合主题概念的文献检索任务，最终检索结果集中了有关"都市农业职业教育"的主要期刊学术论文，为后续研究打下了基础。

对于检索结果中存在一定比例误检率的问题，尽管前期进行了详细的主题概念分析，构造了复杂的专业检索式进行专业检索，最大限度地提高查全率和查准率，但也不能很有效避免结果中存在误检。究其原因，主要是数据库本身错误收录了不是学术论文的信息,是数据库需要进一步优化和加强数据来源管理的问题。对于内容不相关,但是从题名、文摘等不易看出来的文献,必须通过下载并通读全文来判断。

2.3.1 检索结果文献第一作者情况

根据专题文献的专业检索结果,对 469 篇文献按照第一责任者排序。从中选择发文量多于 2 篇的"都市农业职业教育"研究较活跃的 17 位作者排名(发文 2 篇的作者有 50 位,表 2-3,图 2-3)。

表 2-3 "都市农业职业教育"研究较活跃作者排名(前 17)

序号	第一责任人	发文数量	所在机构
1	王慧敏	6	北京农学院
2	崔砚青	6	北京农业职业学院
3	夏红	4	苏州农业职业技术学院
4	郝婧	4	北京农业职业学院
5	杜晓林	4	北京农业职业学院
6	杜保德	4	北京农业职业学院
7	尹荣焕	3	沈阳农业大学畜牧兽医学院
8	许亚东	3	成都农业科技职业学院
9	祁连弟	3	包头轻工职业技术学院
10	马俊哲	3	北京农业职业学院
11	李秀华	3	北京农业职业学院
12	李克俭	3	苏州农业职业技术学院
13	黄顺	3	苏州农业职业技术学院
14	费显伟	3	辽宁农业职业技术学院
15	范双喜	3	北京农学院
16	邓继辉	3	成都农业科技职业学院
17	陈一鑫	3	成都农业科技职业学院

可以看出,这 17 位作者的机构分布相对集中,其中有 6 位来自北京农业职业学院,有 3 位来自成都农业科技职业学院,3 位来自苏州农业职业技术学院,2 位来自北京农学院。辽宁农业职业技术学院、沈阳农业大学畜牧兽医学院、包头轻工职业技术学院各有 1 位。以上数字基本可以说明在都市农业职业教育专题研究领域,目前处于北京农业职业学院、成都农业科技职业学院、苏州农业职业技术学院三足鼎立的状态,其中北京农业职业学院在这方面的学术研究表现尤为突出和活跃。

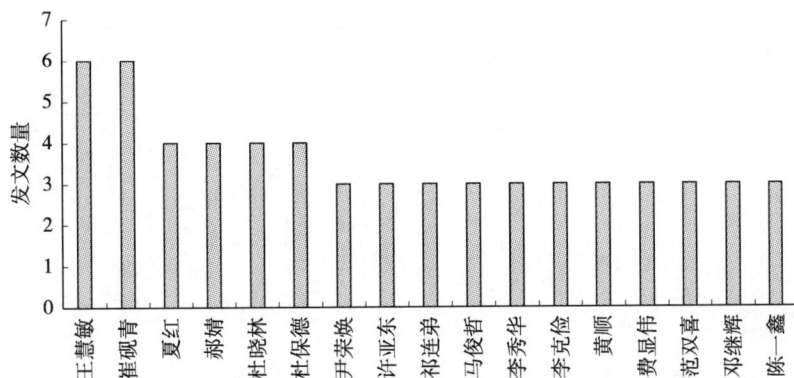

图 2-3　"都市农业职业教育"研究较活跃作者（前 17）

从统计数据还可看出，总共 402 位作者中，有 67 位相对活跃作者（发文量多于 2 篇）占总数的 17%，共发文 161 篇占总量的 34%，贡献率比较突出。

2.3.2　检索结果文献第一作者机构情况

表 2-4 和图 2-4 展示了发文量多于 3 篇的 18 家机构名称及发文量。

表 2-4　"都市农业职业教育"研究发文量较多的机构排名（前 18）

序号	机构名称	发文数量
1	北京农业职业学院	77
2	苏州农业职业技术学院	77
3	成都农业科技职业学院	48
4	北京农学院	33
5	天津农学院	24
6	沈阳农业大学	14
7	黑龙江农业工程职业学院	9
8	金陵科技学院	8
9	浙江同济科技职业学院	8
10	上海农林职业技术学院	7
11	仲恺农业工程学院	7
12	辽宁农业职业技术学院	6
13	南京农业大学	6
14	宁夏葡萄酒与防沙治沙职业技术学院	4
15	安徽农业大学园艺学院	4
16	河北科技师范学院	4

23

(续)

序号	机构名称	发文数量
17	湖南生物机电职业技术学院	4
18	潍坊学院	4

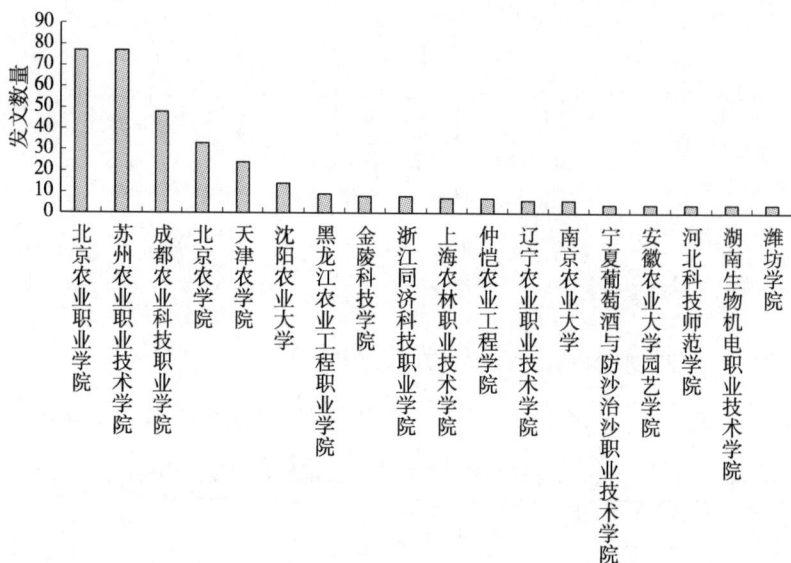

图2-4 "都市农业职业教育"研究发文量较多的机构（前18）

与表2-3所呈现的结果类似，北京农业职业学院、苏州农业职业技术学院、成都农业科技职业学院以及北京农学院、天津农学院5家机构的发文量远高于其他机构，尤其前3家机构可以认为是都市农业职业教育方面最为活跃的第一梯队，是都市农业职业教育研究、发展和建设等方面的排头兵和重要力量。在总共119家机构中，这5家机构仅占4%，其发文量却占469篇文献总量的54%；前18家机构虽只占机构数的15%，其发文量却占文献总量的72%。

2.3.3 检索结果文献第一作者机构所处地域情况

根据以上对机构发文的分析，进一步对作者机构所在的地理位置进行分析得到表2-5（发文量＞1篇）。

表2-5 "都市农业职业教育"年份专题文献第一作者机构发文量地理分布排名

序号	作者机构所属地区	发文数量
1	北京	119

（续）

序号	作者机构所属地区	发文数量
2	江苏苏州	78
3	四川成都	48
4	天津	30
5	辽宁沈阳	15
6	江苏南京	14
7	浙江杭州	12
8	上海	11
9	宁夏银川	10
10	广东广州	10
11	黑龙江哈尔滨	9
12	湖南长沙	8
13	福建福州	7
14	江苏昆山	7
15	辽宁营口	6
16	陕西咸阳	4
17	河北秦皇岛	4
18	安徽合肥	4
19	山东潍坊	4
20	江苏镇江	3
21	内蒙古包头	3
22	山东青岛	3
23	湖北武汉	2
24	河南洛阳	2
25	安徽滁州	2
26	四川德阳	2
27	四川雅安	2
28	甘肃武威	2
29	内蒙古呼和浩特	2
30	广西桂林	2

北京、苏州、成都、天津 4 个地区的发文量远高于其他地区，是都市农业职业教育研究方面最为活跃的地区。这 4 个地区在总共 74 个地点中，仅占

5%，其发文量却占文献总量的 59%，帕累托法则的效应明显；前 30 个地区在总共 74 个地区中占 41%，其发文量占文献总量的 91%。

还可以看出，目前都市农业职业教育专题文献的分布还是以京津区域、长三角区域、四川成都以及辽宁沈阳、江苏南京、浙江杭州一带为主。与都市农业服务城市圈、地处都市区域的特点相一致。整体说来，除京津区、长三角区域、成都区域较好以外，都市农业职业教育研究区域仍较分散，研究热点地区较少且相对孤立，中、西部区域几乎很少涉足。可以说，对都市农业职业教育的研究还处在上升发展阶段。

2.3.4 检索结果文献关键词情况

通过分析作为指示文献主要内容的关键词指标，能够了解文献研究的热点和重点。根据对检索 469 篇文献所用的关键词进行排序和统计，可以得到所有关键词的总数和词频情况。

经统计，全部 469 篇文献共使用 1 931 个关键词，去重后有 976 个不同的关键词。其中词频为 1 次的共有 737 个关键词。词频大于 5 次的共有 50 个关键词，如表 2-6 所示。因词频少于 5 次（含）的关键词数量很多非常分散，所以这些关键词不在表中单列出。

表 2-6 “都市农业职业教育”专题文献较高词频（>5 次）关键词排名

序号	关键词	词频
1	人才培养	71
2	高职院校	38
3	都市农业	37
4	人才培养模式	32
5	高职	28
6	教学改革	25
7	农业	24
8	都市型农业	23
9	实践教学	20
10	培养模式	17
11	都市型现代农业	17
12	实践	17
13	职业教育	16
14	高等职业教育	16

（续）

序号	关键词	词频
15	设施农业科学与工程	16
16	创新	16
17	农业职业教育	15
18	休闲农业	15
19	北京农业职业学院	14
20	课程体系	12
21	校企合作	12
22	设施农业	12
23	新农村建设	11
24	高职教育	11
25	现代学徒制	11
26	现代农业	11
27	实训基地	10
28	课程改革	8
29	建设	8
30	园艺专业	8
31	农民	8
32	农业院校	8
33	北京市	8
34	探索	7
35	继续教育	7
36	高等农林职业教育	7
37	顶岗实习	7
38	劳动者	7
39	观光农业	7
40	创新创业	7
41	创新人才	7
42	专业建设	7
43	新型职业农民	6
44	高等农业教育	6

(续)

序号	关键词	词频
45	实践教学体系	6
46	沿海都市型现代农业	6
47	构建	6
48	园艺技术专业	6
49	苏州农业职业技术学院	6
50	对策	6

可以看出，前 50 个关键词虽只占关键词总数的 5%，其词频数（706 次）却达到了总数（1 931 次）的 37%。

图 2-5 用云图的方式，形象揭示了有关都市农业职业教育专题文献的关键词词频情况，突出展示了都市农业职业教育文献研究的热点和重点。

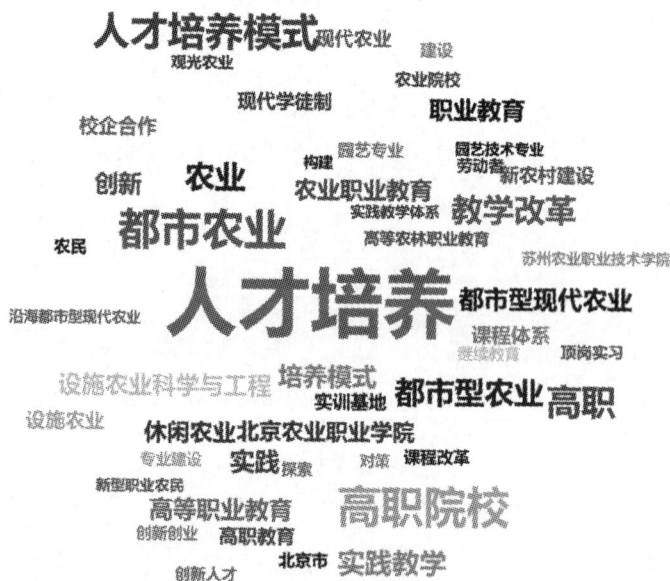

图 2-5 "都市农业职业教育"专题文献关键词词频云图（>5 次）

2.3.5 检索结果文献基金资助情况

文献是否属于基金资助项目以及基金级别的情况，能够在一定程度上反映文献的学术价值、科学研究的深度和广度及与现实关切相联系的紧密程度。

经过对 469 篇检索结果的基金资助情况排序统计，可以得到专题文献的基金资助情况（表 2-7）。

表 2-7 "都市农业职业教育"专题文献基金资助情况

基金级别	资助文献数量（篇）
国家级（或全国性）	17
省部级	103
地市级	51
校级	77
总计	248

469 篇专题文献中有 248 篇有基金资助，占比 53%，一半稍多。有基金资助的 248 篇文献中，共有 120 篇获得了国家级（或全国性）及省部级基金资助，占比 48%。

2.3.6 检索结果文献的载体情况

按照都市农业职业教育专题文献检索的结果，依据载体刊物进行排序。共有 181 家刊物，按发文量选择其中分布较为集中的 24 家刊物，具体见表 2-8、图 2-6。

表 2-8 "都市农业职业教育"专题文献载体刊物发文量（＞3）情况

序号	刊名	发文量
1	高等农业教育	37
2	北京农业职业学院学报	28
3	中国职业技术教育	27
4	安徽农业科学	16
5	中国农业教育	14
6	现代农业科技	14
7	黑龙江畜牧兽医	14
8	北京教育（高教版）	12
9	教育教学论坛	11
10	职业教育研究	10
11	安徽农学通报	7
12	职业技术教育	6
13	科教导刊（中旬刊）	5
14	教育现代化	5
15	当代职业教育	5

（续）

序号	刊名	发文量
16	中国校外教育	4
17	职教通讯	4
18	学理论	4
19	沈阳农业大学学报（社会科学版）	4
20	农业科技管理	4
21	农村经济与科技	4
22	课程教育研究	4
23	科技信息	4
24	继续教育研究	4

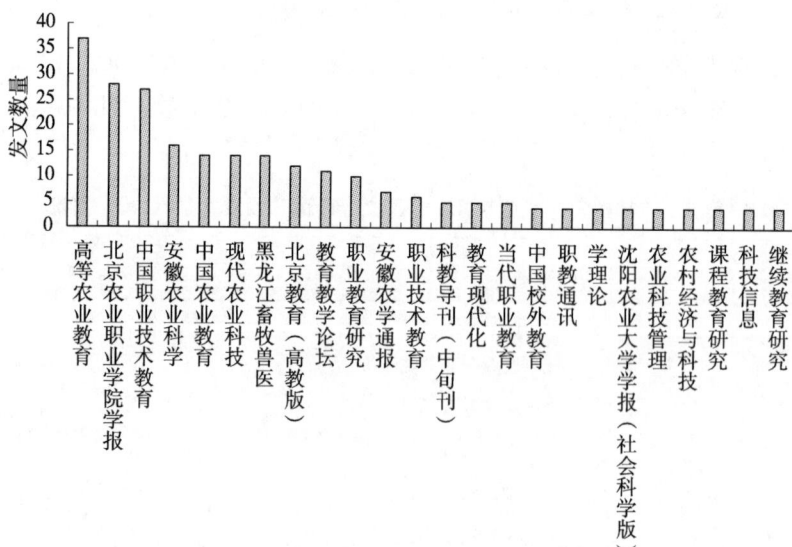

图 2-6　"都市农业职业教育"专题文献载体刊物发文量（＞3）情况

可以看出，发文量前三的刊物是《高等农业教育》《北京农业职业学院学报》《中国职业技术教育》，其发文量92篇占刊发总量（496篇）的20％，但3家仅占刊物总数（181家）的2％。前24家刊物其发文量247篇以181家刊物的13％比例刊发了总数469篇的53％文献。可见，都市农业职业教育载体刊物的帕累托法则集聚效应也同样很明显。

在469篇文献中，在属于核心期刊的刊物上刊登的有82篇，占总数的17％。

在发文量前三的刊物中，《北京农业职业学院学报》是唯一的高职学报，说明《北京农业职业学院学报》作为全国都市农业职业教育的学术性刊物,为传播相关理论和研究发挥了比较重要作用。

2.3.7 检索结果文献发文量年度分布

按照"都市农业职业教育"专题文献检索的结果,按发表年份的时序进行排序,如表 2-9 和图 2-7 所示。

表 2-9 "都市农业职业教育"专题文献发文量年度分布情况

序号	年份	发文量
1	1992	1
2	1993	0
3	1994	1
4	1995	0
5	1996	1
6	1997	0
7	1998	2
8	1999	4
9	2000	2
10	2001	1
11	2002	0
12	2003	4
13	2004	3
14	2005	3
15	2006	4
16	2007	15
17	2008	13
18	2009	27
19	2010	36
20	2011	29
21	2012	38
22	2013	52
23	2014	42
24	2015	40

（续）

序号	年份	发文量
25	2016	32
26	2017	44
27	2018	39
28	2019	34
29	2020	2

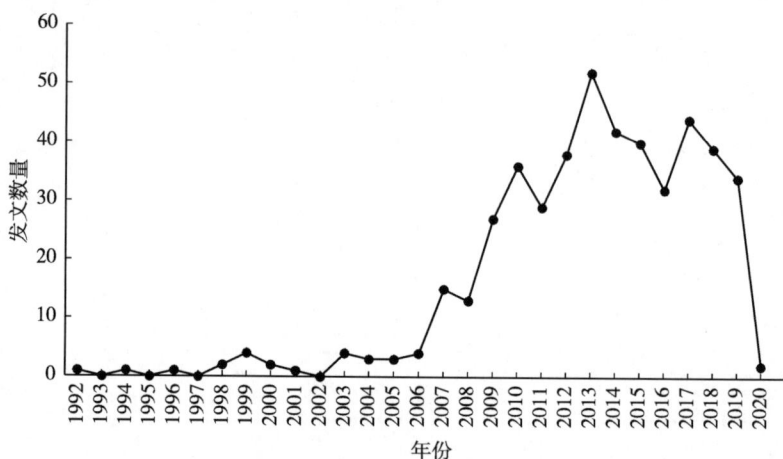

图 2-7　"都市农业职业教育"专题文献发文量年度分布

　　都市农业职业教育起始研究时间是 1992 年，从 2006 年开始有了明显增长趋势，并且基本保持持续增长的态势。其中 2011 年、2016 年有暂时性的回落，2013 年达到了历史最高点 52 篇。研究热点年份前三及其发文数量为：2013 年 52 篇，2017 年 44 篇，2014 年 42 篇。

2.4　检索结果文献影响力排序及课题研究文献集输出

2.4.1　检索结果文献排序的目的和意义

　　如前述，由于专业检索结果文献经人工筛选后仍有 469 篇，数量较多，且学术性有差别。这给后续针对文献内容进行分析和挖掘、综述带来困难。若对这些文献都进行分析，所需成本较高；此外，对学术性相对较低的文献进行深入分析的必要性也不大。所以，对这些文献做出一个具备可行性、综合性的单篇文献影响力评价体系，并据此按照其影响力排序就很有参考性和必要性。

　　总的说来，进行结果文献影响力评价和排序的目的和意义有以下几点。

①排除学术影响力相对较小的文献，集中相对学术价值较高的，更具有代表性的文献。

②保留的文献作为本研究的研究基础和文献来源，基于这些相对学术价值较高的文献进行文献综述和内容分析。

③保留的学术价值较高的文献因其具有一定的代表性，其文献列表可作为都市农业职业教育研究方面的入口文献，提供给其他类似课题研究者，作为重要参考和引导。

2.4.2 文献影响力排序研究的背景和依据

对于单篇文献评估的研究领域而言，总体研究和应用尚不够系统和全面，偏向于使用外源性指标作为辅助性的评价，很少有有效的直接针对文献内容本身的学术性分析评价方法和工具。在单篇文献学术性的实际评价中，还是以形式性指标评价为主。

作为学术论文来说，外源性因素，诸如所刊载期刊的影响因子、被引频次、下载频次等固然是文献学术性的体现方面，但也不都尽然。即使核心期刊也有一些学术性不够强的文献。一方面，核心期刊文章受关注度高，因而其被引率和下载率也相应要高一些。另一方面，尤其是对于一些具有一定预见性或者偏、难、冷方面的学术问题，以及处于成长发展期的作者而言，真正得到学术界广泛承认和关注一般需要较长的时间，在此之前其学术价值并不容易为人们所承认，其外源性指标也难以代表其内在价值。且与自然科学相比，人文社会科学学术思想被人们接受或认可所需的时间相对更长，一般需要 5～10 年，甚至更久，短期内其被引率也就不会太高。因此，对于学术文献而言，真正需要的是一套行之有效的同行评价体系以及基于人工智能、语义分析的内容分析挖掘和知识发现系统，形成有效的知识网络。

对于本研究的单篇文献排序而言，为了找到便于操作、简便可行的单篇文献评价体系，主要依据多篇前人研究成果，有：龙莎等人的《科技论文学术水平评估》、李沂濛等人的《国际化背景下人文社科期刊论文评价指标体系研究》、郭义亭的《中文核心期刊评价指标分类研究》等文献，其中主要借鉴了李沂濛等人的《国际化背景下人文社科期刊论文评价指标体系研究》的研究成果，并进行综合衡量，转化为符合本研究范围和特点的论文评价指标体系。

2.4.3 文献影响力排序指标体系及计算

本研究所需的是针对检索结果文献进行简单评估和排序，做到有所遴选。因此在实际操作上要有简便性、易实施性，直接参考借鉴前人的研究成果，结合实际，尽量做到可行、全面、简便。

（1）指标体系及各指标权重的确定

①指标体系的确定

在龙莎等人的《科技论文学术水平评估》一文中总结的科技论文学术水平评估的指标体系，包括期刊水平、论文基金资助情况、论文被引用情况、论文获奖情况、论文被收录情况这5项一级指标和19项二级指标。

在李沂濛等人的《国际化背景下人文社科期刊论文评价指标体系研究》一文中总结的评价指标体系分为3级：一级指标包含外部因素和内部因素两个指标；二级指标包含发文期刊影响力等5个指标；三级指标包含被中外文检索刊物收录等25个指标。指标体系具体见表2-10。

表2-10 国际化背景下我国人文社科期刊论文评价体系权重总表

	一级指标及权重 W_{an}	二级指标及仅重 W_{bn}	三级指标及仅重 W_{cn}	合成权重 W
国际化背景下我国人文社科期刊论文评价指标体系	A1 外部因素 [0, 6 667]	B1 发文期刊影响力 [0.4]	C1 被中外文数据库收录 [0.319 6]	0.085 2
			C2 近5年影响因子 [0.558 4]	0.148 9
			C3 当年平均被引数量 [0.121 9]	0.032 5
		B2 论文学术影响力 [0.4]	C4 被检索系统收录 [0.250 1]	0.066 7
			C5 被转载或摘录 [0.250 1]	0.066 7
			C6 被（他）引次数 [0.250 1]	0.066 7
			C7 被下载量 [0.124 9]	0.033 3
			C8 基金资助 [0.124 9]	0.033 3
		B3 论文社会影响力 [0.2]	C9 社交媒体的讨论和使用热度 [0.138 5]	0.018 5
			C10 学术网站的讨论及评价 [0.345 0]	0.046 0
			C11 出现在政策档案或政府文件中的次数 [0.209 9]	0.028 0
			C12 被百科词条引用 [0.096 8]	0.012 9
			C13 论文获奖情况 [0.209 9]	0.028 0
	A2 内部因素 [0, 3 333]	B4 论文形式规范性 [0.142 9]	C14 中英文题目 [0.25]	0.011 9
			C15 中英文摘要 [0.25]	0.011 9
			C16 中英文关键词 [0.125]	0.006 0
			C17 参考文献 [0.25]	0.011 9
			C18 作者中英文简介及作者 ID [0.125]	0.006 0

（续）

国际化背景下我国人文社科期刊论文评价指标体系	一级指标及权重 W$_{an}$	二级指标及仅重 W$_{bn}$	三级指标及仅重 W$_{cn}$	合成权重 W
	A2 内部因素 ［0.333 3］	B5 论文内容价值（同行专家评审）［0.857 1］	C19 理论创新 ［0.298 9］	0.085 4
			C20 方法创新 ［0.118 5］	0.033 9
			C21 描述创新 ［0.056 9］	0.016 3
			C22 应用创新 ［0.101 3］	0.028 9
			C23 学术价值 ［0.231 4］	0.066 1
			C24 社会价值 ［0.091 8］	0.026 2
			C25 经济价值 ［0.101 3］	0.028 9

该体系总结相对比较全面，本研究所用的文献影响力排序计算指标体系重点参照该体系搭建。

在该指标体系中，二级 5 个指标中，B3 不适用于本研究的检索结果文献，B5 作为唯一的主观性评价指标，通过同行评议取值，虽然很有意义，但目前实施难度很大，可操作性小。三级 25 个指标中，从中国知网检索得到的结果中可获得信息来说，B1 中的期刊影响因子，B2 中的被引频次、下载频次、基金资助情况，B4 中的是否有中英文关键词、摘要以及是否有参考文献的信息都可通过直接浏览检索结果列表或下载全文来获得。

在 B1 期刊影响力指标中，由于能够被各大核心刊评价体系收录刊发的文献，通常质量高于一般同类文献，所以考虑把发文期刊是否为核心期刊作为一项成分加进指标体系中。在 B2 论文学术影响力指标中，因人文社科文献的半衰期（某一学科文献从出版到 50％的文献因内容老化，而失去参考价值所经历的时间）较长，5～10 年或 10 年以上被引率才能有稳定的体现，所以对发表 5 年以内的文献增加一项 5 年影响因子，微量增强其学术分量。被引率可以体现他人对被引者观点论述的认可或强调，被引率是文献学术性的一个重要指标。下载率是文献传播力的体现，一定程度上也可以体现对文献的认可度，但下载不等于被引用，与被引率对学术性的体现程度是不一样的。另外，还有个文献半衰期的问题。本研究主要研究的是人文社科方面的文献，而非自然科学文献，其文献半衰期较长，一般学术界研究认为在 5～10 年。也就是说在半衰期以内的时间通常一开始下载率提升较快，而被引率缓慢增长。接近半衰期时，下载率增长变慢，而被引率稳定增长。超过半衰期以后，被引率和下载率保持稳定，变化不大。半衰期以内，尤其是较新的文献，下载率在衡量学术性比重中相对较大。

在 B4 论文形式规范性指标中，从本次专业检索得到的 469 篇文献中可以发现，文献学术规范性总体较为混乱，存在不少不够规范的文章。比如学术论文必备的关键词、摘要、参考文献几个部分不全或都没有。作为学术论文必须要具备摘要、关键词以及参考文献，可以说缺一不可，也是作为判断论文学术严谨性和学术价值的标准之一。另外，是否有英文摘要和关键词对照也应作为文献学术性的辅助判断依据。但 2000 年左右之前较早发表的文献，因当时学术标准尚不严格，管理不够规范，有很多文献的摘要、关键词和参考文献都不全，但需要说明的是，存在这种情况也只是因为当时刊发的规范问题，与文献本身的学术性并无直接关联，所以这一标准只对较晚期发表的文献有效。还有实际检索中发现的论文篇幅问题。在对结果文献的浏览中，发现有一些文献篇幅只有一页，这样明显是不符合学术论文学术性要求的，因为篇幅过于短小的文献是无法系统深入说明问题的。

②各指标权重值的确定

在郭义亭的《中文核心期刊评价指标分类研究》一文中，总结出"北大核心期刊评价指标权重举例"被引量权重值 0.12 是网络（web）下载量 0.03 的 4 倍，"武大核心期刊评价指标权重"总被引频次 0.198 也大约是 web 即年下载率 0.050 的 4 倍。而在"社科院核心期刊评价指标权重"中考虑到了 5 年影响因子，并赋予权重为 0.05。

参照李沂濛等人的《国际化背景下人文社科期刊论文评价指标体系研究》文中按照层次分析法（AHP）得到的各级指标权重。其中一级指标权重参照文中的外部因素 A1 计算值 0.666 7 和内部因素 A2 计算值 0.333 3，二级指标权重中，由于没有 B3，参照的 B1 和 B2 权重值比例同为 0.4，所以给定 B1 和 B2 的权重值为 0.5。三级指标中，由于 B1 下 3 个指标变为 2 个指标，所以把 C3 的权重值 0.121 9 均分给 C1 和 C2，得到主要指标期刊影响因子 C1 权重值为 0.619 4，是否核心期刊指标 C2 权重为 0.380 6。由于文中对 C7 被下载量与 C8 基金资助项给定的权重值相等，为 0.124 9，考虑《中文核心期刊评价指标分类研究》中提到北大和武大核心期刊评价指标体系中被引率权重是下载率的 4 倍，以及 5 年影响因子权重的取值为 0.05，以及衡量之间重要性，最后综合取权重值：基金资助情况 C3 为 0.15，被引频次 C4 为 0.6，下载频次 C5 为 0.15，5 年影响因子为 0.1。B4 下的 3 个指标，参考原指标体系，认为 C7 有无摘要、参考文献、关键词的重要性最大，权重值取 0.5，C8 是否有中英文对照（关键词、摘要、题目）与 C9 是否单页重要性相近，权重值都为 0.25。

(2) 指标数值的计算和标准

①指标数值的计算方法

在韩鹏鸣的《期刊论文的影响力分析》一文中，对于计算论文影响值，引入了指标偏离性的算法[9]。把指标取值与指标取值平均值的比值作为各指标得数的偏离性（＞1 正偏离，＜1 负偏离），进而用偏离值与权重值的乘积作为各指标的得数。文中如下计算公式：

论文影响值 $T=a1 \times$ 被引频次/平均被引频次$+a2 \times$ 下载频次/平均下载频次$+a3 \times$ 期刊影响因子/平均影响因子 （2-1）

其中 $a1$、$a2$、$a3$ 是待定的加权系数。

根据以上公式，得到本研究所需文献排序的影响力值 T 计算公式为：

$$T = \sum_{n=1}^{9} W_n \frac{C_n}{\bar{C}_n} \qquad (2-2)$$

其中 T 为文献影响力值；W_n 为合成权重，$W_n = W_{an} \times W_{bn} \times W_{cn}$（$W_{an}$ 为一级指标权重，W_{bn} 为二级指标权重，W_{cn} 为三级指标权重）；C_n 为指标取值；$\bar{C}_n$ 为该指标平均值。

②指标取值标准

期刊影响因子 C1：以专业检索的输出结果为准，选取其中所刊载期刊的复合影响因子，其中有很少的期刊没有影响因子，取值为 0。是否核心期刊 C2：所刊发期刊被刊发时最近一版核心期刊目录收录的取值为 1，否则为 0。基金资助情况 C3：刊发文献有各项基金资助的贡献在内的，按所资助基金等级不同取值，国家级基金为 4，省部级基金为 3，地市级基金为 2，校级基金为 1，没有基金资助为 0。被引频次 C4：根据检索结果输出实际取值。下载频次 C5：根据检索结果输出实际取值。5 年影响因子 C6：发表时间在 0~5 年间取 1，＞5 年取 0。有无摘要、参考文献、关键词 C7：按摘要、参考文献、关键词几部分数量取值 3、2、1，都无取 0。中英文对照（关键词、摘要、题目）C8：按有无取值，有英文对照取 1，无英文对照取 0。是否单页 C9：按是否取值，非单页（＞1 页）文献取 1，单页文献取 0。

③文献影响力排序指标体系及说明

经综合上述分析研究，得到最终的指标体系并说明，如表 2-11 所示。

表 2-11 检索结果文献影响力评价指标体系及取值说明

类别	因素		
一级指标及权重 W_{an}	外部因素 A1 [0.666 7]		内部因素 A2 [0.333 3]
二级指标及权重 W_{bn}	发文期刊影响力 B1 [0.5]	论文学术影响力 B2 [0.5]	论文形式规范性 B4 [1]

(续)

类别	因素								
三级指标及权重 W_{cn}	期刊影响因子 C1 [0.6194]	是否核心期刊 C2 [0.3806]	基金资助情况 C3 [0.15]	被引频次 C4 [0.6]	下载频次 C5 [0.15]	5年影响因子 C6 [0.1]	有无摘要、参考文献、关键词 C7 [0.5]	中英文对照（关键词、摘要、题目）C8 [0.25]	是否单页 C9 [0.25]
合成权重 W_n	0.206 5	0.126 9	0.050 0	0.200 0	0.050 0	0.033 3	0.166 7	0.083 3	0.083 3
取值 C_n	根据检索输出	1、0	4、3、2、1、0	根据检索输出	根据检索输出	根据检索输出	3、2、1、0	1、0	1、0
C_n 取值说明	—	是取1、否取0	①国家级4；②省部级3；③地市级2；④校级1	—	—	发表0~5年间取1、>5年取0	都有取3、有一个取1、有两个取2、都无取0	—	>1页取1、单页取0

需要说明的是，由于该指标体系是为本研究的检索结果文献的排序和遴选最终供研究的文献服务的。主要从简便可行、易操作的角度入手，直接借鉴了前人的研究成果，包括指标体系和权重，并结合实际，尽量做到全面客观。对于指标体系中前人做的一些主观性指标，比如内容价值的同行评议，本研究由于暂没有条件和能力施行，可以说是个缺漏。专家和同行的主观性评价对于文献学术价值是很重要的一个方面，在条件允许时应当进行完善。另外，对于指标的权重值还需进行进一步探讨、优化，从检索结果中发现偏差并进行微调，使最终计算值更加贴近实际。

2.4.4 检索结果文献影响力排序及课题研究文献集的确定

(1) 检索结果文献影响力数值计算及排序

①取值

按以上指标体系建立电子表格，依照前述专业检索得到的469篇文献的输出结果，逐篇对照指标体系的9项三级指标，进行取值并录入电子表格。其中C1、C2、C4、C5、C6可以直接通过检索结果列表中的输出显示直接取值。而对于C3基金资助情况，C7有无摘要、参考文献、关键词，及C8是否有中英文对照（关键词、摘要、题目）和C9是否单页这几项指标必须下载并打开全文来判断并获取取值信息并确定数值。

②论文影响值计算

按照上文总结的计算公式，先计算出每个指标平均值（C_n）。然后通过相应的影响力值公式，得到每一篇文献的影响力数值。最后得到的平均影响力值为 1，最低值 0.094 38，最高值 4.888 996。

③论文影响力排序

按文献影响力值进行从高到低排序，并用颜色突出显示高于影响力值平均值的文献。高于均值的文献共有 170 篇（表 2-12）。

表 2-12 影响力值大于均值的 170 篇文献的各指标数值

序号	期刊复合影响因子 C1	是否核心期刊 C2	基金资助情况 C3	被引频次 C4	下载频次 C5	5年影响因子 C6（2015年2月10日至今）	有无摘要参考文献关键词 C7	有无中英文对照（关键词摘要题目）C8	是否单页 C9	论文影响值 T
1	3.606	1	4	22	701	0	3	0	1	4.888 996
2	1.604	1	3	15	290	0	3	1	1	3.504 395
3	1.135	1	0	23	194	0	3	0	1	3.394 375
4	0.462	0	0	34	530	0	3	0	1	3.375 93
5	1.049	0	3	21	429	0	3	1	1	3.058 897
6	3.046	1	0	6	293	0	3	0	1	3.025 141
7	0.844	1	3	10	586	0	3	1	1	2.909 536
8	0.645	1	2	17	290	0	3	0	1	2.834 622
9	0.887	1	0	15	187	0	3	0	1	2.658 527
10	1.135	1	1	10	387	1	3	0	1	2.613 364
11	1.069	1	3	7	208	0	3	1	1	2.597 677
12	0.964	1	0	7	183	1	3	0	1	2.493 799
13	1.135	1	4	9	190	0	3	0	1	2.482 069
14	0.964	1	4	5	252	0	3	1	1	2.458 287
15	0.070	0	0	25	561	0	2	0	1	2.450 347
16	0.443	1	1	9	358	0	3	1	1	2.448 837
17	1.135	1	4	7	264	1	3	0	1	2.448 24
18	1.135	1	0	10	302	0	3	0	1	2.445 462
19	0.687	1	3	8	395	1	3	0	1	2.338 29
20	0.964	1	2	5	43	0	3	1	1	2.271 256
21	1.476	1	0	6	219	0	3	0	1	2.255 627

(续)

序号	期刊复合影响因子 C1	是否核心期刊 C2	基金资助情况 C3	被引频次 C4	下载频次 C5	5年影响因子 C6（2015年2月10日至今）	有无摘要参考文献关键词 C7	有无中英文对照（关键词摘要题目）C8	是否单页 C9	论文影响值 T
22	1.135	1	0	8	227	0	3	0	1	2.254 466
23	0.443	1	0	7	319	0	3	1	1	2.233 351
24	0.645	0	0	20	357	0	2	0	1	2.233 265
25	1.503	1	2	1	41	0	3	0	1	2.213 677
26	1.135	1	0	8	133	0	3	0	1	2.208 285
27	0.522	0	0	12	547	1	3	1	1	2.134 534
28	0.508	1	2	5	183	0	3	1	1	2.127 093
29	1.135	1	4	4	196	1	2	0	1	2.119 525
30	0.608	0	0	13	442	0	3	1	1	2.116 218
31	0.316	0	3	18	143	1	3	0	1	2.094 922
32	1.135	1	3	4	264	0	3	0	1	2.090 873
33	0.498	0	0	18	380	0	2	0	1	2.021 769
34	1.598	1	3	0	130	1	3	0	1	2.016 920
35	0.744	1	3	6	150	0	3	0	1	2.006 427
36	0.655	1	0	8	156	0	3	0	1	1.995 434
37	1.002	1	3	4	134	0	3	0	1	1.964 898
38	0.522	0	3	10	226	1	3	1	1	1.949 211
39	0.522	0	3	11	233	0	3	1	1	1.945 758
40	0.645	0	0	12	208	0	3	1	1	1.941 461
41	0.755	1	1	6	158	0	3	0	1	1.931 142
42	1.135	1	0	4	95	0	3	0	1	1.923 494
43	0.522	0	3	10	137	1	3	1	1	1.905 486
44	1.893	1	0	2	111	0	0	0	1	1.896 748
45	0.843	0	0	10	217	0	3	1	1	1.884 195
46	0.784	1	0	2	55	0	3	1	1	1.877 518
47	1.135	1	4	0	200	1	2	0	1	1.813 191
48	1.135	1	0	2	82	1	3	0	1	1.804 747
49	0.443	1	1	6	187	0	3	0	1	1.799 691
50	1.135	1	0	3	78	0	3	0	1	1.795 891
51	0.784	1	0	0	11	1	3	1	1	1.785 718

（续）

序号	期刊复合影响因子 C1	是否核心期刊 C2	基金资助情况 C3	被引频次 C4	下载频次 C5	5 年影响因子 C6（2015 年 2 月 10 日至今）	有无摘要参考文献关键词 C7	有无中英文对照（关键词摘要题目）C8	是否单页 C9	论文影响值 T
52	1.465	1	0	2	144	0	1	0	1	1.777 177
53	1.884	0	3	1	140	0	3	1	1	1.765 349
54	1.135	1	4	0	140	0	3	0	1	1.763 831
55	1.135	1	3	1	57	0	3	0	1	1.757 953
56	1.135	1	0	2	134	0	3	0	1	1.746 328
57	0.334	1	3	4	152	1	3	0	1	1.745 764
58	0.443	1	0	2	89	0	3	1	1	1.734 982
59	0.229	0	3	14	231	0	3	0	1	1.705 263
60	0.443	1	3	4	134	0	3	0	1	1.703 856
61	1.135	1	0	1	173	0	3	0	1	1.688 413
62	0.645	0	3	9	383	1	3	0	1	1.672 794
63	0.585	0	0	9	186	0	3	1	1	1.671 41
64	0.645	1	3	2	182	0	3	0	1	1.667 618
65	0.377	0	3	7	250	1	3	1	1	1.662 065
66	1.135	1	0	0	78	1	3	0	1	1.648 633
67	0.522	0	0	9	175	0	3	0	1	1.636 586
68	0.645	1	3	2	116	0	3	0	1	1.635 193
69	1.465	1	0	1	107	0	0	0	1	1.617 841
70	1.465	1	0	1	101	0	0	0	1	1.614 893
71	0.755	1	3	1	117	0	3	0	1	1.609 978
72	0.377	0	3	6	279	1	3	1	1	1.599 238
73	0.645	1	2	2	127	0	3	0	1	1.598 421
74	0.377	0	3	7	118	1	3	1	1	1.597 216
75	0.817	1	0	1	87	1	3	0	1	1.581 629
76	1.049	0	3	3	75	1	3	1	1	1.581 602
77	1.135	1	0	0	111	0	3	0	1	1.580 879
78	1.135	1	0	0	83	0	3	0	1	1.567 123
79	0.817	1	0	2	71	0	3	0	1	1.566 877
80	0.687	1	3	1	89	0	3	0	1	1.564 467
81	1.135	1	0	0	65	0	3	0	1	1.558 28

（续）

序号	期刊复合影响因子 C1	是否核心期刊 C2	基金资助情况 C3	被引频次 C4	下载频次 C5	5年影响因子 C6（2015年2月10日至今）	有无摘要参考文献关键词 C7	有无中英文对照（关键词摘要题目）C8	是否单页 C9	论文影响值 T
82	1.135	1	0	0	64	0	3	0	1	1.557 789
83	0.479	0	1	10	299	1	3	0	1	1.546 730
84	0.39	0	2	7	247	0	3	1	1	1.540 520
85	0.498	0	0	11	361	0	3	0	1	1.536 995
86	1.142	0	3	1	207	1	3	1	1	1.535 731
87	0.522	0	3	9	389	0	3	0	1	1.534 337
88	0.964	1	0	4	116	0	0	0	0	1.532 519
89	1.135	1	0	1	100	0	1	0	1	1.524 382
90	0.645	0	0	11	194	0	3	0	1	1.523 596
91	0.334	1	3	2	89	1	2	0	1	1.496 580
92	0.964	1	2	1	127	0	0	0	1	1.478 062
93	0.964	1	3	1	32	0	0	0	1	1.473 566
94	0.655	1	1	0	71	1	3	0	1	1.463 219
95	0.645	1	3	0	78	0	3	0	1	1.462 375
96	0.645	0	1	8	445	0	3	0	1	1.457 861
97	0.334	1	2	1	104	0	3	0	1	1.448 782
98	0.334	1	1	5	115	0	0	0	1	1.444 091
99	0.126	0	3	8	58	0	3	1	1	1.443 635
100	0.235	0	3	7	111	0	3	1	1	1.443 499
101	0.645	0	2	4	99	1	3	1	1	1.439 631
102	1.135	1	0	1	46	0	0	0	1	1.433 769
103	0.334	1	3	1	125	0	3	0	1	1.417 309
104	0.334	1	1	1	117	1	3	0	1	1.412 992
105	0.443	1	0	2	98	0	3	0	1	1.405 491
106	0.223	0	1	7	189	0	3	1	1	1.391 863
107	0.589	0	2	5	65	0	3	1	1	1.389 885
108	1.049	0	3	5	201	0	3	0	1	1.379 776
109	0.336	0	3	5	199	0	3	1	1	1.379 748
110	0.334	1	2	0	104	1	3	0	1	1.371 707
111	1.135	1	0	0	66	0	0	0	1	1.366 520

（续）

序号	期刊复合影响因子 C1	是否核心期刊 C2	基金资助情况 C3	被引频次 C4	下载频次 C5	5年影响因子 C6（2015年2月10日至今）	有无摘要参考文献关键词 C7	有无中英文对照（关键词摘要题目）C8	是否单页 C9	论文影响值 T
112	0.183	0	0	12	141	0	3	0	1	1.358 888
113	1.135	1	0	0	46	0	0	0	1	1.356 694
114	0.334	1	1	2	134	0	2	0	1	1.350 369
115	0.522	0	3	3	101	1	3	1	1	1.348 277
116	0.522	0	3	3	97	1	3	1	1	1.346 312
117	0.522	0	3	4	109	0	3	1	1	1.345 316
118	0.334	1	2	0	46	1	3	0	1	1.343 213
119	0.854	0	2	3	29	0	3	1	1	1.341 799
120	0.522	0	2	3	160	1	3	1	1	1.335 086
121	1.142	0	2	0	18	1	3	1	1	1.323 628
122	0.645	0	0	10	70	0	2	0	1	1.321 518
123	0.334	1	1	0	87	1	3	0	1	1.321 179
124	0.649	0	1	3	64	1	3	1	1	1.305 053
125	0.334	1	1	1	65	0	3	0	1	1.303 480
126	0.510	0	3	3	175	0	3	1	1	1.295 062
127	0.645	0	3	7	85	0	3	0	1	1.288 276
128	0.498	0	1	8	222	0	3	0	1	1.279 658
129	0.443	0	3	3	187	0	3	1	1	1.269 670
130	0.909	0	2	1	124	0	3	1	1	1.260 006
131	0.888	0	2	5	195	0	3	0	1	1.259 468
132	0.522	0	0	4	164	0	3	1	1	1.245 808
133	1.049	0	3	4	75	0	3	0	1	1.240 799
134	0.498	0	0	9	58	0	3	0	1	1.233 986
135	0.498	0	3	7	89	0	3	0	1	1.221 595
136	0.360	0	0	5	111	0	3	1	1	1.221 193
137	1.766	0	0	2	170	0	1	0	1	1.213 450
138	0.316	0	0	9	182	0	3	0	1	1.209 915
139	0.498	0	0	3	88	1	3	1	1	1.204 154
140	0.585	0	1	2	45	1	3	1	1	1.188 757
141	0.334	1	2	0	30	0	2	0	1	1.187 302

（续）

序号	期刊复合影响因子 C1	是否核心期刊 C2	基金资助情况 C3	被引频次 C4	下载频次 C5	5年影响因子 C6 （2015年2月10日至今）	有无摘要参考文献关键词 C7	有无中英文对照（关键词摘要题目） C8	是否单页 C9	论文影响值 T
142	0.585	0	3	1	195	0	3	1	1	1.185 762
143	0.360	0	3	2	62	1	3	1	1	1.176 391
144	0.649	0	0	3	52	0	3	1	1	1.173 016
145	0.156	0	1	5	114	0	3	1	1	1.169 580
146	0.589	0	4	1	59	0	3	1	1	1.162 991
147	0.171	0	3	4	33	0	3	1	1	1.144 068
148	0.334	1	3	0	92	0	0	0	1	1.131 770
149	0.600	0	0	2	160	0	3	1	1	1.126 117
150	0.645	0	2	0	80	1	3	1	1	1.121 998
151	0.377	0	0	7	251	0	3	0	1	1.118 150
152	0.425	0	3	1	34	1	3	1	1	1.115 914
153	0.176	0	3	2	88	1	3	1	1	1.103 240
154	0.450	1	0	1	22	0	0	0	1	1.102 096
155	0.183	0	1	2	235	1	3	1	1	1.094 375
156	0.425	0	2	1	64	1	3	1	1	1.088 476
157	0.589	0	4	0	40	0	3	1	1	1.076 582
158	0.443	0	1	1	107	1	3	1	1	1.075 831
159	0.645	0	3	0	71	0	3	1	1	1.075 786
160	0.360	0	1	6	74	1	3	0	1	1.072 321
161	0.498	0	4	4	115	0	3	0	1	1.045 320
162	0.256	0	4	0	99	1	3	1	1	1.034 029
163	0.494	0	2	0	42	1	3	1	1	1.032 815
164	0.320	0	3	1	126	0	3	1	1	1.028 113
165	0.570	0	0	1	136	0	3	1	1	1.023 242
166	0.462	0	4	8	184	0	3	0	1	1.009 750
167	0.645	0	0	0	13	1	3	1	1	1.004 729
168	0.171	0	3	1	49	1	3	1	1	1.004 670
169	0.645	0	0	5	77	0	3	0	1	1.003 667
170	0.443	0	1	1	128	0	3	1	1	1.002 182

(2) 检索结果文献影响力数值计算分析

从文献影响力数值计算的结果来看，可以得到以下分析结果：469 篇检索结果文献中，高于影响力均值的有 170 篇，占比约 36%，低于均值的占 64%。

高于均值的 170 篇文献中，5 年内发表的有 50 篇，占比约为 29%；有 131 篇文献高于期刊影响因子均值 0.442 203，占比约为 77%；有 108 篇文献有基金资助，占比约为 64%；被引频次高于均值 2.594 883 的有 97 篇，占比约为 57%；下载频次高于均值 101.774 的有 106 篇，占比约为 62%；有 145 篇文献的关键词、摘要和参考文献俱全，占比约为 85%；有 72 篇文献有英文对照标题、摘要和关键词，占比约为 42%；有 1 篇单页文献，占比约为 0.6%；有 83 篇刊登在核心期刊上，占比约为 49%。

低于均值的 299 篇文献中，5 年内发表的有 136 篇，占比约为 45%；有 70 篇文献高于期刊影响因子均值 0.442 203，占比约为 23%；有 140 篇文献有基金资助，占比约为 47%；被引频次高于均值 2.594 883 的有 44 篇，占比约为 15%；下载频次高于均值 101.774 的有 52 篇，占比约为 17%；有 241 篇文献的关键词、摘要和参考文献俱全，占比约为 81%；有 45 篇文献有英文对照标题、摘要和关键词，占比约为 15%；有 19 篇单页文献，占比约为 6%；有 0 篇刊登在核心期刊上。

对比情况见表 2-13。

表 2-13 文献影响力高于和低于均值的各指标占比对比情况

文献数量占比	5 年内发表占比（%）	高于期刊影响因子均值占比（%）	有基金资助占比（%）	被引频次高于均值占比（%）	下载频次高于均值占比（%）	关键词、摘要和参考文献俱全占比（%）	有英文对照标题、摘要和关键词占比（%）	单页文献占比（%）	核心期刊刊登数量占比（%）
影响力值高于均值的文献	29	77	64	57	62	85	42	0.6	49
影响力值低于均值的文献	45	23	47	15	17	81	15	6	0

可以看出，影响力值高于均值的文献与影响力值低于均值的文献相比，高于期刊影响因子均值占比、被引频次高于均值占比以及下载频次高于均值占比的比例优势明显，有英文对照标题、摘要和关键词占比优势次之，有基金资助

占比稍有优势。5 年内发表占比、单页文献占比以影响力值低于均值的文献为主。关键词、摘要和参考文献俱全占比都较高，差异性不大。被核心期刊刊登的文献则都在影响力值高于均值的文献中。

在体现差异性方面，各指标从大到小的排序为：核心期刊刊登数量占比＞单页文献占比＞被引频次高于均值占比＞下载频次高于均值占比＞高于期刊影响因子均值占比＞有英文对照标题、摘要和关键词占比＞5 年内发表占比＞有基金资助占比＞关键词、摘要和参考文献俱全占比。

(3) 课题研究文献集的确定

根据上表得到的文献影响力数值的排序，影响力均值为 1，影响力数值大于 1 的论文共有 170 篇。这些有较高影响力数值的文献可以认为是学术影响力相对较高，具有一定代表性，可供本研究集中分析和汇总，并可作为相近研究任务的入口文献。

现把这些文献及其相关的问题整理列表（表 2－14），供后文分析总结。

表 2－14　文献影响力较高的 170 篇文献（T＞1）及其涉及相关主要问题列表

序号	篇名	作者	刊名	发表时间	涉及主要问题	影响值 T
1	基于 AHP 法的我国农业高等职业院校大学生创业能力评价	何忠伟；任钰；郭君平；陈艳芬	农业技术经济	2010—12—26	就业创业，创业能力评价	4.888 996
2	农民专业合作社科技人才培养机制探析——以天津市武清区为例	张颖；李丽君	科技管理研究	2014—4—20	农民培训、人才培养	3.504 395
3	强化产学研结合 突出高职教育特色	王秀清；马俊哲	中国职业技术教育	2007—3—11	校企结合	3.394 375
4	高等职业院校学生顶岗实习的探索与实践	伊丽丽；刘春鸣；刘爱军；欧雅玲	中国林业教育	2009—1—15	教研教改；实习实训	3.375 930
5	浅析高等农业院校在培育新型职业农民中的作用	李澎；王铁良；岳喜庆；王海龙	农业科技管理	2014—2—26	新型职业农民培育	3.058 897
6	都市农业信息化人才需求与培养模式研究	段延娥；张威	现代教育技术	2010—7—15	计算机信息类专业	3.025 141
7	高职院校中外合作办学的人才培养模式创新——以北京农业职业学院为例	杨欣；赵庶吏；李英军；徐江	教育理论与实践	2014—1—25	人才培养、中外合作办学	2.909 536
8	创新"3+1"人才培养模式，强化都市农业人才实践能力	王慧敏；范双喜；沈文华	高等农业教育	2012—10—15	人才培养	2.834 622
9	构建以技术专业能力为本位的项目课程体系	王秀娟；李永晶	黑龙江高教研究	2008—6—5	设施农业专业	2.658 527

（续）

序号	篇名	作者	刊名	发表时间	涉及主要问题	影响值 T
10	关于高等职业院校校园文化建设的实践与思考	赵章彬	中国职业技术教育	2017—2—1	职教建设：校园文化	2.613 364
11	天津农村人力资源素质分析及开发对策	田玉敏	中国农学通报	2009—5—5	农民培训	2.597 677
12	基于区位优势的高职物业管理专业现代学徒制人才培养模式构建——以成都农业科技职业学院为例	艾斌发	职业技术教育	2017—9—10	经营、管理类专业	2.493 799
13	园林测量课程项目化教学实践	仇恒佳；单建明；戴群	中国职业技术教育	2012—8—11	园林园艺专业	2.482 069
14	高等农业职业教育人才培养模式的创新与实践	郝婧	职业技术教育	2010—5—1	人才培养	2.458 287
15	设施园艺产业发展与人才培养	杨振超；邹志荣；屈锋敏；李建明	农业工程技术（温室园艺）	2007—1—15	设施农业专业	2.450 347
16	设施农业科学与工程专业建设的探索与实践	裴孝伯；单国雷；李绍稳；朱世东	安徽农业科学	2009—11—1	设施农业专业	2.448 837
17	国（境）外农业教育体系研究	刘立新；刘杰	中国职业技术教育	2015—4—21	农民培训：各国职教	2.448 240
18	项目教学法在高职旅游规划课程中的应用	王娜	中国职业技术教育	2013—1—11	休闲农业专业	2.445 462
19	都市农业发展中新型职业农民培训的绩效评估与分析——基于规模示范合作社农户的实地调查	刘益曦；胡春；于振兴；谢志远；张呈念	江苏农业科学	2017—04—06	农民培训	2.338 290
20	农业高职机电类专业实施"双证书"制度探索——以苏州农业职业技术学院为例	时忠明	职业技术教育	2013—12—10	机电类专业	2.271 256
21	辽宁新农村建设对农业高职教育人才需求的调查与分析	张英；田洪彦	辽宁教育研究	2006—8—25	人才培养	2.255 627
22	我院"一二三四"式实践教学体系的构建	梁秀文；郭玉梅	中国职业技术教育	2007—8—1	教研教改	2.254 466
23	我国南方园艺专业复合型人才培养模式改革研究	黄建昌；周厚高；刘念	安徽农业科学	2011—3—10	园林园艺专业	2.233 351
24	都市型高等农业院校人才培养模式的改革与实践	王有年；杜晓林；范双喜	高等农业教育	2009—01—15	人才培养	2.233 265

（续）

序号	篇名	作者	刊名	发表时间	涉及主要问题	影响值 T
25	北京农村职业教育实践中存在的问题及对策建议	陶春；吴智泉	资源与产业	2011—5—20	职教建设	2.213 677
26	高职设施农业技术专业实施工学结合、联合培养模式的实践探索	王秀娟	中国职业技术教育	2008—1—11	设施农业专业	2.208 285
27	农林院校产教融合服务乡村振兴战略的探索与实践	李振陆；叶琦尹江海	中国农业教育	2018—6—10	校企结合	2.134 534
28	内蒙古农牧业科技园区休闲农业建设的实践与探索	王怀栋；李明郝拉柱；葛茂悦	湖北农业科学	2012—1—20	休闲农业专业	2.127 093
29	"双线四段、筑园塑人"人才培养模式的创新与实践	周军；成海钟钱剑林；潘文明；李臻	中国职业技术教育	2015—6—11	园林园艺专业	2.119 525
30	设施农业科学与工程专业人才培养模式研究与实践	高洪波；张广华吴晓蕾；李敬蕊；李守勉	河北农业大学学报（农林教育版）	2007—12—15	设施农业专业	2.116 218
31	慕课视野下高职计算机应用基础教学改革研究	叶煜；邹承俊雷静	当代职业教育	2015—11—15	计算机信息类专业	2.094 922
32	现代职业农民培养的苏南模式	马国胜；李振陆邱学林	中国职业技术教育	2014—2—1	农民培训	2.090 873
33	日本农业职业教育的做法与启示	杜保德；李玉冰赵素英；胡天苍；李志勇	北京农业职业学院学报	2008—1—20	各国职教	2.021 769
34	农业高校在服务都市农业中提升核心竞争力研究	赵向华；张文峰	江苏高教	2017—3—5	职教建设	2.016 920
35	农业职业教育服务新农村建设的探索和实践	李凌	教育与职业	2007—7—11	职教建设	2.006 427
36	"都市圈"发展与农村职业教育——发达国家的启示	范安平；张挚	继续教育研究	2010—8—15	农民培训	1.995 434
37	关于高职涉农专业学生职业素质培养的实践——以观光农业专业为例	邱迎君；易官美	职教论坛	2011—10—15	休闲农业专业	1.964 898
38	"复合应用型食品科学与工程"卓越农林人才培养体系构建与探索	辛志宏；董洋徐幸莲	中国农业教育	2016—8—10	食品及生物类专业	1.949 211

（续）

序号	篇名	作者	刊名	发表时间	涉及主要问题	影响值 T
39	设施农业科学与工程专业实践教学体系的建设与改革	张保仁；曹慧；李媛媛；姜倩倩	中国农业教育	2012—12—10	设施农业专业	1.945 758
40	21世纪的农业与高等农业教育的人才培养	许祥云；彭泰中	高等农业教育	2000—5—30	人才培养	1.941 461
41	基于沿海都市型现代农业需求的人才培养对策	张雅光	广东农业科学	2011—9—10	人才培养	1.931 142
42	创新设施农业技术专业人才培养模式	祁连弟；赵永旺；张琨；徐艳玲；康丽敏	中国职业技术教育	2014—3—11	设施农业专业	1.923 494
43	"互联网＋"视域下农业职业教育教学改革路径探索与实践	李辉；任华；罗敏	中国农业教育	2017—4—10	教研教改	1.905 486
44	建立适应都市型农业的高等农业职业教育体系	庄连雄	教育发展研究	1999—12—30	职教建设	1.896 748
45	创建福建地域特色设施农业科学与工程专业的思考	郑诚乐；林义章；林碧英；吴少华；郝志龙	福建农林大学学报（哲学社会科学版）	2008—3—5	设施农业专业	1.884 195
46	高职农业院校机电类专业创新教学方向的研究	陶杰；夏春风；沈长生；马燕平	中国农机化	2011—7—25	机电类专业	1.877 518
47	都市型现代农业高技能人才培养改革与实践	王晓华；崔砚青；王振如；王福海；崔坤	中国职业技术教育	2015—9—11	人才培养	1.813 191
48	农业现代化进程中农科高职专业课程转型升级的实践探索	李振陆；赵茂锦；夏红；束剑华；尤伟忠	中国职业技术教育	2017—11—11	教研教改	1.804 747
49	学分制下设施农业科学与工程专业课程体系建设	陈友根；王冬良；陶鸿；裴孝伯；单国雷	安徽农业科学	2010—5—10	设施农业专业	1.799 691
50	北京农业职业教育发展对策研究	杜保德；李凌	中国职业技术教育	2008—8—11	职教建设	1.795 891
51	《都市农业装备应用技术》高职专业课程研究	吕亚州；蒋晓	中国农机化学报	2019—11—15	设施农业专业	1.785 718
52	服务都市型现代农业发展 培养应用型专门人才	郑文堂；华玉武；高建伟	中国高等教育	2013—9—18	人才培养	1.777 177

（续）

序号	篇名	作者	刊名	发表时间	涉及主要问题	影响值 T
53	旅游管理（游憩与公园管理）专业本科人才培养思考	罗芬；钟永德；罗明春；胡旭辉；袁建琼	中南林业科技大学学报（社会科学版）	2014—12—15	休闲农业专业	1.765 349
54	浅谈高等农业职业教育人才培养模式的变革与特征	李秀华；郝婧	中国职业技术教育	2011—6—11	人才培养	1.763 831
55	农业高职院校服务北京新农村建设的思考及策略	郝婧	中国职业技术教育	2009—9—21	职教建设	1.757 953
56	突出职教特色走产学研一体化办学之路——苏州农业职业技术学院校办产业模式的实践探索	石丽敏；叶琦	中国职业技术教育	2008—12—11	校企结合	1.746 328
57	"工学研融合、四段递进式"人才培养模式的研究与实践——以成都农业科技职业学院为例	周路	黑龙江畜牧兽医	2016—07—29	畜牧兽医专业	1.745 764
58	都市型农业与都市型农业院校创新人才培养	王会文	安徽农业科学	2011—5—20	人才培养	1.734 982
59	高职园艺技术专业"六园一体"校内生产性实训基地建设的探索与实践——以苏州农业职业技术学院为例	李寿田；钱剑林；唐蓉；钱兰华；汪成忠	职教通讯	2013—5—20	园林园艺专业	1.705 263
60	基于沿海都市型现代农业背景下的"三创一基"人才培养——以天津农学院为例	王立春；马文芝；卢绍娟	安徽农业科学	2011—3—20	人才培养	1.703 856
61	农业职业教育服务现代都市农业研究	杨长荣；周瑾	中国职业技术教育	2012—1—21	职教建设	1.688 413
62	设施农业科学与工程本科专业实践教学的改革与创新——以华中农业大学为例	黄远；程菲；张俊红；李国怀；张余洋	高等农业教育	2017—2—15	设施农业专业	1.672 794
63	关于天津沿海都市型现代农业人才培养的探讨	郑亚勤	天津农学院学报	2007—12—31	人才培养	1.671 410
64	经济发达地区涉农企业对农科人才需求结构调查及高校教育策略分析	张天保；李俊龙；吴彦宁；王恬；胡锋	高等农业教育	2012—3—15	教研教改	1.667 618

（续）

序号	篇名	作者	刊名	发表时间	涉及主要问题	影响值 T
65	园艺专业创新型人才培养模式研究与实践	李贺;刘月学;叶雪凌;王春夏;李天来	沈阳农业大学学报（社会科学版）	2015—11—15	园林园艺专业	1.662 065
66	北京农业职业教育人才培养的主要问题及改进建议	冯学会	中国职业技术教育	2017—12—21	人才培养	1.648 633
67	都市型农学专业人才培养模式的形成与实践——以北京农学院农学专业为例	谢皓;潘金豹;陈学珍	中国农业教育	2012—2—10	农学专业	1.636 586
68	都市农业背景下农业院校学科建设的策略	赵向华	高等农业教育	2014—5—15	教研教改	1.635 193
69	以特色促发展 建设都市型现代农林大学	王慧敏	中国高等教育	2013—12—3	职教建设	1.617 841
70	扎实推进示范建设 创建一流农业职业学院	崔砚青;王振如	中国高等教育	2011—3—18	职教建设	1.614 893
71	沿海都市型农业院校本科专业人才培养方案适应性调整的思考——以天津农学院为例	边立云;马文芝;田健;刘慧	广东农业科学	2012—2—10	人才培养	1.609 978
72	农林经济管理专业方向建设思考	江金启;张广胜;刘强;吴东立	沈阳农业大学学报（社会科学版）	2015—3—15	经营、管理类专业	1.599 238
73	构建推广教授体系，服务北京都市现代农业	王慧敏;范双喜;沈文华	高等农业教育	2012—8—15	教研教改	1.598 421
74	动物科学与医学专业创新创业教学体系思考	李林;何剑斌;董婧;杨淑华;白文林	沈阳农业大学学报（社会科学版）	2016—11—15	畜牧兽医专业	1.597 216
75	城镇化过程中城郊农民继续教育意识的培养	张迪	中国成人教育	2017—03—21	农民培训	1.581 629
76	现代都市农业发展需求视域下的职业农民培育路径	许爱萍	农业科技管理	2015—8—26	农民培训	1.581 602
77	农业职业院校"植物生长周期循环"人才培养模式的探索与实践	赵晨霞;冯社章;王春玲;毕红艳	中国职业技术教育	2011—3—1	园林园艺专业	1.580 879
78	北京农业类高职专业发展现状的思考	郭玉梅;梁秀文	中国职业技术教育	2009—4—11	教研教改	1.567 123

（续）

序号	篇名	作者	刊名	发表时间	涉及主要问题	影响值 T
79	都市农业背景下的农业高职教育教学改革	方蕾	中国成人教育	2010—11—30	教研教改	1.566 877
80	新型农业经营体系构建与农业高职教育专业体系优化	束剑华；刘海明；邹雨刚；许乃霞；仲子平	江苏农业科学	2014—9—25	教研教改	1.564 467
81	深化内涵育人才彰显特色惠"三农"——苏州农业职业技术学院升格高职院10周年巡礼	解鹏；郭志海	中国职业技术教育	2012—1—1	各类职校	1.558 280
82	试论北京农业职业教育	李秀华；	中国职业技术教育	2007—11—11	职教建设	1.557 789
83	浙江休闲农业人才培养规范发展探讨	张建国	浙江农业科学	2015—03—02	休闲农业专业	1.546 730
84	为都市农业培养创业型园艺人才的实践与思考	顾勤；朱士农；王春彦；罗羽洵	金陵科技学院学报	2010—3—30	园林园艺专业	1.540 520
85	关于新型职业农民队伍建设的思考	张耀川；马俊哲；李凌	北京农业职业学院学报	2012—7—20	新型职业农民培育	1.536 995
86	绿色发展理念下京郊生态农业人才培养体系创新研究	李婷君；华玉武	农业展望	2017—1—28	人才培养	1.535 731
87	"技术管理型"食品质量与安全专业人才培养改革及实践	辛志宏；史秋峰；胡秋辉；陆兆新	中国农业教育	2009—12—10	食品及生物类专业	1.534 337
88	黑龙江农业工程职业学院"校农联合双主体"人才培养模式	程宇	职业技术教育	2010—10—10	设施农业专业	1.532 519
89	办好农业专家大院 推进产学结合——农业高职院校服务社会主义新农村建设的探索	卢晓东	中国职业技术教育	2008—2—11	校企结合	1.524 382
90	都市型高等农业院校人才培养模式研究与实践	范双喜；董跃娴；吴晓玲	高等农业教育	2009—1—15	人才培养	1.523 596
91	涉农专业中高职衔接的思考——以成都农业科技职业学院畜牧兽医类专业为例	邓继辉；姜光丽；黄雅杰；张平	黑龙江畜牧兽医	2015—11—20	畜牧兽医专业	1.496 580
92	高职创新创业人才培养要向绿色职教转型	丁继安；方东傅	职业技术教育	2013—12—25	园林园艺专业	1.478 062
93	农业职业人才供求：北京样本	李秀华	职业技术教育	2011—8—25	人才培养	1.473 566

（续）

序号	篇名	作者	刊名	发表时间	涉及主要问题	影响值 T
94	经济新常态下服务都市型农业高校人才培养的思考	刘慧；田秀平	继续教育研究	2017—6—15	人才培养	1.463 219
95	"五位一体"：高职教育科学发展机理研究——基于职教转型视角的实践创新	杜保德；李凌；王力红	高等农业教育	2014—5—15	职教建设	1.462 375
96	都市园艺及其人才需求分析	何金明；肖艳辉	高等农业教育	2010—7—15	园林园艺专业	1.457 861
97	动植物检疫专业实践教学体系的构建研究	尹荣焕；刘宝山；韩小虎；原婧；尹荣兰	黑龙江畜牧兽医	2015—10—10	畜牧兽医专业	1.448 782
98	打造高素质的"双师型"教学团队以促进高等职业教育科学发展——师资队伍建设系列研究之一	张平；邓继辉	黑龙江畜牧兽医	2013—11—20	教研教改	1.444 091
99	高职水利类专业课程设置与教学体系构建研究	张玉福；左宏明；肇承琴；黄晓辉；崔瑞	辽宁高职学报	2010—5—20	水利专业	1.443 635
100	北京市农民科技素质及影响因素的实证研究	陈俊红；王爱玲；周连第	北京市经济管理干部学院学报	2009—3—15	农民培训	1.443 499
101	SWOT分析视角下新型职业农民高职教育研究	李凌	高等农业教育	2018—12—15	农民培训	1.439 631
102	励志耕耘惠"三农"融入国际育人才	成海钟；顾金峰	中国职业技术教育	2007—4—11	各类职校	1.433 769
103	培养具备可持续发展能力的新型职业农民新思考——以成都农业科技职业学院畜牧兽医专业为例	邓继辉	黑龙江畜牧兽医	2014—7—20	农民培训	1.417 309
104	高职专业教学资源库建设与实践——以成都农业科技职业学院畜牧兽医及相关专业为例	尹洛蓉	黑龙江畜牧兽医	2015—12—20	畜牧兽医专业	1.412 992
105	观光农业专业教学中存在的问题与改革措施	李发生；田凯先	安徽农业科学	2009—12—31	休闲农业专业	1.405 491
106	都市型现代农业园艺人才培养的探索与实践——以金陵科技学院为例	宰学明；朱士农；崔群香；王春彦	宁夏农林科技	2011—10—10	园林园艺专业	1.391 863

（续）

序号	篇名	作者	刊名	发表时间	涉及主要问题	影响值T
107	高职焙烤专业创业教育的探索与思考	华景清；蔡健；徐良	农产品加工（学刊)	2010—10—25	食品及生物类专业	1.389 885
108	食品专业校内实训基地建设的探索与实践	王薇	农业科技管理	2009—12—26	食品及生物类专业	1.379 776
109	食品营养与检测专业教学改革与实践——以苏州农业职业技术学院为例	夏红；刘桂香；王波	四川烹饪高等专科学校学报	2013—3—10	食品及生物类专业	1.379 748
110	基于现代生态循环农业的大学生创新创业能力培养	周靓；田进；饶家辉	黑龙江畜牧兽医	2019—8—10	生态、环境类农业；就业创业	1.371 707
111	提升理念重内涵突出特色谋发展——北京农业职业学院办学实践	崔砚青；王振如	中国职业技术教育	2008—4—11	职教建设	1.366 520
112	高职园林技术专业"1+1+1"工学结合人才培养模式研究	黄顺；潘文明；唐蓉；尤伟忠	现代农业科技	2009—9—10	园林园艺专业	1.358 888
113	服务 走出一片天——北京农业职业学院服务"三农"侧记	刘红；	中国职业技术教育	2007—3—11	校企合作	1.356 694
114	高职院校开展职业技能竞赛的探索与实践	王晶；崔宝发；张满清；李桂伶	黑龙江畜牧兽医	2015—1—20	教研教改	1.350 369
115	服务成都都市现代农业，建设特色休闲农业专业——以成都农业科技职业学院休闲农业专业建设为例	熊丙全；杨铱；阳淑；万群	中国农业教育	2018—2—10	休闲农业专业	1.348 277
116	以科普文化平台为载体强化品牌专业的内涵建设——以苏州农业职业技术学院园艺技术专业为例	韩鹰；陈军；束剑华	中国农业教育	2017—2—10	园林园艺专业	1.346 312
117	新形势下我国高等农业院校种业人才培养策略探讨	王州飞；张红生	中国农业教育	2013—6—10	籽种专业	1.345 316
118	基于高职"理实一体化"的动物繁殖课程设计的几点思考	付静涛；乔利敏；韩杰；肖西山	黑龙江畜牧兽医	2017—5—20	畜牧兽医专业	1.343 213
119	用全纳教育理念指导农业职业培训	毛建；易林；曾红；郑光树	成人教育	2013—9—20	农民培训	1.341 799
120	高职院校现代学徒制试点教育现状分析——以成都农业科技职业学院为例	罗丹丹；张平；杨洋；陈艳	中国农业教育	2017—2—10	教研教改	1.335 086

（续）

序号	篇名	作者	刊名	发表时间	涉及主要问题	影响值 T
121	休闲农业女性人才的培养路径探析——基于利益相关者理论的思考	董霞；郭华	农业展望	2019—10—28	休闲农业专业	1.323 628
122	农业高职院校的定位、特色与发展	许亚东	高等农业教育	2011—9—15	职教建设	1.321 518
123	高等院校动植物检疫专业人才培养方案的比较研究	尹荣焕；白文林；原婧；刘宝山；韩杰	黑龙江畜牧兽医	2018—7—20	畜牧兽医专业	1.321 179
124	沿海都市型现代农业发展视域下天津农林高校大学生创新能力培养模式探究	杜丽华；沈高峰	天津农业科学	2018—1—1	教研教改	1.305 053
125	工学结合模式下实训基地建设的探索与实践——以北京农业职业学院为例	王晶；王晓华；程文华；崔坤	黑龙江畜牧兽医	2014—6—20	教研教改	1.303 480
126	改革农业职业教育服务休闲农业产业发展——从休闲农业的发展谈职业教育的改革创新	谈再红；姚季伦	湖南农业科学	2014—1—28	休闲农业专业	1.295 062
127	高等农业职业教育课程创新研究——以成都农业科技职业学院为例	吴学军	高等农业教育	2007—12—15	教研教改	1.288 276
128	以高技能型人才培养为目标建设实训基地	周广和；崔坤	北京农业职业学院学报	2009—1—20	教研教改；人才培养	1.279 658
129	农科教融合培养都市园艺人才的探索与实践	宰学明；朱士农；孙丽娟；王春彦	安徽农业科学	2012—11—1	园林园艺专业	1.269 670
130	面向天津农业发展的农学专业人才培养模式研究	陈宏涛；吴锡冬；曹丽颖	山西农业大学学报（社会科学版）	2010—6—15	农学专业	1.260 006
131	四川农业大学森林资源保护与游憩本科专业人才培养目标探析	李梅；万英平；郭东力；沈迪玉	四川农业大学学报	2004—12—30	休闲农业专业	1.259 468
132	高校远程教学联盟平台及课程资源共享建设探索——以南京农业大学继续教育学院为例	徐凤国；单正丰	中国农业教育	2012—12—10	继续教育与培训	1.245 808
133	苏州农业职业技术学院专业建设的实践与思考	蔡健；王薇	农业科技管理	2009—2—26	教研教改	1.240 799

（续）

序号	篇名	作者	刊名	发表时间	涉及主要问题	影响值 T
134	北京农业职业学院中外合作办学实践与思考	赵庶吏；李英军	北京农业职业学院学报	2012—9—20	合作办学	1.233 986
135	高等农业职业教育的发展现状与对策研究	王福海；马俊哲；李凌	北京农业职业学院学报	2013—11—20	职教建设	1.221 595
136	连锁经营与管理专业工学交替人才培养模式的探索	殷志扬	科技情报开发与经济	2010—1—25	经营、管理类专业	1.221 193
137	循环农业人才培养需"三"思而行	刘纯阳	湖南农业大学学报（社会科学版）	2010—4—15	生态、环境类专业	1.213 450
138	基于校企合作背景下学生职业素质教育探析——以成都农业科技职业学院畜牧兽医分院为例	姜光丽；唐阚勇	当代职业教育	2011—9—15	畜牧兽医专业	1.209 915
139	关于京津冀都市型现代农业职业教育协同发展的思考	鄢毅平	北京农业职业学院学报	2017—3—20	职教建设	1.204 154
140	都市型农业背景下农业院校研究生实践能力的培养——以兽医学为例	崔君；周庆强；金天明；马吉飞	天津农学院学报	2019—6—30	畜牧兽医专业	1.188 757
141	校企共建养猪专业学院深化人才培养模式初探	邓继辉	黑龙江畜牧兽医	2013—12—10	畜牧兽医专业	1.187 302
142	建设设施农业科学与工程专业的思考	王丽娟；边珊璐；王学利；李树和；刘海荣	天津农学院学报	2012—12—31	设施农业专业	1.185 762
143	现代学徒制模式在本科院校人才培养实践中的借鉴与探索——以沈阳农业大学为例	韩杰；白文林；尹荣焕；原婧；陈晓月	畜牧与饲料科学	2017—11—03	人才培养	1.176 391
144	如何搞好都市现代农业中的农民技能培训工作	高佳	天津农业科学	2013—2—1	农民培训	1.173 016
145	园艺园林类高职在校大学生创业现状调查及对策研究——以苏州农业职业技术学院为例	戴培培；尤伟忠；陈君君；李寿田	学理论	2011—12—10	园林园艺专业	1.169 580
146	"寓学寓工校企共育"创新人才培养模式的研究与实践——以苏州农业职业技术学院食品专业为例	李海林；许建生；尤荣；胡强	农产品加工（学刊）	2013—10—20	食品及生物类专业	1.162 991

（续）

序号	篇名	作者	刊名	发表时间	涉及主要问题	影响值T
147	高职院校种子种苗生产技术课程改革探讨	靳晓翠	园艺与种苗	2012—6—15	设施农业专业	1.144 068
148	中国与加拿大小动物医学专业高等职业教育的思考——以北京农业职业学院与加拿大圣力嘉学院为例	李志；刘朗	黑龙江畜牧兽医	2012—12—20	畜牧兽医专业	1.131 770
149	高职园林工程专业人才培养目标和教学改革探讨——以成都农业科技职业学院园林工程技术专业为例	王占锋；苏婷婷	现代园艺	2011—7—25	园林园艺专业	1.126 117
150	基于教学标准制定的休闲农业专业调研报告	许建民；颜志明；熊丙全；陈彦汝；左宏琴	高等农业教育	2018—10—15	休闲农业专业	1.121 998
151	动物医学专业人才培养模式探讨	于立辉；赵玉军；张文亮；刘明春；陈晓月	沈阳农业大学学报（社会科学版）	2005—12—30	畜牧兽医专业	1.118 150
152	高职水产养殖专业现代学徒制人才培养模式的实践	李成伟；李月英；吴宏伟；刘海燕；姜光丽	职业教育研究	2019—3—8	畜牧兽医专业	1.115 914
153	高职院校学生顶岗实习与青年教师企业实践结合模式探索——以苏州农业职业技术学院环境类专业为例	于淼；李冠华	教育教学论坛	2018—4—4	生态、环境类专业；校企结合	1.103 240
154	广州等市城郊型农村职业技术教育的改革	梁友君；	人民教育	1992—10—27	教研教改	1.102 096
155	设施农业科学与工程专业发展探析	侯金锋；袁凌云；陈国户；汪承刚；朱世东	现代农业科技	2018—11—20	设施农业专业	1.094 375
156	高职院校农业类专业创业教育的探索与实践——以成都农业科技职业学院为例	万群；阳淑；熊丙全	职业教育研究	2015—9—8	就业创业	1.088 476
157	提高人才培养质量的思考——以苏州农业职业技术学院为例	蔡健	农产品加工（学刊）	2012—6—25	人才培养	1.076 582

（续）

序号	篇名	作者	刊名	发表时间	涉及主要问题	影响值 T
158	以都市应用为目标的园艺专业人才培养模式探索	姚岭柏；韩海霞	安徽农业科学	2017—01—21	园林园艺专业	1.075 831
159	引入市场机制，构建高职设施农业专业校内实践教学新模式	费显伟；张立今；王国东；富新华	高等农业教育	2003—4—30	设施农业专业	1.075 786
160	高职《水生生物》课程信息化教学改革与实践	刘海燕；吴宏伟；李月英；李成伟；陈淼	畜牧与饲料科学	2018—01—26	畜牧兽医专业	1.072 321
161	跨区域合作办学的理念创新与实践探索——以北京农业职业学院为个案的研究	马俊哲；李凌	北京农业职业学院学报	2012—1—20	合作办学	1.045 320
162	高职院校课堂教学质量评价体系的改进与实践——以北京农业职业学院为例	杨学坤；刘琳	北京工业职业技术学院学报	2019—11—25	教研教改	1.034 029
163	森林生态旅游专业教学标准研制调研报告	屈中正；李蓉；郑新红	湖南生态科学学报	2019—12—25	休闲农业专业	1.032 815
164	以科技项目为载体，培养都市农业创新型园艺人才	纪易凡；宰学明；孙丽娟；朱士农	中国园艺文摘	2013—1—26	园林园艺专业	1.028 113
165	都市型农业及其人才培养问题	卜妙金	仲恺农业技术学院学报	2001—3—30	人才培养	1.023 242
166	森林资源保护与游憩专业人才培养目标与人才培养模式探讨	周梅；刘殿国；丛林；段科德；刘尧	中国林业教育	2003—7—20	休闲农业专业	1.009 750
167	高职院校休闲农业专业校外实训基地建设研究	蔡会敏	高等农业教育	2019—10—15	休闲农业专业	1.004 729
168	高职院校《观光农业概论》课程教学改革探讨	吴松芹；陈素娟	园艺与种苗	2015—10—15	休闲农业专业	1.004 670
169	高等职业教育设施农业专业人才培养目标和培养模式的构建	费显伟；周贵平；富新华	高等农业教育	1999—7—30	设施农业专业	1.003 667
170	论都市型现代农业人才培养创新——以北京农学院为例	白艳娟；刘蓬勃；刘芳	安徽农业科学	2014—12—12	人才培养	1.002 182

第3章
"都市农业职业教育"专题文献
分类、选摘及要点分析

3.1　"都市农业职业教育"专题文献分类

　　经过排序计算和再次筛选出文献影响力数值大于均值的文献共有170篇，对这些文献进行集中的整理、选摘和研究，通过精读，对内容进行系统的梳理、归纳和提炼，试图从中总结出有意义的经验教训，并得到有关的发展规律和变化趋势。必须通过逐篇通读、精读文献全文，主要根据文献的主题和摘要，找出主要观点、重要论述和有价值的、具有示范性的事例，做摘录，并进行一定程度的总结、分析、提炼，总结出每篇文献的重点，以及对现实有启发、指导意义的主要观点。

　　基于对这些文献的内容分析，根据这些文献内容所侧重的有关都市农业职业教育某方面的主要问题，比如有关职教建设、教研教改、专业建设、人才培养、农民培训等进行大致分类。

3.2　都市农业职业教育中有关职教建设、教研教改与人才培养专题文献的选摘及要点分析

　　170篇文献中有关职教建设（包括校园文化、校企结合、就业创业、合作办学等）以及教研教改和人才培养的文献共有72篇。其中有关职教建设（包括校园文化、校企结合、就业创业、合作办学等）的文献有28篇，有关教育研究教学改革问题的有21篇文献，有关人才培养的有23篇文献。

3.2.1　都市农业职业教育中有关职教建设专题文献的选摘及要点分析

　　28篇有关职教建设的文章中，有关北京农业职业学院的有15篇，占绝大

多数。其他的有苏州农业职业技术学院 4 篇，成都农业科技职业学院 3 篇等。
可以看出，北京农业职业学院在有关职教建设各方面问题的研究上表现活跃且
突出。苏州农业职业技术学院、成都农业科技职业学院位居其后（表 3-1、
图 3-1）。

表 3-1　有关"职教建设"高影响值专题文献纲要及
主要论述选摘（按单篇影响值从大到小排序）

序号	篇名	作者单位	发表时间	影响值	涉及方面	纲要及主要论述选摘
1	基于 AHP 法的我国农业高等职业院校大学生创业能力评价	北京农学院	2010-12-26	4.888 996	就业创业，创业能力评价	进行抽样调查，同时结合德尔菲法构建了农业高职院校大学生的创业能力指标评价体系。准则层 B 有 4 个指标，方案层 C 共有 15 个指标，运用 AHP 法得到指标体系权重，并运用 AHP 法对北京农学院城乡发展学院和北京农业职业学院的大学生创业能力进行评价，得到结论：北京农学院城乡发展学院、北京农业职业学院大学生整体创业能力一般
2	强化产学研结合突出高职教育特色	北京农业职业学院	2007-3-11	3.394 375	校企结合	高职院校产学研结合的特征：实践性、互补性、产业性、统一性。 北京农职院产学研结合的主要形式：院-企结合形式、院-村结合形式、院-地结合形式
3	关于高等职业院校校园文化建设的实践与思考	北京农业职业学院	2017-2-1	2.613 364	职教建设：校园文化	应打造以社会主义核心价值观为核心，以劳动文化为重点，以专业文化为支撑的校园文化体系。 把社会主义核心价值观作为校园文化建设的核心，把劳动文化作为校园文化建设的重点，打造特色鲜明的专业文化体系。 坚持和完善了"以德为先全面育人，以实践教学为主体，办学与服务双赢，开放办学不断创新"的四大办学理念，持续开展"五个一"文化建设工程，完成《都市型现代农业高技能人才培养改革与实践》并获得职业教育国家级教学成果一等奖。

（续）

序号	篇名	作者单位	发表时间	影响值	涉及方面	纲要及主要论述选摘
3	关于高等职业院校校园文化建设的实践与思考	北京农业职业学院	2017-2-1	2.613 364	职教建设：校园文化	一是兰花文化建设；二是茶文化建设；三是彩林文化建设；四是花卉制作文化建设；五是宠物文化建设；六是马术文化。 高等职业教育与区域经济社会发展关系最直接、最密切，其培养对象是为满足生产一线岗位需要的技术技能型人才
4	北京农村职业教育实践中存在的问题及对策建议	中国地质大学	2011-5-20	2.213 677	职教建设	开发农村职业教育资源对北京新农村建设的积极作用：发展农村职业教育是北京市推进都市型农业的迫切需要，发展农村职业教育是北京市生态文明建设的客观要求，发展农村职业教育是农民希望成为新型农民的主观要求，发展农村职业教育是提升农村教育水平的重要保证。 存在的问题：职业教育布局不合理；教育队伍缺乏稳定性，人才流失严重；教学实践环节薄弱，缺乏系统安排；教育内容设置特色不明显，针对性不强；教育方式难以调动学习自主性。 对策建议：树立城乡职业教育体系统筹发展战略，一方面是吸引优秀人才到农村去，另一方面是提升农民职业教育水平、培养农民职业素养；针对北京市农村存在着经济、社会、教育水平发展不平衡问题，结合北京农村产业结构调整制定农村职业教育多元化、分层化的发展策略；创新农村职业教育模式与机制。教学方法上，更要贴近农民知识水平和农村发展实际，可以结合讲授法、案例教学法、示范教学法、情景模拟法、科普推广法、反馈性指导法等多种方法和手段。大力发展"订单式"培养模式

（续）

序号	篇名	作者单位	发表时间	影响值	涉及方面	纲要及主要论述选摘
5	农林院校产教融合服务乡村振兴战略的探索与实践	苏州农业职业技术学院	2018-6-10	2.134 534	校企结合	乡村振兴战略是新时代"三农"工作的总抓手，农林院校是推动乡村振兴的重要力量。农林院校产教融合服务乡村振兴战略的实践探索：实施多方联动，创新办学机制，形成服务乡村振兴战略的合力。优化专业布局，汇聚专业资源，提升服务乡村振兴专业能力。改革培养模式，实现精准培育，构建新型职业农民培育苏南模式。整合多方资源，共建合作平台，夯实服务乡村振兴基础保障。加强政策引导，实施为农服务，加强农业科技服务队伍建设
6	日本农业职业教育的做法与启示	北京农业职业学院	2008-1-20	2.021 769	各国职教	日本农业教育5个层次，即大学本科教育、农业大学校教育、农业高等学校教育、就农准备学校教育和农业指导士教育。农业职业教育应该是复合化、综合化的；农业职业人才培养模式应向以职业岗位综合能力为基础的现代职业教育模式转轨；职业教育必须突出实践能力的培养；重视学生的文化素质教育与职业素质教育，日本非常重视促进学生的全面发展；农业职业教育也要适应时代发展的要求；坚持理论和实践的统一，培养复合型、应用型的通才；职业教育是培养能工巧匠的教育，必须有能说会干的、高素质的师资队伍。瑞穗农艺高等学校设有培养、研究和进修等机构。实践教学与理论教学的比重为8：2，在校学生数普遍较少，而配备的教师比例则比较大。主观上并没有重视实践教学内容，师资配备不足是制约我国当前农业职业教育高技能人才培养水平的一个重要因素。

（续）

序号	篇名	作者单位	发表时间	影响值	涉及方面	纲要及主要论述选摘
6	日本农业职业教育的做法与启示	北京农业职业学院	2008－1－20	2.021 769	各国职教	产学研结合、集团化模式办学。重视通才教育是当今世界职业教育发展的一个重要趋势
7	农业高校在服务都市农业中提升核心竞争力研究	仲恺农业工程学院	2017－3－5	2.016 920	职教建设	强化学科建设，为农业高校提供持续发展的动力；提高人才培养质量，提升农业高校美誉度；打造文化力，不断激发师生凝心聚力谋发展积极性；创新管理体制机制，持续厚植农业高校核心竞争力"沃土"
8	农业职业教育服务新农村建设的探索和实践	北京农业职业学院	2007－7－11	2.006 427	职教建设	1. 科学发展观和城乡统筹发展是农业职业教育服务新农村建设的思想基础和历史背景。 2. 服务新农村建设符合职业教育发展的特点和规律。 农业职业教育服务新农村建设的模式创新：（1）开展多样化人才服务模式。（2）综合服务模式。（3）产学研合作服务模式。 农业职业教育服务新农村建设的体制构建和机制优化。首先，政府和职业院校之间要形成互动的利益参与机制；其次，职业教育院校要在校内构建服务新农村建设的有效体制和机制
9	建立适应都市型农业的高等农业职业教育体系	上海农学院学生处	1999－12－30	1.896 748	职教建设	建立适应都市型农业发展的高等农业职业教育体系是加快上海现代化发展的需要。 保证农业经济增长方式由粗放型向集约型转化，需要培养与新的岗位群相适应的高等农业职业技术人员。

（续）

序号	篇名	作者单位	发表时间	影响值	涉及方面	纲要及主要论述选摘
9	建立适应都市型农业的高等农业职业教育体系	上海农学院学生处	1999 - 12 - 30	1.896 748	职教建设	"调整中等职教，加快高等职教，发展本科职教。"积极发展高等职业教育，是提高国民科技文化素质，推迟就业以及发展国民经济的迫切要求。 以上海农学院为主体，联合上海市农业学校和其他重点农业中专为框架，建立适应都市型农业的上海高等农业职业教育体系，以此带动各郊区农业技术教育的普及和发展。 率先实施了本科层次的高等农业职业学历教育。 将上海市农业学校逐步改制为完全的上海农学院技术分院，对进一步理顺农业职业教育体系，扩大农业高职招生数，都有积极意义。两校的联合有利于专业改革和深化，有利于减少教学课时的重复，有利于增加最新的科技知识，有利于培养上海市都市型现代化农业所需分层次、规格化的专业人才，也有利于打破条块分割，优势互补。 上海地区农业高职的发展可实行设立上海农学院二级农业职业技术学院，与上海市农业学校改制合二为一，以充分利用教育资源。 实行既分层次，又互相沟通的多种办学模式，组成高等农业职业教育立体网络体系。 可探讨实行"52""332""34"3种模式，既分层次，又相互沟通
10	北京农业职业教育发展对策研究	北京农业职业学院	2008 - 8 - 11	1.795 891	职教建设	（1）加强政府统筹，推进有序配置：①将农业职业教育纳入社会发展规划之中；②理顺农业职业教育体制，改变农业科研、教育、推广相互脱节，自成体系，

（续）

序号	篇名	作者单位	发表时间	影响值	涉及方面	纲要及主要论述选摘
10	北京农业职业教育发展对策研究	北京农业职业学院	2008 - 8 - 11	1.795 891	职教建设	各行其是的状况；③引导并激活办学机制；④政府要营造行业、企业参与农业职业教育的发展环境，加快速度制订激励政策，实现学校与企业的互动和合作。 （2）改变投入方式，加大农业职业教育的投入：①建立职业教育资助体系；②改变投入方式。 （3）更新办学理念，坚定服务宗旨。 都市型现代农业的内涵发生了根本性变化，农业已经和第二、第三产业相互融合；都市型现代农业的功能大大拓展了，发挥着社会、休闲、参与、体验、教育、生态和经济多方面的功能；都市型现代农业的视野大大开阔了，已经从区域市场、国内市场发展到国际市场，这些变化对农业职业教育的人才培养规格和专业规划提出了新的要求和挑战
11	农业高职院校服务北京新农村建设的思考及策略	北京农业职业学院	2009 - 9 - 21	1.757 953	职教建设	（1）北京不同区域新农村建设对农业高职教育提出新挑战。 （2）新农村建设区域性差异要求和服务的新要求：①生态优先，山区经济发展对农村高职教育的新要求；②平原地区，发展都市型现代农业对农业高职教育的新要求；③城乡结合部、农村小城镇发展对农业高职院校的新需求。 （3）农业高职院校服务新农村建设的策略：①把握重点，多方合作；②专业优化，培育人才；③挂职乡镇，下乡"门诊"

（续）

序号	篇名	作者单位	发表时间	影响值	涉及方面	纲要及主要论述选摘
12	突出职教特色走产学研一体化办学之路——苏州农业职业技术学院校办产业模式的实践探索	苏州农业职业技术学院	2008－12－11	1.746 328	校企结合	我院校办产业的发展，为学院提供了教学实践、双师培训、技术开发"三大保障"；强化了专业资源、人才资源、产业资源"三源整合"；突出了经营功能、服务功能、示范功能"三项功能"；实现了教育效益、社会效益、经济效益"三效并举"。 依托优势专业，成立校办企业，职教兴产；优化人才培养，改革教学模式，深化实践教学，培养创新人才；以科研项目为先导，以科技成果转化和推广为突破口，促进校办产业的发展；大力推进实训基地建设，构建校办产业模式运作平台。 围绕专业办产业，突出专业特色；参与市场竞争，建立现代企业制度，突出管理特色；办好产业促专业，突出培养特色；紧扣区域经济，突出服务特色，利用"公司＋农户"合作模式。 多方合作，建立专业建设指导委员会，优化人才培养方案；整合课程内容，改革教学方式，构建实践教学体系。 加大经费投入，争取科研项目，实现科研与教学相结合；加速科技成果转化和推广，科技兴农，利用学校科研优势，向企业和农民提供技术指导，依托科研项目，成立农村经济协作协会，指导农民生产。 构建以"一体两翼四地"为基本格局的校办产业模式平台；积极拓展校内外实训基地，共享资源逐步形成了"学院＋公司（基地）＋农户（学生）"的校办产业模式。 形成研究开发→基地示范→应用推广→技术指导→多方共赢的良性循环。

（续）

序号	篇名	作者单位	发表时间	影响值	涉及方面	纲要及主要论述选摘
12	突出职教特色走产学研一体化办学之路——苏州农业职业技术学院校办产业模式的实践探索	苏州农业职业技术学院	2008-12-11	1.746 328	校企结合	实训基地是产学研结合的载体和纽带，是科技创新的源发地、科技成果的孵化器和成果转化的主战场。 依托园艺和园林专业，开办了园艺场，组建了股份制苏农园艺景观有限公司
13	农业职业教育服务现代都市农业研究	武汉都市农业培训学院	2012-1-21	1.688 413	职教建设	现代都市农业具有以下特点：多功能性、集约性、融合性、知识化。 农业职业教育在现代都市农业发展中的功能：农业职业教育有高、中等职业教育、成人教育以及各种形式的对农民短期培训。 1.人才培养 一是由经验型的乡土人才向专业的技术和管理人员过渡；二是对人才的综合素质要求更高；高技能的专业型农业人才、高水平的复合型农业人才极为短缺。 （1）经济类人才：①懂科技、会经营、善管理的涉农企业家和经营管理人才；②厚基础、宽口径、多专业、复合型的涉农科研专业人才及都市型农产品创新人才，特别是各专业领域的领军人物和学科带头人；③既懂农业技术，又懂农产品加工专业的涉农产品深加工的农业技能型人才；④懂农业技术，又有实践经验，深入农业生产产前、产中、产后开展农业科技成果推广，农产品推销的农业推广人才。 （2）生态人才：①林业、园林花卉人才；②绿色食品标准化检验检测人才；③农业生态和环境保护人才；④农业生物技术人才。 （3）服务人才：①涉农物流人才（包括涉农外贸）；②涉农会展

（续）

序号	篇名	作者单位	发表时间	影响值	涉及方面	纲要及主要论述选摘
13	农业职业教育服务现代都市农业研究	武汉都市农业培训学院	2012－1－21	1.688 413	职教建设	人才；③涉农市场中介与媒体（包括广告）人才；④涉农信息技术（包括咨询服务、数据技术）；⑤农畜产品标准化检验检测、监督、认证等人才；⑥观光农业中的服务人才，如导游、餐饮服务人员等。 　2.科技服务 　①发挥师资队伍的专业技术优势，直接参与都市农业的开发建设；②发挥农业职业院校实训基地的科技示范作用；③通过校企合作、工学交替的办学模式，将农业职业教育与都市农业发展紧密地融为一体。 　3.文化教育 　提高教育质量，主动对接现代都市农业发展需要： 　①深化教育教学改革，推进农业职业教育转型；②加大农村实用人才培训创新力度；③夯实办学基础，凸显办学特色；④加强教师队伍建设。 　农业高等职业教育大多是由农业中专升格、合并而成，多处于起步阶段，需要花大力气抓好专业建设、师资队伍建设和实验实训条件建设。 　中等农业职业教育处境尴尬，成人中等农业职业学校被边缘化。 　组建了农业职业教育集团，或农业职教园区，资源进行整合。 　推进"五大工程"：一是实施"领头雁培训工程"；二是实施"新型农民创业培植工程"；三是实施"新型农民科技培训工程"；四是实施"绿色证书培训工程"；五是实施"农业科技入户工程"。

（续）

序号	篇名	作者单位	发表时间	影响值	涉及方面	纲要及主要论述选摘
13	农业职业教育服务现代都市农业研究	武汉都市农业培训学院	2012-1-21	1.688 413	职教建设	农业职业学校数量的不断减少，生源数量逐年递减，办学条件的捉襟见肘，综合竞争实力的持续下降等问题，都是农业职业学校发展中亟待解决的问题。 农业职业教育这样的弱质行业的弱质教育继续扶持
14	以特色促发展建设都市型现代农林大学	北京农学院	2013-12-3	1.617 841	职教建设	（1）瞄准区域和行业需求，培养应用型复合型人才：①从区域和行业需求出发，明确人才培养定位；②围绕都市现代农业发展需求，调整专业结构和内涵；③以学生收获为目标，培养学生综合实践能力。 （2）应对行业和产业需求，融入科技创新主战场：①基于需求分析，搭建科技创新平台；②以需求为导向，组建优势科研团队；③贴近行业和产业需求，开展科研攻关。 （3）对接多方需求，推进特色社会服务：①对接区域发展需求，服务地方政府；②对接行业前沿需求，服务涉农企业；③对接产业一线需求，服务一线基层
15	扎实推进示范建设创建一流农业职业学院	北京农业职业学院	2011-3-18	1.614 893	职教建设	（1）突出都市现代农业是示范建设的特色。（2）创新人才培养模式是示范建设的关键。（3）学做一体课程改革是示范建设的重点。（4）专兼结合教学团队是人才培养的主体。（5）实践教学条件建设是人才培养的保障。（6）打造"三农"服务品牌是示范建设的亮点。服务机制和模式创新：机制创新，与上级主管部门形成的"院政互动"机制，"三院联动"机制，专业化服务工作机制；服务创新，"滴灌式"服务模式，"孵化式"服务模式，"链条式"服务模式

（续）

序号	篇名	作者单位	发表时间	影响值	涉及方面	纲要及主要论述选摘
16	深化内涵育人才彰显特色惠"三农"——苏州农业职业技术学院升格高职院10周年巡礼	苏州农业职业技术学院	2012-1-1	1.558 280	各类职校	坚持"服务'三农'和区域经济社会发展"的办学宗旨，坚持"内涵为主，规模适度，特色显著，竞争力提升"的办学思路。 1. 以完善条件为重点，着力增强办学能力 一是基础设施日臻完善，二是实训资源快速增加，三是招生规模趋于合理。 2. 以提高质量为核心，着力深化办学内涵 一是人才培养模式改革不断深化，扎实推进"二结合二融合"人才培养模式改革，着力增强学生的实践操作能力和创业就业能力；二是专业建设水平明显提升；强势推进，做强做特园艺技术、园林技术、食品营养、食品加工等品牌、特色专业，抢抓机遇，积极发展农业环保、物流管理、机电技术、商务外语等新兴专业，调整思路，全面提升作物生产等传统专业；三是师资队伍素质明显提高，大力实施"2222"人才建设工程，全面推进骨干教师服务能力、青年教师实践能力、兼职教师教学能力"三大能力"建设，专任教师"双师"素质比例达78%；四是就业创业优势明显增强。 3. 以社会服务为载体，着力彰显办学特色 一是科研推广水平显著提升，核心期刊211篇、SCI收录8篇、EI收录5篇；二是社会服务能力显著增强。科技结对服务
17	试论北京农业职业教育	北京农业职业学院	2007-11-11	1.557 789	职教建设	1. 农业职业教育在首都建设中的重要作用 （1）农业对首都发展的战略地位：多功能农业逐渐成为都市农业今后发展的方向。产生了新的

（续）

序号	篇名	作者单位	发表时间	影响值	涉及方面	纲要及主要论述选摘
17	试论北京农业职业教育	北京农业职业学院	2007－11－11	1.557 789	职教建设	产业，如观光农业、加工农业、创汇农业、农产品配送业。农业的服务功能更加明显，生态功能；社会功能。 （2）农业职业教育是首都农业发展的重要人才支撑。农业对于北京市的现代化，对于首都安全，均具有"否决权"的地位。"十一五"期间，北京将在全市建设5个农业发展圈，完成由城郊型农业向都市型现代农业转变。就全国而言，北京虽然并不是农业发展的重心，但许多农业企业把总部都设在北京，而且大部分企业都在北京开设了销售中心和研发中心。 2. 北京农业发展的特点及对改进农业职业教育的若干建议 （1）北京农业已经不再是单纯的种植养殖的农业，而是向观光旅游农业、生态农业方向发展。调整的力度也远远跟不上产业的需求与发展。 （2）北京是大城市小郊区。培训不系统，业务管理上没有连续性，缺乏对农职校的统筹管理与正确引导。人们更多地追求农产品的质量、健康、环保、绿色，以及新兴营养配餐业的发展。一要打破"一产""二产""三产"的惯有模式，依托产业链条的延伸将专业链拉得更远；二要站在大局看农业，看农业职业教育，未来农业职业教育的重点不仅要提高农业社会化服务体系的整体素质，培养为农业生产服务的技术人员，还要加强对农村中介化服务体系中科技和管理人员的培养。 （3）"两轴两带多中心"。将农

（续）

序号	篇名	作者单位	发表时间	影响值	涉及方面	纲要及主要论述选摘
17	试论北京农业职业教育	北京农业职业学院	2007－11－11	1.557 789	职教建设	业职业教育纳入发展规划之中，调整职教布局。根据北京地域小，农业比例低的特点提出以下几点建议：一要加大对农业专业教育的保护，缩小招生和办学规模，全部由农业部门全额拨款办学，要保证一定比例的传统农业教育；二要既重视县域经济特点，又要加强统筹，要站在全市角度，集中资金办学，实现资源共享，在直接投入上打破"一校一投入"的方式，注重以奖代补、财政贴息，鼓励学校的自主发展和自我约束相结合，如以项目形式激励学校之间的竞争与联合，采取捆绑式组合，共同开发
18	办好农业专家大院推进产学结合——农业高职院校服务社会主义新农村建设的探索	成都农业科技职业学院	2008－2－11	1.524 382	校企结合	农业专家大院不断滚动发展，现在已成为成都农业科技职业学院重要的校外办学点、生产劳动与社会实践基地。 （1）增强服务能力，彰显办学特色：①以服务"三农"为己任，促进地方经济发展；②以"育人兴农"为重心，培养农村建设人才；③以"科技强农"为抓手，推进现代化农业建设。 （2）创新办学模式，深化工学结合：①落脚农村基层，探索新的办学形式；②加强双向互动，建立长效合作机制；③不断深化发展，全面提升服务水平，一是深化"科技强农"，二是强化"服务惠农"。 （3）增强职业能力，提高教育质量：①需求驱动，加强专业建设；②工作导向，更新教学模式；③实践引领，提高师生素质

（续）

序号	篇名	作者单位	发表时间	影响值	涉及方面	纲要及主要论述选摘
19	"五位一体"：高职教育科学发展机理研究——基于职教转型视角的实践创新	北京农业职业学院	2014-5-15	1.462 375	职教建设	（1）面对现实挑战的主动反思：①高职教育的发展目标与区域经济社会发展的需求之间融合度不够、对接不够；②以院校为中心的人才培养机制、质量评价很大程度上不能适应经济社会发展的现实需要；③科学研究定位出现偏差，缺乏实际应用价值，"无机科研"成为问题；④社会服务在高职院校中缺乏地位，成为院校发展的边角料、副产品；⑤"双师型"专业化队伍建设缺乏制度化的途径的实际效果。（2）以问题为导向的自觉创新：①提升办学理念，引导、促进学院发展目标与价值的回归，主动融入到首都发展的整体目标中；②搭建工作平台，加强对社会服务工作的整体谋划，促进"三农"服务工作整体、有序、健康发展；③整合首都科技人才信息与服务资源，提升服务首都郊区"三农"的合作能力和综合水平；④改进服务制度与管理，探索建立常态化的服务机制与运行服务；⑤服务工作模式初步形成，对区域服务的带动性不断得到拓展，形成具有实际效果、解决实际问题的"滴灌式"服务模式；⑥注重培育服务工作带动机制，发挥社会服务对教师业务素质锻炼、科研团队建设、科研管理转型、实践教学丰富等方面的逆向引导、带动、服务作用。（3）对高职院校转型发展的思考：①在服务区域经济社会发展的大目标中，以重新确立高职教育的价值取向和新的发展观为着

（续）

序号	篇名	作者单位	发表时间	影响值	涉及方面	纲要及主要论述选摘
19	"五位一体"：高职教育科学发展机理研究——基于职教转型视角的实践创新	北京农业职业学院	2014-5-15	1.462 375	职教建设	力点，解决高职教育发展的"转向"问题，把高职教育发展的目标定位转变到现代的、广义的以社会为中心的"办院"（办院＝人才培养＋科学研究＋社会服务＋专业人才队伍培养）上来；②在回归社会发展需求的大坐标中，以重构高职院校的目标定位与新的绩效观为着力点，解决高职院校自身的"转型"问题；③在构建高职院校科学发展的大机制中，以培育"五位一体"融合发展与新的统筹观为着力点，解决高职院校发展的"转制"问题
20	励志耕耘惠"三农"融入国际育人才	苏州农业职业技术学院	2007-4-11	1.433 769	各类职校	1.以人才需求变化为导向适时调整专业结构（1）对传统专业赋予新的内涵。（2）开设外向型专业，培养外向型实用人才。2.围绕能力培养，加强课程建设3.专兼结合，构建培养"双师型"高职师资队伍（1）数量充足，专兼结合。（2）措施得力，成效明显：①制定人才战略，创设政策导向；②制定优惠政策，引进优秀人才；③注重师德建设，鼓励创优争先；④积极创造条件，提高素质能力；⑤坚持择优选聘，用好兼职教师。4.加强实践教学基地建设，推进产学研一体化（1）集中投入建好校内实验（训）室和实训基地。（2）校企合作努力建设校外实训基地

（续）

序号	篇名	作者单位	发表时间	影响值	涉及方面	纲要及主要论述选摘
21	提升理念重内涵突出特色谋发展——北京农业职业学院办学实践	北京农业职业学院	2008-4-11	1.366 520	职教建设	注重把握区域经济的发展方向，主动适应社会需求，通过提升理念，夯实基础，突出特色。 1. 弘扬办学传统，提升发展理念 2002 年组建了北京农业职业学院。 2. 以专业建设为龙头，深化教学改革 5 个涉农专业被确立为重点建设专业。逐步培育，形成了具有都市特点和传统优势的园艺园林类、现代畜牧兽医类、绿色食品生产与检验类、农业工程类、农产品流通类专业群。 （1）课程体系建设精品化。坚持以实践教学为主体，强化与行业企业的深度融合，构建以工作任务为导向的工学一体的课程体系。 （2）师资队伍建设"双师"化。一是重视专业带头人、骨干教师队伍建设；二是加大"双师"素质教师的培养力度；三是加强兼职教师队伍建设。 （3）教学模式工学一体化。以高素质技能型人才为培养目标，园艺专业的"植物生长周期循环式"、水利工程施工技术的"项目驱动区"、畜牧兽医专业的"岗位轮动式"、信息技术专业的"课程置换式"等。 （4）实训基地建设生产化。校企合作方式：一是股份制形式；二是依托学院的技术、人才与生产企业组建实训基地；三是吸引企业与学院合作建立生产性实训基地。 （5）学生实践能力职业化。大大提高了学生的实践能力。平均就业率始终保持在 99% 以上。

（续）

序号	篇名	作者单位	发表时间	影响值	涉及方面	纲要及主要论述选摘
21	提升理念重内涵突出特色谋发展——北京农业职业学院办学实践	北京农业职业学院	2008 - 4 - 11	1.366 520	职教建设	3. 主动服务"三农"，实现办学与服务双赢 （1）构筑服务平台。机构都设在学院，赋予学院在京郊开展培训与服务工作的行政管理职能。 （2）开展多层次互动合作。按照"互补、共享、双赢、发展"的原则，学院积极开展"院政互动""院院合作""院地共建""院企结合"。 （3）建立了专业化服务工作室。成立了都市现代农业、畜牧兽医新技术、新农村规划建设等5个专业化服务工作室。 （4）组建了挂职服务团。向部分乡镇派出科技镇长助理，组建了挂职服务团。 （5）创新了服务模式。学院逐步探索形成了"滴灌式""孵化式""链条式""套餐式"等独特的服务模式。 （6）取得了显著成效。 4. 加大对外开放力度，成为国际合作办学的窗口 与3所国际院校建立了稳定的合作关系
22	服务走出一片天——北京农业职业学院服务"三农"侧记	北京农业职业学院	2007 - 3 - 11	1.356 694	校企合作	北京农业职业学院设立"专家咨询热线"，组织"科技大篷车"下乡，免费发放科技资料。 学校成立了专门的"三农"服务平台——"三农"服务中心，对学院的技术和人才以及信息等方面的资源进行集成、协调；在制度上，改变了以往单纯以课时工作量考核、计算教师报酬的办法，把教师的注意力更多地引向科研和对外服务工作。把科研、服务纳入到日常工作量的考核之中；在服务模式上，形成了"滴灌式""三专合一式""产学服务合作式"3种服务模式

（续）

序号	篇名	作者单位	发表时间	影响值	涉及方面	纲要及主要论述选摘
23	农业高职院校的定位、特色与发展	成都农业科技职业学院	2011-9-15	1.321 518	职教建设	结合成都农业科技职业学院的办学实践，提出了农业高职院校的办学定位、特色与发展思路。（1）找准农业院校的办学定位。（2）形成农业院校的办学特色。（3）深化校企合作，培养一线实用人才。①校企合作，组建理事会共同办学；②校企合作，通过"订单"共同培养；③校企合作，共建生产性实训基地联合培养。（4）推进农业院校可持续发展。①推进三大创新；②实施四大战略
24	北京农业职业学院中外合作办学实践与思考	北京农业职业学院	2012-9-20	1.233 986	合作办学	1.中外合作办学的实践（1）引进了优质的职业教育资源。（2）引进了先进的职业教育理念。（3）培养了双语能力的师资队伍。（4）创新了中外合作办学的教学管理。2.中外合作办学的特色（1）培养有特点。（2）出国有通道。（3）就业有保障。（4）升学有优势。（5）社会有影响。3.中外合作办学存在的问题（1）学生英语基础薄弱。（2）中外籍师资队伍建设有待加强。（3）考核和评价方法不完善。（4）缺乏合适的教材。4.中外合作办学的发展（1）项目开发引进上要强调资源优势的互补。（2）课程引进上强调国际化和本土化的融合。（3）教师培养上强调外籍与中方教师的协作。（4）教学模式上强调双语与分层教学的探索。（5）课程考核要采用过程性与终结性的结合

（续）

序号	篇名	作者单位	发表时间	影响值	涉及方面	纲要及主要论述选摘
25	高等农业职业教育的发展现状与对策研究	北京农业职业学院	2013-11-20	1.221 595	职教建设	1. 高等农业职业教育发展现状 （1）高等农业职业院校在全国的分布和专业设置情况。（2）高等农业职业教育发展宏观形势良好，为地方经济社会发展做出了贡献。（3）师资年龄、职称、学历、双师型结构基本合理。（4）招生基本平稳、就业率较高，专业设置多数"离农""去农"。 2. 高等农业职业教育存在的问题和制约因素 （1）高等农业职业教育的政策及管理体制问题突出。（2）高等农业职业院校的生存和发展缺乏公平的竞争环境。（3）农业职业院校办学条件差，教师专业化成长受到制约。（4）农科专业弱化，去农现象严重，人才培养难以适应农村经济社会发展的需要。（5）农业高职教育教师评价标准沿袭其他高校，缺乏激励机制。（6）高等农业职业院校科研水平不高，科研成果转化能力较弱。 3. 加快发展高等农业职业教育的对策建议 （1）加强对高等农业职业教育发展的宏观指导。（2）调整优化高等农业职业院校的结构和布局。（3）完善人才培养方案，创新人才培养模式，提高人才培养质量。（4）改革教师评价办法，加强"双师型"教师队伍建设。（5）构建合作办学、合作育人的良好机制，加强教学实训基地建设和教学资源库建设。（6）提升高等农业职业院校社会服务能力，拓宽社会服务内容

（续）

序号	篇名	作者单位	发表时间	影响值	涉及方面	纲要及主要论述选摘
26	关于京津冀都市型现代农业职业教育协同发展的思考	北京农业职业学院	2017-3-20	1.204 154	职教建设	1. 都市型现代农业职业教育协同发展的条件 北京的农业逐步转向发展都市型现代农业。 是以生态绿色农业、观光休闲农业、市场创汇农业、高科技现代农业为标志，以园艺化、设施化、工厂化生产为手段，以大都市市场需求为导向，融生产性、生活性和生态性于一体，优质高效和可持续发展相结合的现代农业。 北京转移的农业项目中，有相当大的部分属于都市型现代农业，一条主要由北京投资和提供技术、河北生产、供给京津的农产品产销链条正逐渐形成。已有和未来农业产业的转移和调整需要农业职业教育的转移和调整与之相匹配，形成了三地都市型现代农业职业教育协同发展的前提条件。 2. 都市型现代农业职业教育协同发展的区域 在都市型现代农业发展的区域范围内进行。 在北京、天津两个都市一定距离内的农村都已有或可以发展都市型现代农业，另一地理距离在城市的周末度假区内。 京津冀三地都市型现代农业的职业教育，未来有可能在北京、天津两市周边交通方便的农村地区以及石家庄、保定等河北大城市郊区的部分农村协同发展起来。在京津冀协同发展中承担着为农业产业转移升级和结构调整培养人才的重要作用。 3. 都市型现代农业职业教育协同发展的内容 都市型现代农业职业教育的协

（续）

序号	篇名	作者单位	发表时间	影响值	涉及方面	纲要及主要论述选摘
26	关于京津冀都市型现代农业职业教育协同发展的思考	北京农业职业学院	2017-3-20	1.204 154	职教建设	同发展需要建立在三地现有农业职业教育的基础上。北京的农业主体已经是都市型现代农业，农业职业教育的主要内容是都市型现代农业的职业教育。天津是我国职业教育搞得最好的地区之一，有完整的农业职业教育体系，河北是我国农业教育的强省。北京要起到带头作用，要为津冀两地培养相关人才。一是园林专业人才培养；二是食品安全专业；三是农村旅游类专业；四是满足大都市新的特殊需求的专业，如宠物养护与疾病防治；五是其他有优势的专业。北京在设施农业发展，创汇农业、节水农业、农村污水处理、农业会展、葡萄种植与葡萄酒加工、农产品加工与销售、农产品物流管理等专业科研和教学上都有一定的优势。 4. 都市型现代农业职业教育协同发展的设想 《京津冀现代农业协同发展规划（2016—2020年）》《现代职业教育体系建设规划（2014—2020年）》将现有的北京都市型现代农业职教集团扩展为京津冀都市型现代农业职教集团，通过集团实现都市型现代农业职业教育的信息共享，经验共享，重点实验室共享，助力当地农业职业培训机构，培养当地的都市型现代农业职业人员；制定三地联合培养都市型现代农业职业人才的，建立起京津冀都市型现代农业职业教育协同发展网。建议在招生制度上打破区域限制。 京津冀协同发展的核心问题是人口、产业在三地重新科学布局的问题

（续）

序号	篇名	作者单位	发表时间	影响值	涉及方面	纲要及主要论述选摘
27	高职院校农业类专业创业教育的探索与实践——以成都农业科技职业学院为例	成都农业科技职业学院	2015-9-8	1.088 476	就业创业	（1）现代农业发展需要创业教育。 （2）全方位、多途径开展创业教育。①企业参与，开发创业能力培养课程：将创业能力培养融入专业核心课程；开发创业能力培养课程；"四步"推荐，提升创业能力，"了解创业—模拟创业—感受创业—开展创业"四步推进的培养路径，完成学生创业能力的培养。②内培外引，提升教师创业指导能力：培养专业教师的创业指导能力；聘请企业创业者指导学生创业。③校企联动，共建创业能力培养基地：学校建立创业孵化基地；校企合作，企业建立创业孵化基地。④后续支持，强化学生创业成果。⑤优化课外活动，促进学生综合素质全面发展。 （3）政校支持，创业教育培养效果良好
28	跨区域合作办学的理念创新与实践探索——以北京农业职业学院为个案的研究	北京农业职业学院	2012-1-20	1.045 320	合作办学	"资源共享、双向互动、互惠互利、共同发展"的合作办学机制中，逐渐形成了"政策引领型""资源支持型""交流聚合型"3种类型的跨区域合作办学模式。 以学会主任单位为平台的政策引领型合作；与锡林郭勒职业技术学院等院校之间的资源支持型合作；农业职业院校之间的交流聚合型合作。 合作举办论坛，举办"城乡一体化与都市农业背景下的现代农民培养"论坛，开展政策研究。

（续）

序号	篇名	作者单位	发表时间	影响值	涉及方面	纲要及主要论述选摘
28	跨区域合作办学的理念创新与实践探索——以北京农业职业学院为个案的研究	北京农业职业学院	2012-1-20	1.045 320	合作办学	以智力支援为重点，接收锡林郭勒职业技术学院的人员挂职锻炼，指导教育教学水平评估工作，派遣骨干教师开展短期支教；援建实训室和资助贫困生。农业职业院校之间的国内短期交流；构建国际交流合作平台，帮扶新疆、西藏等中西部欠发达地区的农业职业院校

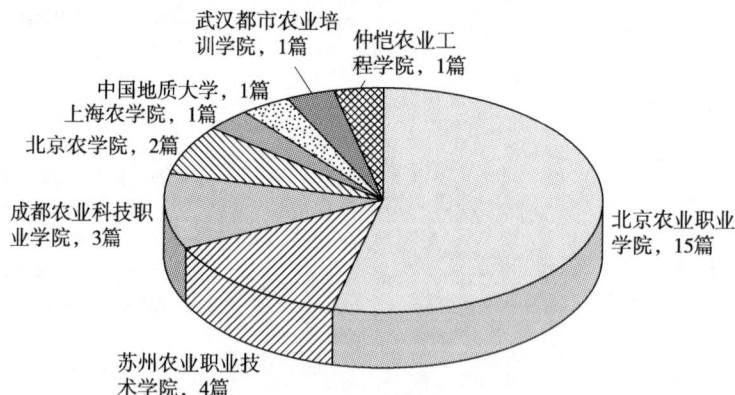

图 3-1 有关"职教建设"高影响值专题文献的作者机构发文量分布

28篇高影响值文献分别涉及了有关职教建设理论、就业创业、产学研结合、合作办学、校园文化建设等方面问题。

其中，15篇以北京农业职业学院为作者机构发表的文献，涉及职教建设方面的主要理论和经验、典型做法依发表时间先后提炼如下。

2007年，提出农业职业教育服务新农村建设的模式创新：

①开展多样化人才服务模式。主要的制度创新模式有专业骨干输入到"县""镇"；优秀人才输入到"村"；科技服务输入到"户"。

②综合服务模式。

③产学研合作服务模式。组建股份制公司，实现紧密型合作；办好校办产业，依托产业拓展服务。

农业职业教育服务新农村建设的体制构建和机制优化：

①政府和职业院校之间要形成互动的利益参与机制。

②职业教育院校要在校内构建服务新农村建设的有效体制和机制。构建有效参与新农村建设的长效和有效体制；优化有效参与新农村建设的机制。把科研和服务纳入到日常工作量的考核之中，采用项目责任制、首席专家制等激励机制。

2007 年根据对北京农业发展特点的判断，提出相应的改进农业职业教育的若干建议：

①要打破一、二、三产的惯有模式，依托产业链条的延伸将专业链拉得更远。

②要站在大局看农业，看农业职业教育。未来农业职业教育的重点不仅要提高农业社会化服务体系的整体素质，培养为农业生产服务的技术人员，还要加强对农村中介化服务体系中科技和管理人员的培养。

③要加大对农业专业教育的保护。缩小招生和办学规模，全部由农业部门全额拨款办学。要保证一定比例的传统农业教育。

④既要重视县域经济特点，又要加强统筹。要站在全市角度，集中资金办学，实现资源共享。在直接投入上打破"一校一投入"的方式，注重以奖代补、财政贴息，鼓励学校的自主发展和自我约束相结合，如以项目形式激励学校之间的竞争与联合。采取捆绑式组合，共同开发。

2007 年，通过分析日本农业职业教育总结出的有益启示：农业职业教育应该是复合化、综合化的；农业职业人才培养模式应向以职业岗位综合能力为基础的现代职业教育模式转轨；职业教育必须突出实践能力的培养；重视学生的文化素质教育与职业素质教育，重视促进学生的全面发展；培养复合型、应用型的通才；职业教育是培养能工巧匠的教育，必须有能说会干的高素质的师资队伍。

2008 年，总结提出了北京农业职业教育的发展对策。

①加强政府统筹，推进有序配置。将农业职业教育纳入社会发展规划之中；理顺农业职业教育体制，改变农业科研、教育、推广相互脱节，自成体系，各行其是的状况；引导并激活办学机制；政府要营造行业、企业参与农业职业教育的发展环境，加快速度制订激励政策，实现学校与企业的互动和合作。

②改变投入方式，加大农业职业教育的投入。建立职业教育资助体系；改变投入方式。

③更新办学理念，坚定服务宗旨。

2009 年，针对北京郊区不同区域对新农村建设的侧重点不同的特点，提出农业职业院校要细化要求，针对不同的区域特点采取不同对策，找准路径，提供差异性服务。京郊新农村建设中，不同区域有不同的侧重点，在山区要坚持生态优先，发展山区经济，平原区则重点要发展都市型现代农业，城乡结合部要重点研究提高小城镇综合承载能力，带动农村产业与人口聚集。

①生态优先的山区经济发展对农村高职教育的新要求：山区生态环境建设和生态补偿需要环境教育和施工、项目管理培训；大力培育山区生态产业需要有针对性的培训和技术服务；搞好山区搬迁移民需要政策引导和劳动力转移培训。

②平原地区发展都市型现代农业对农业高职教育的新要求：农业产业布局调整、优势特色产业培育需要技术指导；农业综合生产能力提高需要农业职业院校加强农村人力资源开发；完善农业服务体系需要农业职业院校进行专业调整。

③城乡结合部、农村小城镇发展对农业高职院校的新需求：小城镇经济发展环境优化需要战略指导；小城镇产业聚群发展需要理论突破；小城镇发展带动农村经济快速发展需要政策咨询和研究。

同时提出了农业高职院校服务新农村建设的策略：把握重点、多方合作；专业优化、培育人才；挂职乡镇、下乡"门诊"。要注重服务对象的针对性、内容的实用性、目标的实效性，形成"政府—院校—'三农'服务中心—骨干挂职服务—大学生村官、科技协调员—农企、农户、农场"的服务网络和通道，把技术和服务送到需求点上，通过"门诊"，满足当地的服务需要。

2013年，总结了高等农业职业教育发展现状与解决对策。

①高等农业职业教育发展现状。高等农业职业院校在全国的分布和专业设置情况，地域分布不均衡、专业发展不均衡；高等农业职业教育发展宏观形势良好，为地方经济社会发展做出了贡献；师资年龄、职称、学历、双师型结构基本合理；招生基本平稳、就业率较高，专业设置多数"离农""去农"。

②高等农业职业教育存在的问题和制约因素。高等农业职业教育的政策及管理体制问题突出，高等农业职业教育分属不同部门管理，条块分割，职能交叉，往往政出多门，专业设置重复、资源浪费，甚至出现各类学校之间的恶性竞争；高等农业职业院校的生存和发展缺乏公平的竞争环境，首先是当前普通高校招收高职学生造成的混乱，其次，农业高职院校学生缺乏积极的就业、创业扶持政策；农业职业院校办学条件差，教师专业化成长受到制约；农科专业弱化，去农现象严重，人才培养难以适应农村经济社会发展的需要；农业高职教育教师评价标准沿袭其他高校，缺乏激励机制；高等农业职业院校科研水平不高，科研成果转化能力较弱。

③加快发展高等农业职业教育的对策建议。加强对高等农业职业教育发展的宏观指导；调整优化高等农业职业院校的结构和布局。重点支持"三农"发展需求急切、农科教结合紧密、人才培养质量高的国家重点专业建设；完善人才培养方案，创新人才培养模式，提高人才培养质量，建立"双证书"制度，

积极试行多学期、分段式、模块化等灵活多样的教学组织形式，建立多元学业评价体系，分类制订实践教学标准，加大校企合作，建立全国性的农业创业基金；改革教师评价办法，加强"双师型"教师队伍建设，将教师参与企业技术应用、新技术研发、社会服务等活动作为考核评聘的重要条件和内容；构建合作办学、合作育人的良好机制，加强教学实训基地建设和教学资源库建设，建设公共实训基地、专业教学资源库、省级农业生产性实训基地、农业生产性实训基地；提升高等农业职业院校社会服务能力，拓宽社会服务内容，建立共享资源网络和服务平台，开放教育教学和相关技术资源。

2014 年，从职教转型视角进行分析，提出了高职教育"五位一体"的发展机制。首先分析了高职教育的现实问题，主要有：高职教育的发展目标与区域经济社会发展的需求之间融合度不够、对接不够；以院校为中心的人才培养机制、质量评价很大程度上不能适应经济社会发展的现实需要；科学研究定位出现偏差，缺乏实际应用价值，"无机科研"成为问题；社会服务在高职院校中缺乏地位，成为院校发展的边角料、副产品；"双师型"专业化队伍建设缺乏制度化的途径的实际效果。

根据这些问题结合北京农业职业学院的探索实践，总结提出了创新措施：①提升办学理念，引导、促进学院发展目标与价值的回归，主动融入到首都发展的整体目标中。学院提出了"在服务中办学、在办学中服务，实现服务与办学双赢"为核心的新的四大办学理念（以德为先，全面育人；以实践教学为主体；办学与服务双赢；开放办学不断创新）。②搭建工作平台，加强对社会服务工作的整体谋划，促进"三农"服务工作整体、有序、健康发展。设置了"三农"服务中心，配套实施一系列"三农"服务工程。③整合首都科技人才信息与服务资源，提升服务首都郊区"三农"的合作能力和综合水平，构建"院政互动""院院合作"和"院地共建"的开放格局。④改进服务制度与管理，探索建立常态化的服务机制与运行服务，开展挂职服务，打通学院与基层之间的交流、互动、合作的通道。给予挂职服务人员政策、管理上的支持。在学院设立推广教授（研究员）职称评定制度，引导、推动专业技术人员服务基层。⑤服务工作模式初步形成，对区域服务的带动性不断得到拓展。形成具有实际效果、解决实际问题的"滴灌式"服务模式。形成对应产业链的服务链，实现多样化、不间断、可持续、复合型的"链条式"服务模式。兴办校办企业形成"孵化式"服务模式。⑥注重培育服务工作带动机制，发挥社会服务对教师业务素质锻炼、科研团队建设、科研管理转型、实践教学丰富等方面的逆向引导、带动、服务作用，有效带动了团队建设。以"服务工作室"为抓手；有效推动了科研转型。"问题导向"成为科研选题、研究、转化的新理念、新坐标、新方向；有效带动了学生实习实训、暑假社会实践、毕业实习就业等工作的新气象。并进一步提出了对高职院校转型发展的思考：

①在服务区域经济社会发展的大目标中，以重新确立高职教育的价值取向和新的发展观为着力点，解决高职教育发展的"转向"问题。把高职教育发展的目标定位转变到现代的、广义的以社会为中心的"办院"（办院＝人才培养＋科学研究＋社会服务＋专业人才队伍培养）上来。②在回归社会发展需求的大方向中，以重构高职院校的目标定位与新的绩效观为着力点，解决高职院校自身的"转型"问题。把人才培养的目标定位转变到广义的"培养"上来；把科学研究的目标定位转变到"服务师生、服务学院、服务社会"三者并重上来；把社会服务的目标定位转变到服务教师的健康成长与发展、服务高职院校的转型发展、服务高职教育与区域发展融合发展的目标上来。③在构建高职院校科学发展的大机制中，以培育"五位一体"融合发展与新的统筹观为着力点，解决高职院校发展的"转制"问题。把专业人才队伍的目标定位转变到具有专业理论素质、实践素质的"双能力"上来。系统谋划和有序推进人才培养、科学研究、社会服务、专业人才队伍培养与区域经济社会发展"五位一体"的新目标。

2017年，北京农业职业学院鄢毅平教授系统研究总结了农业职业教育在京津冀协同发展的问题。认为京津冀都市圈中，主要由北京转移和辐射的都市型现代农业为周边地区提供投资和技术。由河北生产，主要为京津大都市供给的农产品产销链正在形成。在这一农业产业转移和调整中，大量跨专业、复合型都市农业产业人才需要有农业职业教育的转移和调整与之匹配。对于都市型现代农业职业教育协同发展的区域，主要是在都市型现代农业发展的区域范围内进行。提出这个区域的概念更像是一种时间范围而非具体的距离范围，即所谓的"一小时交通圈"范围内，此外还包括城市的周末度假区。可以看出，"一小时交通圈"的范围是一个不断变动的概念，是可以随着经济和交通发展，随着交通工具和道路条件的改善会不断扩大的。都市型现代农业职业教育协同发展的内容，需要建立在三地现有农业职业教育的基础上。北京的农业主体已经是都市型现代农业，天津是职业教育搞得最好的地区之一，河北是我国农业教育的强省。在协同发展上北京要起到带头作用，要为津冀两地培养相关人才。主要培养人才的相关专业有园林专业、食品安全专业、农村旅游类专业、宠物养护与疾病等满足大都市特殊需求的专业、设施农业等优势专业。在协同发展的设想上，按照《京津冀现代农业协同发展规划（2016—2020年）》《现代职业教育体系建设规划（2014—2020年）》的规划，建议将现有的北京都市型现代农业职教集团扩展为京津冀都市型现代农业职教集团，通过集团实现京津冀三地的都市型现代农业职业教育的共享和共建。建议在招生制度上打破区域限制。京津冀协同发展的核心问题是实现人口、产业的重新科学布局的问题。

在15篇以北京农业职业学院为作者机构发表的文献中，涉及职教建设方面，围绕该校在发展过程中创新理论和做法，依发表时间先后提炼如下。

2008年，总结出的北京农业职业学院办学实践先进经验：①以专业建设为龙头，深化教学改革。培育起5个涉农专业确立为重点建设专业，逐步形成了具有都市特点和传统优势的园艺园林类、现代畜牧兽医类、绿色食品生产与检验类、农业工程类、农产品流通类专业群。课程体系建设精品化，构建以工作任务为导向的工学一体的课程体系；师资队伍建设"双师"化，重视专业带头人、骨干教师队伍建设，加大"双师"素质教师的培养力度，加强兼职教师队伍建设；教学模式工学一体化，以高素质技能型人才为培养目标，形成了园艺专业的"植物生长周期循环式"、水利工程施工技术的"项目驱动区"、畜牧兽医专业的"岗位轮动式"、信息技术专业的"课程置换式"等教学模式；实训基地建设生产化，初步形成了以国家级实训基地建设为龙头，市级示范性实训基地建设为重点，院级重点建设实训基地为基础的基地建设格局，校企合作方式上采用股份制形式，依托学院的技术、人才与生产企业组建实训基地，吸引企业与学院合作建立生产性实训基地；学生实践能力的职业化，很大程度上提高了学生的实践能力。②主动服务"三农"，实现办学与服务双赢。构筑服务平台；开展多层次互动合作，积极开展"院政互动""院院合作""院地共建""院企结合"；建立专业化服务工作室，成立了都市现代农业、畜牧兽医新技术、新农村规划建设等5个专业化服务工作室；组建挂职服务团，向部分乡镇派出科技镇长助理；创新服务模式，学院逐步探索形成了"滴灌式""孵化式""链条式""套餐式"等独特的服务模式。

2011年，根据学院国家示范性高等职业院校建设实践，总结了取得的成功经验。①突出都市现代农业是示范建设的特色。形成了涉农专业占优势的办学特色。专业建设在内涵上实现了由传统到现代，由普通型到都市型的转变。②创新人才培养模式是示范建设的关键。学院将职业资格要求融于培养目标，职业能力要求融于课程体系，专业知识教学融于技能训练，以工学结合作为人才培养模式改革的切入点，引导课程体系、教学内容和教学方法改革。园艺技术专业在全国农业类院校中首创了"植物生长周期循环"人才培养模式。畜牧兽医专业的"岗位轮动"人才培养模式。绿色食品生产与检验专业创新并实施了"1-4-1"工学结合的人才培养模式。③学做一体课程改革是示范建设的重点。构建基于作物生产过程、产品加工过程或业务流程的各具特色的专业课程体系。各专业坚持工学结合的建设理念，以实践为导向重构课程体系。面向本专业职业技术领域、以关键能力培养为预设目标的核心课程，通过课程教学内容的综合化，以设计的工作任务为引领，按学做合一来进行教学设计。④专兼结合教学团队是人才培养的主体。创建了以"选派一批专业骨干挂职服务＋

带动一批青年教师社会实践锻炼＋推广一批农村实用技术＋培养一批农村乡土人才＋带动一方农民增收致富"的"五个一"工程为代表的系列教师素质提升工程。⑤实践教学条件建设是人才培养的保障。新增 8 个能适应工学结合人才培养要求的生产性实训基地。企业化的校内综合实训基地已经成为学院的一个亮点，形成了具有"校中有园，园中有场"农业职业教育鲜明特色的校园环境。⑥打造"三农"服务品牌是示范建设的亮点。实现服务机制和模式创新。机制创新：与上级主管部门形成的"院政互动"机制，"三院联动"机制，专业化服务工作机制。服务创新："滴灌式"服务模式，"孵化式"服务模式，"链条式"服务模式。

2017 年，结合北京农业职业学院校园文化建设的实践，提出了应打造以社会主义核心价值观为核心，以劳动文化为重点，以专业文化为支撑的校园文化体系，在兰花文化、茶文化、彩林文化、花卉制作文化、宠物文化、马术文化上进行了创新实践。

在 15 篇北京农业职业学院为作者机构发表的文献中，涉及职教建设中校企合作、合作办学方面的先进经验和理念、典型做法依发表时间先后提炼如下。

2007 年，根据北京农业职业学院服务"三农"的实践总结了如下经验：设立"专家咨询热线"，组织"科技大篷车"下乡，免费发放科技资料。学校成立了专门的"三农"服务平台——"三农"服务中心，对学院的技术和人才以及信息等方面的资源进行集成、协调；在制度上，改变了以往单纯以课时工作量考核计算教师报酬的办法，把教师的注意力更多地引向科研和对外服务工作，把科研、服务纳入到日常工作量的考核之中；在服务模式上，形成了"滴灌式""三专一式""产学服务合作式" 3 种服务模式。

2007 年，分析总结了高职院校产学研结合的特征：实践性、互补性、产业性、统一性。介绍了北京农职院产学研结合实践的主要形式：院—企结合形式、院—村结合形式、院—地结合形式。

2012 年，结合北京农业职业学院的跨区域合作办学理论和实践经验，总结出了在"资源共享、双向互动、互惠互利、共同发展"的合作办学机制中，逐渐形成的"政策引领型""资源支持型""交流聚合型" 3 种类型的跨区域合作办学模式。包括以学会主任单位为平台的政策引领型合作；与锡林郭勒职业技术学院等院校之间的资源支持型合作；农业职业院校之间的交流聚合型合作。合作举办论坛、智力等资源支援、国内短期交流和国际交流平台等举措。形成了"植物生长周期循环""岗位轮动""1-4-1"工学结合等人才培养模式，构建完成了"任务导向""模块设置""岗位化""从田间到餐桌"等课程体系，带动了学院种植类、养殖类、食品加工类特色专业群的形成。形成了具有农业职业教育特色的"滴灌式""孵化式""链条式"等服务模式。

2012 年，总结概括了北京农业职业学院中外合作办学的实践与思考。①中外合作办学的实践：引进了优质的职业教育资源；引进了先进的职业教育理念，国外职业教育强调"能力本位"的办学理念，教学过程强调"以学生为中心"，采用以学生自主发展和自主学习为中心的教学模式；培养了双语能力的师资队伍；创新了中外合作办学的教学管理，如教学计划的弹性制、课程安排的灵活性、学生考核的形成性等。②形成了中外合作办学的特色：培养有特点，形成了低起点、密阶梯、柔性化、高质量的育人模式，走出了一条培育"高尚品质、开阔视野、国际素养、专业娴熟、语言流利的国际复合型人才"的育人之路；出国有通道，培养目标是让学生能够继续出国深造；就业有保障，始终坚持职业技能和职业素质双重教学目标，课程设置以就业为导向，以能力为本位；升学有优势，学院搭建了高职教育与本科教育相互衔接，职业教育与普通教育相互沟通的立交桥；社会有影响，在社会实践服务中取得了骄人的成绩，在国家级、市级许多比赛中更是捷报频传。③中外合作办学存在的问题：学生英语基础薄弱；中外籍师资队伍建设有待加强；考核和评价方法不完善，忽视了对过程与方法、情感态度与价值观的评价，忽略了对学生的活动、讨论等方面的评价；缺乏合适的教材。④中外合作办学的发展：项目开发引进上要强调资源优势的互补，特别注重 3 个层面（宏观、微观、操作）的把握和 3 个方面的选择；课程引进上强调国际化和本土化的融合；教师培养上强调外籍与中方教师的协作；教学模式上强调双语与分层教学的探索；课程考核要采用过程性与终结性的结合。

4 篇以苏州农业职业技术学院为作者机构发表的文献中，涉及了职教建设中校企合作的主要理论和经验、典型做法依发表时间先后如下。

2007 年，总结了学校在"三农"服务中的专业、课程、师资、教学基地建设方面的改革经验。①以人才需求变化为导向适时调整专业结构。对传统专业赋予新的内涵，培养目标起点较高，技术含量较高，逐渐成为学院新增的骨干专业；开设外向型专业，培养外向型实用人才。②围绕能力培养，加强课程建设。积极推行突出以任务为中心的项目教学、案例教学、主题教学等符合高等职业教育特点的教学模式。加强数字化课程资源建设，加强多媒体课件建设。③专兼结合，构建培养"双师型"高职师资队伍。制定人才战略，创设政策导向；制定优惠政策，引进优秀人才；注重师德建设，鼓励创优争先；积极创造条件，提高素质能力；坚持择优选聘，用好兼职教师。④加强实践教学基地建设，推进产学研一体化。

2008 年，总结了学校走产学研一体化办学之路，探索校办产业模式的实践。通过校办产业的发展，为学院提供了教学实践、双师培训、技术开发"三大保障";强化了专业资源、人才资源、产业资源"三源整合";突出了经营功能、服务功能、示范功能"三项功能";实现了教育效益、社会效益、经济效益"三效并举"。具体做法有：依托优势专业，成立校办企业；以科研项目为先导，以科技成果转化和推广为突破口，促进校办产业的发展；大力推进实训基地建设，构建校办产业模式运作平台。专业建设上多方合作，建立专业建设指导委员会，优化人才培养方案。科技兴农方面，利用学校科研优势，向企业和农民提供技术指导；依托科研项目，成立农村经济协作协会，指导农民生产。

2012年，总结了苏州农业职业技术学院升格高职院10周年服务"三农"和育人的成功经验，主要有：强势推进，做强做特园艺技术、园林技术、食品营养、食品加工等品牌、特色专业，积极发展农业环保、物流管理、机电技术、商务外语等新兴专业。全面提升作物生产等传统专业。大力实施"2222"人才建设工程，全面推进骨干教师服务能力、青年教师实践能力、兼职教师教学能力三大能力建设。

2018年，全面总结了农林院校产教融合服务乡村振兴战略的探索与实践。实践探索主要有：①实施多方联动，创新办学机制，形成服务乡村振兴战略的合力。学院联合农业主管部门、农业龙头企业、农业行业协会、农业合作社、国家和省市农业示范园区（示范基地）等单位，成立了为农服务联合领导小组。②优化专业布局，汇聚专业资源，提升服务乡村振兴专业能力。学院按照"专业链"对接"产业链"的产教融合要求，针对苏南现代农业产业转型升级和"一、二、三产融合发展"的趋势和特点，实施专业转型升级。学院瞄准制约城乡产业转型升级的重大需求，组建智慧农业学院，合作共建智能型数字植物工厂、农产品质量安全检测产教深度融合实训平台和苏州智慧农业示范基地。为进一步提升专业服务产业能力，成立了中国智慧农业教学联盟。③改革培养模式，实现精准培育，构建新型职业农民培育苏南模式。学院将新型职业农民培育与青年职业生涯引导、中青年职业能力提升和产业体系转型相结合，采用校地联动定向委托培养青年职业农民；农民社区学院开放培育新型农业经营主体；田间课堂专项培训新型农业生产者的方式。实现新型职业农民培育的精准培育，从而形成了"校地联动、教产衔接、开放共享、终身学习"的新型职业农民培育的苏南模式。形成了"校地联动、教产衔接、半农半读，农学交替"的培养特色。2015年与苏州市农业委员会联合设立农民社区学院总院"苏州市职业农民学院"，形成"教学点—分院—总院"农民社区学院三级网络体系。开发了新型农业经营主体培育课程包，形成了"集中授课—现场观摩—实地考察—交流讨论"的教学模式，缓解了教育教学培训与农业生产时间相冲突、教学内容与实际生产需求相脱节的突出问题。通过"农民点菜、专家下厨",组建专家服务团队,奔赴生产一线。实现了"基地上讲、田头上练,观摩中引,网络中学"。④整合多方资源,共建合作平台,夯实服务乡村振兴基础保障。共建协同育人平台;共建科技服务平台;共建就业创业孵化平台。依托大学生创业示范园,新建了"新农人创业谷"。⑤加强政策引导,为农服务,加强农业科技服务队伍建设。实施青年教师科研服务能力专项提升计划。学院划出专项资金,设立青年科技提升专项计划项目。精心遴选组织科技为农服务团队,组建了一支懂农业、爱农村、爱农民的农业技术推广专家队伍。积极推广和实行科技特派员制度。

3篇以成都农业科技职业学院为作者机构发表的文献中,涉及了职教建设中校企合作、就业创业的主要理论和经验、典型做法依发表时间先后提炼如下。

2008年,总结了以办好农家大院来推进产学结合,服务新农村建设的实践经验。农业专家大院经过不断滚动发展,已成为成都农业科技职业学院重要的校外办学点、生产劳动与社会实践基地。①增强服务能力,彰显办学特色。以服务"三农"为己任,促进地方经济发展,学校种殖、养殖专业以推广科技项目为纽带,围绕发展都市农业,通过引进各种名、优、特品种,开发先进的种殖、养殖技术,促进了农业增产、农民增收;以"育人兴农"为重心,培养农村建设人才,使农业专家大院既是学校的实训实习基地,又是现代农业新技术的展示基地、培训基地、试验基地、研发基地和创业基地;以"科技强农"为抓手,推进现代化农业建设。有5个突出的特点:农业科技与劳动对象相结合、与其他生产要素相结合、与市场经营相结合、与资源优势相结合、与培养新型农民相结合。②创新办学模式,深化工学结合。落脚农村基层,探索新的办学形式。形成了"以专家大院为平台,以科技、技术人才(学院专业教师、专家)为支撑,以农户为主体(生产产品),农业企业与学生(教学实习、生产与社会实践)积极参与的产学研结合新模式"。加强双向互动,建立长效合作机制。按照"功能上互补、资源上共享、工作上协同"的原则,在"多方配合、互惠共赢"中结为"利益共同体"。不断深化发展,全面提升服务水平。深化"科技强农",强化"服务惠农"。③增强职业能力,提高教育质量。需求驱动,加强专业建设。首先是找准专业建设的"动力",其次是增强专业建设的"活力"。再次是提高了专业建设的"能力"。工作导向,更新教学模式。构建一个以培养农业技术应用型人才为目标,以职业能力形成为主线,以必需、够用的知识为保证,以实际工作项目为载体,以仿真模拟和工作实践为手段,以实现顶岗和就业为效果标准的教学模式。实践引领,提高师生素质。按照开放性和职业性的要求,采用"内培外引、专兼结合、优化结构、提高素质"的思路培养师资。

2011年，结合成都农业科技职业学院的办学实践，提出了农业高职院校的办学定位、特色与发展思路。①找准农业院校的办学定位。形成学院的角色功能定位：以人才培养和服务成都两大功能为主，农业科技研发为辅，为统筹城乡综合配套改革试验区和世界现代田园城市建设提供人才与智力支持；层次类型定位是以农为主，兼顾城乡一体化和区域一体化需要的多学科综合型高等职业院校；服务面向定位是立足成都，面向四川，辐射全国；人才培养规格定位是培养下得去、留得住、用得上、干得好的，适应生产、建设、管理、服务第一线需要的高素质高技能型人才。②形成农业院校的办学特色。作为农业类高职学院，应具有"亲农、事农、兴农，敬业、勤业、创业"的精神，把"为'三农'服务，为兴农育人"作为办学的核心理念和传统，并成为自身的一种办学特色。形成了多样化的技术服务模式："学院＋企业""学院＋园区＋业主""学院＋协会＋农户""学院科技专家大院＋地方＋业主"等模式。③深化校企合作，培养一线实用人才。校企合作组建理事会共同办学，通过"订单"共同培养，以及共建生产性实训基地联合培养的方式培育人才。④推进农业院校可持续发展。推进三大创新。首先，进一步创新学院办学模式。建立科教共同体、形成产学共同体、构筑校地共同体。其次，创新人才培养模式。做到"三个结合"，育人与社会相结合、教学与生产相结合、学习与实践相结合；做到"三个立足"，立足产业建专业、立足职业设课程、立足岗位练技能；实行"两个指导"，学院组成教学团队，对学生学习、实践进行各有侧重的指导；推行"两个证书"，技能证书及职业资格证书、毕业证书；搭建"一个平台"，校企校地合作互动与资源信息共享平台。最后，创新社会服务模式，形成多样化的服务模式。实施四大战略。一是人才强校战略；二是质量提升战略；三是社会服务战略（"四个一"服务工程）；四是"走出去"发展战略。

2015年，介绍了高职农业类专业开展创业教育的必要性，从课程、师资、实训条件等方面探究了高职农业类专业如何开展创业教育及学生创业效果。全方位、多途径开展创业教育。①企业参与，开发创业能力培养课程。将创业能力培养融入专业核心课程，开发创业能力培养课程。"四步"推荐，提升创业能力。"了解创业—模拟创业—感受创业—开展创业"四步推进的培养路径，完成学生创业能力的培养。②内培外引，提升教师创业指导能力：培养专业教师的创业指导能力，聘请企业创业者指导学生创业。③校企联动，共建创业能力培养基地。直接由学校建立创业孵化基地，或者校企合作，由企业建立创业孵化基地。④后续支持，强化学生创业成果。⑤优化课外活动，促进学生综合素质全面发展。途径一，组织学生参观新农村建设，到农业企业针对农民开展科普教育等社会实践活动；途径二，开展创业设计大赛、大学生科技项目、辩论大赛、演讲与口才等丰富多彩的科技、文化、体育活动；途径三，开展以思想政治教育和素质拓展活动为主的第一、第二课堂和学生成才、立志、感恩教育；途径四，组织学生开展园艺协会、花卉盆景协会、植物保护协会等社团活动；途径五，为强化学生创业能力的培养，组建创业兴趣小组，利用课余时间建立仿真模拟公司开展自主创业活动。

2篇以北京农学院为作者机构发表的文献中，涉及了职教建设中就业、创业的主要理论和经验、典型做法等方面，依发表时间先后提炼如下。

2010年，进行了农业高等职业院校大学生创业能力评价的研究。通过抽样调查，同时结合德尔菲法构建了农业高职院校大学生的创业能力指标评价体系。运用AHP得到指标体系权重，并运用AHP对北京农学院城乡发展学院和北京农业职业学院的大学生创业能力进行评价，得到结论为这两个学院的大学生整体创业能力评价为一般。进一步提出了基于创业孵化器建设的提升策略。对于农业高等职业院校的大学生而言，创业孵化器可以作为其创业能力的重要补充和锻炼平台，能够提升创业能力和创业成功率。

2013年，总结了建设特色都市型现代农林大学的经验。①瞄准区域和行业需求，培养应用型、复合型人才。从区域和行业需求出发，明确人才培养定位（立足首都、服务"三农"、辐射全国）。围绕都市现代农业发展需求，调整专业结构和内涵。重点打造农学、工学和管理学3个主干学科门类。建设了园艺、动物医学、农业经济管理等国家级、省部级特色专业。一方面对传统专业加以改造；一方面将非农专业与优势农科专业有机结合。以学生收获为目标，培养学生综合实践能力。推行了强化实践能力培养的"3+1"（3年优化的理论教学+1年实践教学）培养方案和"2+X"（每学年两个长学期+X个活动小学期）的学期制。构筑了立体化多层次的综合实验实践教学平台。同时建立了"推广教授+校外人才培养基地教师+社会兼职导师"的实践教学队伍。②应对行业和产业需求，融入科技创新主战场。基于需求分析，搭建科技创新平台。构建了农业应用与新技术北京市重点实验室、北京新农村建设研究基地、都市农业研究院等平台。以需求为导向，组建优势科研团队。实施"学科+团队"的建设模式。学校积极引导，鼓励组建以教授（研究员）为核心，以学科方向为依托的创新团队。贴近行业和产业需求，开展科研攻关。学校的应用基础和应用研究密切融和了北京现代农业发展的需求，并已融入了北京行业和产业发展的主战场。③对接多方需求，推进特色社会服务。对接区域发展需求，服务地方政府。学校以都市农业研究院、新农村研究基地、乡村景观规划设计北京市工程技术研究中心为平台，开展相关研究，为政府科学决策提供支持。对接行业前沿需求，服务涉农企业。与产业和涉农企业开展深度合作，共同成立产学研协同创新中心。通过搭建技术创新、示范推广、人才培训等公共服务平台，使学校的科学研究延伸到企业。对接产业一线需求，服务一线基层。出台一套社会服务工作管理制度，率先实行推广教授制度。通过送技术下乡、培训技术人员等方式，把先进的理念和实用技术真正推广到基层一线单位。

早在1999年，上海农学院庄连雄就在《建立适应都市型农业的高等农业职业教育体系》一文中提出，高等农业职业教育是随着"农业经济增长方式由粗放型向集约型转化"所带来的都市农业新形态发展的迫切要求。按照"调整中等职教，加快高等职教，发展本科职教"的要求，加快发展高等职业教育。形成"以上海农学院为主体，联合上海市农业学校和其他重点农业中专为框架，建立适应都市型农业的上海高等农业职业教育体系"，并"率先实施了本科层次的高等农业职业学历教育"。在原有合作办学的基础上，进一步提出了"将上海市农业学校逐步改制为完全的上海农学院技术分院"，这对于"进一步理顺农业职业教育体系，扩大农业高职招生数，都有积极意义"。并认为"上海地区农业高职的发展可实行上海农学院二级农业职业技术学院设立与上海市农业学校改制合二为一，以充分利用教育资源。"作者在学制和办学模式上，提出了"组成高等农业职业教育立体网络体系"，可以"实行'52'、'332'、'34'3种模式，既分层次，又相互沟通"的贯通培养办学模式建议。以上这些见解和建议，在当时应当说是比较超前和有预见性的。尤其是作者提出的在上海农学院这一本科院校基础上将原有的中专学校上海市农业学校改制为"上海农学院技术分院"的设想，对我国的高等职业教育办学更具启发性。以本科院校为主强势带动发展高等职业教育，以成熟的教育、办学理念和较高的办学水平，高起点促进高等职业教育快速发展，更符合客观规律。尤其适合那些相对弱势的成人、中专教育来发展高等职业教育"都市农业职业教育"。由于处于拥有相对丰富教育资源的大都市圈，校校联合更为易行，研发服务于都市农业的教育资源也更具有现实需求。

2011年，以中国地质大学为作者机构发表的文献中，针对北京农村职业教育实践中存在的问题提出了对策建议：树立城乡职业教育体系统筹发展战略，一方面吸引优秀人才到农村去，另一方面提升农民职业教育水平、培养农民职业素养。针对北京农村存在的经济、社会、教育水平发展不平衡问题，结合北京农村产业结构调整制定农村职业教育多元化、分层化的发展策略。创新农村职业教育模式与机制。教学方法上，更要贴近农民知识水平和农村发展实际，可以结合讲授法、案例教学法、示范教学法、情景模拟法、科普推广法、反馈性指导法等多种方法和手段。大力发展"订单式"培养模式。

2012年，以武汉都市农业培训学院为作者机构发表的文献中，在农业职业教育服务现代都市农业研究中提出了农业职业教育培养的人才是一种经济、生态、服务的复合型人才。其中经济类人才主要包括：懂科技、会经营、善管理的涉农企业家和经营管理人才；厚基础、宽口径、多专业、复合型的涉农科研专业人才及都市型农产品创新人才,特别是各专业领域的领军人物和学科带头人;既懂农业技术,又懂农产品加工专业的涉农产品深加工的农业技能型人才;懂农业技术,又有实践经验,深入农业生产产前、产中、产后开展农业科技成果推广、农产品推销的农业推广人才。生态类人才包括:林业、园林花卉人才;绿色食品标准化检验检测人才;农业生态和环境保护人才;农业生物技术人才。服务类人才包括:涉农物流人才(包括涉农外贸);涉农会展人才;涉农市场中介与媒体(包括广告)人才;涉农信息技术(包括咨询服务、数据技术)人才;农畜产品标准化检验检测、监督、认证等人才;观光农业中的服务人才,如导游、餐饮服务等。高技能的专业型农业人才和高水平的复合型农业人才极为短缺,也是应当加以重视培养的重点类型。在对接现代都市农业发展需要,加大农村实用人才培训创新力度方面,提出了推进"五大工程":一是实施"领头雁培训工程";二是实施"新型农民创业培植工程";三是实施"新型农民科技培训工程";四是实施"绿色证书培训工程";五是实施"农业科技入户工程"。作者还进一步指出目前农业职业学校数量不断减少,生源数量逐年递减,办学条件捉襟见肘,综合竞争实力持续下降等问题,都是农业职业学校发展中亟待解决的问题。因此更需要政府对农业职业教育这样的弱质行业里的弱质教育继续扶持。

2017 年,以仲恺农业工程学院为作者机构发表的文献中,提出了农业高校在服务都市农业中提升核心竞争力的主要举措:①强化学科建设,为农业高校提供持续发展的动力。科学定位,调整优化学科结构,适应都市农业发展对科技、人才的需求。积极开展支撑学科发展的科学研究,凝练学科方向。选拔、培养带头人,加强学科队伍建设,提升学科队伍核心竞争力。②提高人才培养质量,提升农业高校美誉度。以"专业综合改革试点""应用型人才培养示范专业"等为载体。推行"双主体"教育教学模式,探索"产学研用合作培养""大类培养""3+1"等多样化的人才培养模式。③打造文化力,不断激发师生凝心聚力谋发展积极性。找准定位,突出特色。坚持学术导向,营造"学术自由"的校园文化。④创新管理体制机制,持续厚植农业高校核心竞争力"沃土"。树立核心竞争力意识,做好学校发展规划。创造良好学术环境,建设一流师资队伍。整合校内外资源,拓展办学发展空间。

3.2.2 "都市农业职业教育"教研教改专题文献选摘及要点分析

21 篇有关教研教改的文献中,北京农业职业学院的有 7 篇,位居第一。其他的有苏州农业职业技术学院和成都农业科技职业学院,各 4 篇,南京农业大学 2 篇。北京农业职业学院在有关"教育研究教学改革"方面的研究表现较为突出。苏州农业职业技术学院、成都农业科技职业学院仅居其后（表3-2，图3-2）。

表3-2 有关"教研教改"高影响值专题文献纲要及
主要论述选摘（按单篇影响值从大到小排序）

序号	篇名	作者单位	发表时间	影响值	涉及方面	纲要及主要论述选摘
1	高等职业院校学生顶岗实习的探索与实践	北京农业职业学院	2009-1-15	3.375 930	教研教改、实习	提高顶岗实习效率的策略：加强校企交流，建立稳定的实习基地。 精心选择实习岗位，提高岗位的利用率：一致性、先进性、效率性。 顶岗实习的选派时间，一般为第四学期。顶岗实习的选派机制：学生本人提出申请、同学推荐、教师推荐。 顶岗实习的管理方式：在学校及实训基地各有一名指导教师经常保持联系，定出学习计划，期末写出阶段性总结。 顶岗实习的成果：有利于培养学生的综合能力；有利于校企之间的优势互补，实现双赢；有利于学生就业。 顶岗实习是实现高等职业院校培养目标、提高学生的职业素质、缩短工作适应期和提高就业率的有效途径。 将明言知识的学习与默会知识的学习结合起来
2	我院"一二三四"式实践教学体系的构建	北京农业职业学院	2007-8-1	2.254 466	教研教改	以"一条主线，两种证书，三个层次岗位能力，四个方面保障与管理"为核心内容的"一二三四"式实践教学体系。 完整的实践教学体系应由目标体系、内容体系、保障体系、管理体系四大子体系构成。职业岗位能力的培养是贯穿实践教学各子体系的主线；两种证书是实践教学目标体系的具体要求；3个层次的岗位能力是实践教学内容体系的核心部分；4个方面保障

(续)

序号	篇名	作者单位	发表时间	影响值	涉及方面	纲要及主要论述选摘
2	我院"一二三四"式实践教学体系的构建	北京农业职业学院	2007-8-1	2.254 466	教研教改	与管理中的"双师型"师资队伍、校内外实习实训基地构成实践教学的保障体系,院系两级从组织机构、规章制度、教学文件、质量评价4个角度进行管理。 农业高职学院实践教学体系要本着为本地区"三农"服务的指导思想,以就业为导向,以职业岗位能力的培养为主线,以"双师型"师资队伍和校内外实习实训基地为保障来构建。完整的农业高职实践教学体系应由"双证书"的目标体系、"三个层次分层一体化"的内容体系、"软硬件共同支撑"的保障体系和"院系两级"的管理体系构成。 "院系两级"的管理体系,学院和系部两级从组织机构、规章制度、教学文件和质量监评价4个方面承担不同的管理职责。 农业高职实践教学体系构建中应注意的几个问题:①重视并依据农业高职教育的特点构建实践教学体系。②处理好实践教学体系与理论教学体系、素质教育体系的关系。③实践教学的各种文件的建设要形成体系。④根据农类专业的特点合理安排调控实践教学
3	"互联网+"视域下农业职业教育教学改革路径探索与实践	成都农业科技职业学院	2017-4-10	1.905 486	教研教改	优化专业结构与内容,促进专业融合与发展,推进"互联网+教育"优质教育教学平台和资源建设,创新信息化教学模式与方法,提升师资队伍信息化水平,加强"互联网+产学研"创新创业能力培养。 ①将原来的农学系定位为现代农业系,智慧农业、生态农业等纳入新的课程体系中。②成都农业科技职业学院建成了现代化、共享型的数字化学习中心。

（续）

序号	篇名	作者单位	发表时间	影响值	涉及方面	纲要及主要论述选摘
3	"互联网＋"视域下农业职业教育教学改革路径探索与实践	成都农业科技职业学院	2017-4-10	1.905 486	教研教改	③"双创"教育工作，成立了创客学院、农创空间、智慧农业创客班、农业创客俱乐部，打造了成都农业科技职业学院学生创业街和创客空间。④分级、分层构建创新创业实验班、创新创业实践基地、创新创业辅导培训、就业创业指导站四大平台。⑤成都农业科技职业学院成立创客学院、大学生创业教育领导小组和创业教育办公室等创业教育机构。 坚持走"农技融合""农旅双链""城乡共建"的发展路径，打造"立足一产，二连三"的全景专业链
4	农业现代化进程中农科高职专业课程转型升级的实践探索	苏州农业职业技术学院	2017-11-11	1.804 747	教研教改	1. 农业转型升级对专业课程提出了新要求 （1）"四化同步"战略推动农业转型升级。 （2）农业转型升级要求加快农业高职院校专业课程转型升级。 2. 农业现代化进程中农科高职专业课程转型升级的应对措施 （1）打造"接二连三"专业体系。学院确立了"对接现代农业产业链，做强一产类专业，做特二产类专业，做大三产类专业"的思路。 （2）践行"五位一体"协同育人。 （3）构建"农学结合"课程体系。 （4）实施"项目载体"课程教学。 3. 取得的成效 （1）职教能力整体提升。 （2）专业建设彰显特色。 （3）课程资源不断丰富。 （4）培养质量全面提高。 （5）示范辐射成效明显

(续)

序号	篇名	作者单位	发表时间	影响值	涉及方面	纲要及主要论述选摘
5	经济发达地区涉农企业对农科人才需求结构调查及高校教育策略分析	南京农业大学	2012 - 3 - 15	1.667 618	教研教改	1. 涉农企业对农科人才培养工作的评价 (1) 涉农企业对农科人才培养质量评价:中等偏上。 (2) 涉农企业对农科人才培养工作的评价:供大于求。对单位人才学历结构比较满意。 2. 农科院校人才培养工作的策略 (1) 根据自身情况,进一步明晰人才培养目标。 (2) 以社会发展为导向,调整学科专业结构。 (3) 注重实践能力,差别化培养不同层次农科人才。 (4) 院校和企业承担相应责任,拓宽农科人才的就业渠道。
6	都市农业背景下农业院校学科建设的策略	仲恺农业工程学院	2014 - 5 - 15	1.635 193	教研教改	1. 都市农业兴起与农业院校学科建设 (1) 都市农业兴起与发展有利于拓宽农业院校发展空间。 (2) 都市农业的发展需要农业院校为其提供科技支撑。 (3) 都市农业的发展需要农业院校为其提供人才保障。 2. 都市农业背景下农业院校学科建设现状及问题分析 (1) 学科结构相对单一,总体实力偏弱。 (2) 学科基地建设工作滞后。 (3) 学科队伍建设有待进一步加强。 3. 地方农业院校服务都市农业发展的学科建设策略 (1) 科学定位,调整优化学科结构,适应都市农业发展对科技、人才的需求。 (2) 积极开展支撑学科发展的科学研究,凝练学科方向。

（续）

序号	篇名	作者单位	发表时间	影响值	涉及方面	纲要及主要论述选摘
6	都市农业背景下农业院校学科建设的策略	仲恺农业工程学院	2014 - 5 - 15	1.635 193	教研教改	（3）加强学科基地建设，促进学科发展和人才培养。 （4）选拔、培养带头人，加强学科队伍建设，提升学科队伍核心竞争力。 （5）完善管理制度，使学科建设更加高效
7	构建推广教授体系，服务北京都市现代农业	北京农学院	2012 - 8 - 15	1.598 421	教研教改	1. 构建都市农业推广教授体系的必要性 （1）发展都市现代农业所需。 （2）培养卓越都市现代农业人才所需。 （3）提高都市农业科技推广水平所需。 2. 都市农业推广教授体系的构建 （1）争取政府支持，率先创建推广教授新体系。构建了"政产学研推"一体。 （2）评聘结合，科学制定聘任条件。 （3）明确岗位职责，突出职能特色。 （4）健全以推广绩效为主的考评指标体系。 3. 都市农业推广教授体系的建设成效 （1）建立了一支立志扎根京郊农业技术推广的教授队伍。 （2）"卓越现代都市农林人才"的培养落在实处。 （3）依托工作基点，强化农技推广与农民培训。 （4）依托推广教授队伍，构建大学生村官专家支撑体系
8	北京农业类高职专业发展现状的思考	北京农业职业学院	2009 - 4 - 11	1.567 123	教研教改	1. 北京农业类高职教育的现状 （1）农业类高职在北京高职教育中所占比例偏低。

（续）

序号	篇名	作者单位	发表时间	影响值	涉及方面	纲要及主要论述选摘
8	北京农业类高职专业发展现状的思考	北京农业职业学院	2009-4-11	1.567 123	教研教改	（2）现有的农业类高职专业教学质量较高：①树立了新的专业建设理念；②专业建设与改革取得了明显的成效；③教师队伍建设有了新举措。 　2. 改进北京农业类高职专业建设的建议 以发展北京都市农业为出发点适度增设新专业，加大对传统涉农专业的调整与改造。特别要考虑以下几方面人才的需求：设施农业、观光农业、畜禽养护。 　3. 加强对农民的职业教育 　4. 加强师资队伍建设 　5. 深化教育教学改革，不断提高教学质量
9	都市农业背景下的农业高职教育教学改革	苏州农业职业技术学院	2010-11-30	1.566 877	教研教改	复合型专业、广适型技能、创新型素质人才需求。 根据都市农业的市场需求合理设置专业；根据都市农业的产业功能调整课程体系；根据都市农业的人才要求创新教学模式。 减少传统农业类专业，开设观光农业、生态旅游、设施园艺、都市农业经营、生态农业等专业或专业方向。突出专业课程的职业定向性，以职业岗位能力作为配置课程的基础。 课程体系构建要体现复合性、文化性和特色性，强调多级课程体系：一类课程称为素质养成课程，二类课程称为主干课程，三类课程称为实训课程。 一是要在教学模式上采取弹性学制和学分制，二是"以学生为中心"的教学模式，教师不再是获得知识的唯一来源，三是要建立较巩固的都市农业实践基地，保证社会实践活动的长期性、持久性，四是注重"双师型"教师的培养

（续）

序号	篇名	作者单位	发表时间	影响值	涉及方面	纲要及主要论述选摘
10	新型农业经营体系构建与农业高职教育专业体系优化	苏州农业职业技术学院	2014 - 9 - 25	1.564 467	教研教改	1. 新型农业经营体系的新特点 （1）农业生产集约化。 （2）农业经营一体化。 （3）农业服务社会化。 （4）农业管理信息化。 2. 新型农业经营体系构建对农业高职教育的新要求 （1）优化专业结构。 （2）重视农业服务类专业。 （3）培养一线技能人才。 （4）重视创业教育。 3. 农业高职教育专业体系优化对策 （1）优化专业结构，拓宽服务面向。 （2）创新体制机制，推进合作教育。 （3）改革培养模式，培养实用人才
11	打造高素质的"双师型"教学团队以促进高等职业教育科学发展——师资队伍建设系列研究之一	成都农业科技职业学院	2013 - 11 - 20	1.444 091	教研教改	1. 广开渠道创造教师发展的良好环境 （1）加强师德师风建设。 （2）提升学历学位进修。 （3）加大高层次人才的引进力度。 （4）实践动手能力培养。 （5）教育教学能力提升培训。 2. 外聘兼职教师，优化师资队伍结构
12	高职院校开展职业技能竞赛的探索与实践	北京农业职业学院	2015 - 1 - 20	1.350 369	教研教改	技能竞赛引领了职业院校教学改革和技术创新，成为促进职业教育发展的重要手段。 职业教育技能大赛，是我国职业教育适应经济社会发展新形势的设计与创新，也是新时期职业教育改革与发展的重要推进器。 需做到以下几点： （1）完善机制，保障到位。

（续）

序号	篇名	作者单位	发表时间	影响值	涉及方面	纲要及主要论述选摘
12	高职院校开展职业技能竞赛的探索与实践	北京农业职业学院	2015-1-20	1.350 369	教研教改	（2）人人参与，技能提升。①项目彰显普及性和职业性：学院逐步把竞赛活动作为学校日常教学工作的重点工作之一，鼓励学生积极参与国家级、省部级、学院级技能竞赛。②大赛技能标准融入课程教学：贯彻职业技能大赛"以赛带学、以赛带练、以赛带训"的这种理念，"竞赛式"教学。③竞赛文化，逐渐形成：既体现了校园文化，又体现出职场的企业文化。④赛企结合，彰显特色：校企深度合作的机制正在逐步形成，实现"双赢"的局面。 通过开展职业技能竞赛，推进"工学结合"的教学模式，吸纳行业企业最新的工艺要求、操作规范，引入"理实一体化"教学和企业真实岗位的实景教学，让学生在做中学，不断巩固和拓展所学知识和技能，满足社会对高素质技能型人才的需求
13	高职院校现代学徒制试点教育现状分析——以成都农业科技职业学院为例	成都农业科技职业学院	2017-2-10	1.335 086	教研教改	2015年5月，成都农业科技学院被教育部纳入全国首批现代学徒制试点单位，对10个专业进行了各种形式的学徒制探索与实践。国务院常务会议，部署加快发展现代职业教育，提出"开展校企联合招生、联合培养的现代学徒制试点"。教育部分别下发了《关于开展现代学徒制试点工作的意见》和《关于开展现代学徒制试点工作的通知》两份文件。

（续）

序号	篇名	作者单位	发表时间	影响值	涉及方面	纲要及主要论述选摘
13	高职院校现代学徒制试点教育现状分析——以成都农业科技职业学院为例	成都农业科技职业学院	2017-2-10	1.335 086	教研教改	1. 中外现代学徒制发展历史简述 "现代学徒制"起源于德国的职业培训，即著名的"双元制"。它形成了配套的国家制度、教育制度，推动了国内社会经济的快速发展，其成功的经验得到了世界许多国家的认可和借鉴。1958年之后，我国进行了3次半工半读的教育实践。随着"先培训，后就业"制度的推行，最终被职业技术学校取代。我国的现代学徒制则是针对现代职业教育中理论与实践的严重脱节而提出。 研究表明，我国目前高职院校试点探索的现代学徒制模式，更多地借鉴于德国的"双元制"，本土化、个性化的现代学徒制十分缺少。 2. 学院现代学徒制试点专业探索实践 10个专业进行现代学徒制试点。 （1）试点专业年级及人数分布：大二、大一成为学徒制试点的主力军。一个完整的现代学徒制周期往往需要3年。实践动手能力要求较强的专业，学徒制试点企业能够提供真实生产场地或场景的专业。专业人数相对较少，师傅与徒弟的比例为1：1时是最为理想的。 （2）试点专业人才培养模式的积极探索。 ①个性化定制的人才培养方案：构建具有本专业特色的个性化的人才培养方案。国家级学徒制试点专业的园林专业提出。构建"动静结合、弹性学分、双主体、双导师"的现代学徒制人才培养方式。共同组建动态班。与

（续）

序号	篇名	作者单位	发表时间	影响值	涉及方面	纲要及主要论述选摘
13	高职院校现代学徒制试点教育现状分析——以成都农业科技职业学院为例	成都农业科技职业学院	2017-2-10	1.335 086	教研教改	各企业共同制订各班的企业文化课程、素质课程及专业能力强化课程，由企业按岗位需求目标设计教学内容并开展教学。宠物驯导与养护专业提出两课堂，四阶段逐步提升的现代学徒制。水产专业提出"三结合、三循环、两指导"。农业经济管理专业现代学徒制班，提出"产教融合、模块教学、半工半读"。②校企联合制定科学合理的课程体系：通过编写符合岗位实际的学徒制配套教材，灵活安排授课时间和授课地点，专业教师与企业师傅联合授课等方式。园林专业"兰花班"与四川省兰花学会达成协议，共同构建"校会联合开发阶梯递进式课程体系"。探索出符合水产专业实际的层层递进式课程体系。③校企联合制定符合岗位需求的学徒制教材：两个专业完成符合岗位实际需求的学徒制教材编写。④校企联合制定和完善学徒制相关协议：二者的结合更具有紧密性和有机性。新增了《学徒制试点三方协议》（校-企-生）、《师傅带徒弟协议书》（师-徒）。 3. 学院现代学徒制试点面临的困境 （1）企业参与方面：企业参与力度仍显不足。基本以学院为主导、企业消极配合。企业没有真正找到参与学徒制的核心利益点。投入与产出问题。学生的实践能力往往不能满足企业的要求，难免影响企业的生产。 （2）学院方面：仍缺乏深层次的合作意识，指导教师企业工作经验不足。

（续）

序号	篇名	作者单位	发表时间	影响值	涉及方面	纲要及主要论述选摘
13	高职院校现代学徒制试点教育现状分析——以成都农业科技职业学院为例	成都农业科技职业学院	2017-2-10	1.335086	教研教改	（3）学生方面：双重身份、权益保障、导致其技能提升效果不明显、学徒自身学习意识不强。 4. 实践策略 （1）企业层面：首先建议企业增强社会服务意识，充分给予学徒全方位的帮助与支持。其次，落实经费保障。 （2）学校层面：一是学院要加强组织领导；二是学院要甄选"好企业"参与现代学徒制建设；三是完善专兼职教师队伍建设；四是敦促各试点专业根据自身特色，努力构建本土化、个性化的现代学徒制发展模式。 （3）学生（家长）层面支持和鼓励
14	沿海都市型现代农业发展视域下天津农林高校大学生创新能力培养模式探究	天津农学院	2018-1-1	1.305053	教研教改	1. 沿海都市型现代农业的特点 （1）要素集约性特征。 （2）可持续发展特征。 （3）高度开放性特征。 2. 沿海都市型现代农业人才需求类型 （1）涉农经济复合型。 （2）涉农生态复合型。 （3）涉农服务复合型。 3. 天津农林高校大学生创新能力培养模式 （1）创新教育理念，明确天津农林高校办学定位。 （2）创新教学内容，优化教学结构。 （3）创新"应用研究性"课程体系。 （4）多途径、多层次打造创新人才平台：①加大资金投入，支持大学生创新创业训练计划项目；②建立专门的创新活动中心和创新活动基地；③加大试验室开放力度；④鼓励学生参与各种创新、创业竞赛和科技创新社团

（续）

序号	篇名	作者单位	发表时间	影响值	涉及方面	纲要及主要论述选摘
15	工学结合模式下实训基地建设的探索与实践——以北京农业职业学院为例	北京农业职业学院	2014-6-20	1.303 480	教研教改	1. 实训基地建设的指导思想及原则 （1）明确目标，着眼育人。（2）打造特色，形成品牌。（3）功能多元，创新机制。（4）统一规划，分步实施。 2. 实训基地的功能定位 （1）教学实训功能。（2）科技服务、示范功能。（3）职业岗位培训功能。（4）科学研究功能。 3. 实训基地建设成效 （1）加强校内实训基地建设。（2）提高校内实训基地的仿真度。（3）发掘基地的科研、服务功能。（4）深化校外实训基地建设。（5）制定行之有效的实践教学管理制度
16	高等农业职业教育课程创新研究——以成都农业科技职业学院为例	成都农业科技职业学院	2007-12-15	1.288 276	教研教改	根据学院办学定位，明确课程目标："一体两翼"的发展思路，坚持以"探究—过程—检验"为特色的学习观，确定了以"实践—思考—能力"为中心的学生观，认为学习是一项社会实践活动。 课程创新的探索与实践：课程开发主体的多元化；课程资源开发途径创新；课程结构的模块化和灵活性；课程内容体现实践性和过程性；课程实施的创新；课程评价的创新。 课程开发的触角深入到生产一线；贯彻与农时、农事的需求相协调的工作思路，统筹理论与实践、知识学习与技能培养、研究意识与实践能力，激活课程实施者（教师）的研究意识和创新意识；部分理论教学环节大多与实习实训交叉安排。 评价主体的多元化、评价内容体现了以能力为本位（专业能力、方法能力和社会能力）的评价标准的实践性和真实性，评价方式的"表现性"、过程性。

(续)

序号	篇名	作者单位	发表时间	影响值	涉及方面	纲要及主要论述选摘
16	高等农业职业教育课程创新研究——以成都农业科技职业学院为例	成都农业科技职业学院	2007-12-15	1.288 276	教研教改	高等农业职业教育课程创新体现在课程目标、编制主体、课程资源、课程实施及评价等方面。 不是专业教育，而是就业教育；不是终结教育，而是终身教育；不是升学教育，而是素质教育。 由于对"实用为主，够用为度"原则的不同理解，导致许多高职院校存在淡化理论教学、简化理论考试、课程评价单一的现象。由于课程建设不力，课程评价体系单一，加之实践性教学跟不上，直接导致了毕业生"双差"：专业基础薄弱，学习能力差；专业技能操作不熟练，动手能力差
17	以高技能型人才培养为目标建设实训基地	北京农业职业学院	2009-1-20	1.279 658	教研教改；人才培养	1. 校内实训基地建设坚持的五项原则 （1）满足教学原则。（2）突出重点原则。（3）同步建设原则。（4）资源共享原则。（5）先进可行原则。 2. 实训基地的功能 （1）教学实训功能。（2）科技服务、示范功能。（3）职业岗位培训功能。（4）科学研究功能。 3. 北京农业职业学院实训基地建设模式创新 （1）产学结合模式。（2）校企共建模式。（3）校政共建模式。 4. 北京农业职业学院校内实训基地建设的实践 （1）校内生产性实训基地建设取得了重大进展，实现基地生产化。（2）实训基地建设和校园文化建设有机结合，实现基地景观化。（3）实训基地自主经营、自我发展，实现基地企业化

（续）

序号	篇名	作者单位	发表时间	影响值	涉及方面	纲要及主要论述选摘
18	高校远程教学联盟平台及课程资源共享建设探索——以南京农业大学继续教育学院为例	南京农业大学	2012-12-10	1.245 808	教研教改：继续教育与培训	1. 构建继续教育远程教学与培训联盟平台 （1）构建继续教育远程教学与培训联盟平台的意义。（2）南京农业大学继续教育远程教学与培训联盟平台的建设实践。 2. 依托联盟平台构建优质课程资源共享机制 （1）构建优质课程资源共享机制意义。（2）南京农业大学优质课程资源共享机制建设实践。 3. 项目建设成效举要 （1）继续教育远程教学与培训联盟平台建设成效。（2）联盟优质课程资源共享建设成效。 4. 未来长效机制建设 （1）做好平台的技术管理和设施保障。（2）提升平台服务功能。（3）完善平台互通和学习成果互认机制
19	苏州农业职业技术学院专业建设的实践与思考	苏州农业职业技术学院	2009-2-26	1.240 799	教研教改	（1）教育教学改革。①改革人才培养模式。②改革教学模式。 （2）师资队伍建设。 （3）实训基地建设。 （4）教材建设。①以"加强基础，精选内容，有所创新，有利教学"为原则，从思想性、科学性、先进性、适用性等方面综合考虑。②对暂时代用教材，在使用过程中应根据本专业的需要及时调整其教学内容。③积极组织力量，加强新开课程的教材和紧缺教材的建设
20	广州等市城郊型农村职业技术教育的改革	无	1992-10-27	1.102 096	教研教改	积极发展和改革职业技术教育，为当地经济发展服务。（1）建立与产业部门信息相通的办学体制，多种形式办学。第一，行业（企业集团）办学；第二，产学联合办学；第三，职业中专（高中）为乡、村办辐射班。

（续）

序号	篇名	作者单位	发表时间	影响值	涉及方面	纲要及主要论述选摘
20	广州等市城郊型农村职业技术教育的改革	无	1992-10-27	1.102 096	教研教改	（2）建立一种能刺激城郊型农村职业技术教育发展的管理体制。（3）职业技术学校的专业设置要有超前性、针对性和灵活性。（4）职业技术学校的教学要注重实践和实用。（5）边读书、边实践、边致富。（6）职业技术教育要培养学生的商品意识和风险意识
21	高职院校课堂教学质量评价体系的改进与实践——以北京农业职业学院为例	北京农业职业学院	2019-11-25	1.034 029	教研教改	1. 现行课堂教学质量评价体系的分析 （1）现行课堂教学质量评价体系的构成。（2）现行课堂教学质量评价体系存在的问题。 2. 课堂教学质量评价体系的改进 （1）简要介绍研究现状。（2）改进的过程及结果：①评价主体和指标的确定。②各评价主体与一级指标权重的确定。③二级指标权重的确定。 3. 课堂教学质量评价体系实施与验证

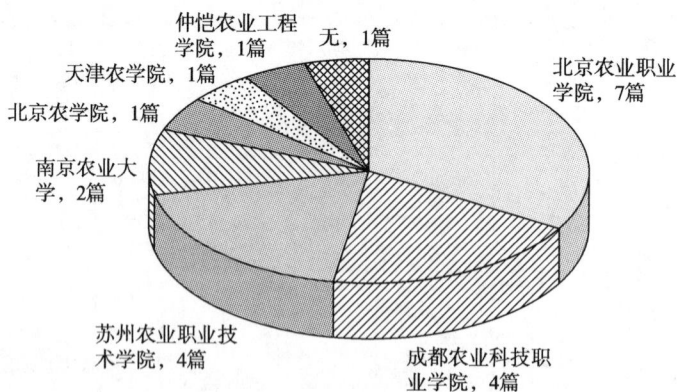

图 3-2　有关"教研教改"高影响值专题文献的作者机构发文量分布

7篇以北京农业职业学院为作者机构发表的文献，涉及教研教改方面的主要理论和经验、典型做法依发表时间先后提炼如下。

2007 年，系统总结了北京农业职业学院的"一二三四"式实践教学体系的构建：①北京农业职业学院构建的"一二三四"式实践教学体系核心内容是"一条主线、两种证书、三个层次岗位能力、四个方面保障与管理"。"一条主线"是指以职业岗位能力的培养为主线构建实践教学体系；"两种证书"是指学生取得高等职业教育毕业证书的同时，还必须取得从事该岗位工作所需的一定等级的职业资格证书；"三个层次的岗位能力"是指学生应具备的通用基本技能、专业专项技能、专业综合技能这 3 个既层层递进，又有机结合的职业岗位能力；"四个方面保障与管理"是指"双师型"师资队伍、校内外实习实训基地、学院宏观管理、系部具体管理 4 个方面的保障与管理。完整的实践教学体系应由目标体系、内容体系、保障体系、管理体系四大子体系构成。职业岗位能力的培养是贯穿实践教学各子体系的主线；两种证书是实践教学目标体系的具体要求；三个层次的岗位能力是实践教学内容体系的核心部分；四个方面保障与管理中的"双师型"师资队伍、校内外实习实训基地构成实践教学的保障体系，院系两级从组织机构、规章制度、教学文件、质量评价四个角度进行管理。②农业高职学院实践教学体系要本着为本地区"三农"服务的指导思想，以就业为导向，以职业岗位能力的培养为主线，以"双师型"师资队伍和校内外实习实训基地为保障来构建。认为完整的农业高职实践教学体系应由"双证书"的目标体系、"三个层次分层一体化"的内容体系、"软硬件共同支撑"的保障体系和"院系两级"的管理体系构成。③提出了农业高职实践教学体系构建中应注意的几个问题：重视并依据农业高职教育的特点构建实践教学体系，实践教学设计与安排均需考虑农作物生长的物候期；处理好实践教学体系与理论教学体系、素质教育体系的关系，实践教学体系是高等职业教育的核心；实践教学的各种文件的建设要形成体系；根据农类专业的特点合理安排调控实践教学。

2009 年，对高等职业院校学生顶岗实习进行探索与实践：总结了加强校企交流，建立稳定的实习基地这一提高顶岗实习效率的策略。通过精心选择实习岗位，提高岗位的利用率。顶岗实习的选派时间一般为第四学期，由学校及实训基地各出一名指导教师保持联系，定出学习计划，期末进行阶段性总结。对顶岗实习在实现高等职业院校培养目标、提高学生的职业素质、缩短工作适应期和提高就业率的重要作用予以充分肯定。

2009 年，总结了以高技能型人才培养为目标建设实训基地的原则、功能和创新实践。①校内实训基地建设坚持的五项原则：满足教学原则；突出重点原则，建设经费向重点实验室、实训基地倾斜，重点打造一批国家级、北京市级示范性实训基地；同步建设原则，做到校内基地和校外基地建设并举，室内实验室和室外实训场所建设并举，生产性基地和仿真模拟型基地建设并举，学校自建和社会、企业共建的并举；资源共享原则；先进可行原则。②实训基地的功能：教学实训功能；科技服务、示范功能；职业岗位培训功能；科学研究功能。③北京农业职业学院实训基地建设模式创新。成立了专门的组织机构——实践教学指导中心。运营模式有产学结合模式，校企共建模式，校政共建模式。成立了北京市安全食品检测中心。

2009 年，分析了农业类高职专业发展现状，提出了改进对策，以满足新农村建设的需要。改进北京农业类高职专业建设的建议：①以发展北京都市农业为出发点适度增设新专业，加大对传统涉农专业的调整与改造，特别要考虑以下几方面人才的需要：设施农业，观光农业，畜禽养护。②加强对农民的职业教育。③加强师资队伍建设。④深化教育教学改革，不断提高教学质量。

2014 年，根据北京农业职业学院农业类专业的特点，总结了按照工学结合人才培养方案建设实训基地的指导思想和实施成效，以及校内实训基地、校企合作、工学结合等方面的一些初步做法。①实训基地建设的指导思想及原则：明确目标，着眼育人；打造特色，形成品牌；功能多元，创新机制，集教学、生产、科研、服务、农事体验等功能于一体；统一规划，分步实施。②实训基地建设成效：加强校内实训基地建设，做到"校中有场、场中有园"；提高校内实训基地的仿真度，"校内基地生产化"实行校内实训基地生产化管理；发掘基地的科研、服务功能，综合实验室逐渐发展成为能够承担国家重大科研项目能力；深化校外实训基地建设，采取学院、分院系部两级的管理方式；制定行之有效的实践教学管理制度。对于各项实践教学，根据农业的季节性、周期性等特点，进行柔性化管理。

2015 年，学校通过技能竞赛引领了教学改革和技术创新，促进了职业教育的发展，推进了"工学结合"的教学模式。学校把竞赛活动作为日常教学工作的重点工作之一，鼓励学生积极参与各级各类技能竞赛，并把大赛技能标准融入课程教学，实现"竞赛式"教学，形成竞赛文化，实现赛企结合、校企深度合作。

2019 年，学院进行了高职院校课堂教学质量评价体系的改进与实践。基于利益相关者和多元智能理论，对课堂教学质量评价体系进行重构和优化。①课堂教学质量评价体系的改进：评价主体包括教师（同行）、学生、督导、教学管理人员、企业，设有职业素养、教学过程、教学效果 3 个一级指标。评价标准按照学生的群体特点进行设计，突出以学生为主体的教学理念。对教学方法的评价标准增加了学生自主学习能力和创新能力培养，对教学效果的评价标准注重学生的知识学习效果、技能锻炼效果、素养培育效果。②课堂教学质量评价体系验证。评价结果更详细、更清晰、更精确。被评教师可以清晰找到自身教学过程中的薄弱环节，对照评价指标可以很快找出教学中应该注意和改进的方面。

4 篇以成都农业科技职业学院为作者机构发表的文献，涉及教研教改方面的主要理论和经验、典型做法依发表时间先后提炼如下。

2007 年，进行了课程创新的探索与实践，坚持以"探究—过程—检验"为特色的学习观，确定了以"实践—思考—能力"为中心的学生观，实践了课程开发主体的多元化；课程资源开发途径创新；课程结构的模块化和灵活性；课程内容体现实践性和过程性；课程实施的创新；课程评价的创新。课程开发深入到生产一线，贯彻了与农时、农事的需求相协调的工作思路。提出了职业教育"不是专业教育，是就业教育；不是终结教育，是终身教育；不是升学教育，是素质教育"的全新提法。并指出高职院校由于对"实用为主，够用为度"原则的片面理解，导致淡化理论教学、简化理论考试、课程评价单一的现象。又由于课程建设不力，课程评价体系单一，加之实践性教学跟不上，直接导致毕业生"双差"：专业基础薄弱，学习能力差；专业技能操作不熟练，动手能力差。不利于合格职业人才的培养。

2013 年，总结了打造高素质的"双师型"教学团队的经验：①广开渠道创造教师发展的良好环境：加强师德师风建设；提升学历学位进修；加大高层次人才的引进力度；实践动手能力培养；教育教学能力提升培训。②外聘兼职教师，优化师资队伍结构。

2017 年，总结了现代学徒制试点的探索。2015 年 5 月，成都农业职业科技学院被教育部纳入全国首批现代学徒制试点单位，有 10 个专业的大一、大二年级师生参与了各种形式的学徒制探索与实践。通过制定个性化人才培养方案，构建具有本专业特色的个性化的人才培养方案。国家级学徒制试点专业园林专业提出构建"动静结合、弹性学分、双主体、双导师"的现代学徒制人才培养方式，共同组建动态班。与各企业共同制订课程，由企业按岗位需求设计教学内容并开展教学。宠物驯导与养护专业提出了按照两课堂，四阶段逐步提升现代学徒制。水产专业提出"三结合、三循环、两指导"模式。农业经济管理专业现代学徒制班提出"产教融合、模块教学、半工半读"的模式。通过校企联合制定科学合理的课程体系，编写符合岗位实际的学徒制配套教材，灵活安排授课时间和授课地点，专业教师与企业师傅联合授课等方式形成科学合理的职业化课程体系。园林专业"兰花班"与四川省兰花学会达成协议，共同构建"校会联合开发阶梯递进式课程体系"。探索出符合水产专业实际的层层递进式课程体系。校企联合制定符合岗位需求的学徒制教材。校企联合制定和完善学徒制相关协议，新增《学徒制试点三方协议》（校—企—生）、《师傅带徒弟协议书》（师—徒）两份协议。

2017 年，对"互联网＋教育"的教育教学改革进行了探索和实践。优化了专业结构与内容，促进专业融合与发展，推进"互联网＋教育"优质教育教学平台和资源建设，创新信息化教学模式与方法，提升师资队伍信息化水平，加强"互联网＋产学研"创新创业能力培养。将原来的农学系定位为现代农业系，将智慧农业、生态农业等纳入新的课程体系中；在成都农业科技职业学院建成了现代化、共享型的数字化学习中心；通过"双创"教育工作，成立了创客学院、农创空间、智慧农业创客班、农业创客俱乐部，打造了学生创业街和创客空间；分级、分层构建创新创业实验班、创新创业实践基地、创新创业辅导培训、就业创业指导站四大平台；成立创客学院、大学生创业教育领导小组和创业教育办公室等创业教育机构。

4 篇以苏州农业职业技术学院为作者机构发表的文献，涉及教研、教改方面的主要理论和经验、典型做法依发表时间先后提炼如下。

2009 年，总结了苏州农业职业技术学院专业建设的实践与思考：学院专门成立了专业指导委员会。①教育教学改革，包括：改革人才培养模式，通过各种途径（政府统筹、科技合作、校友搭桥等）加强与地方、行业、企业的联系，建立稳定的实习基地和就业基地；改革教学模式，一是要按照职业岗位群对知识、能力和态度的要求来设置课程方案（教学计划），建立与理论教学体系相辅相成的科学实践教学体系；二是要按照"理论知识强调必须够用，实用技术力求先进适用"的要求，通过课程综合化的途径来调整和改革教学内容；三是要改革课程的教学方法，逐步将专业课程的教学从普通教室转移到生产现场或仿真的实训教室中进行；四是实行考试考核方式的改革，逐步建立起以能力考核为核心的教学评价体系，同时，实行校内考核与社会考核相结合，推行"多证制"。②师资队伍建设。"双师型"素质的师资队伍是高职培养技能型人才的关键要素。③实训基地建设实训建设。做到：一是根据培养目标的要求，以实训实习教学计划和教学大纲的要求为依据；二是全面规划，协调发展，避免各专业之间重复建设；三是研究和探索校内实训基地高效运行的机制。④教材建设：以"加强基础，精选内容，有所创新，有利教学"为原则，从思想性、科学性、先进性、适用性等方面综合考虑；对暂时代用的教材，在使用过程中应根据本专业的需要及时调整其教学内容；积极组织力量，加强新开课程的教材和紧缺教材的建设。

2010 年，针对"都市农业"背景下的农业高职教育教学改革进行了扎实的探索和尝试。根据复合型专业、广适型技能、创新型素质人才的需求，按照都市农业的市场需求合理设置专业。减少传统农业类专业，开设观光农业、生态旅游、设施园艺、都市农业经营、生态农业等专业或专业方向，突出专业课程的职业定向性；根据都市农业的产业功能调整课程体系，体现复合性、文化性和特色性，强调多级课程体系，一类课程为素质养成课程，二类课程为主干课程，三类课程为实训课程；根据都市农业的人才要求创新教学模式，采取弹性学制和学分制、"以学生为中心"、建立较巩固的都市农业实践基地、注重"双师型"教师的培养。

2014 年，通过主动适应农业经营体系创新的新要求，实现农业高职教育专业体系优化。①根据新型农业经营体系的新特点：主要有农业生产集约化、农业经营一体化、农业服务社会化、农业管理信息化。②分析相应的对农业高职教育的新要求：优化专业结构、重视农业服务类专业、培养一线技能人才、重视创业教育。③提出农业高职教育专业体系优化对策。优化专业结构，拓宽服务面向。服务面向转向面向生产、经营、管理和服务等全部领域，尤其要重视现代农业服务类专业的建设；专业内涵转向围绕设施农业、科技农业、标准化农业、绿色农业和多功能农业设置专业；人才定位转向主要为农业企业、农业合作社、农业服务组织和基层农技服务部门培养技术技能人才。创新体制机制，推进合作教育。有计划地实施"五位一体"（人才培养、人员互聘、科技服务、岗位实践、就业创业）配套建设和"苏绿学院""园艺职教联盟"等校企合作平台建设，创新和完善了"以服务赢得信任、以信任推动合作、以合作实现双赢"的校企合作教育机制。改革培养模式，培养实用人才。

2017 年，总结了农业科学高职专业课程转型升级的实践探索。①农业转型升级对专业课程提出了新要求。"四化同步"战略推动农业转型升级。农业龙头企业、农业合作社、家庭农场、专业大户等新型农业经营主体快速壮大，有力促进了新型农业经营体系加快构建，一、二、三产加快融合。农业转型升级要求加快农业高职院校专业课程转型升级。②农业现代化进程中农科高职专业课程转型升级的应对措施。打造"接二连三"专业体系。学院确立了"对接现代农业产业链，做强一产类专业，做特二产类专业，做大三产类专业"的思路。践行"五位一体"协同育人。将人才培养与科技服务、人员互聘、岗位实践、就业创业有机结合。构建"农学结合"课程体系。按照各专业的服务产业和职业岗位（群）对知识、能力和素质的要求，优化课程体系。采取"先顶岗实习、后回校学习"以及顶岗实习与在校学习工学交替，依据农时安排学程的"农学结合"教学方式。实施"项目载体"课程教学。对所有专业核心课程全部实行综合化、项目化改造。

2 篇以南京农业大学为作者机构发表的文献，涉及教研教改方面的主要理论和经验、典型做法，依发表时间先后提炼如下。

2012 年，对经济发达地区涉农企业对农科人才需求结构进行调查，并对高校教育策略进行分析。①涉农企业对农科人才培养工作的评价。涉农企业对农科人才培养质量评价为中等偏上。对农科人才培养工作的评价为供大于求。

企业对单位人才学历结构比较满意，最愿意接收的是本科、硕士学历的学生。②农科院校人才培养工作的策略。根据自身情况，进一步明晰人才培养目标。涉农企业对于农科人才的需求主要为本科生，其次为硕士，再次为博士，最后为专科。首先，应根据自身情况设定整体的人才培养目标，其次，应根据不同层次的农科教育所培养的人才未来的就业类型进行定位。以社会发展为导向，调整学科专业结构。农业院校应要积极调整学科专业结构，应对社会发展所带来的巨大挑战。在以下 3 个方面加大调整力度：第一，拓宽专业口径，实现专业大类整合；第二，融合现代生物技术与信息技术提升传统农业；第三，立足院校和区域发展，强化特色专业。注重实践能力，差别化培养不同层次农科人才。本科生和专科生都要提高"科研能力"。要加强对于学生实践能力的培养。院校和企业应承担相应责任，拓宽农科人才的就业渠道。首先，要进一步加强毕业生的思想政治教育工作，引导农科毕业生树立正确的就业观。其次，就业工作部门要热心为农科毕业生做好各项就业服务工作，为毕业生搭建各种平台。

2012 年，以南京农业大学继续教育学院为例，对高校远程教学联盟平台及课程资源共享建设进行探索。①依托联盟平台构建优质课程资源共享机制。全面支持继续教育各学科优质课程资源共享、增值应用、运营管理等系统，设置了学习讨论论坛、教师在线答疑解惑、网上作业平台、专家交流通道等板块。建立了共享型课程资源中心。②未来长效机制建设：做好平台的技术管理和设施保障；提升平台服务功能；完善平台互通和学习成果互认机制。

对其他机构的文章提炼如下。

早在 1992 年对广州等市城郊型农村职业技术教育的改革进行了研究。城郊型农业作为都市农业的早起形态具有重要的先导作用。城郊型农村已具有鲜明的经济特点：商品农业比较发达。乡镇企业迅猛发展。外向型经济发展迅速。产业结构已发生质的变化，农村劳动力发生了较大的转移。为促进为当地经济发展服务，提出了积极发展和改革农村职业技术教育的举措。①建立与产业部门息息相通的办学体制，多种形式办学：行业（企业集团）办学；产学联合办学；职业中专（高中）为乡、村办辐射班。②建立一种能刺激城郊型农村职业技术教育发展的管理体制。例如，深圳宝安在学校内部管理体制上试行"二聘二制一包一奖"的办法。即由镇村成立学校办学董事会，由董事会提名聘任校长，实行校长负责制。由校长聘请教师，对教师实行岗位责任目标制，根据教职工对岗位责任目标的实现程度，实行按劳计酬、按质计奖。③职业技术学校的专业设置要有超前性、针对性和灵活性。④职业技术学校的教学要注重实践和实用。⑤边读书、边实践、边致富。⑥职业技术教育要培养学生的商品意识和风险意识。此外，还指出，专业设置要灵活多样，根据产业部门需要。在教师的配置上，不要有定编定员的限制。学校要办成集教学、科研、生产、经营、咨询服务为一体的经济实体。学校招生可以优质优价，科研成果可以转让和开发，生产和经营要有经济效益。

2012年，介绍了北京农学院构建农业推广教授体系的新思路和实践经验。①都市农业推广教授体系的构建。争取政府支持，率先创建推广教授新体系。构建了"政产学研推"一体。评聘结合，科学制定聘任条件。明确岗位职责，突出职能特色：其一，主持承担各级各类校内外人才培养和教学实验、试验、示范基地建设；其二，充分发挥推广教授特有的知识、资源和技术优势，积极承担农业科学技术成果转化、试验示范、农民的专项科技培训工作，拓展社会推广服务与人才培养职能。健全以推广绩效为主的考评指标体系。第一，注重技术推广应用服务的工作积累和实际业绩；第二，注重技术推广应用与人才培养责任的衔接；第三，注重推广教授应用型科研成果在生产中的实际应用效果。②都市农业推广教授体系的建设成效：建立了一支立志扎根京郊农业技术推广的教授队伍；"卓越现代都市农林人才"的培养落在实处，有一支年富力强，知识结构合理，既有扎实的理论知识，又能深入一线，解决生产实际问题的推广教授队伍；依托工作基点，强化农技推广与农民培训；依托推广教授队伍，构建大学生村官专家支撑体系。

2014年，仲恺农业工程学院对都市农业背景下农业院校学科建设的策略进行了研究。①都市农业背景下农业院校学科建设现状及问题：学科结构相对单一，总体实力偏弱；学科基地建设工作滞后；学科队伍建设有待进一步加强。②地方农业院校服务都市农业发展的学科建设策略。科学定位，调整优化学科结构，适应都市农业发展对科技、人才的需求。主要有突出重点、形成特色，建设符合都市农业发展的特色学科体系；促进学科交叉融合，培植新学科点，提升学科服务都市农业的能力。积极开展支撑学科发展的科学研究，凝练学科方向。加强学科基地建设，促进学科发展和人才培养。选拔、培养带头人，加强学科队伍建设，提升学科队伍核心竞争力。完善管理制度，使学科建设更加高效。

2018年，天津农学院对天津农林高校大学生创新能力培养模式进行探究。从4个方面探析了天津农林高校大学生创新能力培养模式。①沿海都市型现代农业人才需求类型：涉农经济复合型、涉农生态复合型、涉农服务复合型。②天津农林高校大学生创新能力培养模式。创新教育理念，明确天津农林高校办学定位。创新教学内容，优化教学结构。创新"应用研究性"课程体系。多途径、多层次打造创新人才平台：加大资金投入，支持大学生创新创业训练计划项目；建立专门的创新活动中心和创新活动基地；加大试验室开放力度；鼓励学生参与各种创新、创业竞赛和科技创新社团。

3.2.3 "都市农业职业教育"人才培养专题文献选摘及要点分析

23篇有关人才培养的文献中,北京农业职业学院、北京农学院、天津农学院各有6篇,其他5家单位各1篇。北京农业职业学院、北京农学院、天津农学院相比较为活跃(图3-3、表3-3)。

表3-3 有关"人才培养"高影响值专题文献纲要及
主要论述选摘(按单篇影响值从大到小排序)

序号	篇名	作者单位	发表时间	影响值	涉及方面	纲要及主要论述选摘
1	高职院校中外合作办学的人才培养模式创新——以北京农业职业学院为例	北京农业职业学院	2014-1-25	2.909 536	人才培养、中外合作办学	(1)创新教育理念:"学生本位"的教育理念。(2)创新课程体系:主要特点是保留中方具有优势的通识课和专业基础课的同时,引进外方具有优势的英语语言教学和专业主干课程。(3)创新教学管理:以学生的能力动态为基准,灵活调整教学侧重点和教学模式。(4)创新教学模式:"英语模块化、专业双语化"的教学模式
2	创新"3+1"人才培养模式,强化都市农业人才实践能力	北京农学院	2012-10-15	2.834 622	人才培养	(1)构建"3+1"人才培养模式的背景与依据:①是农业生产实践特点所需;②是农业高校强化实践能力的要求所需;③是北京都市农业复合型人才的培养所需。(2)创新"3+1"人才培养模式的内涵:①围绕目标,整体优化。②改革教学内容,做精"3+1"中的"3"。③强化实践应用,做足"3+1"中的"1"。(3)创新"3+1"人才培养模式的成效:①以校外基地为效果检验端,搭建了"1 234+X"实践教学链条;②科学修订并实施了以强化实践教学为核心的新一轮人才培养方案;③建立了资源共享,互利共赢的合作育人机制

（续）

序号	篇名	作者单位	发表时间	影响值	涉及方面	纲要及主要论述选摘
3	高等农业职业教育人才培养模式的创新与实践	北京农业职业学院	2010-5-1	2.458 287	人才培养	以园艺技术等重点专业建设为龙头，进一步优化专业结构，形成具有都市农业特点的农业种植类、畜牧兽医类、食品安全类发展格局。以专业人才培养模式创新为突破口，以课程建设、"双师型"师资队伍建设和生产性实训基地建设为主要内容，将岗位需求化为教学目标，将职业技能融入教学内容，将工作任务导入学习过程，带动专业建设，引导课程设置、教学内容和教学方法改革，形成工学结合的人才培养模式。 促使办学理念由封闭转向开放；充分体现"植物生长季"的特点；强调"岗位实践"的职业特色；多种教法引入教学，抓住"校企合作、工学结合"的灵魂。 辽宁农业职业技术学院园艺技术专业"双线双循环"任务导向"4-1-1"人才培养模式。 生产性实训和顶岗实习、"岗位轮动"。 新疆农业职业技术学院畜牧兽医专业"四阶段二层次""校企合作、工学结合"人才培养模式。 黑龙江农业工程职业学院工学交替"两轮实践"人才培养模式。 "建立行业、企业、学校共同参与的机制，行工学结合、校企合作的办学模式"；创新形成"植物生长周期循环"人才培养模式。 3 年内与都市现代农业相关的专业人才需求告急，需要植物生产、新技术推广、都市农业观光、园艺产品营销、设施园艺、园林景观、城市绿化美化、民俗旅游、农产品质量检测、农产品标准化生产、农副产品加工、食品安全检验、畜禽养殖、疾病防控技术、品种改良技术等方面的高技能型人才

（续）

序号	篇名	作者单位	发表时间	影响值	涉及方面	纲要及主要论述选摘
4	辽宁新农村建设对农业高职教育人才需求的调查与分析	辽宁农业职业技术学院	2006-8-25	2.255 627	人才培养	1. 辽宁农业和农村经济与农业高职院校涉农专业发展现状调查 （1）辽宁农业和农村经济发展现状。①三化：设施化，城镇化，信息化。②三型：生态型，有机型，创汇型。（2）简要介绍了辽宁高职院校涉农专业开设情况。 2. 辽宁新农村建设对农业高职教育人才需求的分析 农业生物技术、农业信息技术、设施农业技术、农业化学技术、农业机械技术、农业管理技术、农产品加工技术、农产品质量安全检测方面的人才。 3. 农业高职教育人才培养应对辽宁新农村建设需求的建议 ①调整优化专业设置。②实行灵活多样的办学形式。③加强学生的生产实习和社会实践。④开展订单培养
5	都市型高等农业院校人才培养模式的改革与实践	北京农学院	2009-1-15	2.233 265	人才培养	1. 北京都市型现代农业的发展急需高校培训适用人才 （1）都市型现代农业的特征：发展的导向差异；农业功能的多样化；产业间的互融。（2）北京都市型现代农业的特色：开发生产功能，发展籽种农业；开发生态功能，发展循环农业；开发生活功能，发展休闲农业；开发示范功能，发展科技农业。 2. 依据学校定位，在国内率先开展都市型高等农业院校人才培养的研究 （1）创新都市型高等农业教育理念。（2）都市型高等农业教育教学改革取得突破。（3）确立了北京都市型农业人才的培养思路，明确了以服务首都现代化、服务都市型郊区经济、服务都市型现代农业为宗旨的办学指导思想。

序号	篇名	作者单位	发表时间	影响值	涉及方面	纲要及主要论述选摘
5	都市型高等农业院校人才培养模式的改革与实践	北京农学院	2009-1-15	2.233 265	人才培养	3. 改造传统人才培养模式，加大北京都市现代农业急需人才培养力度 （1）突出办学特色，构建都市农业学科体系。（2）加强专业建设，突出都市农业专业特色。（3）直面北京都市农业发展，科学制订实施人才培养方案：①注重素质教育，突出能力培养。②加强课程建设，改革教学内容和教学方法。③加强都市农业特色教材建设。④整合人才实验实践培养资源，提高学生综合实践能力，整合资源，建设北京市级实验教学示范中心，校外人才培养基地与都市现代农业基地建设有机结合，都市型现代农业研究成果与教学实践相得益彰。 4. 都市型农业院校人才培养成效显著 （1）形成了鲜明的都市农业特色专业群。（2）都市型农业院校人才培养模式在实践中日趋完善。（3）都市农业特色教材应用广泛。（4）招生就业两旺，社会信誉度大幅提高
6	21世纪的农业与高等农业教育的人才培养	江西农业大学	2000-5-30	1.941 461	人才培养	（1）21世纪农业发展的新特点、农业科技的新领域及其发展新趋势，将促使高等农业教育重新思考人才培养的学科体系建设：拓展学科领域；重视学科联合；开设新兴学科；建设以集约持续为特征的农业学科体系。 （2）21世纪农业的主题是发展知识化农业。主要主题：生物工程；微生物农业；节水灌溉；旱作农业；设施农业；农业信息化。

（续）

序号	篇名	作者单位	发表时间	影响值	涉及方面	纲要及主要论述选摘
6	21世纪的农业与高等农业教育的人才培养	江西农业大学	2000-5-30	1.941 461	人才培养	（3）工厂化农业可以认为是知识农业的象征，因而也必然是21世纪农业的发展方向。 （4）都市农业在未来21世纪将成为现代化城市建设的基础性工作。为了都市农业的发展，高等农业教育又将肩负起此类人才培养的历史重任
7	基于沿海都市型现代农业需求的人才培养对策	天津农学院	2011-9-10	1.931 142	人才培养	1. 沿海都市型现代农业的人才需求 （1）介绍了沿海都市型现代农业的内涵与重点。（2）对沿海都市型现代农业发展的人才需求进行分析。 2. 沿海都市型现代农业的人才现状 （1）农村人力资源整体文化素质偏低。（2）人力资源结构不合理。（3）高校人才培养与社会职业需求相脱节。 3. 沿海都市型农业的人才培养对策 （1）更新人才培养理念：转变教育思想；优化类型、层次和布局结构；树立科学的发展观与质量观。（2）完善人才培养模式：构建"宽、厚、强、高"的人才培养模式；拓展国内外产学研合作办学，培养创新人才。（3）调整学科专业结构。（4）改革教学模式；加强"双师型"教师队伍建设；以能力为本位构建教学内容和课程体系；加强实践性教学与实习
8	都市型现代农业高技能人才培养改革与实践	北京农业职业学院	2015-9-11	1.813 191	人才培养	围绕都市型现代农业发展需求，推进专业内涵建设；围绕都市型现代农业高技能职业人才培养特点，创新专业人才培养模式；围绕都市型现代农业发展方

（续）

序号	篇名	作者单位	发表时间	影响值	涉及方面	纲要及主要论述选摘
8	都市型现代农业高技能人才培养改革与实践	北京农业职业学院	2015-9-11	1.813 191	人才培养	向，建设了一批"产、学、研、服"综合型实训基地；围绕提高"双师型"教师素质，打造高水平教师团队；围绕人才培养质量提升，构建教学质量保障体系。 围绕专业人才培养模式改革、实验实训条件改善、师资队伍建设、校企合作创新、社会服务等方面，实施轮岗实习，组建工作室，运行专业化服务机制。开展"专家调研咨询、专题培训服务、专业技术推广"为主的三专服务。探索并提炼出"一二三四"教学质量监控体系，形成分工明确、协调配合的双向并行监控网络。 形成了以"植物生长周期循环""岗位轮动"和"1-4-1工学结合"等为代表的人才培养模式，形成了组建专家工作室、教师挂职锻炼和农业技术推广三结合的"三农"服务新机制，建成了"理实一体、工学结合""校中场、场中园、园中景"等具有都市型现代农业特征的满足高技能人才培养需要的校内生产性实训基地。 新增了都市农业装备应用技术、宠物养护、乡村酒店管理等都市型农业特征明显的专业，现有的39个高职专业中，有22个专业直接为北京农业的产业发展提供高技能型人才。 在专业定位上，一是根据北京农业重点产业发展的籽种农业、加工农业和旅游休闲农业设置专业；二是围绕北京都市型现代农业的生产农业、生活农业和生态农业3个方面功能充实专业内涵；三是瞄准北京重点建设的旅游农业、种业、草食畜、饲草、

（续）

序号	篇名	作者单位	发表时间	影响值	涉及方面	纲要及主要论述选摘
8	都市型现代农业高技能人才培养改革与实践	北京农业职业学院	2015-9-11	1.813 191	人才培养	绿色安全食品、物流配送业、农村生态、节水灌溉、中水利用、生物防治等农业生产项目，建设面向设施园艺、籽种园艺、都市观光园艺等企业，围绕北京市重点发展的生态粮经种植、高效设施蔬菜、有机特色果品、健康畜禽养殖、特色名品花卉、生态垂钓观赏渔业和旅游农业、籽种农业、加工农业九大优势主导产业的专业。现代都市农业则需实现从生产功能向生活、休闲和生态功能的全方位改变，走一条"生态、安全、优质、集约、高效"的发展道路，是北京新型都市型现代农业发展的必然要求
9	服务都市型现代农业发展 培养应用型专门人才	北京农学院	2013-9-18	1.777 177	人才培养	（1）创新教育教学模式，筑牢人才培养根基。围绕北京都市型现代农业发展需求，进一步明确培养都市型现代农业人才的目标定位。结合学校办学特色和农业生产规律，实施"3＋1"培养模式。 （2）构建科研助推体系，增强人才培养活力。学科建设是进行科学研究的基础与重要平台，是体现学校人才培养水平的重要标志。农业科技创新与教学互动，是都市型现代农业人才培养的重要环节。积极开展丰富多彩的农业科技文化交流活动，是培养都市型现代农业人才的重要途径。 （3）完善开放办学体制，拓宽人才培养渠道。建设"校政联合"培养平台，"校企联合"培养平台，"校校联合"培养平台，"校科联合"培养平台，"国际合作"培养平台

(续)

序号	篇名	作者单位	发表时间	影响值	涉及方面	纲要及主要论述选摘
10	浅谈高等农业职业教育人才培养模式的变革与特征	北京农业职业学院	2011 - 6 - 11	1.763 831	人才培养	1. 农业高职起步期——高职人才培养的启蒙 （1）标志性文件与事件：人才培养模式的雏形；人才培养模式变革的开始。（2）基本特征："三段式"模式；产教结合模式；"上挂、横联、下辐射"模式。 2. 农业高职的调整期——高职人才培养的顿悟 （1）标志性文件与事件：人才培养结构化；人才培养聚集化；（2）基本特征：专业、产业"两步走"；宽进严出，实行弹性学制；三体系人才培养模式。 3. 农业高职的转型期——高职人才培养的探索 （1）标志性文件或事件：高专转型、中职升格；能力建设成为首要目标。（2）基本特征：能力建设成为中心；育人主体多元化。 4. 农业高职的改革示范期——高职人才培养的创新 （1）标志性文件与事件：人才培养模式的创新；人才培养模式的示范。（2）基本特征：工学交替模式；工作流程模式；农作物生长周期模式
11	都市型农业与都市型农业院校创新人才培养	天津农学院	2011 - 5 - 20	1.734 982	人才培养	1. 都市型农业的起因、形成及其特点 （1）都市型农业的定义。（2）都市型农业的起因与形成。（3）都市型农业的特点：主体多元化；经营规模化；产品优质化、多样化；要素组合都市化；市场的全方位、开放式、网络化；形成多层次产业链；经营利润率社会平均化；农业强质化。

（续）

序号	篇名	作者单位	发表时间	影响值	涉及方面	纲要及主要论述选摘
11	都市型农业与都市型农业院校创新人才培养	天津农学院	2011-5-20	1.734 982	人才培养	2. 高等农业教育与都市型农业建设的关系 3. 都市型农业院校创新人才培养体系的构建 （1）转变观念，致力于创新人才培养。（2）优化专业设置，调整专业结构。（3）培养体系、途径和机制修订，优化创新人才的培养。（4）教学改革，切实落实创新人才的培养：进一步完善学分制；优化教学内容，改进教学方法；加强实践教学；改革考评办法。（5）建设一支具有创新能力的教师队伍。（6）创新校园文化环境。 4. 创新人才的培养及取得的成绩
12	基于沿海都市型现代农业背景下的"三创一基"人才培养——以天津农学院为例	天津农学院	2011-3-20	1.703 856	人才培养	1. 天津沿海都市型农业人才分析 （1）天津沿海都市型农业专业从业人员现状。（2）天津沿海都市型农业人才的需求类型：经济功能类人才；生态功能类人才；服务功能类人才。 2. "三创一基"的理论基础 "三创一基"主要是指创造意识、创新精神、创业能力以及基本素质。 3. "三创一基"人才培养实践与探索 （1）构建"三三四"实践教学体系。（2）强化"三创一基"实践教学体系管理。①做到6个落实，抓好5个环节。②严格管理，细化环节。③加强监控，规范运行。（3）全方位开展"三创一基"应用型人才实践活动：设立大学生科技创新基金；建

（续）

序号	篇名	作者单位	发表时间	影响值	涉及方面	纲要及主要论述选摘
12	基于沿海都市型现代农业背景下的"三创一基"人才培养——以天津农学院为例	天津农学院	2011-3-20	1.703 856	人才培养	立专门的创新活动中心和创新活动基地；向本科生开放实验室；成立各种社团，广泛开展形式多样的校园文化活动，举办各种类型的创新和创业大赛及课外科技作品竞赛。 4. "三创一基"应用型人才培养效果显著 （1）创新创造成绩突出。（2）基本素质显著提高。（3）创业就业效果明显
13	关于天津沿海都市型现代农业人才培养的探讨	天津农学院	2007-12-31	1.671 410	人才培养	（1）天津沿海都市型农业人才的需求类型：经济功能类人才；生态功能类人才；服务功能类人才。（2）天津沿海都市型现代农业人才培养的探讨：①明确涉农专业院校的办学定位，培养适应沿海都市型现代农业发展需要的创新人才。②天津沿海都市型现代农业人才培养模式和教育内容的改革与创新。（3）涉农天津高等教育院校既要重视高等农业教育综合化，又要避免综合化过程中弱化以农为本。（4）拓展国内外、产学研合作办学，加大农科创新人才培养力度。（5）积极探索天津沿海都市型现代农业人才的培养模式。首先要树立科学的办学理念，其次要建造创新的培养模式
14	北京农业职业教育人才培养的主要问题及改进建议	北京农业职业学院	2017-12-21	1.648 633	人才培养	（1）北京农业职业教育人才培养的基本情况。 （2）北京农业职业教育人才培养存在的主要问题：①思想观念教育与技术技能教育不相匹配。②专业设置与首都新的功能定位要求不匹配，围绕"四个中心"的定位。③学生的实际操作能力与就业岗位的要求不匹配。④校企合作的深度与进一步发展

（续）

序号	篇名	作者单位	发表时间	影响值	涉及方面	纲要及主要论述选摘
14	北京农业职业教育人才培养的主要问题及改进建议	北京农业职业学院	2017 - 12 - 21	1.648 633	人才培养	职业教育的要求不匹配；⑤北京农业职业教育人才培养模式评价体系与促进职业教育发展不匹配。 （3）改进北京农业职业教育人才培养的建议：①进一步强化观念认同。②立足都市型现代农业进行专业调整。③采取一切有效措施，提高学生的操作能力和创业能力。④实现校企融合从以学校为主导转为以企业为主导。⑤创新评价体系，提升农业职业教育人才培养质量
15	沿海都市型农业院校本科专业人才培养方案适应性调整的思考——以天津农学院为例	天津农学院	2012 - 2 - 10	1.609 978	人才培养	1. 学校人才培养的内外部环境 （1）天津市农业的发展方向。（2）天津农业从业人员状况。（3）高等教育发展形势。（4）学生就业能力调查。 2. 调整人才培养方案的指导思想和基本原则 （1）指导思想。（2）基本原则：①要遵循高等教育教学规律。②要体现整体优化的原则。③要坚持统一性与多样性的统一。 3. 发展现代农业需要的人才素质要求。 4. 制定人才培养方案时的调整措施 （1）培养定位的调整。（2）培养理念的调整。（3）人才质量观的转变。（4）人才培养目标的调整。（5）教学内容和课程体系的调整。（6）教学方法的调整。（7）改革实践教学，提高学生的实践能力

（续）

序号	篇名	作者单位	发表时间	影响值	涉及方面	纲要及主要论述选摘
16	绿色发展理念下京郊生态农业人才培养体系创新研究	北京农学院	2017 - 1 - 28	1.535 731	人才培养	1. 培养京郊生态农业人才的必要性 （1）发展生态型都市农业，提升北京大都市地位。（2）满足社会需求的变化，促使京津冀农业联动发展。（3）加快农业现代化发展，助力知识经济的现实选择。 2.PDCA 生态农业人才培养体系 （1）培养体系目标。（2）培养体系运行原理。（3）培养体系工作方法。①明确目标，深入调研分析。②以用导学，系统设计开发。③学以致用，深入实践运营。 3. 构建 PDCA 生态农业人才培养体系 （1）明确目标，深入调查研究。（2）以导为学，系统设计开发。（3）学以致用，深入实践运营
17	都市型高等农业院校人才培养模式研究与实践	北京农学院	2009 - 1 - 15	1.523 596	人才培养	1. 新时期高等农业教育面临的挑战及对人才素质的要求 （1）新时期农业科技的发展趋势，要求人才具有复合型的知识结构。（2）我国农业和农村经济结构的调整，要求人才规格具有多样化的类型。（3）高等教育"大众化"的发展趋势，要求人才质量标准多样性。（4）高等教育国际化的发展趋势，要求人才具有竞争意识和多种能力。 2. 构建创新人才培养目标及人才培养模式 （1）人才培养目标的内涵。（2）人才培养方案的基本构架：构建"三个体系"；设置"平台＋模块"课程体系；实行"2＋x"的活动学期制度。

（续）

序号	篇名	作者单位	发表时间	影响值	涉及方面	纲要及主要论述选摘
17	都市型高等农业院校人才培养模式研究与实践	北京农学院	2009-1-15	1.523 596	人才培养	3. 创新人才培养模式的特点与初步效果 （1）体现了厚基础、宽口径的设计思想。（2）调整和优化了课程体系。（3）实现了人才培养的个性化标准。（4）有利于培养交叉学科的复合型人才。（5）为学生重新选择专业及按系招生提供条件。（6）素质教育成效显著，学生的综合素质得到提高
18	农业职业人才供求：北京样本	北京农业职业学院	2011-8-25	1.473 566	人才培养	当前北京农业处于传统农业、城郊农业和都市型现代农业交叉转型时期。都市型现代农业对农业职业人才的需求总量在增加。生产一线人员在短期内仍将占很大比重，且需求量较大。与实现京郊快速发展战略所需的人才数量和素质差距还很大。近些年农业科技人才流失和转移现象严重。 1. 人才需求呈现专业多元化趋势 一是经济与技术复合型人才：经营管理人才，涉农科研专业人才及都市型农产品创新人才，农业技能型人才，农业推广人才；二是生态引导型人才；三是服务型人才。 农业企业人才需求年年告急。北京农村实用人才的结构仍不合理。人才结构仍以传统产业为主，市场营销、技术推广、旅游管理与开发等新兴产业人才较为短缺。 2. 农业职业人才供给 农业职业从业人员供给总量逐年降低。院校调整了招生结构，使第一产业类专业基本保持在1%。面向第一产业的农林牧渔类专业4种，布点总计4个，占总体专业分布的0.99%。从农林

（续）

序号	篇名	作者单位	发表时间	影响值	涉及方面	纲要及主要论述选摘
18	农业职业人才供求：北京样本	北京农业职业学院	2011-8-25	1.473 566	人才培养	牧渔大类专业的设置情况来看，开设的专业逐渐向都市型现代农业方向转变，但专业覆盖面仍较窄，农业会展、环保、推广等急缺专业未设置。 3.农业职业人才供求分析 农业职业人才总量需求大于供给。农林牧渔大类的生产一线人员有效供给不足。专业发展结构仍跟不上产业结构，专业布点仍偏少，且无明显增长。如绿色食品检验检疫、观光农业、生态养护、乡村环保等新兴专业和特种养殖专业仍有迫切需求。农业职业人才供求结构集中体现于专业结构的不匹配问题
19	经济新常态下服务都市型农业高校人才培养的思考	天津农学院	2017-6-15	1.463 219	人才培养	（1）以都市农业需求为引领，合理规划本科生培养目标定位。 （2）适应经济新常态都市农业需求，本科生培养应采取的举措：①坚持立德树人的培养理念，全面实施素质教育。②建立本科生分类培养模式。③转变思想观念，打造特色化教师队伍。④加强都市农业特色教材建设。⑤教育走进国际化。⑥加强学生的创造、创新和创业能力培养
20	现代学徒制模式在本科院校人才培养实践中的借鉴与探索——以沈阳农业大学为例	沈阳农业大学畜牧兽医学院	2017-11-3	1.176 391	人才培养	探索并发展出具有本科人才实践能力培养特点的现代学徒制。在终身学习和能力本位等教育思想的影响下，在现代职业教育中实现将学校本位教育和工作本位培训的紧密结合。 以学生（学徒）培养为核心，以课程为纽带，以学校教师和企业师傅联合教学为支撑，以实现学校和企业之间相互合作为桥梁，以服务当前经济社会发展为主要目标的一种新型人才培养模式。

（续）

序号	篇名	作者单位	发表时间	影响值	涉及方面	纲要及主要论述选摘
20	现代学徒制模式在本科院校人才培养实践中的借鉴与探索——以沈阳农业大学为例	沈阳农业大学畜牧兽医学院	2017-11-3	1.176 391	人才培养	2014年来，教育部相继出台《关于开展现代学徒制试点工作的意见》《现代学徒制试点工作方案》等政策。培养具有实践能力的高级专门人才是目前高等教育人才培养的重要环节。 教育部《关于进一步加强高等学校本科教学工作的若干意见》中，"要求高校强化实践育人的意识，合理制定实践教学方案，完善实践教学体系"。高等教育可以充分借鉴高职教育在现代学徒制实施中累积的成功经验，并结合高等本科教育实践能力的培养目标。 1. 职业教育现代学徒制的实践经验 （1）明确学校和企业的"双主体"地位。①学校教育是以"学生为中心"，但企业是"以经济为导向"，国家会给予企业一定的优惠政策。②明确校企"双主体"地位，可使学生明确自身的职业期待，达到学以致用。 （2）强化学生和学徒的"双身份"认识。①现代学徒制要求学生具有"在校期间的学生身份和在企业的学徒身份"的双重身份。②现代学徒制通过不断加强深化校企合作的人才培养方案，使学生早日融入企业，尽早成为"企业的人"。 （3）加强学校和企业的"双导师"制度。①现代学徒制为学生分配学校和企业的"双导师"。②精心挑选企业中有责任心和技术过硬的优秀员工作为学生的企业导师。③现代学徒制能充分发挥校企深度合作的功能，不断加强学校导师和企业导师的沟通交流机会。

（续）

序号	篇名	作者单位	发表时间	影响值	涉及方面	纲要及主要论述选摘
20	现代学徒制模式在本科院校人才培养实践中的借鉴与探索——以沈阳农业大学为例	沈阳农业大学畜牧兽医学院	2017-11-3	1.176 391	人才培养	（4）紧密学校和企业的"双课程"联系。 （5）建立学校和企业的"双评价"标准。建立"学校评价标准"和"企业评价标准"。 2. 现代学徒制在本科人才培养实践中的借鉴和应用探索 （1）高等教育人才实践能力培养中存在的主要问题。①由于很多高校都存在"重理论，轻实践"的片面观念，高校普遍存在对实践教学环节重视程度不够的问题。②高校的实践教学体系还不够完善，缺乏明确的目标，有些讲义已经失去现实意义。 （2）高等教育人才实践培养中对现代学徒制经验的借鉴。包括实验、课程设计、生产实习、毕业实习和毕业设计等。①学校对参与合作的定点企业给予一定的资金投入和政策支持，校企双方要按照双方事先拟定的学生实践培养实施方案的进程推进。②深化校企合作的人才培养方案，与企业签订培养合同，要给予带出较好实习成绩的学生导师相应的奖励。③第七和第八学期是学生参与生产实习和毕业实习的集中时期，学校要对明确毕业后到企业工作的本科生进行相应的生产实习理论培训和指导。④学校要增加力度引入"双师型"教师，学校应通过校内和校外联合培养的方式培养自己的"双师型"教师。⑤建立企业对学生的考核评价机制
21	提高人才培养质量的思考——以苏州农业职业技术学院为例	苏州农业职业技术学院	2012-6-25	1.076 582	人才培养	高职人才培养目标是以市场为导向，本着以人为本的理念，培养出高素质的技能型人才。

（续）

序号	篇名	作者单位	发表时间	影响值	涉及方面	纲要及主要论述选摘
21	提高人才培养质量的思考——以苏州农业职业技术学院为例	苏州农业职业技术学院	2012-6-25	1.076 582	人才培养	提高人才培养质量的措施是明确培养目标，加强专业建设；加大课改力度，做实课程建设；加强团队建设，提高双师素质；加大教学投入，不断改善基础实施；推进教育创新，深化教学改革。 1.明确培养目标加强专业建设 （1）创新人才培养模式。"工学结合"人才培养模式。选择园艺技术、园林技术、作物生产技术、生态农业技术、食品加工技术、食品营养与检测、计算机网络技术、物流管理等重点专业，深入开展"重点专业人才培养模式创新试点示范"。（2）科学调整专业集群。以参与苏州市地方政府促进高职教育改革发展综合实验区试点工作为契机，集中力量重点建设园林园艺、农业生产、食品加工、机械电子、经营管理、日语英语等专业群，每年新增2～3个专业。启动专业评估机制。对连续2年专业不招生或招生人数低于当年招生计划一半以上的专业，撤销或暂停招生。继续加强园艺技术、园林技术、作物生产技术、生态农业技术、食品加工技术、食品营养与检测等国家级、省级重点专业建设。 2.加大课改力度做实课程建设 （1）深入推进课程改革。大力推行订单培养、顶岗实习、工学交替、任务驱动、项目导向、竞赛带动等教学模式。"精简、融合、解构、重组"。大力推行情境式、虚拟式、仿真式、项目

（续）

序号	篇名	作者单位	发表时间	影响值	涉及方面	纲要及主要论述选摘
21	提高人才培养质量的思考——以苏州农业职业技术学院为例	苏州农业职业技术学院	2012-6-25	1.076 582	人才培养	式、现场式、探究式、生产式、案例式等教学方法。构建与职业资格标准相融通的课程和内容体系。加快推进考核评价方法改革。（2）推动精品课程改造升级。按照"以点带面、梯次推进、整体提升"的建设思路，实施"优质课程建设计划"。力争2～3年内建成共享型专业教学资源库平台。（3）加快优质教材开发。 3. 加强团队建设提高双师素质 （1）优化教师队伍素质。坚持"内培外引、专兼结合"原则，加快现有教师尤其是青年教师的培养力度。通过培训学习、出境研修、企业锻炼等形式，实施"师带徒"等培养模式。形成"教坛新秀—骨干教师—专业带头人—教学名师"的名师培养体系。（2）打造优质教学团队。着力提升园艺技术、园林技术专业省级教学团队服务能力。（3）加强教师队伍管理。完善教师特别是兼职教师的管理制度。严格规范教师的聘任、使用和考核程序。 4. 加大教学投入，不断改善基础实施 （1）完善实践教学条件。持续加强国家级、省级、院级重点专业和新增专业实训室建设。加快建设"校中厂、厂中校"的"校企一体化"实训基地。（2）提升校园信息化建设水平。（3）加快数字图书馆建设。 5. 推进教育创新深化教学改革 （1）大力推进校企合作模式创新。探索建立学院主体、政府主导、行业指导、企业参与的办

（续）

序号	篇名	作者单位	发表时间	影响值	涉及方面	纲要及主要论述选摘
21	提高人才培养质量的思考——以苏州农业职业技术学院为例	苏州农业职业技术学院	2012－6－25	1.076 582	人才培养	学体制和育人机制。（2）深化人才培养质量管理体系创新。构建理实一体化管理体系。以教学管理规范化、质量标准科学化、管理手段信息化为抓手。严格落实系部教学目标责任考核制。（3）加快区域职教资源统筹模式创新。组建江苏现代农业职业教育集团
22	都市型农业及其人才培养问题	仲恺农业技术学院	2001－3－30	1.023 242	人才培养	1. 对都市型农业的认识 （1）国外有关都市型农业的构想与实践。（2）我国对都市型农业的探索。（3）都市型农业的涵义。①大型中心城市现代化建设和市民生活质量提高，对农业产品提出了新的特殊要求。②解决大都市本身产业升级和结构优化与城郊农业发展滞后，甚至严重滑坡的矛盾。③发挥大城市发展现代化新型农业的资源优势。 2. 都市型农业的发展目标及其人才需求 （1）远期发展与近期目标。（2）都市型农业需要的人才规格：规划设计人才；创业人才；科技人才；运作人才。 3. 我国都市型农业的人才培养 （1）构建都市型农业教育网络。（2）高校的都市型农业定位。（3）面向都市型农业的高校教学改革与调整：①教育观念转变；②学科专业与课程结构调整；③形成"产—学—研"有机结合的人才培养机制
23	论都市型现代农业人才培养创新——以北京农学院为例	北京农学院	2014－12－12	1.002 182	人才培养	1. 都市型现代农业人才培养创新中存在的问题 （1）平时教学中应该加强经济学理论基础知识的传授。（2）除

（续）

序号	篇名	作者单位	发表时间	影响值	涉及方面	纲要及主要论述选摘
23	论都市型现代农业人才培养创新——以北京农学院为例	北京农学院	2014－12－12	1.002 182	人才培养	农业之外其他相关经济课程应该多开设。（3）人才培养模式有待于进一步创新。 2. 都市型现代农业人才培养创新相关对策 （1）加强经济学基础理论的教学。（2）创新人才培养模式。学校构建了"3大平台、4个模块、5大基地"相结合的人才培养模式

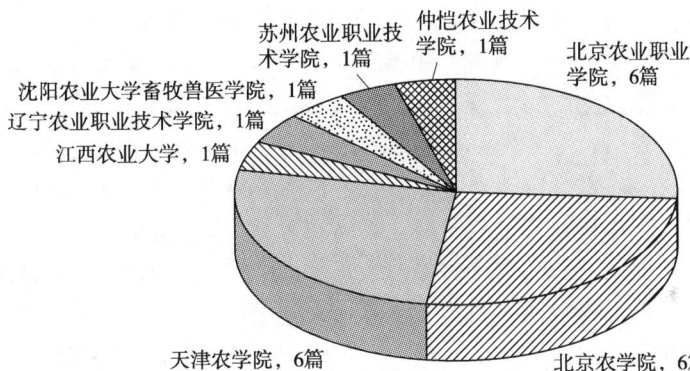

图 3-3 有关"人才培养"高影响值专题文献的作者机构发文量分布

6 篇以北京农业职业学院为作者机构发表的文献，涉及人才培养方面的主要理论和经验、典型做法依发表时间先后提炼如下。

2010 年，总结高等农业职业教育工学结合人才培养模式的创新与实践。北京农业职业学院以园艺技术等重点专业建设为龙头，进一步优化专业结构，形成具有都市农业特点的农业种植类、畜牧兽医类、食品安全类发展格局。以课程建设、"双师型"师资队伍建设和生产性实训基地建设为主要内容，将岗位需求化为教学目标，将职业技能融入教学内容，将工作任务导入学习过程，带动专业建设，引导课程设置、教学内容和教学方法改革，形成工学结合的人才培养模式。促使办学理念由封闭转向开放；充分体现"植物生长季"的特点；强调"岗位实践"的职业特色；多种教法引入教学，抓住"校企合作、工学结合"的灵魂。创新形成"植物生长周期循环"人才培养模式。其他职业学院也形成了各自的人才培养特色。辽宁农业职业技术学院园艺技术专业"双线双循环"任务导向的"4-1-1"人才培养模式。新疆农业职业技术学院畜牧兽医专业的"四阶段二层次""校企合作、工学结合"人才培养模式。黑龙江农业工程职业学院的工学交替"两轮实践"人才培养模式。研究还提出：3年内与都市现代农业相关的专业人才需求告急，急需植物生产、新技术推广、都市农业观光、园艺产品营销、设施园艺、园林景观、城市绿化美化、民俗旅游、农产品质量检测、农产品标准化生产、农副产品加工、食品安全检验、畜禽养殖、疾病防控技术、品种改良技术等方面的高技能型人才。

2011年，对高等农业职业教育人才培养模式的历史变革与不同阶段特征进行了分析总结。①农业高职起步期——高职人才培养的启蒙。标志人才培养模式已有雏形，1992年国务院颁布《关于大力发展职业技术教育的决定》，是人才培养模式变革的开始。主要基本特征："三段式"模式，文化课—专业基础课—专业课"三段式"教学；产教结合模式；"上挂、横联、下辐射"模式，教学内容由学科型向科研、生产、经营管理实践转变。②农业高职的调整期——高职人才培养的顿悟。标志人才培养结构化、人才培养聚集化。基本特征：专业、产业"两步走"；宽进严出，实行弹性学制；三体系人才培养模式，构建人文素质、专业理论和实践教学体系实施人才培养。③农业高职的转型期——高职人才培养的探索。标志性事件是高专转型、中职升格。1999年，国务院《关于深化教育改革全面推进素质教育的决定》提出，能力建设成为首要目标。基本特征：以能力建设为中心；育人主体多元化。④农业高职的改革示范期——高职人才培养的创新。标志为人才培养模式的创新、人才培养模式的示范。基本特征：工学交替模式，将学生职业能力分成基本技能、岗位能力建立、岗位能力提升和岗位能力强化四阶段；工作流程模式，注重以能力为本位、以职业实践为主线、以项目课程为主体、以实践情境为结构、以过程逻辑为中心的模块化课程体系和职业能力体系建设；农作物生长周期模式。

2011年，在以北京为样本的农业职业人才供求研究中提出，由于当前北京农业处于传统农业、城郊农业和都市型现代农业交叉转型时期，都市型现代农业对农业职业人才的需求总量在增加。总体人才需求呈现专业多元化趋势，以经济与技术复合型、生态引导型、服务型人才需求为主。农业企业人才需求年年告急。北京农村实用人才的结构仍不合理。人才结构仍以传统产业为主，市场营销、技术推广、旅游管理与开发等新兴产业人才较为短缺。而农业职业人才供给总量逐年降低。农林牧渔大类所开设的专业逐渐向都市型现代农业方向转变，但专业覆盖面仍较窄，农业会展、环保、推广等急缺专业未设置。研究指出，农业职业人才总量需求大于供给。供求结构集中体现于专业结构的不匹配问题。生产一线人员有效供给不足。绿色食品检验检疫、观光农业、生态养护、乡村环保等新兴专业和特种养殖专业仍有迫切需求。

2014 年，总结了北京农业职业学院进行高职院校中外合作办学人才培养模式创新实践。①创新教育理念："学生本位"的教育理念。采用以学生自主发展和自主学习为中心的教学模式，强调通过课业培养学生的综合能力，强调以学生为主体准备教学内容。②创新课程体系：主要特点是保留了中方具有优势的通识课和专业基础课，引进外方具有优势的英语语言教学和专业主干课程。以专业技能、个人素质、职业素质培养为目标。③创新教学管理：以学生的能力动态为基准，灵活调整教学侧重点和教学模式。重视过程式评价，弱化结果式评价。④创新教学模式："英语模块化、专业双语化"的教学模式。注重教学素材的"本土化"变革，处理好引进与消化的关系。

2015 年，总结都市型现代农业高技能人才培养改革与实践，提出要围绕都市型现代农业发展需求，推进专业内涵建设。北京农业职业学院形成了以"植物生长周期循环""岗位轮动"和"1-4-1"工学结合等为代表的人才培养模式，形成了组建专家工作室、教师挂职锻炼和农业技术推广三结合的"三农"服务新机制，建成了具有都市型现代农业特征的满足高技能人才培养需要的校内生产性实训基地。在专业定位上，根据北京农业重点产业、都市农业、重点农业生产项目的发展，新增了都市农业装备应用技术、宠物养护、乡村酒店管理等都市型农业特征明显的专业，现有的 39 个高职专业中，有 22 个专业直接为北京农业的产业发展提供高技能型人才。

2017 年，系统总结了北京农业职业教育人才培养的主要问题及改进的建议。①北京农业职业教育人才培养的基本情况。从人才培养模式主要开展了"订单式"模式、"3+2"模式、"学工交替"模式、"实训—科研—就业"一体化合作教育模式、"工学结合"校企双向合作模式、"七年一贯制"模式、"师傅带徒弟"现代学徒制人才培养模式等。②北京农业职业教育人才培养存在的主要问题：思想观念教育与技术技能教育不相匹配；专业设置与首都新的功能定位要求不匹配，不符合围绕"四个中心"的定位；学生的实际操作能力与就业岗位的要求不相匹配；校企合作的深度与进一步发展职业教育的要求不匹配；北京农业职业教育人才培养模式评价体系与促进职业教育发展不匹配。③提出改进北京农业职业教育人才培养的建议：进一步强化观念认同；立足都市型现代农业进行专业调整，一是要根据北京农业重点产业发展设置专业，二要围绕都市型现代农业主导产业调整课程结构，三是要积极调研，及时调整专业，为疏解到河北的企业提供技能人才；采取一切有效措施，提高学生的操作能力和创业能力，一是加大学生实训基地建设，二是培养学生的动手能力，三是培养学生的创业能力四是培养学生的个性特长；实现校企融合从以学校为主导转为以企业为主导，一是农业职业院校必须跳出原来的办学模式，对学校进行重新定位，二是直接面向企业，根据企业岗位发展设置专业，三是企业要改变那种伸手向学校要人才的做法,四是应该尽快出台鼓励校企深度融合的具体规定;创新评价体系,提升农业职业教育人才培养质量,一是要依据不同的学习主体,不同的学习目标,构建以在校学历教育评价为主、非学历教育评价为辅的多元化评价体系,二是丰富评价主体,建立由学生、家长、企业和社会等多方人员组成的评价主体。

6篇以北京农学院为作者机构发表的文献,涉及人才培养方面的主要理论和经验、典型做法依发表时间先后提炼如下。

2009年,结合北京农学院长期办学实践,系统总结了都市型高等农业院校人才培养模式的改革与实践。明确了以服务首都现代化、服务都市型郊区经济、服务都市型现代农业为宗旨的办学指导思想。改造传统人才培养模式,加大北京都市现代农业急需人才培养力度;突出办学特色,构建都市农业学科体系;加强专业建设,突出都市农业专业特色;直面北京都市农业发展,科学制订实施人才培养方案,一是注重素质教育,突出能力培养,二是加强课程建设,改革教学内容和教学方法,三是加强都市农业特色教材建设;整合人才实验实践培养资源,提高学生综合实践能力,一是整合资源,建设北京市级实验教学示范中心,二是校外人才培养基地与都市现代农业基地建设有机结合,三是都市型现代农业研究成果与教学实践相得益彰。

2009年,总结了北京农学院进行都市型高等农业院校人才培养模式研究与实践。①人才培养目标的内涵。北京农学院新修订的本科专业人才培养目标是培养综合素质高,知识结构合理,专业特色鲜明,具有创新精神和实践能力,适应社会主义市场经济发展、新农村建设和都市型现代农业建设需要的应用型、复合型专业技术人才和经营管理人才。②人才培养方案的基本构架。构建"三个体系","三个体系"是指人才培养方案中的课堂教学—实践教学—素质教育三位一体,注重全面素质能力发展的人才培养体系;设置"平台+模块"课程体系,4个平台,由"公共、通识教育平台"+"学科类群、基础教育平台"+"专业特色及扩展教育平台"+"实践教学平台"4部分构成,各平台内设置不同课程模块;实行"2+x"的活动学期制度,即每学年安排两个固定学期加一活动学期。

2012年,总结了北京农学院为强化都市农业人才实践能力,创新了"3+1"人才培养模式。①构建"3+1"人才培养模式依据:用3年时间完成基础知识、专业理论的课堂教学及相应实验实践等教学环节的学习,相对集中1年时间走出校门,在校外人才培养基地和各人才需求单位,进行实践训练。主要特点是以专业能力培养为起点,以综合素质提高为根本。②创新"3+1"人才培养模式的内涵。围绕目标,整体优化。一是突出都市型现代农业的专业特色,二是以各类各级实验教学示范中心为载体,以都市现代农业产业链为主线,三是加大北京市级校外人才培养基地和实践教学基地建设力度,搭建政产学研推一体化的实践教学硬件平台。改革教学内容,做精"3+1"中的"3"。首先,根据专业培养目标,构建课程体系,其次,以主干课程为核心,构建合理的课程结构框架,并通过系列、模块课程的有机重组与整合。最后,改革实验实践内容与环节,教学实验室整合为 9 个以专业群为基础的实验教学中心。强化实践应用,做足"3+1"中的"1"。第一,以"卓越农艺师""卓越兽医师"培养等为载体。第二,积极挖掘北京优质社会教育资源,开门开放合作办学。第三,组建一支具有丰富实践能力的师资队伍。第四,依据农科教学规律、专业特点等,灵活设置运用"2+x"活动学期制。③创新"3+1"人才培养模式的成效。以校外基地为效果检验端,搭建了"1234+X"实践教学链条:"1 园"(北京市大学科技园)、"2 院"(北京都市农业研究院、首都农产品安全产业技术研究院)、"3 个中心"(北京市级植物生产类实验教学示范中心、动物类实验教学示范中心和都市农业食品安全与食品加工实验教学示范中心)、"4 大基地"。科学修订并实施了以强化实践教学为核心的新一轮人才培养方案。建立了资源共享,互利共赢的合作育人机制。首先,加强校企合作,互利双赢。其次,加强校校合作,优势互补。最后,加强校地合作,服务地方。

2013 年,介绍了北京农学院服务都市型现代农业发展,培养应用型专门人才的成功经验。①创新教育教学模式,筑牢人才培养根基。学校构建以"知识、能力、素质"为主要内容的三大目标模块。学校构建了"公共通识、专业基础、专业特色"三大平台。结合学校办学特色和农业生产规律,实施"3+1"培养模式。即 3 年优化理论教学和 1 年实践教学,采取一年四季不间断式的实习实践。在"3+1"方案的基础上,学校启动了"卓越农林人才培养计划"。②构建科研助推体系,增强人才培养活力。构建了"五大都市农业学科群",农业科技创新与教学互动。围绕 13 个省部级科研平台为依托,围绕都市型现代农业发展理论与实践重大需求。积极开展丰富多彩的农业科技文化交流活动。通过"名师讲堂""专家论坛"等方式学术交流。③完善开放办学体制,拓宽人才培养渠道。建设"校政联合"培养平台,签订"三委两局"共建协议,与郊区县政府联合开展的"1+1+X"(1 名学校专家+1 名区县专业技术人才+X 名农村实用人才)农村实用人才培养计划以及大学生村官培养培训工作。建设"校企联合"培养平台,与大型农业企业签订人才培养合作协议。建立"校校联合"培养平台、"校科联合"培养平台、"国际合作"培养平台。

2014 年探讨了高等农业院校在培养都市型现代农业人才中的模式创新。①都市型现代农业人才培养创新中存在的问题:平时教学中应该加强经济学理论基础知识的传授;应开设除农业之外的其他相关经济课程;人才培养模式有待于进一步创新。②都市型现代农业人才培养创新相关对策。加强经济学基础理论的教学；创新人才培养模式。学校构建了"3大平台、4个模块、5大基地"相结合的人才培养模式。在本科阶段教育中，加强都市型农业现代知识的教育；在专业硕士教育中，应该注重能力和技能的培养；在学术型硕士培养中，应加强经济学理论知识和研究方法的教育，提高其科研能力。

2017年，针对京郊生态农业人才培养体系进行了创新研究。①PDCA生态农业人才培养体系。培养体系目标，使农业生产、农村经济开发和生态环境治理为一体，实现农业可持续发展的新型综合农业人才。培养体系运行原理，PDCA循环解决，4个过程周而复始，1个循环完成，解决部分问题，未解决的问题进入下一循环，阶梯式上升。培养体系工作方法，PDCA生态农业人才的培养体系可分为调研分析、设计开发和实践运营三大模块，即IDO工作方法。明确目标，深入调研分析；以用导学，系统设计开发；学以致用，深入实践运营。②构建PDCA生态农业人才培养体系。明确目标，深入调查研究。经过综合调研，落地农业生态理念，围绕农业生态人才，依据农业发展需求，明确课程体系。以导为学，系统设计开发。开发适用课程，组织课程开发。培训专员配置与使用。学以致用，深入实践运营。

6篇以天津农学院为作者机构发表的文献，涉及人才培养方面的主要理论和经验、典型做法依发表时间先后提炼如下。

2007年，探讨天津沿海都市型现代农业人才培养问题。天津农业发展的战略定位是建设沿海都市型现代农业，争取在全国率先基本实现农业现代化。要实现这一目标，关键是要加快建造天津农业人才基地，营造优秀人才成长的环境与条件，充分利用天津高等教育资源培养涉农专业人才资源，培养出适应天津沿海都市型现代农业发展需求的创新人才，为实现农业转型、建设农业科技强市提供人才保障。①涉农天津高等教育院校既要重视高等农业教育的综合化，又要避免综合化过程中以农为本的弱化。②拓展国内外、产学研合作办学，加大农科创新人才培养力度。为了培养农科创新人才，需要拓展国内外农业教育资源，引进或利用国内外师资和相关软件，开展农业企业、农业科研推广与涉农院校的合作办学。加强涉农专业院校与农业产业、行业企业、地区的联合培养或合作培养，增强和提高毕业生的就业能力。

2011年，研究了基于沿海都市型现代农业背景下的农业专业人才"三创一基"的培养模式。①"三创一基"的理论基础。"三创一基"主要是指创造意识、创新精神、创业能力以及基本素质。②"三创一基"人才培养实践与探索。构建"三三四"实践教学体系。"三三四"实践教学体系，指实践教学体系的核心包括"三结合""三层次"和"四模块"。"三结合"即突出教学与科研结合、教学与生产（推广）相结合、教学与社会实践相结合。"三层次"即建立院级教学实验平台、学科专业，实验平台，专业实践教学基地平台。"四模块"即构建基本实验模块、实习实模块、论文设计模块、科研创新模块 4 个实践教学模块。强化"三创一基"实践教学体系管理。做到 6 个落实,抓好 5 个环节。做到计划、大纲、指导教师、经费、场所和考核 6 个落实,抓好实践准备、初期落实、中期检查和后期评定、工作总结 5 个环节的工作。要严格管理,细化环节。加强监控,规范运行。全方位开展"三创一基"应用型人才实践活动。设立大学生科技创新基金,建立专门的创新活动中心和创新活动基地,向本科生开放实验室,成立各种社团,广泛开展形式多样的校园文化活动,举办各种类型的创新和创业大赛及课外科技作品竞赛。

2011 年,针对都市型农业特点,对各高等农业院校的创新人才培养途径进行了阐述,并介绍了培养创新人才的具体措施。①高等农业教育与都市型农业建设的关系:需要经济功能类、生态功能类、服务功能类这 3 种类型的人才。②都市型农业院校创新人才培养体系的构建。主要有:转变观念,致力于创新人才培养;优化专业设置,调整专业结构;培养体系、途径和机制修订,优化创新人才的培养;教学改革,切实落实创新人才的培养,进一步完善学分制,优化教学内容,改进教学方法,要改变单一的"灌输式"讲授方式,更多地进行启发式、设疑式、讨论式等尝试性教学,因材施教,同时加强实践教学、改革考评办法;建设一支具有创新能力的教师队伍;革新校园文化环境。

2011 年,分析了基于沿海都市型现代农业需求的人才培养对策。沿海都市型现代农业发展的人才需求,主要有经济功能类人才、生态功能类人才和服务功能类人才三大类型。沿海都市型农业的人才培养对策。①更新人才培养理念:转变教育思想;优化类型、层次和布局结构;树立科学的发展观与质量观。②完善人才培养模式:构建"宽、厚、强、高"的人才培养模式;拓展国内外产学研合作办学,培养创新人才。③调整学科专业结构。在巩固"农字""涉农"招牌专业,以"突出重点、整体推进、整合优势、打造品牌"为原则的基础上调整专业结构。④改革教学模式:加强"双师型"教师队伍建设;以能力为本位构建教学内容和课程体系;加强实践性教学与实习。

2012 年,以天津农学院为例,对沿海都市型农业院校本科专业人才培养方案适应性调整进行了系统的研究。①调整人才培养方案的指导思想和基本原则。指导思想:正确处理通识教育、创新创业教育、专业教育、科学教育、人文教育以及学生兴趣与需求的关系,以培养综合素质高,具有创新创业精神和实践能力的高素质复合应用型人才为目标,构建人才培养新体系。基本原则:要遵循高等教育教学规律;要体现整体优化的原则,以育人为中心,有序安排人才培养工作各个环节;要坚持统一性与多样性的统一。②制定人才培养方案时的调整措施。培养定位的调整,向发展沿海都市现代农业的人才需求特点转变。培养理念的调整,把培养具有创造意识、创新精神、创业能力和基本素质的"三创一基"高素质复合应用型人才作为新时期的历史使命。人才质量观的转变，向多元化转变，或者说应转变为对社会需要的适应性。人才培养目标的调整，转变为职业取向。教学内容和课程体系的调整，优选经典内容和最新成果，要高度重视精神素质和非智力因素的培养，重视科学思维、实践能力和创新创业能力的培养。教学方法的调整，强调以学生为主，注重学生问题意识、研究意识、创新意识的培养。改革实践教学，提高学生的实践能力，可以根据不同学科专业的特点，开展全科模拟岗位实训计划，进行情景教学和体验式教学。另外，要加大产学研合作的深度和广度。

2017 年，对经济新常态下服务都市型农业高校人才培养目标和举措进行了总结。我国经济发展新常态下的主要特点：速度变化、动力转化、结构优化。①以都市农业需求为引领，合理规划本科生培养目标定位。要树立为现代都市农业服务的指导思想，以培养适应经济新常态下都市农业发展的，具有创新、创业能力的应用型人才为培养目标。②适应经济新常态都市农业需求，本科生培养应采取的举措：坚持立德树人的培养理念，全面实施素质教育；建立本科生分类培养模式，学校要根据自身定位和都市型农业社会对人才的需求来优化学科和专业结构，坚持"以生为本"的人才培养原则，按不同培养类型制订和完善培养方案，尤其要强化专业实践环节，面向生产实践；转变思想观念，打造特色化教师队伍；加强都市农业特色教材建设；教育走进国际化；加强学生的创造、创新和创业能力培养。学校应高度重视实践教学，注重从实验、实习、毕业设计（论文）等环节培养学生基本的科研素养和创新能力。

对其他机构的研究提炼如下。

2000 年，结合 21 世纪的农业发展方向，江西农业大学就高等农业教育的学科体系建设、知识化农业人才的培养等问题提出了一些观点。21 世纪农业的主题是发展知识化农业。包括生物工程、微生物农业、节水灌溉、旱作农业、设施农业、农业信息化。认为工厂化农业是知识农业的象征，是 21 世纪农业的发展方向。认为都市农业在未来 21 世纪将成为现代化城市建设的基础性工作。为了都市农业的发展，高等农业教育又将肩负起此类人才培养的历史重任。

2001 年，仲恺农业技术学院提出了都市型农业人才培养问题。①都市型农业人才需求：规划设计人才、创业人才、科技人才、运作人才。②我国都市型农业的人才培养：构建都市型农业教育网络，都市农业教育网络要根据 4 类人才要求，形成普通高等教育—职业教育—继续教育 3 个层次架构；高校的都市型农业定位；面向都市型农业的高校教学改革与调整。教育观念转变，核心是树立现代教育观念；学科专业与课程结构调整；形成"产—学—研"有机结合的人才培养机制。

2006 年，辽宁农业职业技术学院针对辽宁新农村建设对农业高职教育人才的需求进行调查与分析。①辽宁新农村建设对农业高职教育人才需求的分析：主要需求农业生物技术人才、农业信息技术人才、设施农业技术人才、农业化学技术人才、农业机械技术人才、农业管理技术人才、农产品加工技术人才、农产品质量安全检测人才。②提出农业高职教育人才培养应对辽宁新农村建设需求的建议：调整优化专业设置，实行灵活多样的办学形式，加强学生的生产实习和社会实践，开展订单培养。

2012年，苏州农业职业技术学院在提高人才培养质量的思考中提出的措施有：明确培养目标，加强专业建设；加大课改力度，做实课程建设；加强团队建设，提高双师素质；加大教学投入，不断改善基础设施；推进教育创新，深化教学改革。在专业建设上：创新人才培养模式，选择重点专业进行"工学结合"人才培养模式的试点；科学调整专业集群，集中力量重点建设园林园艺、农业生产、食品加工、机械电子、经营管理、日语、英语等专业群，启动专业评估机制，对连续2年专业不招生或招生人数低于当年招生计划一半以上的专业，要撤销或暂停招生。加大课改力度做实课程建设：大力推行订单培养、顶岗实习、工学交替、任务驱动、项目导向、竞赛带动等教学模式。强调"精简、融合、解构、重组"。大力推行情境式、虚拟式、仿真式、项目式、现场式、探究式、生产式、案例式等教学方法。构建与职业资格标准相融通的课程和内容体系。加快推进考核评价方法改革；推动精品课程改造升级，按照"以点带面、梯次推进、整体提升"的建设思路，实施"优质课程建设计划"，力争2~3年内建成共享型专业教学资源库平台；加快优质教材开发。加强团队建设提高双师素质：优化教师队伍素质。坚持"内培外引、专兼结合"原则，加快现有教师尤其是青年教师的培养力度。形成"教坛新秀—骨干教师—专业带头人—教学名师"的名师培养体系，打造优质教学团队。着力提升园艺技术、园林技术专业省级教学团队服务能力，加强教师队伍管理。完善教师特别是兼职教师的管理制度。加大教学投入不断改善基础设施：完善实践教学条件。持续加强国家级、省级、院级重点专业和新增专业实训室建设。加快建设"校中厂、厂中校"的"校企一体化"实训基地；提升校园信息化建设水平；加快数字图书馆建设。推进教育创新深化教学改革：大力推进校企合作模式创新，探索建立学院主体、政府主导、行业指导、企业参与的办学体制和育人机制；深化人才培养质量管理体系创新，构建理实一体化管理体系；加快区域职教资源统筹模式创新，组建江苏现代农业职业教育集团。

2017年，沈阳农业大学畜牧兽医学院在现代学徒制模式在本科院校人才培养实践中的取得的经验：探索并发展出具有本科人才实践能力培养特点的现代学徒制，在终身学习和能力本位等教育思想的影响下，在现代职业教育中实现将学校本位教育和工作本位培训的紧密结合。明确学校和企业的"双主体"

地位；强化学生和学徒的"双身份"认识；加强学校和企业的"双导师"制度；紧密学校和企业的"双课程"联系；建立学校和企业的"双评价"标准。

3.3 "都市农业职业教育"各专业建设专题文献选摘及要点分析

3.3.1 "都市农业职业教育"畜牧兽医类专业专题文献选摘及要点分析

14篇有关畜牧兽医类专业专题文献中，成都农业科技职业学院有6篇，沈阳农业大学有4篇，北京农业职业学院有2篇，其他2家单位各1篇。成都农业科技职业学院、沈阳农业大学相比较为突出（图3-4、表3-4）。

表3-4 有关"畜牧兽医类"专业高影响值专题文献纲要及
主要论述选摘（按单篇影响值从大到小排序）

序号	篇名	作者单位	发表时间	影响值	涉及方面	纲要及主要论述选摘
1	"工学研融合、四段递进式"人才培养模式的研究与实践——以成都农业科技职业学院为例	四川建筑职业技术学院	2016-7-29	1.745 764	畜牧兽医专业	（1）畜牧兽医专业"工学研融合、四段递进式"人才培养模式的内涵描述。以培养学生职业能力和创新能力为主体，实行递进式分段教学。第一阶段（第一～二学期）：夯实基础。第二阶段（第三～四学期）：强化技能。第三阶段（第五学期）：实践演练。第四阶段（第六学期）：顶岗磨合。（2）畜牧兽医专业"工学研融合、四段递进式"人才培养模式的实践。①以岗位需求和职业标准为依据，深化课程体系改革。②深化拓展行校企合作，创新人才培养机制。③培养"双师双能型"教师队伍，提高人才培养质量。"进学校"提升办学理念及学生职业素质；"进企业"提高授课内容与企业职业标准对接的程度；以培训的方式提高教师职业能力。④建立综合性科研平台，提升创新创业能力和水平。（3）畜牧兽医专业"工学研融合、四段递进式"人才培养模式的建设成效

（续）

序号	篇名	作者单位	发表时间	影响值	涉及方面	纲要及主要论述选摘
2	动物科学与医学专业创新创业教学体系思考	沈阳农业大学	2016 - 11 - 15	1.597 216	畜牧兽医专业	（1）树立高等教育的现代理念。（2）建立深度的校企合作机制。（3）强化教育教学的创新创业意识。（4）构建科学的专业人才培养方案。（5）采用多元化创新创业实践模式
3	涉农专业中高职衔接的思考——以成都农业科技职业学院畜牧兽医类专业为例	成都农业科技职业学院	2015 - 11 - 20	1.496 580	畜牧兽医专业	中高职有效衔接有利于职业教育系统功能整合，可增强职业教育的吸引力。重点抓好中高职衔接、职普沟通、分类考试招生。 1. 中高职衔接存在的主要问题 （1）办学定位不清，培养目标不准，认同度不高，实力差距。办学思想与教育理念或多或少受到各种因素的制约。家长普遍认为读职业学校没有读普教学校有出路。中高职脱节及人才培养缺乏针对性和有效性。 （2）课程设置脱节，职教优势缺乏。存在脱节、断层或重复现象。①课程衔接缺乏统筹性。②课程架构缺乏科学性，重点抓好课程的对接。③课程实施缺乏职业性。 （3）高考制度制约，招生计划受限。 2. 解决中高职衔接的主要对策 系统培养人才的知识与技能既要考虑知识与技能的连续性、适应性和前瞻性，又要关注职业迁移能力的培养，使其获得应变和生存发展能力，适应职业岗位变动。 （1）提高认识，整体谋划。加强与对口中职学校和职业高中的交流互动，充分发挥学院农业职教联盟作用。

(续)

序号	篇名	作者单位	发表时间	影响值	涉及方面	纲要及主要论述选摘
3	涉农专业中高职衔接的思考——以成都农业科技职业学院畜牧兽医类专业为例	成都农业科技职业学院	2015-11-20	1.496 580	畜牧兽医专业	(2) 统筹规划，健全课程衔接体系。构建结构统一、分层递进、设置科学、对接紧密的课程体系。 (3) 加强指导，推进招生政策改革。积极探索"文化素质＋职业技能"的考试评价办法。目前五年一贯制、中职升高职、高职升本科的3种衔接的教育招生仍受计划招生的限制，应适当放宽招生比例。完善高职对接中职的自主招生制度、定向录取制度和保送制度，甚至推行注册制度，面向中职学校的毕业生开展高职预科教育
4	动植物检疫专业实践教学体系的构建研究	沈阳农业大学	2015-10-10	1.448 782	畜牧兽医专业	(1) 动植物检疫专业实践教学能力培养的重要性。①动植物检疫专业应用型人才是当前我国国民经济发展的需求；②动植物检疫专业技术型人才是当前我国公共卫生发展的需求；③动植物检疫专业技术型人才的培养是辽宁老工业基地转型的需要。 (2) 沈阳农业大学动植物检疫专业实践教学体系的基本模式。 (3) 沈阳农业大学动植物检疫专业实践教学体系现状引发的思考。①将研究/创新课程引进教学计划，作为培养学生创新能力的重要手段，把创新性的科技活动课程化。②借助产、学、研的有效结合，来提高学生的实践技术水平。③从不断加强教师的实践经验入手，努力提高实践教学的师资队伍水平

148

（续）

序号	篇名	作者单位	发表时间	影响值	涉及方面	纲要及主要论述选摘
5	高职专业教学资源库建设与实践——以成都农业科技职业学院畜牧兽医及相关专业为例	成都农业科技职业学院	2015-12-20	1.412 992	畜牧兽医专业	高职院校"五库架构"的共享型畜牧兽医专业教学资源库。 1. 高职专业教学资源库建设现状 教育部教高〔2006〕14 号文件指出：对需求量大、覆盖面广的专业，中央财政安排经费支持研制共享型专业教学资源库，提出要推进高等职业教育共享型专业教学资源库建设，与行业企业联合建设专业教学资源库。到 2014 年高职国家级专业教学资源库共立项 56 个专业，涵盖一、二、三产业，形成国家级、省级和校级 3 个不同层面的专业教学资源库。 2. 专业教学资源库建设的意义 ①共享优质教学资源，提升高职教育整体教学质量。②服务学生。③服务社会学习者。④展示建设成果。 存在的问题：一是技术标准不统一，数据资源难共享；二是只顾量的扩大，不顾质的提升；三是审核方式不完善，评价标准不统一；四是没有走可持续发展的路线。 3. 专业教学资源库建设实践 （1）专业教学资源库的定位：重点建设共享型畜牧兽医专业教学资源库，带动其他专业教学资源库建设。项目定位是校企共建共享型校本教学资源库。（2）专业教学资源库建设的思路和目标。建设思路和目标：以"新需求、新标准、新平台"的"三新联动"为核心理念，依据专业定位、人才培养规格、职业能力以及适用人群等要素建立一套"普

（续）

序号	篇名	作者单位	发表时间	影响值	涉及方面	纲要及主要论述选摘
5	高职专业教学资源库建设与实践——以成都农业科技职业学院畜牧兽医及相关专业为例	成都农业科技职业学院	2015 - 12 - 20	1.412 992	畜牧兽医专业	适＋个性"的畜牧兽医专业教学资源库。构建以专业库、岗位库、培训库、课程库和素材库为框架，"五库架构"的集成式、交互式、共享型畜牧兽医专业教学资源库。(3) 专业教学资源库建设的标准：形成专业标准、毕业生从业岗位及其专业技能标准、专业课程体系及课程标准、学习单元库、教学资源素材库五层框架结构及相应开发规范，重点在于制订专业教学资源的开发标准。(4) 共享型畜牧兽医专业教学资源库建设的内容。 4. 畜牧兽医专业教学资源库建设体会 (1) 专业教学资源库要体现"普适＋个性"的特点。(2) 专业教学资源库建设要规范建设标准和要求。(3) 专业教学资源库建设要强化教师的培训工作。(4) 专业教学资源库的推广应用要动态管理和持续更新。专业教学资源库建设要注重社会效益
6	基于高职"理实一体化"的动物繁殖课程设计的几点思考	北京农业职业学院	2017 - 5 - 20	1.343 213	畜牧兽医专业	(1) 优化课程标准。 (2) 优化程序，让课堂有趣、有序、有效：导入（3 分钟）；分组（2 分钟）；学习文字材料、看实物，小组讨论，完成工作页（30 分钟）；教师讲解答案（10 分钟）；学生动手操作（50 分钟）教师全程监督、指导学生按小组配合操作；学生分组展示（40 分钟）；教师操作并点评（20 分钟）；评价（5 分钟）。采用了问题引领，优化了教学路径。"理实一体化"是最基本的路径。选择合适的小组规模，使小组间学生互惠互利。巧设走走停停，时时处处抓落实

序号	篇名	作者单位	发表时间	影响值	涉及方面	纲要及主要论述选摘
7	高等院校动植物检疫专业人才培养方案的比较研究	沈阳农业大学	2018-7-20	1.321 179	畜牧兽医专业	(1) 培养目标的比较分析：主要提出了人才培养的方向、基本专业能力的规格要求及人才培养的类型。 (2) 培养方案的特点比较。 (3) 专业课程设置和修业年限的比较分析。 (4) 存在问题和建议：①人才培养目标模糊，应引入创新型和专业技术型具体培养内容。加大实践创新环节的比例，配合国家创新人才的培养方案。②专业方向分散，应突出重点培养。③个别高校学生课业压力大，应精减非核心课程的学时
8	基于校企合作背景下学生职业素质教育探析——以成都农业科技职业学院畜牧兽医分院为例	成都农业科技职业学院	2011-9-15	1.209 915	畜牧兽医专业	1. 高职学生职业素质教育的实践探索 (1) 学校教育与企业培训相结合，构建互动职业素质教育模式。(2) 育人与教学改革相结合，措施得力。①结合教学进程，开展分层次、分年级教育主题，拓展学生职业素质。②教学与管理相结合，深化学生职业素质教育。③第一课堂与第二课堂相结合，成效显著。指导学生专业实践活动，夯实学生职业素质，引入企业行业专业讲座，强化职业素质教育，开展主题班团活动，实现职业素质教育点面结合，纵深拓展。 2. 实践结果与分析 (1) 个人职业生涯规划。(2) 专业前景与对行业的了解。(3) 影响学生了解专业的因素与专业（行业）认同度。(4) 校企合作育人对学生职业素质的影响

（续）

序号	篇名	作者单位	发表时间	影响值	涉及方面	纲要及主要论述选摘
9	都市型农业背景下农业院校研究生实践能力的培养——以兽医学为例	天津农学院	2019-6-30	1.188 757	畜牧兽医专业	（1）实践能力的诠释。自主科研能力、教学实践能力和社会实践能力3方面内容。（2）实践能力的提升并非单方面因素，需要国家、学校和社会三位一体的共同努力。①现代都市型农业背景下对兽医学人才培养提出新要求。②导师团队建设为现代都市型兽医学人才培养提供方法的可操作性。③突出产学研合作办学形式，为现代都市型农业开辟兽医学研究生多渠道培养模式
10	校企共建养猪专业学院深化人才培养模式初探	成都农业科技职业学院	2013-12-10	1.187 302	畜牧兽医专业	1. 校企共建养猪专业学院的背景 （1）区域养猪产业的现状。（2）现代养猪产业人才需求分析。（3）企业人才需要的现状。（4）职业教育发展的需求。 2. 校企共建专业学院的系统思考 （1）专业学院人才培养工作的管理体制。（2）专业学院人才培养工作的运行机制。 3. 校企共建养猪专业学院的初探 （1）构建"人才共育、过程共管、成果共享"的人才培养体制机制。（2）探索"校企合作、双元互动"工学结合人才培养模式运行机制。 4. 校企共建专业学院的几点反思 （1）合作企业的收益是校企共建专业学院的源泉。（2）企业的社会责任是校企共建专业学院的助推力。（3）教师理念转变是校企共建专业学院的重要保证。（4）学生可持续发展能力的培养是校企共建专业学院的前提。（5）加强与企业联盟合作，增强校企共建专业学院抗风险能力

（续）

序号	篇名	作者单位	发表时间	影响值	涉及方面	纲要及主要论述选摘
11	中国与加拿大小动物医学专业高等职业教育的思考——以北京农业职业学院与加拿大圣力嘉学院为例	北京农业职业学院	2012 - 12 - 20	1.131 770	畜牧兽医专业	1. 主要区别 （1）培养目标：兽医技术员。兽医技术员专业培养目标的特点是定位准确，教学内容针对性强，教学过程比较轻松，学习效果好。我国高职院校小动物医学相关专业的培养目标是宠物医生及宠物医生助理，农业部执业兽医资格考试。培养目标定位过高。 （2）课程设置：完全针对兽医临床的基本操作、基本理论。重点不突出，更重视基础教育，职业性不突出。 （3）师资队伍：包括专业主任1人，专职教师5名和兼职教师8名。圣力嘉学院以外请教师为主，北京农业职业学院以专职教师为主。 （4）教学：一般为项目教学法，考试的通过率较低。 （5）学校教学环境：综合性都很强。 （6）动物医院：结构紧凑、布局设计复杂。 2. 分析与讨论 （1）我国高职院校宠物医学相关专业的培养目标应明确定位为技术员。（2）根据培养目标将课程进行相应调整，建议加强实验室诊断、影像学、麻醉学、治疗学、解剖学、操作实训、医院实习等课程及内容。（3）关于教学队伍。应以专职教师为主，专职教师更加熟悉教学，也便于管理，更加严格执行考试制度，加强考试的作用，以考促学，以专业为主体的实训教学楼，可以保证学生更加方便地护理、使用实验动物。 如何做到专业性与职业性并重，是北京农业职业学院今后努力的方向

（续）

序号	篇名	作者单位	发表时间	影响值	涉及方面	纲要及主要论述选摘
12	动物医学专业人才培养模式探讨	沈阳农业大学	2005-12-30	1.118 150	畜牧兽医专业	（1）争取优质生源。 （2）进行学制改革。 （3）课程的科学配置。 （4）强化专业技能训练。 （5）学分制管理模式的建立
13	高职水产养殖专业现代学徒制人才培养模式的实践	成都农业科技职业学院	2019-3-8	1.115 914	畜牧兽医专业	（1）水产养殖技术专业实行现代学徒制的必要性。 （2）现代学徒制的实施。①人才培养体系，通过校企联合开展现代学徒制试点，实行"招生即招工"政策。构建了"三结合、三循环、两指导""工学交替、人才共育"的现代学徒制人才培养模式。②课程体系构建。③师傅的选拔与相关考核：带徒师傅实行"三元评价"的多向评价制度。 （3）现代学徒制实践成果：①学生对现代学徒制模式的认可度。②毕业生就业情况良好
14	高职《水生生物》课程信息化教学改革与实践	成都农业科技职业学院	2018-1-26	1.072 321	畜牧兽医专业	（1）课程总体设计思路："以能力为本位，以就业为导向，培养水产养殖一线创新型人才"为课程建设和改革的突破口。 （2）教学过程设计思路：课前预习；课堂小组汇报；课后巩固复习。 （3）教学效果调查：调查对象；调查方法；调查结果。 （4）讨论：课程总体设计；课程信息化教学效果；存在问题

　　6篇以成都农业科技职业学院为作者机构发表的文献，涉及畜牧兽医类专业方面的主要理论和经验、典型做法依发表时间先后提炼如下。

　　2011年，以成都农业科技职业学院畜牧兽医分院为例，基于校企合作背景对学生职业素质教育进行了探析。①高职学生职业素质教育的实践探索。提

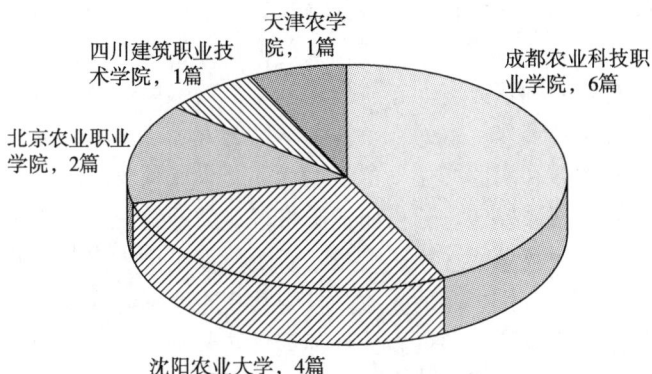

图 3-4 有关"畜牧兽医类"专业高影响值专题文献的作者机构发文量分布

出将职业素质教育贯穿于学生教育教学的全过程，穿插于辅导员日常性工作中，融汇于学生各类活动的设计中。学校教育与企业培训相结合，构建互动职业素质教育模式。利用农业高职院校校企合作办学模式，结合"引进来，走出去"方式，为学生提高职业素质搭建平台。育人与教学改革相结合，措施得力。结合教学进程，开展分层次、分年级教育主题，拓展学生职业素质；教学与管理相结合，深化学生职业素质教育。第一课堂与第二课堂相结合，成效显著。指导学生专业实践活动，夯实学生职业素质，注重建设具有农业职业素质教育特色的实践平台；引入企业行业专业讲座，强化职业素质教育；开展主题班团活动，实现职业素质教育点面结合，纵深拓展。②实践结果与分析。个人职业生涯规划。普通班学生在对待自身职业生涯规划方面显得较为草率。专业前景与对行业的了解。通过校企合作和工学结合的教改实验，促进了学生对自身专业的认识和了解，减少盲目性，增强了专业信心。影响学生了解专业的因素与专业（行业）认同度：通过系统的校企合作培养及企业实践锻炼，对专业认同度明显提高，进而激发学生学习兴趣，对企业适应性明显提高。校企合作育人对学生职业素质的影响。通过工学结合，尤其是生产实训的锻炼，对学生职业素质的提升远超过了专业技能提高。

2013 年，对校企共建养猪专业学院深化人才培养模式进行初步探索。①校企共建专业学院的系统思考。专业学院人才培养工作的管理体制。学校应依据人才培养的实际需要、企业合作基础及合作的可持续性选择合作企业。成立人才培养的组织协调机构，设计合作形式与运行机制，制订相应的管理办法和规章制度，细化工作内容与工作职责。专业学院人才培养工作的运行机制。在专业学院的组织机构领导下，校企共同组建专门教学和管理团队实施专项工作，论证编制人才培养实施方案，组织实施教学活动，以及学生的考核评价等的运行机制。②校企共建养猪专业学院的初探。构建"人才共育、过程共管、成果共享"的人才培养体制机制。依托畜牧管理部门和知名养猪饲料企业，构建校企合作共赢的长效机制，主动与用人单位建立长期合作伙伴关系，形成近于法定委托关系，明确双方责任、权力、利益，增强办学的活力，创新办学体制机制。探索"校企合作、双元互动"工学结合人才培养模式运行机制。根据现代猪产业技术领域和职业岗位（群）的任职要求，构建"校企合作，双元互动"工学结合人才培养模式，分析职业岗位群能力、知识、素质。成立专门的专业教学团队、实践教学管理团队、技术研发与技术推广团队。③校企共建专业学院的几点反思。合作企业的收益是校企共建专业学院的源泉。企业的社会责任是校企共建专业学院的助推力。教师理念转变是校企共建专业学院的重要保证。教师转变观念，不断加强自身修养和提高业务能力，开展教学研究，改进教学方法，注重学生职业素质培养，有效推动校企合作深化人才培养模式改革。学生可持续发展能力的培养是校企共建专业学院的前提。既要考虑学生专业知识和专业能力的培养，同时也要考虑学生未来职业的迁移和职业发展需要。加强与企业联盟合作，增强校企共建专业学院抗风险能力。与企业联盟或行业组织协会合作，提供工学结合需求的充足生产岗位和工作岗位，行业技术能手担任兼职教师有保障，有利学生轮岗实习实训和学生的管理与指导。

2015年，以成都农业科技职业学院畜牧兽医类专业为例，总结了涉农专业中高职衔接的思考。①中高职衔接存在的主要问题有办学定位不清，培养目标不准。认同度不高。实力差距。家长普遍认为读职业学校没有读普教学校有出路。中高职脱节及人才培养缺乏针对性和有效性，课程设置脱节，职教优势缺乏。存在脱节、断层或重复现象。课程衔接缺乏统筹性，课程架构缺乏科学性，课程实施缺乏职业性，受高考制度制约，招生计划受限。②解决中高职衔接的主要对策。提高认识，整体谋划。加强与对口中职学校和职业高中的交流互动；统筹规划，健全课程衔接体系；加强指导，推进招生政策改革。积极探索"文化素质＋职业技能"的考试评价办法。适当放宽招生比例。完善高职对接中职的自主招生制度、定向录取制度和保送制度，甚至推行注册制度，面向中职学校的毕业生开展高职预科教育。

2015年，总结了开发共享型课程资源库促进高职教育教学改革的实践：通过共享资源平台，联合行业专家、企业能手三方共建共享具有四川特色，以专业库、岗位库、培训库、课程库和素材库为框架，"五库架构"的集成式、交互式、共享型畜牧兽医专业教学资源库。构建以职业岗位为导向的课程体系，共同制定专业课程资源库统一课程标准、教学内容、核心技能、学习评价等教学资源的建设标准。包括核心课程、通适课程、企业专门化课程，形成"普适＋个性"和"精品化、多样化、共享化"教学资源特色。形成共计22门课程的课程标准、实践指导、授课计划、教案、电子课件、试题库、考核评价标准、图片、视频、动画等基本教学资源和拓展教学资源。推进课程教学模式改革转向以"导"为主，有利于教师开展教学方法和教学手段的改革、提高教学效果。高职专业教学资源库建设分为国家级、省级和校级 3 个不同层面，通过 3 个层面的建设，逐步实现所有专业的优质数字教育资源全覆盖。

2018 年，总结了高职《水生生物》课程信息化教学改革与实践。以"现代学徒制"模式结合《水生生物》课程特点，运用"互联网＋"教学手段，实行线上线下学习。①课程总体设计思路："以能力为本位，以就业为导向，培养水产养殖一线创新型人才"为课程建设和改革的突破口，以课程信息化教学模式为设计思路，将《水生生物》课程内容分为 6 个项目，每个项目由多个任务组成，选取生产上应用广泛或典型工作任务，制作成微课或慕课，搭建网络学习平台。②教学过程设计思路：以浮游植物——蓝藻门为例，将教学过程分为课前预习、课上小组汇报和课后巩固复习的模式。课前预习：微信公众号平台和超星学习通平台合作。课堂小组汇报：汇报、评价、总结、讲解。课后巩固复习。调查发现 86% 的学生很喜欢这种信息化教学模式。对基础知识的深入掌握，自学能力的培养和提高都是有利的。

2019 年，总结了高职水产养殖专业现代学徒制人才培养模式的实践。①水产养殖技术专业实行现代学徒制的必要性：水产企业出现用工荒、招人难的形势，特别是招不到有实践操作经验的技能型人才。在"农闲"时期集中在学校学习理论，在"农忙"时到企业集中学习生产实践，可以实践"催产—孵化—育苗"的整套生产流程。②现代学徒制的实施。人才培养体系，通过校企联合开展现代学徒制试点，本专业实行"招生即招工"政策。构建了"三结合、三循环、两指导""工学交替、人才共育"的现代学徒制人才培养模式。"三结合"，即强调育人与社会、教学与生产、学习与实践的有机结合，强调基于生产（工作）过程的课程配置与内容开发；"三循环"，即学生在获得知识经验，掌握操作技能，形成职业能力的过程中，实现了"学习—实践—再学习"的 3 次循环上升，强调通过实践提高学生岗位工作能力；"两指导"，即由校内专任教师、企业师傅共同承担，互相配合，共同完成对学生（学徒）的职业规划及学业指导。课程体系构建。突破传统的课堂教学模式，结合行业生产特点，学习场所在学校（理论学习）和企业（岗位学习）之间交替，切实做到了工学交替、岗位成才，实现"学习—实践—再学习"的三阶段递进式循环上升。第一阶段：认知学徒实习，从第二学期开始。第二阶段：跟岗学徒实习，从第四学期开始。第三阶段：顶岗学徒实习，从第六学期开始。3 个阶段的学徒实习都在校内专任教师和企业管理者、技师（企业师傅）的双重指导下完成。师傅的选拔与相关考核：带徒师傅实行"三元评价"的多向评价制度。"三元评价"具体指学院对企业带徒师傅的评价、企业管理层对企业带徒师傅的评价和学生对企业带徒师傅的评价，并分别实施考核。③现代学徒制实践成果：学生对现代学徒制模式的认可度较高；毕业生就业情况良好。创业率高的表现，主要有两方面原因，一是现代学徒制模式的培养，学生动手能力强、创新创业意识到位；二是水产养殖行业发展需求。

还有一篇是有关成都农业科技职业学院的文献。2016 年，以成都农业科技职业学院为例总结了"工学研融合、四段递进式"人才培养模式的研究与实践。①畜牧兽医专业"工学研融合、四段递进式"人才培养模式的内涵描述。以培养学生职业能力和创新能力为主体，实行递进式分段教学。第一阶段（第一～二学期）：夯实基础。第二阶段（第三～四学期）：强化技能。第三阶段（第五学期）：实践演练。第四阶段（第六学期）：顶岗磨合。②畜牧兽医专业"工学研融合、四段递进式"人才培养模式的实践。以岗位需求和职业标准为依据，深化课程体系改革。以必须、够用、适度为原则，整合为饲料加工工艺与质量检测技术、兽药制剂工艺与药品检验技术。以创新创业能力培养为主体，将拓展课程融合，按照"认识能力—专业基本能力—专业综合能力—职业岗位能力"培养途径，由简单到复杂，由单一到综合，形成能力递进式的实践教学体系。深化拓展行校企合作，创新人才培养机制。主要是政府、企业、行业与学院共同搭建合作平台，行校企共同进行畜牧兽医专业建设和教学改革，制订人才培养方案和核心课程标准，共同开发课程，同时参与专业教学过程或学生实训基地实习期间的管理及质量控制。共建实训实践基地和"订单式"培养是成都农业科技职业学院畜牧兽医专业的行校企合作主要形式。培养"双师双能型"教师队伍，提高人才培养质量。"二进一培"的方式培养："进学校"提升办学理念及学生职业素质，"进企业"提高授课内容与企业职业标准对接的程度，以培训的方式提高教师职业能力。建立综合性科研平台，提升创新创业能力和水平。

4 篇以沈阳农业大学为作者机构发表的文献，涉及畜牧兽医类专业方面的主要理论和经验、典型做法依发表时间先后提炼如下。

2005 年，对动物医学专业人才培养模式进行了探讨。必须首先转变教育思想和更新教育观念，把严格的专业"对口观念"转变为"适应观念"。①争取优质生源。②进行学制改革。将现行的五年本科中，有四年半为教育改为 4 年，关注分为 3 个阶段，即公共基础教育、学科基础教育和专业基础教育阶段（2.5 年）、专业知识教育阶段（1.5 年）、专业技能培训阶段（1 年）。③课程的科学配置。学生必须在前两个阶段修完规定的必修和必选课，达到要求的学分，经考核评定合格后方可进入第三阶段专门化训练。④强化专业技能训练。对毕业生实行专门化技能及毕业论文答辩双重考核制度。必须解决两个关键问题：一是专门化实习基地的建设；二是师资队伍的建设。⑤学分制管理模式的建立。教学管理从学年制向学年学分制特别是完全学分制转变，实行按学分选课、按学分收费、按学分毕业的教学管理模式。加大选修课，实施选修交叉学科课程、主辅修制、双学位制、本硕连读等多形式并存，废除补考制，实施重修重考制。另外，还应该推行导师制。

2015年，进行了沈阳农业大学动植物检疫专业实践教学体系构建的研究。①沈阳农业大学动植物检疫专业实践教学体系的基本模式。沈阳农业大学动植物检疫专业实践教学体系构建的模式由六大环节构成，包括素质教育环节、实验课程环节、教学实习环节、专业技术综合训练环节、生产实践综合训练环节、科研训练环节。②沈阳农业大学动植物检疫专业实践教学体系现状引发的思考。将研究/创新课程引进教学计划，作为培养学生创新能力的重要手段。把创新性的科技活动课程化。借助于产、学、研的有效结合，来提高学生的实践技术水平。从不断加强教师的实践经验入手，努力提高实践教学的师资队伍水平。

2016年，针对动物科学与医学专业提出了创新创业教学体系的思考。①树立高等教育的现代理念。②建立深度的校企合作机制。③强化教育教学的创新创业意识。④构建科学的专业人才培养方案。包括案例教学、订单式人才培养、"3+1"办学模式。⑤采用多元化创新创业实践模式。建立动物科学与医学专业创新创业基地，每年举办由企业赞助的创新创业大赛，积极申报创新创业课题。

2018年，对高等院校动植物检疫专业人才培养方案进行了比较研究。对山东农业大学、锦州医科大学、内蒙古农业大学等高校调研比较。①培养目标的比较分析：主要提出了人才培养的方向、基本专业能力的规格要求及人才培养的类型。培养目标均很明确。②培养方案的特点比较。4所高校相同点是均以动物检疫为主体。沈阳农业大学注重培养动物检疫方面、植物检疫方向的基本知识和专业技能兼具的专业人才，涉及动物和植物两个学科。③专业课程设置和修业年限的比较分析。在限修课和选修课上每所高校均设有自己的特色课。④存在问题和建议。人才培养目标模糊，应引入创新型和专业技术型具体培养内容。一是加大实践创新环节的比例；二是配合国家创新人才的培养方案。专业方向分散，应突出重点培养。个别高校学生课业压力大，应精减非核心课程的学时。

2篇以北京农业职业学院为作者机构发表的文献，涉及畜牧兽医类专业方面的主要理论和经验、典型做法依发表时间先后提炼如下。

2012年，以北京农业职业学院与加拿大圣力嘉学院为例，将中国与加拿大小动物医学专业高等职业教育对比思考。①主要区别：培养目标上，外方为兽医技术员，定位准确，教学内容针对性强，教学过程比较轻松，学习效果好。我方培养目标是宠物医生及宠物医生助理。培养目标定位过高。课程设置上，外方完全针对兽医临床的基本操作、基本理论。我方重点不突出，更重视基础教育，职业性不突出。师资队伍，外方以外请、兼职教师为主，我方以专职教师为主。教学上，外方一般是按项目教学法，考试的通过率较低。②提出建议：我国高职院校宠物医学相关专业的培养目标应明确定位为技术员；根据培养目标将调整课程，建议加强实验室诊断、影像学、麻醉学、治疗学、解剖学、操作实训、医院实习等课程及内容；应以专职教师为主，更加严格执行考试制度，建立以专业为主体的实训教学楼。

2017年，对基于高职"理实一体化"的动物繁殖课程设计提出几点思考：确定了"理实一体化"的课程设计原则是以职业活动为导向、以素质为基础、以突出能力为目标、以学生为主体、以项目为载体、以实训为手段，实现理论和实践一体化。①优化课程标准：学什么？为什么学？怎么学？学到什么程度？②优化程序，让课堂有趣、有序、有效：教什么？为什么教？怎么教？教到什么程度？主要分为：导入（3分钟）、分组（2分钟），学文字材料，看实物，小组讨论，完成工作页（30分钟），教师讲解答案（10分钟），教师全程监督、指导学生按小组配合操作，学生动手操作（50分钟），学生分组展示（40分钟），教师操作并点评（20分钟）、评价（5分钟）。采用了问题引领，优化了教学路径。"理实一体化"是最基本的路径。"理实一体化"教学模式具备传统教学模式所不具备的优势。"理实一体化"教学模式首先在课堂上明确了教师的主导地位和学生的主体地位，学生变被动为主动，提高了学生课堂学习的积极性和主动性；其次课堂上学生技能操作训练和专业理论同步进行，学生"学中做、做中学"，利于学生动手能力的培养，以及学生对实践技能的掌握；再次抽象的、复杂的重点和难点内容，可以通过师生互动，教师多样的教学方法，实现知识的有效获取。选择了合适的小组规模，使小组间学生互惠互利。巧设走走停停，时时处处抓落实。

对其他机构文献提炼如下。

2019年天津农学院总结了都市型农业背景下农业院校兽医学研究生实践能力的培养实践。实践能力的诠释：自主科研能力、教学实践能力和社会实践能力3方面内容。实践能力的提升需要国家、学校和社会三位一体的共同努力。现代都市型农业背景下对兽医学人才培养提出新要求。体现实践能力的重要性，包括科研能力、教学实践能力、社会实践能力3个方面。导师团队建设为现代都市型兽医学人才培养提供方法的可操作性。导师团队目标很明确，即提高研究生的培养质量，团队间的通力合作会大大提高研究生培养的工作效率。第一，自主科研的选择性更为宽泛。第二，教学实践的领域为兽医学研究生提供更广阔的施展空间。第三，社会实践能力培养主要为兽医学研究生能适应社会、融入社会做准备。突出产学研合作办学形式，为现代都市型农业开辟兽医学研究生多渠道培养模式。产学研结合培养研究生工作涉及教学、科研、生产3个系统的有机结合，使教学能指导科研与生产，科研带动教学融入生产发展，生产印证教学，从而推动科研进步。

3.3.2 "都市农业职业教育"园林园艺类专业专题文献选摘及要点分析

17篇有关园林园艺类专业专题文献中，苏州农业职业技术学院有6篇，金陵科技学院有4篇，其他7家机构各1篇。苏州农业职业技术学院和金陵科技学院在园林园艺类专业教育教学改革和研究领域较为活跃（图3-5、表3-5）。

表3-5 有关"园林园艺类"专业高影响值专题文献纲要及

主要论述选摘（按单篇影响值从大到小排序）

序号	篇名	作者单位	发表时间	影响值	涉及方面	纲要及主要论述选摘
1	园林测量课程项目化教学实践	苏州农业职业技术学院	2012-08-11	2.482 069	园林园艺专业	（1）项目化教学任务确定：拓展为"地形图使用、测绘、测设"三大任务。（2）项目化教学过程设计。①教学准备。②情境创设，通过"教、学、做、评"一体化的教学完成学习任务。③项目实施，项目任务的实施过程就是任务完成过程，也是学生获取知识与技能，培养学生学习能力的过程。在具体实施过程中，依托校园测区，教、学、做、评4个环节层层相扣、交互进行，形成一个有机整体。（3）实施效果：课堂教学的质量得到大幅度提高
2	我国南方园艺专业复合型人才培养模式改革研究	仲恺农业工程学院	2011-03-10	2.233 351	园林园艺专业	（1）突出特色的复合应用型人才培养改革的必要性。①社会经济发展的客观需要。②进行传统专业改造的客观需要。③各层次高等院校体现办学优势的客观需要。（2）复合应用型人才培养的基本思路。

（续）

序号	篇名	作者单位	发表时间	影响值	涉及方面	纲要及主要论述选摘
2	我国南方园艺专业复合型人才培养模式改革研究	仲恺农业工程学院	2011-03-10	2.233 351	园林园艺专业	（3）复合应用型人才培养的主要措施。①课程体系的设置。②培养模式的设置。③专业特色的选择。④教学方法的改革。⑤实践教学模式的设置。 （4）主要成效
3	"双线四段、筑园塑人"人才培养模式的创新与实践	苏州农业职业技术学院园林工程学院	2015-06-11	2.119 525	园林园艺专业	以岗位能力和执业证书的获取作为衡量和评价学生的重要标准。强调学生职业行动能力——专业能力、方法能力和社会能力的综合培养。岗位工作活动过程，以岗位能力分析为依据，以岗位工作任务为载体，通过教学过程分析，完成素质、能力、知识的解构与重构设计。 "双线"是指园林类专业人才培养过程中，"文化育人"和"技术育人"双线并举，素质教育和专业教育融为一体。"四段"（"1+1+0.5+0.5"）是指：第一阶段借鉴苏州园林，传承"文化筑园"；第二阶段借助计算机"虚拟筑园"，强化单项技能训练；第三阶段校内实训工场"仿真筑园"，突出综合专业技能培养；第四阶段顶岗实习，师生全程参与联盟企业真实项目进行"实战筑园"，培养岗位职业能力和创业能力。 组织教学模式：合作式教学模式。关键词：思考、交流、分享、激发、练习、责任、团队。"以服务赢得信任、以信任开展合作、以合作实现共赢"的办学理念。 组建"江苏现代农业校企（园区）合作联盟"，构建了"专业共建、人才共育、过程共管、成果共享、责任共担"的紧密型合作办学体制机制。 "筑园塑人"模式成为"现代学徒制"的教学典范

（续）

序号	篇名	作者单位	发表时间	影响值	涉及方面	纲要及主要论述选摘
4	高职园艺技术专业"六园一体"校内生产性实训基地建设的探索与实践——以苏州农业职业技术学院为例	苏州农业职业技术学院	2013 - 05 - 20	1.705 263	园林园艺专业	构建"六园一体"校内生产性实训基地的内涵：具有鲜明高职特色的"六园一体"校内生产性实训基地。 构建"六园一体"校内生产性实训基地的意义：培养学生职业综合素质的载体，推进教学改革与创新的平台，提升教师"双师"素质的抓手，维系校企合作的纽带，实现"零距离"就业的桥梁，拓展社会服务功能的窗口。 构建"六园一体"校内生产性实训基地的具体模式：学校主导模式，企业主导模式，共建共享模式。 构建"六园一体"校内生产性实训基地的经验：必须强化校企共建，必须强化功能拓展，必须强化"双师"队伍建设，必须强化实训项目创新，必须加强校外生产性实训基地的建设
5	园艺专业创新型人才培养模式研究与实践	沈阳农业大学	2015 - 11 - 15	1.662 065	园林园艺专业	1. 园艺专业创新型人才的科学认识 （1）园艺专业创新型人才的基本内涵。（2）园艺专业创新型人才培养模式。（3）园艺专业创新型人才培养的意义。 2. 园艺专业创新型人才培养存在的主要问题 （1）专业人才培养模式趋同与流俗。（2）课程设置缺乏系统性和综合性。（3）亟待提高实践教学质量与水平。（4）单一、死板的教学模式与方法。（5）缺失健全的考核制度和激励机制。 3. 创新园艺专业创新型人才培养模式 （1）设立研究创新型人才培养方向。（2）全面修订培养计划和

（续）

序号	篇名	作者单位	发表时间	影响值	涉及方面	纲要及主要论述选摘
5	园艺专业创新型人才培养模式研究与实践	沈阳农业大学	2015-11-15	1.662 065	园林园艺专业	教学大纲。（3）引入导师制形成个性化培养方案。（4）积极参与大学生创新创业项目。（5）改革创新教学模式与教学方法。（6）全面加强实验实践条件建设。（7）积极推进国际交流与合作。 4. 园艺专业创新型人才培养模式改革成效
6	农业职业院校"植物生长周期循环"人才培养模式的探索与实践	北京农业职业学院	2011-3-1	1.580 879	园林园艺专业	（1）"植物生长周期循环"人才培养模式建设思路。①社会调研，确定目标。胜任园艺行业生产、管理、经营、技术推广等岗位工作的技能型专门人才。②分析岗位，确定企业人才技能需求。③以农业生产过程为导向，创建人才培养模式。准确把握农业生产与农业职业教育的结合点——农业生产过程即是教学工作过程。 （2）"植物生长周期循环"人才培养模式内涵。 （3）"植物生长周期循环"人才培养模式运行特色。①打破学期界限，实施循环、柔性化教学安排。②突破传统，构建花、果、菜一体教学内容。③采用团队教学方式，保证人才培养方案的实施。核心课程教学均采用了团队授课方式，各课程的教学团队构成主要考虑 3 个方面的因素：一是专长组合；二是主辅结合；三是专兼结合。④尝试多种教学方法，实现学生的主体地位。 （4）"植物生长周期循环"人才培养模式运行效果。①通过问卷调查，学生的综合能力明显提高。②借鉴 EETOOL 评价，使评价结果更加客观

（续）

序号	篇名	作者单位	发表时间	影响值	涉及方面	纲要及主要论述选摘
7	为都市农业培养创业型园艺人才的实践与思考	金陵科技学院	2010-03-30	1.540 520	园林园艺专业	1. 创业型园艺人才培养在都市农业发展中的作用 （1）园艺业在都市农业中的重要地位。（2）为都市农业培养创业型园艺人才的必要性。（3）都市农业创业途径的多样性。（4）都市农业的发展对创业人才的需求具有长期性。 2. 创业型园艺人才培养的实践探索与思考 （1）创业意识的培养：①注重专业教育，培养创业兴趣；②结合成功创业案例，进行职业生涯规划；③组织学生积极参加与创业有关的省内外各项活动。（2）创业能力的锻炼：①加强实践教学，在教学环节中加入创业需要的内容。②组织班级、社团等开展模拟创业实践活动。③开展就业指导、社会实践、问卷走访、参与教师课题等多途径的创业培训。④在学生日常教育管理中加强综合能力培养。（3）创业人格的塑造。 3. 都市农业的发展对创业型人才教育体系提出了新的要求 （1）创业型人才培养需要建立创业教育课程。（2）创业型人才培养需要建立创业实习基地
8	高职创新创业人才培养要向绿色职教转型	湖州职业技术学院	2013-12-25	1.478 062	园林园艺专业	自上海发展都市农业之后，近年来，长三角的杭州、南京、无锡、苏州、嘉兴、湖州等大中城市也将农业发展定位为现代生态型都市农业。 面向长三角都市农业确立的专业培养目标绿色内涵：面向长三角都市农业的园艺业主要包括高效精品种植业、绿化生态型园艺、旅游休闲型园艺等。产品的

（续）

序号	篇名	作者单位	发表时间	影响值	涉及方面	纲要及主要论述选摘
8	高职创新创业人才培养要向绿色职教转型	湖州职业技术学院	2013-12-25	1.478 062	园林园艺专业	绿色化开发，生态化和设施化生产，成为高职园艺专业创新创业实践技能的核心。 包括产品的绿色设计目标、产品的绿色生产目标、产品的绿色经营目标、创新创业理论基础目标的绿色内涵、专业基础理论、企业经营理论、创新创业综合素质目标的绿色内涵。 建构以绿色内涵为导向的创新创业教学模式： 包括绿色创新创业课程和项目的开发、绿色产品设计课程开发、绿色产品生产课程开发、绿色创新创业项目的实践与教学：一是组织团队开展顶岗实践；二是根据团队的实践，进行生产技术的专门学习；三是面向市场，团队进行创业项目的准运行；四是开展项目拓展创新。以及绿色创新创业基础理论的学习与运用。 建构以绿色内涵为导向的创新创业实践教学平台：融入产业发展，建设教学型校外实训基地；面向绿色发展，建设校内生产性、创新性实训基地，一是建设以绿色生产技术训练为基础的生产性实训基地，二是建设以长三角园艺绿色发展资源库为基础的实践方案设计学习平台，三是校内生产性实训基地要按照校企合作和生产企业的基本规律进行管理。以及面向绿色发展，建立园艺创新创业孵化器
9	都市园艺及其人才需求分析	韶关学院	2010-07-15	1.457 861	园林园艺专业	在论述都市园艺的含义、特点的基础上，分析了我国都市园艺潜在的市场空间和人才需求空间，为我国园艺专业人才培养方向调整，以满足都市发展的需求提供了依据。

序号	篇名	作者单位	发表时间	影响值	涉及方面	纲要及主要论述选摘
9	都市园艺及其人才需求分析	韶关学院	2010 - 07 - 15	1.457 861	园林园艺专业	1. 都市园艺的含义与特征 (1) 都市园艺的含义。(2) 都市园艺的特征。①布局上具有插花型和镶嵌性的特点。②设施化程度高。③生产集约化、洁净化。④管理与生产技术科技、信息化水平高。⑤产业化、功能多，创收收入渠道广。⑥形态具有多样性。 2. 都市园艺的主要类型 (1) 生产型园艺。(2) 旅游休闲型园艺。①传统农艺模式。②乡村文化利用模式。③科技科普模式。④旅游休闲观光模式，观光园艺、乡村牧场、民俗民宿等。 3. 我国都市园艺潜在市场与人才需求分析 (1) 都市园艺潜在市场：①盆栽蔬菜、香草、花卉。②植物医院。③高档蔬菜连锁销售。④家庭园艺资材店。⑤家庭园艺。⑥针对都市人的小块土地租种与托管业务。 (2) 都市园艺人才需求分析
10	都市型现代农业园艺人才培养的探索与实践——以金陵科技学院为例	金陵科技学院	2011 - 10 - 10	1.391 863	园林园艺专业	(1) 制定适应都市型农业园艺人才的培养方案：构建了"3 大平台、4 个模块、4 大基地"相结合的人才培养模式。 (2) 设置富有特色的园艺专业课程体系：设置了 4 个"课程"平台和 4 个专业方向构成的课程体系。 (3) 建立优秀的师资队伍，培养"双证"应用型人才：①师资队伍的建立。②"双证"应用型人才的培养。 (4) 建设校内外实践基地，构建"三结合"的实践教学体系：①校内外实践基地的建设；②"三结合"实践教学体系的

（续）

序号	篇名	作者单位	发表时间	影响值	涉及方面	纲要及主要论述选摘
10	都市型现代农业园艺人才培养的探索与实践——以金陵科技学院为例	金陵科技学院	2011-10-10	1.391 863	园林园艺专业	构建。专业认知实践，专业技能实践，课外创新及创业训练，毕业实习及毕业设计，实践效果。 （5）搭建学生创新、创业教育平台
11	高职园林技术专业"1＋1＋1"工学结合人才培养模式研究	苏州农业职业技术学院	2009-09-10	1.358 888	园林园艺专业	以职业为导向，以能力为本位，以任务为载体。 按照园林技术专业职业核心能力（即园林设计能力、园林植物生产与养护能力、园林工程施工与组织管理能力）进行构思。 以"模块＋任务驱动"的方式设置课程教学，"三段式"安排教学：专业认知学习、单项技能训练、综合技能训练。 实现质量管理的5个转变：在管理理念上，由监控向自控转变；在管理内容上，由各个单项管理向全面管理转变；在管理手段上，由主要依靠行政性教学检查向行政检查与专业性评估相结合转变；在管理方式上，由以过程管理为主向包括源头、过程和结果的全过程管理转变；在管理主体上，由学院自我管理为主向学院自我管理与社会管理相结合转变。 主要途径：以职业能力为切入点，构建新的课程体系；以典型工作任务为载体，推进教学内容和方法的改革；挖掘各类优势资源，建立与企业生产对接的实训基地；以专业带头人为核心，培养一支"双师"结构的优质教学团队；以教学质量工程为抓手，建立"三方参与"的教学质量保障与监控体系。

序号	篇名	作者单位	发表时间	影响值	涉及方面	纲要及主要论述选摘
11	高职园林技术专业"1＋1＋1"工学结合人才培养模式研究	苏州农业职业技术学院	2009 - 09 - 10	1.358 888	园林园艺专业	"产学研合作平台"5 大部分组成：一是以"教学＋生产＋科研"为结合点，构建相城科技园生产性实习基地；二是以承接对外设计项目为窗口，做特做强苏农园林景观设计中心；三是以园林施工项目为载体，与苏农园艺景观有限公司合作建立动态的园林教学工场；四是以校企合作"嘉汉冠名班"为突破口，组建一批合作紧密、双赢共管的校外实训基地；五是以苏州得天独厚的地域为优势，打造全国一流的"苏州园林综合实训基地及实践教学交流平台"
12	以科普文化平台为载体强化品牌专业的内涵建设——以苏州农业职业技术学院园艺技术专业为例	苏州农业职业技术学院	2017 - 02 - 10	1.346 312	园林园艺专业	1. 科普文化平台是品牌专业建设的重要组成部分 （1）科普文化平台是品牌专业人才培养的重要途径。（2）科普文化平台是品牌专业文化建设的重要载体。 2. 依据品牌专业文化特点建设科普文化平台的策略 （1）挖掘品牌专业文化的内涵：主要包括 4 个层面。（2）明确科普文化平台的建设点。（3）组织师生共同搭建平台。（4）寻找平台建设的内外保障。（5）加强平台日常运行管理。 3. 科普文化平台对品牌专业内涵的提升作用 （1）参与科普文化平台建设，提升师生专业实践技能。（2）参与科普文化平台建设，提升师生创新创业能力。（3）以科普文化平台为桥梁，促进政、行、校、企合作交流。（4）开展科普文化宣传，提升品牌专业影响力

（续）

序号	篇名	作者单位	发表时间	影响值	涉及方面	纲要及主要论述选摘
13	农科教融合培养都市园艺人才的探索与实践	金陵科技学院	2012 – 11 – 01	1.269 670	园林园艺专业	1. 农科教融合，培养都市园艺人才的实践探索 （1）农教科融合，坚定学生的专业思想。（2）农教科融合，建设"双师型"师资队伍。（3）农教科融合，设置富有特色的园艺专业课程体系。（4）农教科融合，创新实践平台建设新机制。（5）农教科融合培养都市园艺人才的成效。 2. 存在的问题 （1）缺乏有效的管理机制。（2）农业成果的转化率低。 3. 加强农科教融合培养都市园艺人才的建议 （1）出台相关政策，加强政府的引导作用和农科教主体方的责任意识。（2）改革考核机制，提高农业科技成果转化率。（3）实现优势互补，建立技术创新和人才培养平台
14	园艺园林类高职在校大学生创业现状调查及对策研究——以苏州农业职业技术学院为例	苏州农业职业技术学院	2011 – 12 – 10	1.169 580	园林园艺专业	（1）调查方法及样本的基本情况。 （2）当前园艺园林类高职生创业现状研究结论分析。①具有一定创业意识，但缺乏主动性。②学生创业能力、基本技能和实际参与能力方面还有待提高。 （3）开展创业教育的对策建议。①树立大学生中创业教育的理念，加强学生创业意志的培养。②加强对教师的创业教育培训，建立一支高素质的创业教育师资队伍。③加强大学生创业实践活动，推进创业教育组织建设

（续）

序号	篇名	作者单位	发表时间	影响值	涉及方面	纲要及主要论述选摘
15	高职园林工程专业人才培养目标和教学改革探讨——以成都农业科技职业学院园林工程技术专业为例	成都农业科技职业学院	2011 - 07 - 25	1.126 117	园林园艺专业	（1）成都农业科技职业学院园林工程技术专业的历史沿革。 （2）高职园林工程技术专业人才培养存在的问题：①教学模式跟不上时代发展的需要。②高职园林工程技术专业课程设置的不合理性。③软件硬件设施跟不上。 （3）园林工程技术专业人才培养目标和规格的定位：①专业方向、职业岗位群与典型工作任务分析。②园林工程技术专业人才培养目标。 （4）园林工程技术专业教学改革的探讨。①依据人才培养"四条"能力主线构建园林工程技术专业课程框架体系。理论教学体系：公共课模块，专业课以"四条能力"主线构建课程体系，专题讲座。以"四条能力"主线构建专业方向课程的实践教学体系。②不断改革教学方法和教学手段。教学方法与手段灵活多样，突出培养学生专业实践技能。教学手段的现代化。③改善高职园林工程技术专业的实验实训条件。加强校内实训基地建设。建立稳定的校外教学实习基地
16	以都市应用为目标的园艺专业人才培养模式探索	集宁师范学院	2017 - 01 - 21	1.075 831	园林园艺专业	学校本着"需求导向、能力为本、应用为先、重在创新"的人才培养理念，着力构建以实践过程为导向的专业化技能训练的实践教学体系。 （1）核心课程、核心技能的设置与培养方式。 （2）建立优秀的都市园艺师资队伍培养体系。 （3）建设校内外实践基地，搭建创新和创业教育平台

（续）

序号	篇名	作者单位	发表时间	影响值	涉及方面	纲要及主要论述选摘
17	以科技项目为载体，培养都市农业创新型园艺人才	金陵科技学院	2013-01-26	1.028 113	园林园艺专业	（1）都市农业创新型园艺人才培养目标与规格。基本技能扎实、操作技能多样；技术知识面宽，具有较强的组织能力。 （2）培养都市农业创新型园艺人才的实践。①以教师的科技项目为载体，培养学生的创新能力。②以学生的科技创新立项为平台，培养学生的创新能力。③以毕业设计（论文）为抓手，培养学生的创新能力。④以科技项目为载体，培养都市农业创新型园艺人才的成效

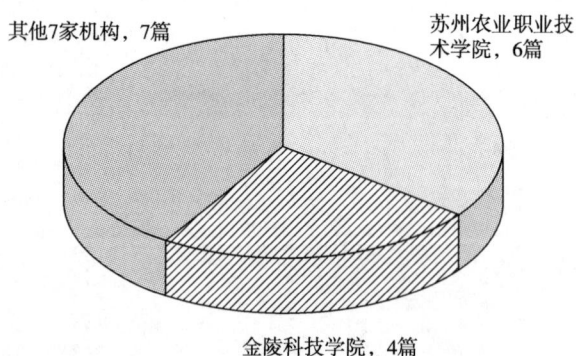

图 3-5　有关"园林园艺类"专业高影响值专题文献的作者机构发文量分布

　　6篇以苏州农业职业技术学院为作者机构发表的文献，涉及园林园艺类专业方面的主要理论和经验、典型做法依发表时间先后提炼如下。

　　2009年，对高职园林技术专业"1＋1＋1"工学结合人才培养模式进行总结研究：以职业为导向，以能力为本位，以任务为载体。按照园林技术专业职业核心能力（即园林设计能力、园林植物生产与养护能力、园林工程施工与组织管理能力）进行构思。以"模块＋任务驱动"的方式设置课程教学，"三段式"安排教学：专业认知学习、单项技能训练、综合技能训练。实现质量管理的5个转变。主要途径：以职业能力为切入点，构建新的课程体系；以典型工作任务为载体，推进教学内容和方法的改革；挖掘各类优势资源，建立与企业生产对接的实训基地，形成"产学研合作平台"；以专业带头人为核心，培养一支"双师"结构的优质教学团队;以教学质量工程为抓手,建立"三方参与"的教学质量保障与监控体系。

2011年,对园艺园林类高职在校大学生创业现状进行调查及对策研究。①对园艺园林类高职生创业现状研究结论分析。具有一定创业意识,但缺乏主动性;学生创业能力、基本技能和实际参与能力方面还有待提高。②开展创业教育的对策建议。树立大学生中创业教育的理念,加强学生创业意志的培养。第一,加强大学生创业意识的培养,帮助他们逐步认识创业道路的多样性,更深一步了解创业的内涵,从而使学生主动自觉地参加学校的创业实践活动,配合学校的创业教育。第二,加强学生创业心理品质的培养。第三,树立大学生创业典型,增强舆论宣传的生动性。加强对教师的创业教育培训,建立一支高素质的创业教育师资队伍。实施了学生创业导师制,即"导师+项目+团队"模式。加强大学生创业实践活动,推进创业教育组织建设。首先,搭建社团活动平台,构建项目化管理模式。其次,开展创业实践的社会调研。最后,建立大学生校内外创业实践基地。

2012年,总结了园林测量课程项目化教学的实践。园林测量课程是高职园林专业的一门操作性很强的专业基础课。按照"理论以够用为度,强化操作技能训练"的高职教育理念和"实际、实用、实践"的教学原则。采用基于工作过程的项目化教学法,以工作过程为导向,以真实工作任务为驱动开展教学,注重培养学生的职业综合能力。①项目化教学任务确定:按照项目选取的"实践性""启发性""典型性"和"目的性"特征,依据园林专业的人才培养方案,确定了园林测量课程典型项目任务,创设出相应的教学内容,自编了讲义。拓展为"地形图使用、测绘、测设"三大任务。②项目化教学过程设计:教学准备;情境创设,通过"教、学、做、评"一体化的教学完成学习任务;项目实施,项目任务的实施过程就是任务完成过程,也是学生获取知识与技能,培养学生学习能力的过程。在具体实施过程中,依托校园测区,教、学、做、评4个环节层层相扣、交互进行,形成一个有机整体。③实施效果:可以及时更新教学内容,保证了现代测绘新技术在教学上的应用,实现了教学内容的先进性和实用性。既发挥了教师的主导作用,又体现了学生的主体作用,充分展示了现代职业教育"以能力为本"的价值取向,使课堂教学的质量得到大幅度提高。

2013年,系统总结了高职园艺技术专业"六园一体"校内生产性实训基地建设的探索与实践:①构建"六园一体"校内生产性实训基地的内涵,逐步形成了融实训、创业、职业培训鉴定、科研开发、技术推广和生产经营六大功能于一体,具有鲜明高职特色的"六园一体"校内生产性实训基地。包括学生实训园、学生创业园、职业培训鉴定园、科研开发园、技术推广园、生产经营园。②构建"六园一体"校内生产性实训基地的意义：培养学生职业综合素质的载体，推进教学改革与创新的平台，提升教师"双师"素质的抓手，维系校企合作的纽带，实现"零距离"就业的桥梁，拓展社会服务功能的窗口。③构建"六园一体"校内生产性实训基地的具体模式：学校主导模式，校内生产性实训基地主要有校办企业型、技术服务型、创业孵化型3种形式；企业主导模式，企业经营型、企业资助型；共建共享模式，校企合作型、校企合资型。按照搭建1个平台（校内生产性实训基地平台）、强化6项功能（实训、创业、职业培训鉴定、科研开发、技术推广、生产经营）、实现2个目标（高素质技能型园艺人才的培养和创新科技为农服务）的建设思路，以项目为载体，以任务为驱动，以真实产品为目标，以"基地建设企业化"和"实践教学生产化"为要求，对园艺技术专业"六园一体"校内生产性实训基地建设模式进行了有益的探索。④构建"六园一体"校内生产性实训基地的经验：必须强化校企共建。在基地建设模式上要加强与企业的深度共建。在基地建设目标上要加强与企业的深度沟通。在基地管理上要加强与企业的深度对接。在基地技术革新上要加强与企业的深度合作。在利益分配上要加强与企业的深度共赢。必须强化功能拓展。必须强化"双师"队伍建设。必须强化实训项目创新。必须加强校外生产性实训基地的建设。

2015年，总结了"双线四段、筑园塑人"人才培养模式的创新与实践。以岗位能力和执业证书的获取作为衡量和评价学生的重要标准。强调学生职业行动能力——专业能力、方法能力和社会能力的综合培养。岗位工作活动过程，以岗位能力分析为依据，以岗位工作任务为载体，通过教学过程分析，完成素质、能力、知识的解构与重构设计。"双线"是指园林类专业人才培养过程中，"文化育人"和"技术育人"双线并举，素质教育和专业教育融为一体。"四段"（"1+1+0.5+0.5"）是指：第一阶段借鉴苏州园林，传承"文化筑园"；第二阶段借助计算机"虚拟筑园"，强化单项技能训练；第三阶段校内实训工场"仿真筑园"，突出综合专业技能培养；第四阶段顶岗实习，师生全程参与联盟企业真实项目进行"实战筑园"，培养岗位职业能力和创业能力。"筑园塑人"模式成为"现代学徒制"的教学典范。

2017年，以苏州农业职业技术学院园艺技术专业为例，总结了以科普文化平台为载体强化品牌专业的内涵建设。①科普文化平台是品牌专业建设的重要组成部分，是品牌专业人才培养的重要途径，是品牌专业文化建设的重要载体。②依据品牌专业文化特点建设科普文化平台的策略：挖掘品牌专业文化的内涵，明确了苏农园艺技术专业的文化内涵主要包括4个层面，即苏南农耕文化、苏州吴侬文化、苏农学院文化及园艺"一枝花"特色；明确科普文化平台的建设点，要根据专业文化内涵，要结合地方文化经济，找出最能吸引大众参与的科普热点，苏州市茶文化推广中心、相城园艺中心科普教育基地、苏州市昆虫科普馆；组织师生共同搭建平台，要组织师生共同参与平台的建设，将科普平台的建设与学生专业学习过程相融合，通过参与平台设计、展品制作等活动，锻炼师生的专业实践技能和创新能力；寻找平台建设的内外保障，和品牌专业的实训资源建设相结合，这是平台建设得以开展最重要的内部基础和保障；加强平台日常运行管理，首先要有经费保障，其次要由师生合作管理。③科普文化平台对品牌专业内涵的提升作用：参与科普文化平台建设，提升师生专业实践技能；参与科普文化平台建设，提升师生创新创业能力；以科普文化平台为桥梁，促进政、行、校、企合作交流；开展科普文化宣传，提升品牌专业影响力。

4 篇以金陵科技学院为作者机构发表的文献，涉及"园林园艺类"专业方面的主要理论和经验、典型做法依发表时间先后提炼如下。

2010 年，总结了为都市农业培养创业型园艺人才的实践与思考。①创业型园艺人才培养实践。创业意识的培养：注重专业教育，培养创业兴趣；结合成功创业案例，进行职业生涯规划；组织学生积极参加与创业有关的省内外各项活动。创业能力的锻炼：加强实践教学，在教学环节中加入创业需要的内容；组织班级、社团等开展模拟创业实践活动；开展就业指导、社会实践、问卷走访、参与教师课题等多途径的创业培训；在学生日常教育管理中加强综合能力培养。创业人格的塑造。②都市农业的发展对创业型人才教育体系提出了新的要求：创业型人才培养需要建立创业教育课程；创业型人才培养需要建立创业实习基地。

2011 年，以金陵科技学院为例系统总结了都市型现代农业园艺人才培养的探索与实践。①制定适应都市型农业园艺人才的培养方案：园艺专业人才培养方案构建了"3 大平台、4 个模块、4 大基地"相结合的人才培养模式。3 大平台，公共—通识教育平台、学科类群—基础教育平台和专业特色—扩展教育平台；4 个模块，课程实践、专业实践、职业技能和素质拓展；4 大基地，校内外教学实践基地、校内外创新创业基地、校内外职业技能训练及考核基地和新农村建设研究基地。体现了"需求导向，能力为本、知行合一、重在创新"的人才培养理念。②设置富有特色的园艺专业课程体系：设置了由公共课、专业基础课、专业核心课、专业拓展课组成的 4 个课程平台和都市园艺、观赏园艺、园艺产品安全管理与检测、种苗工程 4 个专业方向构成的课程体系。按 4 个专业方向分别设置了 4 个学分的相应专业综合实践，进行仿真实践教学，同时设置了《中高级工职业技能鉴定》课程，培养学生从事园艺技术专业职业岗位的工作能力。③建立优秀的师资队伍，培养"双证"应用型人才。师资队伍的建立。主要是围绕园艺作物的新品种引进示范推广及新技术集成示范推广，培养了一支符合现代农业职业素能教学要求的园艺师资队伍。"双证"应用型人才的培养。培养了拥有学历证书和国家职业资格证书的"双证"现代农业应用型人才。将国家职业素能的要求内化到人才培养方案中。④建设校内外实践基地,构建"三结合"的实践教学体系。校内外实践基地的建设以及"三结合"实践教学体系的构建。按照专业认知实践→专业实践→课外创新+创业训练+"三农"服务训练→科研训练→毕业论文→毕业实习(专业顶岗实习)的流程,构建了实验与实习结合,校内基地与田间结合,为"三农"服务与专业实践教学结合的"三结合"实践教学体系。通过开设专业基础实验课进行专业认知实践;通过开设专业实训课及适当的专业见习、短期实习进行专业技能实践;通过在校内外实践基地安排适当的专业见习和协议实习进行课外创新及创业训练;通过专业教师和基地外聘专家指导学生参加顶岗工作,在企业及校外合作就业基地完成毕业实习及毕业设计;实践效果,注意把专业实践教学与为"三农"服务相结合。⑤搭建学生创新、创业教育平台。利用校内园艺实验站作为学生的创新实践基地,专门建设了学生创新实验室。

2012 年,总结了农科教融合、产学研合作培养都市园艺人才的探索与实践。①农科教融合,培养都市园艺人才的实践探索。农教科融合,坚定学生的专业思想,坚持把校地、县(市、区)农科教融合建立的试验、示范、开发基地作为学生社会实践重要的校外基地,对坚定学生专业思想,起到了重要的作用。农教科融合,建设"双师型"师资队伍。"农民下定菜单,区县教育局汇总单,园艺专业老师接菜单,政府埋单"是金陵科技学院走农科教融合,服务"三农"的有效途径。一是实施新教师过生产实践制度;二是实施青年教师定向挂职锻炼制度;三是聘任一批长期在生产一线的高级技术人员作为技术顾问。农教科融合,设置富有特色的园艺专业课程体系。由公共课、专业基础课、专业核心课、专业拓展课组成的 4 个"课程"平台和都市园艺、观赏园艺、园艺产品安全管理与检测、种苗工程 4 个专业方向构成的课程体系。按 4 个专业方向分别设置了 4 个学分的相应专业综合实践。农教科融合,创新实践平台建设新机制。逐步建设 5 个核心校外实习基地,10 个重点校外实习基地;合作建设满足教学、科研、技术培训需要的工作平台和生活设施平台。通过农科教融合的校外基地开展教学实习,强化学生的综合素质教育。毕业生产实习转变为"科学探索型"和"能动的实践求知型"。农教科融合培养都市园艺人才的成效。使园艺专业教师的科学研究步入了项目、经费、研究、成果、转化、效益良性循环的轨道,也为都市园艺人才的培养提供了稳定的平台。②存在的问题。缺乏有效的管理机制;农业成果的转化率低。③加强农科教融合培养都市园艺人才的建议。出台相关政策,加强政府的引导作用和农科教主体方的责任意识;改革考核机制,提高农业科技成果转化率;实现优势互补,建立技术创新和人才培养平台。首先，建立开放式的技术创新和人才培养。同时，利用农业高校的技术和教育资源，为农业企业和行业培养更多高层次的人才。其次，必须切实加强农业科技自主创新工作。

2013年，探讨了以科技项目为载体，对都市农业创新型园艺人才的培养。①都市农业创新型园艺人才培养目标与规格。基本技能扎实、操作技能多样；技术知识面宽，具有较强的组织能力。培养目标：现场性、操作性、创新性、衔接性和地方性。人才规格：具有以专业知识为核心，以工具知识和相关知识为两翼，形成完整的、均衡发展的、高度开放的知识结构体系。②培养都市农业创新型园艺人才的实践。以教师的科技项目为载体，学生深度介入（承担项目的部分任务）；对有过项目参与经历的同学，鼓励其积极申请校、省级大学生科技立项；学生的毕业设计（论文）深度结合教师的科研项目；鼓励学生发表论文和申报专利。以教师的科技项目为载体，培养学生的创新能力。项目实施的过程中，能积极吸收学生深度参与，并在该过程中进一步了解社会需求，零距离接触前沿农业科技。以学生的科技创新立项为平台，培养学生的创新能力。学校在江苏省大学生科技创新训练项目的基础上，设置各类创新课题。以毕业设计（论文）为抓手，培养学生的创新能力。要求学生的毕业设计（论文）的研究内容以成功申请的实践创新立项为载体，或深度参与教师的科研项目（承担项目部分工作）。以科技项目为载体，培养都市农业创新型园艺人才的成效。学生广泛参与老师的在研课题，学生的创新能力、专项技能、专业结构综合能力和特定专业领域能力均全面提升。

对其他机构发表的文献提炼如下。

2010年，韶关学院分析了都市园艺及其人才需求。①都市园艺的特征：布局上具有插花型和镶嵌性的特点；设施化程度高；生产集约化、洁净化；管理与生产技术科技、信息化水平高；产业化，功能多，创收收入渠道广；形态具有多样性。②都市园艺的主要类型：生产型园艺；旅游休闲型园艺，常见模式有传统农艺模式、乡村文化利用模式、科技科普模式、旅游休闲观光模式（观光园艺、乡村牧场、民俗民宿等）。③我国都市园艺潜在市场与人才需求分析。都市园艺潜在市场：盆栽蔬菜、香草、花卉；植物医院；高档蔬菜连锁销售；家庭园艺资材店；家庭园艺；针对都市人的小块土地租种与托管业务。都市园艺人才需求分析：专业人才需求空间巨大。

2011年，北京农业职业学院对农业职业院校"植物生长周期循环"人才培养模式进行探索与实践。①"植物生长周期循环"人才培养模式建设思路。社会调研，确定目标。需求胜任园艺行业生产、管理、经营、技术推广等岗位工作的技能型专门人才。分析岗位，确定企业人才技能需求。确定了13种岗位核心技能。以农业生产过程为导向，创建人才培养模式。核心技能转化为学习领域课程的基础上，准确把握农业生产与农业职业教育的结合点——农业生产过程即是教学工作过程。结合农业生产周期性、季节性特点，从课程设置到教学安排，始终保持教学活动与园艺植物生长周期同步。亲自参与园艺植物从春天到冬天，从苗期到休眠期两个完整的生产过程，形成了"植物生长周期循环"人才培养模式。②"植物生长周期循环"人才培养模式内涵。"植物生长周期循环"人才培养模式是以工作过程为导向，以植物生长发育规律为依据，围绕植物生长物候期组织教学活动，先进行植物单项技能训练，再进行代表植物生产全程管理的综合技能训练，完成双循环人才培养过程。将教学安排分成4个阶段：第一阶段即第一学期，为循环准备期，在学习计算机、英语等通识课程的同时，通过校内外实训基地及都市农业企业，进行认知实践，完成对都市农业的感性认识；第二阶段，即第二、第三学期，专项技能训练阶段，主要依托校内实训基地，完成苗期到休眠期的第一循环教学；第三阶段，即第四、第五学期，依托校内外合作企业，对园艺植物进行轮职顶岗管理，进行综合技能的训练，完成周年管理，并同时进行职业技能拓展能力的培养，包括组织培养与园艺产品销售，进而实现第二循环的培养；第四阶段，即第六学期，合作企业顶岗实习，在真实的工作岗位进行职业能力演练，实现应职岗位的综合能力的培养。③"植物生长周期循环"人才培养模式运行特色。打破学期界限，实施循环、柔性化教学安排。柔性化教学安排的具体做法是打破1学期排1次课，一上到底的做法，由专业人士负责每4周排课1次，在此基础上，采取总学时控制，根据植物物候期变化、学习内容和工作岗位的需要，每周进行适当调整和安排实施，每门课程的安排打破两节课束缚，以半天为单位，充分体现物候期与园艺植物管理关键技能紧密结合，学生的学习内容与农业生产工作实际紧密结合的特点。突破传统，构建花、果、菜一体教学内容。伴随园艺植物生长周期，将果树、花卉与蔬菜等传统学科中的相似相同内容整合到一门课程当中。采用团队教学方式，保证人才培养方案的实施。核心课程教学均采用了团队授课方式，各课程的教学团队构成主要考虑3个方面的因素：一是专长组合；二是主辅结合；三是专兼结合。尝试多种教学方法，实现学生的主体地位。贯彻能力本位的教育教学思想，贯彻启发式教学原则，建立了以实操评价为主，以理论评价为辅；以过程性评价为主，以结果性评价为辅；以企业综合评价为主，以单项技能评价为辅；以教师点评为主，以学生互评、自评为辅的"四主""四辅"学生考核与评价体系。

2011年，仲恺农业工程学院对我国南方园艺专业复合型人才培养模式进行改革研究。①复合应用型人才培养的基本思路。复合应用型人才的培养类型是立足与为区域经济服务的技术管理应用型。通过构建特色突出的园艺专业人才培养模式，培养具有自我学习能力、自我完善能力、团队协作精神和拼搏精神、能够适应社会、有一定专业特长、综合素质高的人才。②复合应用型人才培养的主要措施。课程体系的设置,按照通识课程平台、学科基础课程平台、专业课程平台、实践教学平台设置。在平台内构建课程群,加强实践教学,致力突出专业特色。在保留传统的园艺学科知识的基础上,夯实了园艺专业基础,加强了园艺产业经营与管理、景观园艺(绿化施工养护)、休闲园艺、热带亚热带园艺等知识与能力的培养,突出了南方园艺专业特色。培养模式的设置,在人才培养模式上实行考研和就业两个模式。就业模式培养目标上实行订单式培养模式,实行"3+0.5+0.5"学制模式。专业特色的选择,专业特色定位在南方热带南亚热带都市园艺和产业化园艺,培养复合应用型人才。教学方法的改革,通过构建教学网络平台,实现教学方法的转变,促进自主学习、互动学习,提高教学质量和教学效率。所有专业教师均是本科学生导师。实践教学模式的设置,注重实践教学,创新能力培养与通识教育相结合,强化培养学生动手能力和创新能力。

2011 年,成都农业科技职业学院对高职园林工程专业人才培养目标和教学改革进行探讨。①高职园林工程技术专业人才培养存在的问题。教学模式跟不上时代发展的需要。高职园林工程技术专业课程设置存在不合理性。承袭本科院校的教学模式,未体现出专业教育的实践性、应用性和地方性特色。软件硬件设施跟不上。②园林工程技术专业人才培养目标和规格的定位。园林工程技术专业人才培养目标。培养德、智、体、美全面发展,适应社会竞争需求,以"四条能力"主线为核心,能从事园林工程规划设计、园林工程施工、园林工程项目管理、园林植物栽植与养护的应用型高级技术人才。③园林工程技术专业教学改革的探讨。依据人才培养"四条"能力主线构建园林工程技术专业课程框架体系。以"四条能力"主线构建专业方向课程的实践教学体系。一是专业课除应有的基本技能训练、实验等内容外,每门课程还均设有 0.4～1.0 周的教学实习;二是以"四条能力"主线构建专业方向模块,要求学生在第五学期选 2 个专业方向进行学习;三是岗位技能鉴定实训模块,包括园林绿化施工员、预算员、资料员、安全员等岗位技能的培训等;四是实践教学体系中包括 16 周毕业实习、4 周的岗位见习(第四学期暑期进行)、4 周毕业设计、1 周毕业答辩。不断改革教学方法和教学手段。首先是教学方法与手段灵活多样,突出培养学生专业实践技能。通过设计综合性实训,以培养学生"四条"能力为核心,突出技能训练,强化实践教学环节。其次是教学手段的现代化,传授给学生最新的知识和科研成果,为学生提供信息量大而且具体生动的教学信息,提高课堂教学效率。改善高职园林工程技术专业的实验实训条件。形成了学校—实训场—学校—企业—学校—企业的教学三循环过程。既加强校内实训基地建设,又要建立稳定的校外教学实习基地。

2013年，湖州职业技术学院提出高职创新创业人才培养要向绿色职教转型理念。在高职创新创业人才培养上提出了向绿色职教转型的理念。长三角大中城市将农业发展定位于现代生态型都市农业。学校提出了绿色内涵的专业培养目标，包括：产品的绿色设计、生产、经营目标以及专业基础、企业经营、创新创业的理论基础、综合素质目标等的绿色内涵，并建构以绿色内涵为导向的创新创业教学模式。

2015年，沈阳农业大学总结了园艺专业创新型人才培养模式研究与实践。①园艺专业创新型人才培养模式。充分发挥专业特色和学科优势，改革教学组织方式和教学方法，改革课程、学业评价考核方法，注重对大学生综合素质、实践能力和创新能力的培养，将素质教育、创新教育贯穿于教学全过程，使大学生具有较强的科学研究能力、实践技能和创新精神，促进大学生的全面发展。②园艺专业创新型人才培养存在的主要问题：专业人才培养模式趋同与流俗，课程设置缺乏系统性和综合性，亟待提高实践教学质量与水平，单一、死板的教学模式与方法，缺失健全的考核制度和激励机制。③创新园艺专业创新型人才培养模式。设立研究创新型人才培养方向。在现有的果树、蔬菜和观赏园艺3个方向的基础上，增设研究创新型方向。全面修订培养计划和教学大纲。按照厚基础、精专业、高素质、强能力、创新型的专业创新人才培养目标，重新修订培养计划，完善教学大纲。增强对实践教学的重视，增设综合实验类课程。引入导师制形成个性化培养方案。积极参与大学生创新创业项目。改革创新教学模式与教学方法。积极探索实施研究性教学、讨论课、项目教学，加重教学研究的分量或比重，一方面引导大学生采用自主探索式学习方式，另一方面以自主、探究、合作为前提开展教学讨论。实施项目教学方法，在教师的悉心指导下，将一些相对独立的研究项目交给大学生独立完成。全面加强实验实践条件建设。园艺学院成立了园艺学实验教学中心，下设6个本科教学平台实验室和20个创新实验室，建有沈阳农业大学唯一的校内"实践教学示范基地"。积极推进国际交流与合作。

2017年，集宁师范学院进行了以都市应用为目标的园艺专业人才培养模式探索。学校本着"需求导向、能力为本、应用为先、重在创新"的人才培养理念，着力构建以实践过程为导向的专业化技能训练的实践教学体系。学校园艺专业的培养方向与重心需向都市应用型这一目标进行有针对性的调整。①核心课程、核心技能的设置与培养方式。以人才市场需求为导向，进行园艺专业的核心课程设置。有针对性地进行核心技能培训，尽可能地提高课堂实践教学比重。突出一切以社会需求为本，注重素质教育和专业能力培养，着重于能力培养：改革园艺专业教学培养方案，精简理论课，大幅提高实践教学比例。都市园艺专业人才培养体现了以市场需求为导向，以个人能力建设为依托的人才培养理念。②建立优秀的都市园艺师资队伍培养体系。坚持高等学历教育和职业素能教育的有机结合，要求每位专业课教师应该具有"双师型"证书。要通过组织产学研合作、到企业挂职、外出研修等形式，增强现有教师的专业实践能力，同时还要组织引进一定比例的企业高水平应用型人才到高校任职或兼职，优化师资队伍结构。③建设校内外实践基地，搭建创新和创业教育平台。园艺专业学生的毕业设计和毕业实习通过学院专业指导教师和企业专业技术人员指导学生参加顶岗工作，在校外合作企业基地中完成。

3.3.3 "都市农业职业教育"设施农业类专业专题文献选摘及要点分析

17 篇有关设施农业类专业专题文献中，安徽农业大学有 3 篇，黑龙江农业工程职业学院有 2 篇，其他单位共 12 篇。安徽农业大学和黑龙江农业工程职业学院较为活跃（图 3-6、表 3-6）。

表 3-6 有关"设施农业类"专业高影响值专题文献纲要及主要论述选摘（按单篇影响值从大到小排序）

序号	篇名	作者单位	发表时间	影响值	涉及方面	纲要及主要论述选摘
1	构建以技术专业能力为本位的项目课程体系	黑龙江农业工程职业学院	2008-06-05	2.658 527	设施农业技术专业教育教学	以技术专业能力为本位项目课程体系。 以具体化的工作项目（行动化的学习项目）为载体，融知识、能力、素质为一体，融技能、态度和情感为一体。做到教学过程与工作过程的结合，学生心理过程与行动过程的一体，达到"教、学、做"合一。构建了能力本位的项目课程体系；以工作过程为导向，开发与设计项目式课程，实现课程结构模块化、课程内容综合化、课程实施一体化。 共同开发课程标准、教学课件、试题库、教学素材库等。建设设施农业技术专业教学资源库。 进行职业岗位能力分析，确定课程体系构建思路与步骤，以 CBE. DACUM 职业岗位分析程序为指导，分析职业岗位能力结构；项目课程体系构建，开展

（续）

序号	篇名	作者单位	发表时间	影响值	涉及方面	纲要及主要论述选摘
1	构建以技术专业能力为本位的项目课程体系	黑龙江农业工程职业学院	2008-06-05	2.658 527	设施农业技术专业教育教学	岗位需求和毕业生跟踪调研，确定了251个能力要素，23个能力项目，4个能力模块，即基本素质模块、基本能力模块、核心能力模块和拓展能力模块；以工作过程为导向，开发与设计项目式课程，即以植物的生产过程为导向开发设计课程；校企合作建设工学结合优质专业核心课程，实施主体、教学过程、教学场所三方面课程实施一体化；开发适用于项目式课程教学的一体化教材，确定主要能力项目，每个能力项目包含的若干知识点和技能点。 按照合作教育理论和建构主义教育理论、行动体系教学观和课程观，设计与"1221"能力递进式工学交替人才培养模式相适应的课程体系框架
2	设施园艺产业发展与人才培养	西北农林科技大学	2007-01-15	2.450 347	设施农业技术专业人才培养	（1）设施园艺产业发展现状。（2）中国设施园艺发展存在的主要问题。（3）产生这些问题的原因及对策。（4）新专业的创建及人才培养方案。新专业的办学思路与人才培养模式确定为以环境控制为核心，以农业工程为手段，以生物技术应用为目的的"三位一体"人才培养模式。（5）新专业创建的效果与探讨。新专业的创建符合国家人才战略和产业发展的趋势。新专业的创建，适应中国现代农业发展的要求，完善了高等教育的学科专业体系。新专业人才的培养，促进了中国设施园艺产业的发展，有利于"三农"问题的解决。新专业人才培养模式得到了全国主要农业高校同行和温室企业的肯定

（续）

序号	篇名	作者单位	发表时间	影响值	涉及方面	纲要及主要论述选摘
3	设施农业科学与工程专业建设的探索与实践	安徽农业大学	2009 - 11 - 01	2.448 837	设施农业技术专业教育教学	（1）设施农业科学与工程专业的发展现状。 （2）设施农业科学与工程专业建设的目标：注重进行"双创型人才"的培养。 （3）设施农业科学与工程专业建设的内容。①更新办学理念和专业建设观念。②建立明确的培养目标和科学合理的培养方案。③加强师资队伍建设与基本办学条件建设。④开展课程和教材建设。⑤加强教学管理。⑥强化实践性教学。 （4）加强专业建设的主要措施。①明确办学定位。②抓好专业的总体发展规划。③正确认识和处理专业建设与学科建设的关系
4	高职设施农业技术专业实施工学结合、联合培养模式的实践探索	黑龙江农业工程职业学院	2008 - 01 - 11	2.208 285	设施农业技术专业人才培养	实施"3+2+1"模式，缩短学生上岗距离；采用项目教学法，提高学生专业实践能力；按照岗位需求，构建课程体系课程体系；实行"双证融通"制度，增强学生就业能力。 构建以贯穿一条主线、促进两个融合、坚持三个结合、培养五项专业核心能力为目标，突出学生职业能力和职业素质的培养。"3"，即第一、第二、第三学期，学生在校内学习基础课和专业技术课，依托校内实习实训基地掌握专业基础理论和有关专业技能；"2"，即第四、第五学期学生全部进驻哈尔滨市农业科学院，一边继续完成4门专业课程的学习，一边进行生产性实习，直接参与生产活动；"1"，即第六学期结合学生毕业实习和毕业设计，安排学生提前进入相关企业顶岗工作，增强就业能力，缩短上岗距离，专业综合能力

（续）

序号	篇名	作者单位	发表时间	影响值	涉及方面	纲要及主要论述选摘
4	高职设施农业技术专业实施工学结合、联合培养模式的实践探索	黑龙江农业工程职业学院	2008 - 01 - 11	2.208 285	设施农业技术专业人才培养	一条主线——以专业实用技能和职业道德培养为主线；两个融合——理论教学融合到实践教学中、职业素质培养融合到教学活动中；三个结合——教学与生产相结合、教学与科研相结合、学校与企业相结合；五项专业核心能力——农业设施设计与建造能力，设施园艺作物栽培能力，农业设施经营与管理能力，农产品贮藏、保鲜加工能力，自主创业能力
5	设施农业科学与工程专业人才培养模式研究与实践	河北农业大学	2007 - 12 - 15	2.116 218	设施农业技术专业人才培养	（1）设施农业科学与工程新专业的开设与建立。（2）设施农业科学与工程专业人才培养模式的指导思想和条件。①明确学生的培养目标。②构建合理的教学体系。③培养学生的创新能力和综合素质。④配备优秀的教师队伍。⑤教材建设；⑥教学条件建设。（3）设施农业科学与工程专业人才培养模式的基本思路。①必修课。②范围选修课，包括基础课、专业基础课和专业课3部分。③自由选修课。④实践教学。（4）设施农业科学与工程新专业人才培养模式的可行性分析
6	设施农业科学与工程专业实践教学体系的建设与改革	潍坊学院	2012 - 12 - 10	1.945 758	设施农业技术专业教育教学	1. 修订专业人才培养方案（1）增加实践教学课程在总学时中的比重。（2）注重实践教学课程的层次性渐进。（3）规范实践课程教学大纲。对其教学内容进行了补充和完善。2. 加强专业实践教学基地建设

(续)

序号	篇名	作者单位	发表时间	影响值	涉及方面	纲要及主要论述选摘
6	设施农业科学与工程专业实践教学体系的建设与改革	潍坊学院	2012-12-10	1.945 758	设施农业技术专业教育教学	（1）校内实践教学基地建设。（2）校外实践教学基地建设。①校企双方具有共同的利益。②校企双方具有优势互补性。③校企双方具有联系的纽带。④校企双方的合作态度要真诚。 3. 建立科学的实践教学效果考核评价机制 校基"双考核"的实践教学效果评价机制。（1）考核评价指标。由学校考核指标和基地考核指标两部分构成。（2）考核成绩评定方法：①学院考核成绩评定方法。②基地考核成绩评定方法
7	创新设施农业技术专业人才培养模式	包头轻工职业技术学院	2014-03-11	1.923 494	设施农业技术专业人才培养	以"职业技能培养为核心，以职业素养养成为主线，以知识教育为支撑"，构建了以"设施园艺植物生产过程和景观应用相结合"的校企全面融合的人才培养模式建设的重点内容。 1. 建设的重点内容 （1）创新人才培养模式。（2）课程体系改革与构建。①核心课程改革与建设。②教学模式创新。③教学评价的创新。④实施职业资格证书教育。⑤共享型教学资源库建设。（3）专业教学团队建设。①专业带头人培养。②骨干教师培养。③兼职教师队伍建设。（4）实践教学设计与实施。实践教学体系分4个阶段。（5）社会服务能力建设。①参与企业科研，为企业提供技术服务。②职业培训与技能鉴定。 2. 教研教改成果 学生的学习积极性普遍提高，动手能力显著增强，教学效果明显。 3. 人才质量稳步提高，社会影响日益扩大

（续）

序号	篇名	作者单位	发表时间	影响值	涉及方面	纲要及主要论述选摘
7	创新设施农业技术专业人才培养模式	包头轻工职业技术学院	2014-03-11	1.923 494	设施农业技术专业人才培养	坚持"以服务为宗旨、以就业为导向"。（1）做好就业指导，保持高水平就业率。（2）主动面向市场，服务社会能力逐渐增强。逐步形成了学历教育与各类培训并重的格局
8	创建福建地域特色设施农业科学与工程专业的思考	福建农林大学	2008-03-05	1.884 195	设施农业技术专业人才培养	（1）设施农业对现代农业的意义。（2）设施农业的迅猛发展与专业人才的相对匮乏。（3）福建地域特点与人才培养目标：高级复合型专门人才。（4）课程体系设置构想。（5）思考与建议
9	学分制下设施农业科学与工程专业课程体系建设	安徽农业大学	2010-05-10	1.799 691	设施农业技术专业教育教学	（1）设施农业科学与工程专业课程体系中存在的问题。①学科渗透性不强。②多数课程教学内容重复。③师资知识背景偏颇。④教学互动性不强。（2）学分制下建立设施农业科学与工程专业课程体系的必要性。按学年学分制模式进行改革。（3）指导思想和改革目标。①指导思想。应用型、复合型高级专门人才。②改革目标。（4）课程体系建设。①学分设置。②课程设置，总体设置，各模块课程安排，教学内容安排，实践教学。③教学方法更新。④师资力量配备。（5）人才培养结果分析
10	《都市农业装备应用技术》高职专业课程研究	北京农业职业学院	2019-11-15	1.785 718	设施农业技术专业教育教学	（1）北京都市现代农业发展概况。紧紧围绕"创新、协调、绿色、开放、共享"的发展理念和首都功能定位，强化农业生态、生活、生产、示范四大功能。

（续）

序号	篇名	作者单位	发表时间	影响值	涉及方面	纲要及主要论述选摘
10	《都市农业装备应用技术》高职专业课程研究	北京农业职业学院	2019 - 11 - 15	1.785 718	设施农业技术专业教育教学	（2）都市农业装备从业人员现状及人才市场需求分析。 （3）人才培养方案课程设置目标。 （4）《都市农业装备应用技术》高职专业课程设置内容。共设42门课（包括选修课、实训、实习） （5）2009年开发创建了《都市农业装备应用技术》高职专业
11	设施农业科学与工程本科专业实践教学的改革与创新——以华中农业大学为例	华中农业大学	2017 - 02 - 15	1.672 794	设施农业技术专业教育教学	构建了六段式"梯阶式渐进型"实践教学体系，提高了设施农业科学与工程专业同学的实践动手能力。提出了"学科建设-专业建设-创新能力培养"三位一体的新思路，将教学和科研进行有机结合，依托园艺学科科研平台，提高了学生的科技创新能力。 1. 实践教学改革的思路 （1）构建符合设施农业科学与工程专业多学科交叉特点的实践教学体系。（2）培养和提高设施农业科学与工程专业同学实践动手能力和创新能力。 2. 实践教学改革的具体措施 （1）修订人才培养方案。（2）构建高水平教学团队。（3）改革和更新实践教学内容。（4）实践教学体系建设。（5）建设校内外实践教学基地。（6）课程和教材建设。 3. 实践教学改革的主要成效 （1）构建了设施农业科学与工程专业新的实践教学体系，提高了学生的实践动手能力。（2）提出了"学科建设-专业建设-创新能力培养"三位一体的新思路，将教学和科研有机结合，依托园艺学科科研平台，提高了学生的科技创新能力

(续)

序号	篇名	作者单位	发表时间	影响值	涉及方面	纲要及主要论述选摘
12	黑龙江农业工程职业学院"校农联合双主体"人才培养模式	不详	2010－10－10	1.532 519	设施农业技术专业人才培养	黑龙江农业工程职业学院设施农业技术专业与哈尔滨市农科院构建"校农联合双主体"人才培养模式，即"学校培养＋农科院培养＋企业顶岗实习"培养模式，双方均为育人主体，利益共享，责任共担，资源共用，人才共育，共同培养有社会责任感和较强工作技能的工厂化农业人才。 建立机制制度，确保各项工作有章可循。学校和农业科学院联合成立"校农联合培养"实施办公室、专业教学指导委员会等组织机构。 创新培养模式，确保人才培养有效开展。依据专业能力递进培养规律，按照3个阶段组织开展教学。第一阶段（第一、第二、第三学期），以学校为主体。第二阶段（第四、第五学期），以农业科学院为主体。第三阶段（第六学期），进入北大荒集团等现代农业企业进行岗位综合训练。 改革实训过程，确保学生能力得到提升。完善软件硬件，确保课程教学顺利实施
13	建设设施农业科学与工程专业的思考	天津农学院	2012－12－31	1.185 762	设施农业技术专业教育教学	1. 设施农业科学与工程专业开设的意义 （1）设施农业科学与工程专业的开设实现了农学与工学的融合。（2）服务于农业战略性新兴产业。（3）设施农业科学与工程专业的开设有利于提高农产品的安全性。（4）设施农业科学与工程专业的开设是我国农业发展的必然产物。（5）设施农业科学与工程专业的开设是适应培养现代化农业设施专业技术急需人才的需要。

（续）

序号	篇名	作者单位	发表时间	影响值	涉及方面	纲要及主要论述选摘
13	建设设施农业科学与工程专业的思考	天津农学院	2012-12-31	1.185 762	设施农业技术专业教育教学	2. 设施农业科学与工程专业建设的内容 （1）专业的定位。（2）师资队伍建设。（3）课程及教材建设。（4）实验室及基地建设。（5）教学管理建设。（6）卓越人才培养
14	高职院校种子种苗生产技术课程改革探讨	浙江同济科技职业学院	2012-06-15	1.144 068	设施农业技术专业教育教学	1. 种子种苗生产技术课程改革目标 （1）课程改革基本思路。高素质技能型人才。（2）课程改革建设目标。构建"教、学、做"一体化的教学模式。 2. 种子种苗生产技术课程改革内容 （1）教学内容改革。（2）教学方法改革。（3）教学资源建设。（4）教学团队建设。 3. 课程改革取得的效果与有待探讨的问题 （1）课程改革的效果。（2）有待探讨的问题。 4. 小结
15	设施农业科学与工程专业发展探析	安徽农业大学	2018-11-20	1.094 375	设施农业技术专业人才培养	1. 设施农业科学与工程专业的社会认知情况调研分析 （1）对专业名称的认知情况。（2）对专业学习方面的认知情况。（3）对专业发展前景与就业形势的认知情况。 2. 设施农业科学与工程专业发展建议 （1）提高设施农业科学与工程专业的社会认知度。（2）优化该专业的人才培养方案
16	引入市场机制，构建高职设施农业专业校内实践教学新模式	辽宁农业职业技术学院	2003-04-30	1.075 786	设施农业专业教育教学	能力培养是高等职业教育的核心，实践教学是培养学生能力必不可少的重要环节。

(续)

序号	篇名	作者单位	发表时间	影响值	涉及方面	纲要及主要论述选摘
16	引入市场机制，构建高职设施农业专业校内实践教学新模式	辽宁农业职业技术学院	2003-04-30	1.075 786	设施农业专业教育教学	以引入市场机制为核心，以校内实习基地为依托，以生产和科研项目为纽带，以培养学生综合职业能力和锻炼双师型师资队伍为目标，以提高办学质量和效益为导向，构建了与高职教育设施农业专业人才培养目标相适应的校内实践教学新模式。 1. 改革实践教学是实现高职设施农业专业人才培养目标的需要 在农业和农村经济发展过程中，设施农业实现了农业增长方式由传统的粗放型、低效益向现代的集约型、高效益的跨越，产业链由产中向产前、产后延伸，形成了产加销、贸工农一体化的格局。 学生中存在被动参加实践教学的心理，考试和考核成为学生参加实践教学活动的主要动力。应付实践教学、轻视技能训练、逃避实践课的现象普遍存在。 2. 校内实践教学新模式的构建 分别采取承包、入股、集资的模式，重新组合实践教学内容和过程，把实践教学项目化，将实践教学活动与基地生产、科研项目紧密结合起来。 (1) 承包经营模式：投资少、风险小的实习项目。 (2) 股份合作模式：投资大、具有一定风险的实习项目。 (3) 集资科研模式：具有可行性和社会应用前景。成立科研小组，自愿集资开展该项研究。 3. 校内实践教学新模式实施的效果 (1) 提高了学生的综合职业能力：有目标、有任务，促使学生主动学习专业知识和接受技能训练，由"技术性实践"转向"综合性实践"。

（续）

序号	篇名	作者单位	发表时间	影响值	涉及方面	纲要及主要论述选摘
16	引入市场机制，构建高职设施农业专业校内实践教学新模式	辽宁农业职业技术学院	2003 - 04 - 30	1.075 786	设施农业专业教育教学	（2）促进了双师型师资队伍的建设。 （3）改善了校内实习基地的条件。充分利用实践教学和科学研究的人才、技术和资金三大优势
17	高等职业教育设施农业专业人才培养目标和培养模式的构建	辽宁熊岳农业高等专科学校	1999 - 07 - 30	1.003 667	设施农业技术专业人才培养	培养模式的构建：以技术应用能力为培养主线，为农业生产一线某种职业或岗位（群）培养具有成熟技术和较强实践能力的毕业后就能上岗作业的高级应用型人才。 按专业应职岗位（群）的需要确定人才培养目标：培养德、智、体全面发展，适应社会主义现代化建设和市场经济发展需要，从事农业生产性建筑设计和施工、农业设施机械设备使用和维修，掌握设施农业生产技术的应用型高级农业技术人才。 人才基本规格：成为设施农业产业项目的经营者、管理者和技术员工，具有政治、人文、体育、专业全面素质。 建立以职业岗位（群）所需理论知识和技术技能为中心的课程体系：16 种主要能力模块，进一步分解出 108 个单项技能作为教学目标和内容，设置相应课程。以必须、够用和实用为原则，为实践教学服务的理论教学体系。 强化动手能力培养，突出岗位就业技能训练的实践教学体系：实验教学、专业劳动、校内专业技能训练、岗位试就业训练、岗位就业实习、社会调查、社会实践活动。 CBE（Competency Based Education）理论，借鉴 DACUM（Developing A Cur-riculum），课程计划开发方法

安徽农业大学，3篇

黑龙江农业工程
职业学院，2篇

其他12家机构，12篇

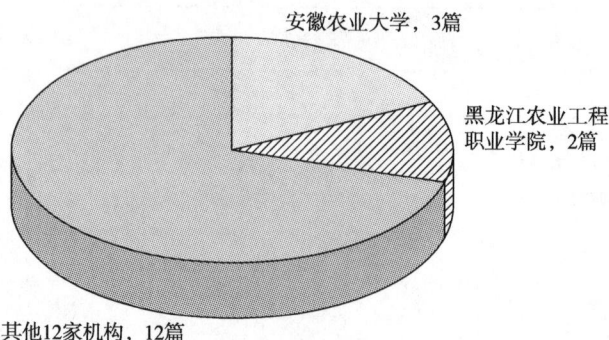

图3-6　有关"设施农业类"专业高影响值专题文献的作者机构发文量分布

　　3篇以安徽农业大学为作者机构发表的文献，涉及设施农业类专业方面的主要理论和经验、典型做法依发表时间先后提炼如下。

　　2009年，进行了设施农业科学与工程专业建设的探索与实践。①设施农业科学与工程专业建设的目标：注重进行"双创型人才"的培养。②设施农业科学与工程专业建设的内容。更新办学理念和专业建设观念。建立明确的培养目标和科学合理的培养方案。初步形成培养具备现代设施农业科学与工程的基础知识，掌握现代设施农业科学与工程的基本技能，能从事设施农业及相关领域的规划设计、产品制造、产业开发、技术推广、经营管理、教学和科研等工作，有较宽广的适应性和一定专业特长的应用型、复合型高级专门人才的业务培养目标；掌握设施农业学、设施农业工程学、设施园艺学、设施农业环境学、设施农业园区规划、无土栽培学、都市园艺以及市场营销等专业知识，树立具有农业设施设计、建造、管理与经营基本能力的业务培养目标。加强师资队伍建设与基本办学条件建设。专门设置设施工程系。实施了青年教师导师制、教学过程督导制等教学管理方法。开展课程和教材建设。加强教学管理。首先，加强教师教学质量评价，其次，加强质量监控体系与运行机制建设。强化实践性教学。③加强专业建设的主要措施。明确办学定位；抓好专业的总体发展规划；正确认识和处理专业建设与学科建设的关系。

　　2010年，总结了学分制下设施农业科学与工程专业课程体系建设。①设施农业科学与工程专业课程体系中存在的问题：学科渗透性不强。大多是在园艺专业的基础上设置一些工程学科的内容；多数课程教学内容重复；师资知识背景偏颇；教学互动性不强。②学分制下建立设施农业科学与工程专业课程体系的必要性。按完全学分制和学年学分制2种模式进行人才培养。设施农业科学与工程专业实践应用性很强，实施完全学分制很难达到人才培养的目标，操作起来有很大的难度，因此，按学年学分制模式进行改革。③指导思想和改革目标。指导思想，培养具备现代设施农业科学与工程的基础知识，掌握现代设施农业科学与工程的基本技能，能从事设施农业及相关领域的规划设计、产品制造、产业开发、技术推广、经营管理、教学和科研等工作，有较宽广的适应性和一定专业特长的应用型、复合型高级专门人才。改革目标，创建新的课程体系，优化课程内容，改变教学方法，配备优秀教师队伍，充分发挥学生的主观能动性、培养学生的独立性和自主创造性。④课程体系建设。学分设置，设置了公共基础课、学科基础课、专业核心课、专业选修课和专业实践平台五大教学模块，按理学学士授予学位。课程设置：总体设置以工程学和园艺学两大学科作为主干学科，以工程制图、设施农业工程学、设施园艺学、园艺设施学、设施农业环境学等课程作为主要课程，开设课程实验和课程教学实习，除了毕业实习外，还增加设施农业生产实习等环节。教学内容安排：为避免不同课程授课内容的重复，教研组全体教师共同商量，安排教学内容。更新教学方法，多媒体教学与板书相结合；理论教学与实践教学相结合；启发式教学，通过小发明、小创造来激发学生的学习兴趣；采取学生授课方式，每门课程拿出2个或4个学时，让学生讲授，同学点评，教师总评。师资力量配备，从园艺专业中抽调了部分教师，成立了设施工程系。从工科院校招收了部分教师。通过几年的交叉专业进修，具备了两大学科的相关知识。

2018年，对设施农业科学与工程专业发展、人才培养等进行了探析。①设施农业科学与工程专业的社会认知情况调研分析。对专业名称的认知情况：调研结果表明设施农业科学与工程专业的社会认知度仍然较低，专业名称的吸引力也较差，特色不明显。因此，一方面应扩大对该专业的宣传力度，另一方面，该专业的名称也值得斟酌。对专业学习方面的认知情况：该专业课程学习相对较难。对专业发展前景与就业形势的认知情况：调查发现，多数认为该专业发展前景很好，社会认可度会越来越高，但对该专业就业形势并不看好。②设施农业科学与工程专业发展建议。专业人才不足带来的一系列问题越来越明显。一方面社会表现出设施农业专业人才缺口大的现象，而另一方面该专业的招生却又存在生源不足的现象。提高设施农业科学与工程专业的社会认知度。一方面要让人们知道该专业的存在，另一方面要提高人们对该专业的认可度。该专业毕业生是立足于现代农业发展需要且具有综合素质的应用型人才。优化该专业的人才培养方案。在现有培养方案基础上进行优化，明确培养目标和培养要求。可在后期将该专业再细分为不同专业方向，学生根据个人兴趣选取不同专业方向，修读完相应方向的课程即可。

3篇有关黑龙江农业工程职业学院的文献，涉及设施农业类专业方面的主要理论和经验、典型做法依发表时间先后提炼如下。

2008年，在高职设施农业技术专业实施工学结合、联合培养模式的实践中实施了"3+2+1"模式，采用项目教学法，按照岗位需求构建课程体系课程体系，实行"双证融通"制度。构建以贯穿一条主线、促进两个融合、坚持三个结合、培养五项专业核心能力为目标，突出学生职业能力和职业素质的培养。

2008年，在构建以技术专业能力为本位的项目课程体系中以具体化的工作项目（行动化的学习项目）为载体，融知识、能力、素质为一体，融技能、态度和情感为一体。做到教学过程与工作过程的结合，学生心理过程与行动过程的一体，达到"教、学、做"合一。构建了能力本位的项目课程体系；以工作过程为导向，开发与设计项目式课程，实现课程结构模块化、课程内容综合化、课程实施一体化。共同开发课程标准、教学课件、试题库、教学素材库等。建设设施农业技术专业教学资源库。通过 CBE. DACUM 职业岗位分析程序进行职业岗位能力分析，确定课程体系构建思路与步骤。按照合作教育理论和建构主义教育理论、行动体系教学观和课程观，设计与"1221"能力递进式工学交替人才培养模式相适应的课程体系框架。

2010年，总结了黑龙江农业工程职业学院设施农业技术专业与哈尔滨市农科院构建的"校农联合双主体"人才培养模式，即"学校培养＋农科院培养＋企业顶岗实习"培养模式，双方均为育人主体，利益共享，责任共担，资源共用，人才共育，共同培养有社会责任感和较强工作技能的工厂化农业人才。学校和农科院联合成立"校农联合培养"实施办公室、专业教学指导委员会等组织机构。创新培养模式，确保人才培养有效开展。依据专业能力递进培养规律，按照 3 个阶段组织开展教学：第一阶段（第一、第二、第三学期），以学校为主体。第二阶段（第四、第五学期），以农业科学院为主体。第三阶段（第六学期），进入北大荒集团等现代农业企业进行岗位综合训练。

对其他机构的文献提炼如下。

1999年，辽宁熊岳农业高等专科学校在高等职业教育设施农业专业人才培养目标和培养模式的构建中，提出按专业应职岗位（群）的需要确定人才培养目标，培养德、智、体全面发展，适应社会主义现代化建设和市场经济发展需要，从事农业生产性建筑设计和施工，农业设施机械设备使用和维修，掌握设施农业生产技术的应用型高级农业技术人才。建立以职业岗位（群）所需理论知识和技术技能为中心的课程体系：使用 CBE－DACUM 方法分解出 16 种主要能力模块，又进一步分解出 108 个单项技能作为教学目标和内容，设置相应课程。以必须、够用和实用为原则，设置为实践教学服务的理论教学体系。强化动手能力培养，突出岗位就业技能训练的实践教学体系。

2003年，辽宁农业职业技术学院在引入市场机制构建校内实践教学新模式中形成了以引入市场机制为核心，以校内实习基地为依托，以生产和科研项目为纽带，以培养学生综合职业能力和锻炼双师型师资队伍为目标，以提高办学质量和效益为导向，构建了与高职教育设施农业专业人才培养目标相适应的校内实践教学新模式。分别采取了承包、入股、集资的模式，重新组合实践教学内容和过程，把实践教学项目化，将实践教学活动与基地生产、科研项目紧密结合起来。

2007 年，西北农林科技大学分析总结了设施园艺产业发展与人才培养限制因素和发展模式。①中国设施园艺发展存在的主要问题。设施类型以小型、简易结构为主，难以抵御自然灾害。环境调控技术与设备落后，缺乏理论基础和量化指标。栽培技术以小农生产方式为主，凭经验管理，管理水平低，机制不健全。关键技术和基础性研究不够，配套工程设施方面的研究和开发不足。劳动生产率仍较低。经济效益下降。产品质量不高。②产生这些问题的原因及对策。首先是设施农业生产的基础理论缺乏，缺乏系统、权威的研究成果。其次是配套技术落后，由于缺乏技术理论和必要的实践经验，加之建设又没有被纳入农机或城建范围以内，作为一项完整配套产品和工程的性能大打折扣。中国和发达国家的差距主要在于科技水平及科技含量的差距，说到底是人才素质的差距。③新专业的创建及人才培养方案。设施农业科学与工程专业是一个由生物、环境、工程学等多学科交叉形成的复合型专业。新专业的办学思路与人才培养模式确定为以环境控制为核心，以农业工程为手段，以生物技术应用为目的的"三位一体"人才培养模式。该专业的课程设置，充分体现了生物、环境、工程学等学科交叉的特点。新专业人才培养模式得到了全国主要农业高校同行和温室企业的肯定。

2007 年，结合河北农业大学的情况，就设施农业科学与工程专业人才培养模式进行了探讨与总结。①设施农业科学与工程专业人才培养模式的指导思想和条件。明确学生的培养目标。培养具备现代设施工程设计、温室配套设备和环境控制设备的研制与开发、设施特色作物栽培和现代园区规划设计、设施企业经营与管理等方面的高级专业技术人才。构建合理的教学体系。建立培养理文渗透、农工结合、主辅修制的教学体系。培养学生的创新能力和综合素质，即高素质的创新型设施专业人才。配备优秀的教师队伍。实施了青年教师导师制、督导制等教学管理方法。教材以及教学条件建设。专门成立了设施农业综合实验室。②设施农业科学与工程专业人才培养模式的基本思路，采取"纵向压缩，横向拓宽"的措施，首先建立课程教学体系和实践教学体系，然后根据知识和能力培养的要求，制定课程体系方案和实践教学体系方案，最后确定学时的分配、学分的构成和比例。培养方案分为必修课、范围选修课和自由选修课三大模块，其中范围选修课包括基础课、专业基础课和专业课三部分：基础课（15 门）、专业基础课（19 门）、专业课（14 门）。实践教学，主要分为5个层面：军事训练、专业生产劳动、课程实习、社会实践、毕业实习和毕业论文。③设施农业科学与工程新专业人才培养模式的可行性分析。以培养质量和培养规格为目标，设施新专业的培养方案真正体现"厚基础"的原则。重新调整了课程设置，拓宽了专业面。实施素质教育，实行学分制，注重个性发展。

2008年，福建农林大学提出了创建福建地域特色设施农业科学与工程专业人才培养的目标与课程体系设置构想。①设施农业的迅猛发展与专业人才的相对匮乏。普遍缺乏设施农业专门技术人才。设施专业人才培养机构相对较少。②福建地域特点与人才培养目标地方特色主要体现在设施作物种类更多选择热带、亚热带特色园艺植物；在设施类型上更注重小型设施、简易设施、南方避雨设施、季节性设施。依托福建农林大学办学历史和办学优势条件，最终培养具有生物学、园艺学、农业工程及农业产业化经营的基本知识，具备现代设施农业及工厂化农业的基本理论和基本技能，能够从事设施农业工作的高级复合型专门人才。③课程体系设置构想。应突出亚热带园艺植物设施栽培、南方设施工程设计建造、农业设施环境学等核心内容，以设施作物栽培学、农业设施工程学、设施农业环境学为主干学科。④建议进一步明确设施农业在我国南方地区的重要性和特殊性，充分发挥海峡西岸经济区的区位优势、福建气候资源优势、福建农林大学办学基础优势。

2012年，浙江同济科技职业学院对高职院校种子种苗生产技术课程改革进行了分析和探讨。①种子种苗生产技术课程改革目标。种子种苗生产技术是设施农业技术专业核心课程之一。课程改革基本思路，"培养德、智、体全面发展，具备农业设施工程建设、设施农业生产基本理论和基本技能，能在设施农业建筑与施工、设施栽培排灌工程、设施园艺作物生产等岗位从事规划设计、施工、生产及管理等工作的高素质技能型人才"。课程改革建设目标，构建"教、学、做"一体化的教学模式，积极推进课程教学内容和教学方法与手段等改革。将行业规范与职业技术标准引入课程教学，构建"全程-全真"式实践教学体系，实现课程与职业资格的深度融合。②种子种苗生产技术课程改革内容。教学内容改革，内容多，涉及面广，拟以"蔬菜的播种育苗，果树的嫁接育苗、花卉的组培育苗、园林植物的扦插育苗、瓜果类的工厂化育苗"等为主线整合课程的教学内容。并将"花卉园艺工"和"绿化工"2个工种的职业技能考核要求引入课程，完善课程内容。教学方法改革，拟以"教、学、做"一体化改革教学方式和手段，以项目化为导向进行教学。教学资源建设，形成课程长效理论支撑体系。以及教学团队的建设。③课程改革的效果。通过对教材内容的重新整合，原来较为分散的知识点更加系统。将系统的知识贯穿于技能操作中，边做边学，提高了学生的学习积极性。通过口头总结和实验报告的撰写，加深理论知识的学习和巩固。考核内容引进课堂，也一定程度上增加了学生学习的动力。④总结：以实训基地代替普通教室，让学生多动手，在实践中发现问题；依托行业优势，实现课程与职业（岗位）资格证书的深度融合；以就业为导向，职业岗位能力培养为主线，开展以项目为载体，基于工作过程，"教、学、做"一体化的教学方法改革与实践。

2012 年，潍坊学院进行设施农业科学与工程专业实践教学体系的建设与改革。在原来"厚基础，宽课程"的基础上，增添了"长实践"的实践教学特色。①修订专业人才培养方案。增加实践教学课程在总学时中的比重，变为 33 周。注重实践教学课程的层次性渐进。把实践课程分为学科基础实践、专业基础实践、专业实践和专业综合实践 4 个层次，层层递进，依次提高。规范实践课程教学大纲。对其教学内容进行了补充和完善，对教学大纲的格式进行了规范。②加强专业实践教学基地建设。校内实践教学基地建设。除实践教学外，教师的部分科研项目也在这里进行，实行指导教师和辅导员共同负责制。校外实践教学基地建设。校企双方具有共同的利益。利益共同性是校企双方合作的基础。严格要求学生必须完成企业规定的岗位职责。校企双方具有优势互补性。优势互补性是校企双方合作的动力。一些年轻企业成为了校企合作的对象。校企双方具有联系的纽带。联系纽带性是校企双方合作的桥梁。充分发挥政府、行业协会、专业人士的作用，使这些单位和个人成为联系学校和企业的纽带。校企双方的合作态度要真诚。态度真诚性是校企双方长期合作的保证。把企业放在和学校平等的地位，也充分考虑到企业的利益。③建立科学的实践教学效果考核评价机制。实行校基"双考核"的实践教学效果评价机制。

2012 年，对天津农学院设施农业科学与工程专业师资、课程、人才培养等方面的建设进行了初步探讨。①设施农业差距突出，表现在：一是设施农业装备发展滞后，机械化、自动化程度低；二是农产品的质量安全形势严峻；三是设施农业科技人员的数量和结构远不能适应社会发展的要求，生产领域、观光旅游业、设施餐饮业等行业设施农业技术人才缺乏，高级技术人才需求缺口更大；四是农户技术水平低，整体素质、服务水平与设施农业发展的要求不相适应。②设施农业科学与工程专业建设的内容：专业的定位；师资队伍建设，建立具有凝聚力和创新能力的教师团队；课程及教材建设，课程建设要特别强调其复合性与应用性，要符合现代化设施农业产业的要求，加强应用性课程，建设科学合理的课程体系；实验室及基地建设，逐渐实行实验室及基地对学生的开放，实验室要配备专职的实验教师；教学管理建设，加强部门学术委员会对教学工作的指导、管理和监督作用，健全教学检查、教学评估、教学座谈会等一系列教学管理制度；卓越人才培养，在人才培养上，今后要注重基础理论知识与基本技能的统一，突出创新能力的培养和学生个性发展。在教学计划中，增设创新实验和综合实验课。在实习方面，要把学生真正地放到企业中去，在实习基地第一线进行锻炼、学习、积累经验。

2014年，包头轻工职业技术学院进行了创新设施农业技术专业人才培养模式的探索与实践，以职业技能培养为核心，以职业素养养成为主线，以知识教育为支撑，构建了以设施园艺植物生产过程和景观应用相结合的校企全面融合的人才培养模式。建设的重点内容：①创新人才培养模式。改革后的人才培养模式从根本上打破了学科本位教学模式，结合设施农业技术专业的职业岗位特点，根据园艺植物生长发育规律、生产过程和景观应用过程中的施工和养护等典型工作任务安排授课与实践操作。②课程体系改革与构建。构建基于园艺植物生产过程和景观应用的典型工作任务的课程体系。核心课程改革与建设，通过整合、补充和引入行业职业资格标准，改革专业课程教学内容，以校企合作的方式，开发建设3门优质专业核心模块课程。教学模式创新，推行任务驱动、项目导向、教学做一体化的教学模式。结合专业实际组建教学团队；调研企业实际岗位共同制定教学任务；开发教学内容，制定项目任务书；根据设施农业生产技术设计教学过程；模块结束进行总结交流。教学评价的创新，以学习目标为评价标准，坚持用多元评价方式引导学生，养成良好的学习习惯；学习评价以过程评价和目标评价相结合，注重实践性引导，过程评价以鼓励为主；教学效果评价重点评价学习者的职业能力，采取学生自评、教师考评、企业鉴定相结合的方式。实施职业资格证书教育，教学中结合劳动部门技能鉴定要求，使理论教学课程综合相应工种的应知部分，实践教学环节融合相应工种的技能部分。共享型教学资源库建设，以促进学生职业能力培养为出发点，实现优质教学资源共享。③专业教学团队建设。坚持培养和引进相结合、学历提高与技能提升并重的原则，高标准选拔，多渠道培养。培养专业带头人；培养骨干教师；建设兼职教师队伍，建立由高校专家、农业专家、致富能手组成的兼职教师资源库。④实践教学设计与实施。实践教学体系分4个阶段：第一阶段，在第一学期，主要是参观认识实习；第二阶段，在第二至第四学期，在校内一体化实训室或校外企业实现"教、学、做"的有机融合；第三阶段，在第五学期，通过毕业综合技能训练，加深学生对所学专业的理解，提高学生理论联系实际的能力。第四阶段，顶岗实习，在第六学期，学生直接参与专业的生产与科研活动。⑤社会服务能力建设：参与企业科研，为企业提供技术服务；职业培训与技能鉴定。

2017年，华中农业大学实施了设施农业科学与工程本科专业实践教学的改革与创新。构建了六段式"梯阶式渐进型"实践教学体系，提高了设施农业科学与工程专业同学的实践动手能力。提出了"学科建设—专业建设—创新能力培养"三位一体的新思路，将教学和科研进行有机结合，依托园艺学科科研平台，提高了学生的科技创新能力。①实践教学改革的思路：构建符合设施农业科学与工程专业多学科交叉特点的实践教学体系；培养和提高设施农业科学与工程专业同学实践动手能力和创新能力。②实践教学改革的具体措施：修订人才培养方案，增加了实验实习等实践课程的比重，强化了综合实践能力训练，单独开设园艺植物昆虫学实验、园艺植物病理学实验、无土栽培学实验，增加设施栽培综合实习等课程；构建高水平教学团队，建立了基于课程负责制的教学团队，邀请了学校工学院相关教师加入；改革和更新实践教学内容，全面梳理和更新了实践教学内容，增加了实验实习课程所占的分值比率。实施了多元化的实践考核体系；实践教学体系建设，设置了文理基础实践、学科基础实践、暑期社会实践、专业基础实践、专业综合实践和毕业实践六段"梯阶式渐进型"实践教学体系，层层递进，依次提高，建立的实践教学体系农科和工科实践课程结合紧密；建设校内外实践教学基地，在校内主要依托现代农业（园艺）综合训练中心和园艺林学实验教学中心实验室，与校外有关企业积极联系，建设教学实习基地 25 个，创新校企联合培养人才模式，从校外实习基地中聘用企业高管担任兼聘教师；课程和教材建设。

2019 年，北京农业职业学院进行了《都市农业装备应用技术》高职专业课程研究。北京都市现代农业的发展理念是"创新、协调、绿色、开放、共享"，突出农业生态、生活、生产、示范的四大首都功能定位，现代农业装备技术是实现北京农业功能定位的必须生产工具，因此，北京农业职业学院于2009 年向北京市教育委员会备案了目录外《都市农业装备应用技术》高职专业（国内首创），并于 2010 年开始面向北京市招生。①都市农业装备从业人员现状及人才市场需求分析：都市农业装备从业人员的知识技能情况很不乐观。存在年龄偏大（50 岁以上）、文化水平低，受过系统的学历型职业教育者很少等问题。农业装备行业高技能人才缺乏，人才需求量较大。②人才培养方案课程设置目标：培养方向为适应北京都市农业装备管理、应用、技术推广及改进的需要，培养德、智、体、美全面发展，具有大专层次文化知识和专业知识，有较强实践能力的高素质技术应用型专门人才。该专业在教学中以职业岗位群所需的专业知识和技能为主线，以农业设施设备的管理、技术应用、技术推广为重点，以严格的技能训练为手段。③《都市农业装备应用技术》高职专业课程设置内容：共设 42 门课（包括选修课、实训、实习）。

3.3.4 "都市农业职业教育"休闲农业类专业专题文献选摘及要点分析

15 篇有关休闲农业类专业专题文献中，分布比较分散。内蒙古农业大学有 2 篇，其他 13 家机构有 13 篇（图 3-7、表 3-7）。

表 3-7　有关"休闲农业类"专业高影响值专题文献纲要及
主要论述选摘（按单篇影响值从大到小排序）

序号	篇名	作者单位	发表时间	影响值	涉及方面	纲要及主要论述选摘
1	项目教学法在高职旅游规划课程中的应用	广西生态工程职业技术学院	2013-01-11	2.445 462	休闲农业专业	（1）项目教学法的内涵及其特点。 （2）高职旅游规划课程教学中存在的问题。 （3）项目教学法在高职旅游规划课程中的应用。①确定项目任务。②教学项目方案设计："旅游资源调查与分析"模块；"客源市场调查与评析"模块；"空间布局及旅游建设项目规划"模块，是旅游规划的核心；"游线及解说系统规划"模块；"营销及旅游形象策划"模块；"旅游建设项目规划图编制"模块。③项目方案实施。④项目成果的汇报、评估及总结。⑤可视化项目成果的汇编与展示。 （4）实施项目教学法应注意的问题。①教师应适应项目教学法的新要求，项目教学法要求教师重新定位自己的角色，注重师生双向互动；项目教学法要求教师有丰富的职业经验。②项目教学法应注重学生的参与过程。③项目教学法应重视对学生团队协作能力的培养
2	内蒙古农牧业科技园区休闲农业建设的实践与探索	内蒙古农业大学职业技术学院	2012-01-20	2.127 093	休闲农业专业	（1）内蒙古农牧业科技园区是内蒙古农业大学职业技术学院承办。 （2）科技园区休闲农业建设的实践。①设施园艺观光采摘区。②现代化养殖和饲料加工观光区。③千亩绿色果园采摘观光区。④大田作物高效生产区。⑤校园节水灌溉展示区建设。⑥面向社会团体和青少年的观光和教育。

（续）

序号	篇名	作者单位	发表时间	影响值	涉及方面	纲要及主要论述选摘
2	内蒙古农牧业科技园区休闲农业建设的实践与探索	内蒙古农业大学职业技术学院	2012-01-20	2.127 093	休闲农业专业	（3）科技园区休闲农业建设取得的一些经验。①充分利用学院的资源，提高园区科技含量。②依托学院的旅游教育资源，与地方旅游资源有机结合。③休闲与科普培训功能结合，发挥更大作用。④休闲建设与项目建设结合。⑤休闲农业建设与学院的教学形成了互相促进的局面。（4）科技园区进一步建设发展休闲农业的思路。①统一布局，合理规划。②融合当地旅游资源，构建休闲农业体系。③打造园区的休闲农业特色。④打造科技园区休闲型培训基地的品牌。⑤对园区休闲农业的运营方式进行探索和尝试
3	关于高职涉农专业学生职业素质培养的实践——以观光农业专业为例	宁波城市职业技术学院	2011-10-15	1.964 898	休闲农业专业	（1）学生素质教育——师先行。（2）校园文化建设——德为先。（3）专业技能提高——做中学。（4）综合素质养成——挖平台。（5）问题与探索：①重平台建设，更应重细节管理。②要百年树人，不能搞急功近利。③要务求实效，不能搞形式主义。④要有个性要求、专业特点、区域特色，不能搞千篇一律
4	旅游管理（游憩与公园管理）专业本科人才培养思考	中南林业科技大学	2014-12-15	1.765 349	休闲农业专业	（1）美国游憩专业历史、定位、服务与课程体系。①美国游憩专业教育历史。②游憩专业与旅游管理专业差异分析。③游憩专业的服务对象是国家公园与国有森林游憩利用。④美国游憩专业的课程体系。（2）我校旅游管理（游憩与公园管理）本科人才培养目标与基本要求。①培养目标，培养旅游行政管理、旅游景区管理、旅游规划设计及环境解说、户外游憩经营管理的应用型人才。②基本要求。③主干学科与课程。

（续）

序号	篇名	作者单位	发表时间	影响值	涉及方面	纲要及主要论述选摘
4	旅游管理（游憩与公园管理）专业本科人才培养思考	中南林业科技大学	2014-12-15	1.765 349	休闲农业专业	（3）旅游管理（游憩与公园管理）专业本科人才培养课程设置。 （4）主要实践环节
5	浙江休闲农业人才培养规范发展探讨	浙江农林大学	2015-03-02	1.546 730	休闲农业专业	（1）休闲农业产业持续发展对专业人才需求提出新要求。①快速发展的浙江休闲农业产业对专业人才的需求量不断增长。②面临转型升级的浙江休闲农业产业需要不同类型的高素质人才加盟。 （2）休闲农业人才培养体系整体处于较低水平。①全日制教育。②自学考试（成人教育）。③短期培训。 （3）休闲农业人才培养面临诸多利好。①行业有需求。②政府有要求。③投入有保障。 （4）多元并举推进休闲农业人才培养高效规范发展。①积极探索，依托相关高校，构建体系齐全的全日制人才培养体系。②加大投入，鼓励从业人员通过自学考试等途径提升综合素质。③通过政府购买服务，引导承办主体提升短期培训班绩效
6	观光农业专业教学中存在的问题与改革措施	鹰潭职业技术学院	2009-12-31	1.405 491	休闲农业专业	（1）观光农业专业教学中存在的问题。 （2）观光农业专业教学改革。①改革课程体系。②加强实践教学，以项目为导向，以任务为驱动，"教、学、做"一体化，将课堂搬进观光园，强化"工学结合"。③加强师资队伍建设。④改革学业评价体系 （3）取得的成效

（续）

序号	篇名	作者单位	发表时间	影响值	涉及方面	纲要及主要论述选摘
7	服务成都都市现代农业，建设特色休闲农业专业——以成都农业科技职业学院休闲农业专业建设为例	成都农业科技职业学院	2018-02-10	1.348 277	休闲农业专业	（1）"专业对接产业"，适应都市现代农业产业需求开设休闲农业专业。①全国休闲农业产业现状。②服务区域休闲农业产业发展现状。③休闲农业产业存在问题及专业人才需求分析。根据人才培养目标构建了"三产联动，农旅耦合"的人才培养模式，突出"高效、高附加、复合型"的产业特点，重点培养从事休闲农业产品设计开发、园艺产品高效生产与营销、农业旅游接待服务等相关领域的高技能复合型人才。（2）"课程对接职业"，根据职业岗位需求建立课程体系。（3）"教学对接生产"，注重生产性实训教学，提升学生综合职业能力
8	休闲农业女性人才的培养路径探析——基于利益相关者理论的思考	天津市农村经济与区划研究所	2019-10-28	1.323 628	休闲农业专业	（1）休闲农业女性人才培养现状。（2）休闲农业女性人才培养存在的问题。①脱产教育，办学目标不明确，与市场需求脱轨，师资队伍营养不良，教育质量低下；课程设置不健全，未形成学科体系；课程开发较单一，缺少性别差异。②在职教育，培训形式灵活、主体多元，培训体系松散、师资有限，培训对象众多、效果难控，农村女性积极性调动不足。（3）利益相关者多方联动参与休闲农业女性人才培养。①休闲农业女性人才培养问题利益相关者。②休闲农业人才培养问题利益相关者诉求。③多方联动解决休闲农业女性人才培养问题，依托相关高校，构建学科体系，完善奖励机制，鼓励在职教育，协会搭建平台，就业创业双赢，利用新媒体，完善培养结构

（续）

序号	篇名	作者单位	发表时间	影响值	涉及方面	纲要及主要论述选摘
9	改革农业职业教育服务休闲农业产业发展——从休闲农业的发展谈职业教育的改革创新	湖南生物机电职业技术学院	2014-01-28	1.295 062	休闲农业专业	提出了农业职业教育改革创新要以服务行业发展、促进农村建设为目标，行业发展协同规划，立新专业，设新课程，育双师队伍等建议。 主动寻求政府行业指导，做到产业体系与职业教育同步规划；不断深化教育教学模式改革，开发新专业，把新型产业需求人才培养作为战略机遇和中心工作；加强新兴农业产业实习实训基地建设，搞好顶岗实习；不断完善校企合作机制体制，将企业标准引入教学过程；利用好教育部门智力资源，同时组织研究团队，搞好科研攻关和技术服务。 休闲农业的快速发展呼唤职业教育的强力跟进，人才匮乏日益成为制约休闲农业发展的瓶颈，把握新型产业发展机遇，推进高等职业教育改革创新。 休闲创意规划和休闲管理人才是目前主要需求。 改革创新现代职业教育；围绕新型产业开发特色专业；依托行业，深度融入产业；把握产业发展岗位需求，推进课程体系创新；企业学校联合培养师资，打造工学结合实训基地。 农庄建设发展的规划设计人才、体验活动策划和产品服务项目设计人才、经营管理人才、特色产业的专业人才、营销管理人才
10	四川农业大学森林资源保护与游憩本科专业人才培养目标探析	四川农业大学	2004-12-30	1.259 468	休闲农业专业	（1）森林资源保护与游憩专业产生的背景。①资源保护与社会经济发展的共同要求。②森林资源保护与游憩迅猛发展。（2）森林资源保护与游憩专业的培养目

（续）

序号	篇名	作者单位	发表时间	影响值	涉及方面	纲要及主要论述选摘
10	四川农业大学森林资源保护与游憩本科专业人才培养目标探析	四川农业大学	2004 - 12 - 30	1.259 468	休闲农业专业	标。①专业培养目标的地位。②四川农业大学森林资源保护与游憩本科人才培养目标，培养具有"大保护"思想的生态旅游经营管理高级专门人才，培养的目标，培养目标的内涵及特点。主要体现在稳定性、层次性、灵活性、生态性、实践性等方面
11	基于教学标准制定的休闲农业专业调研报告	江苏农林职业技术学院	2018 - 10 - 15	1.121 998	休闲农业专业	休闲农业专业主要培养从事休闲观光植物生产与管理、导游与接待服务、休闲农业园（景）区规划设计等工作的高素质技能人才。 （1）调研基本情况。 （2）调研结果及分析。①休闲农业行业发展状况。②企业对人才的需求。③学校专业发展现状，基本情况，专业建设情况，招生就业情况，人才培养方案，培养目标为高素质技术技能人才，以及课程设置。④毕业生反馈，对专业教学效果的评价，对专业人才培养工作的意见建议。 （3）调研结论及对策建议。①课程体系和课程设置建设的建议。②增加企业锻炼的机会，缩短就业磨合期。③培养创新创业人才
12	森林生态旅游专业教学标准研制调研报告	湖南环境生物职业技术学院	2019 - 12 - 25	1.032 815	休闲农业专业	1. 调研目的、调研对象、调研内容、调研方式方法 （1）调研目的。（2）调研对象：森林生态旅游企业；高职院校；森林生态旅游专业毕业生。（3）调研内容：行业调研；企业调研；院校调研；毕业生调研；有关研究评价机构等调研。（4）调研方式、方法。

（续）

序号	篇名	作者单位	发表时间	影响值	涉及方面	纲要及主要论述选摘
12	森林生态旅游专业教学标准研制调研报告	湖南环境生物职业技术学院	2019-12-25	1.032 815	休闲农业专业	2. 调研结果及分析 （1）行业调研结果及分析：①森林生态旅游行业发展现状。②行业发展趋势。③人才需求分析。（2）企业调研结果分析：①企业基本情况，企业规模和类型，企业从事旅游及相关业务情况，企业提供森林生态旅游产品情况。②企业用人情况分析，企业现有员工受教育程度分析，企业现有岗位构架及人才储备、需求分析，企业对专业相关岗位人才的知识、能力及素养要求。③企业对森林生态旅游专业人才培养的建议，专业课程开设，专业标准应用与参考，校企深度合作开展教学。（3）学校调研结果及分析：①专业基本情况，森林生态旅游专业的规模，森林生态旅游专业学生就业情况，森林生态旅游专业师资队伍。②森林生态旅游专业教学情况，专业人才培养定位，专业标准建设与实施情况，专业课程开设情况，专业实验实训设置情况，专业评估情况。③森林生态旅游专业校企合作，教学合作企业类型，合作企业发挥的作用。（4）毕业生对专业人才培养的反馈情况：①对工作的支持度。②课程学习对工作的支持度。③对人才培养的满意度。（5）有关研究评价机构等调研结果及分析：①国外旅游职业教育模式。②国内旅游职业教育模式。 3. 调研结论 （1）对准行业发展新业态明确人才培养面向。（2）契合森林生态服务功能定位人才培养目标与人才培养规格：培养目标；培养规格。（3）对应森林生

（续）

序号	篇名	作者单位	发表时间	影响值	涉及方面	纲要及主要论述选摘
12	森林生态旅游专业教学标准研制调研报告	湖南环境生物职业技术学院	2019 - 12 - 25	1.032 815	休闲农业专业	态服务岗位能力确立课程体系与核心课程。(4)依托森林生态发展资源优化人才培养条件：师资队伍；专业实践教学体系。 4.对策建议 (1)人才培养专业教学模式与教学方法的改革建议：①要进一步加强森林生态旅游行业岗位群、职业面向分析，明确人才培养目标定位。②要健全德技并修、知行合一、工学结合的育人机制，加强理论与实践一体化教学。(2)造就具有"双师"素质的教师队伍的改革建议。(3)健全专业教学资源库，建立共建共享平台扩大优质资源覆盖面的改革建议
13	森林资源保护与游憩专业人才培养目标与人才培养模式探讨	内蒙古农业大学	2003 - 07 - 20	1.009 750	休闲农业专业	(1)森林资源保护与游憩专业的人才需求和专业定位。①森林资源保护与游憩专业的人才需求。②森林资源保护与游憩专业的定位。(2)森林资源保护与游憩专业的人才培养目标和要求：①森林资源保护专业方向。②森林游憩专业方向。(3)森林资源保护与游憩专业的人才培养模式与游憩专业的人才培养模式必须依据3个主要条件：一是学科特点，二是办学条件；三是毕业生的就业状况
14	高职院校休闲农业专业校外实训基地建设研究	上海农林职业技术学院	2019 - 10 - 15	1.004 729	休闲农业专业	(1)休闲农业专业校外实训基地建设现状。 (2)休闲农业专业校外实训基地建设存在的问题及分析。①校外实训基地建设校企融合度不够。休闲农业企业尚未意识到参与职业教育对企业发展的意义。

（续）

序号	篇名	作者单位	发表时间	影响值	涉及方面	纲要及主要论述选摘
14	高职院校休闲农业专业校外实训基地建设研究	上海农林职业技术学院	2019 - 10 - 15	1.004 729	休闲农业专业	高职院校休闲农业专业实训安排与企业岗位对接不紧密。一是停留在专业课程实训参观模式；二是顶岗实习，企业人才需求和院校培养之间依然存在脱节。②休闲农业校外实训基地建设管理缺失。校企共建管理体系缺失，没有形成一整套管理制度。③休闲农业校外实训体系不明确。校企共建没有形成严格的实训内容体系，校企共建没有形成严格的实训流程。 （3）休闲农业专业校外实训基地建设对策。①建立休闲农业校外实训基地外部保障机制。②构建校外实训基地内部健全的管理体系。③明确休闲农业校外实训基地建设内涵构建健全的实训内容体系，首先，对接休闲农业企业岗位工作任务，构建实践性教学体系；其次对接休闲农业行业职业标准，开发实践性课程资源；对接实训师资力量，保障实训活动的开展；对接实训方式，实现校企共赢的局面
15	高职院校《观光农业概论》课程教学改革探讨	苏州农业职业技术学院	2015 - 10 - 15	1.004 670	休闲农业专业	（1）课程教学存在的问题。①课程涉及的多重学科间融合度不足。②多元化差异与授课模式间的矛盾。③笼统的课程设置与市场人才需求间的矛盾。 （2）教学改革措施。①"三基段分类"设置教学内容。②"以战代学"改进教学方法。③"分段授课"完善教学团队。④"以效代评"激发创业热情。 （3）教学效果

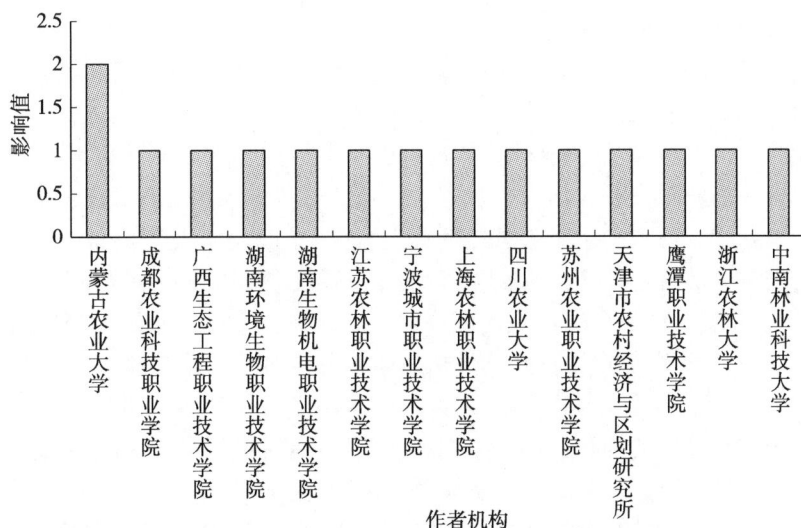

图 3-7 有关"休闲农业类"专业高影响值专题文献的作者机构发文量分布

2 篇内蒙古农业大学为作者机构发表的文献，涉及休闲农业类专业方面的主要理论和经验、典型做法依发表时间先后提炼如下。

2003 年，对森林资源保护与游憩专业人才培养目标与人才培养模式进行了探讨。森林资源保护与游憩专业的人才培养模式必须依据 3 个主要条件：一是学科特点；二是办学条件；三是毕业生的就业状况。以下两种模式被定为森林资源保护与游憩专业近期的人才培养模式。一是复合型人才培养模式，要求本科生应具备扎实的基础理论知识和必要的人文、社科知识，并通过专业学习，同时掌握森林资源保护和森林游憩两门学科的专业基本知识，掌握两种以上技能，具备一定的实际操作能力和管理能力。二是分类人才培养模式，由于森林资源保护与森林游憩专业的跨度较大，所以可对学生进行分类培养，即在入学 2 年后，由学生根据自己的兴趣自主选择专业方向，然后按森林资源保护或森林游憩专业方向进行分类培养。

2012 年，介绍了产学研结合的内蒙古农牧业科技园区休闲农业建设的实践和经验。①内蒙古农牧业科技园区是由内蒙古自治区科学技术厅（原自治区科学技术委员会）于 1997 年批准成立的，由内蒙古农业大学职业技术学院承办。②科技园区休闲农业建设的实践。园区总体上实现了"基地园林化、设施智能化、耕作机械化、节水灌溉化、土壤海绵化、实训工序化、农业休闲化、效益综合化、发展持续化"的发展目标。③科技园区休闲农业建设取得的一些经验：充分利用学院的资源，提高园区科技含量。休闲与科普培训功能结合，发挥更大作用。休闲农业建设与学院的教学形成了互相促进的局面。④科技园区进一步建设发展休闲农业的思路：建设科技园区管理服务中心和以园区主干道为轴线的科普休闲观光带。

其他机构的有关文献，涉及休闲农业类专业方面的主要理论和经验、典型做法依发表时间先后提炼如下。

2004年，四川农业大学对森林资源保护与游憩本科专业人才培养目标进行了探析。①四川农业大学森林资源保护与游憩本科人才培养目标：主要培养具有"大保护"思想的生态旅游经营管理高级专门人才，培养具备生态学、地理学、旅游经济管理、生态旅游资源评价与开发利用、风景区规划设计和森林游憩资源保护等方面的知识，能在林业、旅游、城建和园林等政府部门、企事业单位和相关高校及研究单位从事生态旅游经营管理、生态旅游资源评价和开发利用、生态旅游资源规划设计和森林游憩资源保护的高级科学技术人才。②培养目标的内涵：第一，培养学生保护森林资源、保护森林游憩环境等的"大保护"意识；第二，培养学生具有自主学习和知识迁移的能力；第三，培养学生较强的社会实践能力和协作能力；第四，培养学生具备基本的生态旅游经营管理的理论和技能。③培养目标的特点：稳定性、层次性、灵活性、生态性、实践性等。

2009年，鹰潭职业技术学院分析了观光农业专业教学中存在的问题，并提出了改革措施。①高职院校观光农业专业普遍存在两方面问题：一方面，教学模式承袭本科院校，重理论轻实践，课程设置未体现出高职教育的实践性、应用性和地方性的特点；另一方面，师资力量普遍薄弱，大多数观光农业专业教师来自普通高等院校，这部分教师缺少相关实践经验，同时，农业观光园的工作人员缺乏相应的理论知识。②观光农业专业教学改革。改革课程体系。针对观光农业专业课程体系设置不健全的问题，以对接农业观光园，设置核心课程为教学改革出发点。且尽量增加实训时间。课程"总论""各论"有机融合。加强实践教学：一是以项目为导向，以任务为驱动，任务驱动下的项目实训能更好地培养和提高学生分析问题和解决问题的能力；二是"教、学、做"一体化，根据观光农业专业的特点，进行模块式以及按生产季节组织教学，使教学手段灵活、多样，达到在"教中学，学中做，做中学，学中教"的良好循环态势；三是将课堂搬进观光园，强化"工学结合"。加强师资队伍建设。应采取以下几点措施：实施"老带新，一帮一"制度，校内培训与校外进修相结合，尽快提高青年教师的业务水平；每学期计划选派1～2名青年教师到农业观光园进行专业培训，在带领学生进行实践的同时，也提高了自己的实践水平；聘请农业观光园有丰富实践经验的农艺师，担任该校观光农业专业实训课教师，或邀请农艺专家作专题讲座。改革学业评价体系。以学生为中心，改革考核方式与方法。在学业评价方面，实行学校评价与企业考核相结合的评价新体制，考核方式灵活、恰当、多样，构成"以学生为本"的考核与评价新模式。

2011 年，宁波城市职业技术学院结合本校职业素质养成工作实际，对高职观光农业专业学生职业素质培养进行了探索。①学生素质教育——师先行。保障教师的素质。②校园文化建设——德为先。公司文化（创业、诚信）、乡村文化（勤劳、感恩）、师亲文化（亲情、友情）是该院校园文化的三大支柱。从 2006 年开始，学院推行班级管理"虚拟公司制"，即学院成立总公司，各班为分公司，班主任为经理。学生参与到公司管理的过程中，低成本、高效率地完成了"社会人""公司人"的体验过程。新生一入校，每位学生就由社区辅导员、班主任（二年级为经理）和学业导师三管齐下。师生关系和谐融洽。校园里充满了亲情和友情。③专业技能提高——做中学。项目课程教学改革主要分为 3 个阶段：理念更新、课程建设和教学实施。政策引导是一个可行的办法，专业技能的培养在一个个典型的工作任务中完成。做中学，是一个学生、教师和企业三方都叫好的教学方法，学生在"行动"中完成了知识、技能和素质的提高。其中典型工作任务的提炼是目前最要紧解决的问题。④综合素质养成——挖平台。深挖学生综合素质养成平台建设，唱好"三部曲"：梦想，用激情点燃；创业，从学校起步（由模拟到实战）；技能，与企业接轨（校企合作、工学结合）。形成"岗前训练、顶岗实践、就业"三位一体的校企合作。

2013 年，广西生态工程职业技术学院结合高职旅游规划课程教学中存在的问题，探讨了项目教学法在高职旅游规划课程中的应用。①项目教学法的内涵及其特点。项目教学法是将传统的学科体系中的知识内容转化若干个教学项目，围绕着项目组织展开教学，使学生直接参与项目全过程的一种教学方法。显著的特点：一是教学内容由以教材为中心转变为以项目为中心；二是教学形式由以课堂教授为主转变为以开放实践为主；三是教学过程由以教师为主体转变为以学生为主体；四是学习成果及评价方式由单一转变为多元。②高职旅游规划课程教学中存在的问题：沿袭原来的中专教学模式或盲目效仿普通高校的做法较多，简单地压缩教学内容与课时，把实践教学、操作应用能力的培养和训练作为课堂教学和理论知识灌输的补充形式，致使学生的实践能力无法有较大的提高。应改进高职旅游规划课程教学方法，强调学生在实践过程中学习，在学习过程中积累实践经验。③项目教学法在高职旅游规划课程中的应用。确定项目任务，将课程的知识体系转化为旅游资源调查与评价、客源市场调查与分析、空间布局及旅游建设项目规划、游线及解说系统规划、营销及旅游形象策划、旅游建设项目规划图编制 6 个项目任务模块。教学项目方案设计，课程的项目任务是随着教学活动的开展逐步完成的，有明显的先后顺序。针对具体的项目任务应制定具体的实施方案，而且每一个项目任务均要求学生提交可视化成果材料。"旅游资源调查与分析"模块，定性及定量评价，并与实施地周边的旅游资源进行竞争分析，找出其优势旅游资源和特色所在，为旅游项目的策划奠定基础。要求每组提交《旅游资源调查与分析报告》一份。"客源市场调查与评析"模块，设计"游客调查问卷"。要求每组提交《客源市场调查与分析报告》一份，并上交《市场调查问卷》原始资料。"空间布局及旅游建设项目规划"模块是旅游规划的核心，要求每组提交《空间布局及旅游建设项目规划报告》一份及旅游建设项目规划图一份。"游线及解说系统规划"模块，要求每组提交公园游线规划图一份、解说牌设计图、公园导游词及主要景点解说词。"营销及旅游形象策划"模块，要求每组提交《营销及旅游形象策划报告》一份。"旅游建设项目规划图编制"模块，利用 Photoshop、CAD 等绘图软件进行旅游建设项目规划图、游线规划图、解说牌设计图的编制。项目方案的实施：根据学生掌握的具体情况，进行穿插讲授，并鼓励学生积极思考，大胆尝试。遇到问题时，鼓励学生通过小组讨论等方式自己解决，教师可给予适当的提示和协助。对项目成果进行汇报、评估及总结。组织一场项目方案汇报会，邀请相关任课教师参加，由各项目小组对自己的设计方案利用 PPT 软件进行汇报，并由教师和其他小组的成员进行提问、质疑，然后由项目小组里负责相关内容的同学进行答辩。可视化项目成果的汇编与展示。各小组对项目方案修改完善后，按照统一的标准汇编可视化项目成果——《君武森林公园旅游规划方案》，并在校内组织一场可视化项目成果的展示会。④实施项目教学法应注意的问题。教师应适应项目教学法的新要求：项目教学法要求教师重新定位自己的角色，注重师生双向互动，化身教学活动的组织者、引导者和协助者；项目教学法要求教师有丰富的职业经验。项目教学法应注重学生的参与过程。教师应发挥协调者的作用，督促各组合理地分配工作，使每名学生都能够得到锻炼。项目教学法应重视对学生团队协作能力的培养。

2014 年，湖南生物机电职业技术学院在对服务休闲农业产业发展的研究中提出，休闲农业的快速发展呼唤职业教育的强力跟进，人才匮乏日益成为制约休闲农业发展的瓶颈。休闲创意规划和休闲管理人才是目前的主要需求。急需农庄建设发展的规划设计人才、体验活动策划和产品服务项目设计人才、经营管理人才、特色产业的专业人才、营销管理人才。

2014 年，中南林业科技大学对旅游管理（游憩与公园管理）专业本科人才培养进行了系统的分析和思考。2012 年，国家教育部对森林资源保护与游憩本科专业进行了调整，如何在新的专业目录下继续发挥该专业的优势与特点是众多学校需要共同面对的一个任务之一。①借鉴美国游憩专业的教育历史、定位、服务与课程体系。游憩专业与旅游管理专业差异：公园与游憩专业侧重的是当地人追求放松、快乐、健康的想法，而旅游管理侧重于从经济产业的角度进行研究。②我校旅游管理（游憩与公园管理）本科人才培养目标与基本要求。培养目标：培养具备管理学、旅游学、规划学、林学、生态学等方面的专业知识与能力，能在旅游、林业、城建等相关部门从事旅游行政管理、旅游景区管理、旅游规划设计及环境解说、户外游憩经营管理的应用型人才。基本要求：主要学习旅游管理方面的基本理论与基础知识，接受旅游经营管理、游憩与公园管理与规划方面的基本训练，掌握分析和解决游憩与公园管理问题的基本能力。主干学科与课程：在主干学科上，涵盖管理学、经济学、林学三大学科。③旅游管理（游憩与公园管理）专业本科人才培养课程设置：基础课方面，在满足工商管理基础课程基本要求下，强化旅游管理专业基本知识、人际交往、公务交往、未来职业发展等专业基本素质知识的学习。④主要实践环节：可以分为认知实习、学科基础课综合实习、专业课综合实习、专业生产实习和毕业论文（设计）5 个实践环节。

2015 年，浙江农林大学对浙江休闲农业人才培养规范发展进行了探讨。①休闲农业产业持续发展对专业人才需求提出新要求：需求量不断增长，需要不同类型的高素质人才加盟，需求既懂旅游又懂农业的导游、营销和经营管理人才。②休闲农业人才培养体系整体处于较低水平。主要由全日制教育、自学考试（成人教育）短期培训组成，其中，全日制教育主要以专科（高职高专）为主。由于"休闲农业"或"观光农业"未进入教育部本科专业目录，只是在旅游管理、农学、园艺等相关专业里开设"休闲农业"等相关专业课程。浙江省广播电视大学以自学考试（成人教育）方式为浙江培养休闲农业人才。自2013 年开始，浙江启动"农民大学-农民学院-农民学校"的"三农"人才培训体系。③休闲农业人才培养面临诸多利好：行业有需求，无论是企业经营、田间管理、规划设计，还是活动策划、市场营销和节庆会展等各方面，都存在着相当大的人才缺口；无论是重点农户、一线员工、休闲农庄主，还是农民专业合作社、农业龙头企业，都存在着强劲的人才培训潜在需求。政府有要求，为了促进休闲农业产业的转型升级，各级政府出台政策和编制规划，对人才培养提出具体要求。投入有保障，农业部将休闲农业人才培训纳入阳光工程培训体系，浙江将农家乐经营业主培训全面纳入"千万农村劳动力素质培训工程"。④多元并举推进休闲农业人才培养高效规范发展。积极探索，依托相关高校，构建体系齐全的全日制人才培养体系。国内相关高校在研究生和本科生层次的休闲农业人才培养方面做出了积极而有效的探索。浙江高校应尽快启动实施本科和研究生层次的休闲农业人才培养计划。加大投入，鼓励从业人员通过自学考试等途径提升综合素质。通过政府购买服务，引导承办主体提升短期培训班绩效。浙江在全国率先创新的构建农民大学体系，在省级层面成立农民大学，在市（地）层面成立农民学院，在县（市、区）层面成立农民学校，构建立体复合式的涉农人才培训体系。

2015年，苏州农业职业技术学院针对高职院校《观光农业概论》课程教学过程中存在的诸多问题，提出了设置教学内容、改进教学方法、完善教学团队、激发创业热情的改革措施。《观光农业概论》是观光农业专业的基础性课程。①课程教学存在的问题：课程涉及的多重学科间融合度不足；多元化差异与授课模式间的矛盾；笼统的课程设置与市场人才需求间的矛盾。有专家提出，当前在观光农业园的管理过程中缺乏5类人才：农庄建设发展的规划设计人才；体验活动策划和产品服务项目设计人才；农业园区生产管理和经营管理人才；特色产业的专业人才；农业旅游产品营销管理人才。②教学改革措施："三基段分类"设置教学内容，观光农业是一个综合性的管理专业，从项目管理的角度结合《观光农业概论》的课程内容，将课程分为观光农业园区规划设计阶段、观光农业园区建设阶段和观光农业园区运营阶段。3个基段对应的课程内容又分别为规划设计、农田基础设施及旅游设施等的建设、农业生产及旅游管理3类差异很大的学科体系。教学内容在三基段分类法的模式下分共性课程和个性课程2类。农业园区规划设计阶段、观光农业园区建设阶段设置为共性基段，观光农业园区运营阶段设置为个性基段。"以战代学"改进教学方法。必须以具体项目为载体，逐步进行，而且要根据各个地区学生的兴趣点结合其出生地的具体资源状况进行项目化教学。学生调查、选择地块制作方案、老师评价并模拟应用实战方案、老师点评在过程中教授"以战代学"。"分段授课"完善教学团队。课程核心主要有三大部分：农业专业部分的内容、旅游管理部分的内容及农业旅游相结合的共性部分内容。应该分章节由相对应的专业教师分阶段教授。"以效代评"激发创业热情。以学生创业项目设计方案为基础进行综合评分。定期举办技能大赛，展现教学效果。激发学生的创业热情、创作热情，增强学生对观光农业的专业认同度。

2018年，成都农业科技职业学院通过分析专业设置的产业背景及服务区域内专业人才需求情况，总结分析了服务成都都市现代农业，对特色休闲农业专业的构建。①"专业对接产业"，适应都市现代农业产业需求开设休闲农业专业。全国休闲农业产业现状：休闲农业，或称休闲观光农业、乡村旅游、农家乐等，是利用农业景观资源和农业生产条件，发展观光、休闲、旅游的一种新型农业生产经营形态，是一种一、二、三产业延伸融合的复合产业。服务区域休闲农业产业发展现状。休闲农业产业存在问题及专业人才需求分析，主要表现在经营规模不足，经营项目单一，经营理念滞后，服务意识不够，经营管理水平及从业人员素质不高等。强调观光旅游的价值，没有深度开发园艺产品在旅游中的利用价值，乡村旅游产品的文化内涵挖掘力度不够。从业者普遍缺乏相应的知识和能力,特别是一线从业人员。企业急需的高素质技术技能型人才更为缺乏。根据人才培养目标构建了"三产联动,农旅耦合"的人才培养模式,突出"高效、高附加、复合型"的产业特点,重点培养从事休闲农业产品设计开发、园艺产品高效生产与营销、农业旅游接待服务等相关领域的高技能复合型人才。②"课程对接职业",根据职业岗位需求建立课程体系。休闲农业职业岗位表现为"多岗位、多课程、多技能、多任务"的综合性岗位。着重培养"休闲农业产品的设计开发、生产营销"岗位需求的人才。按照完成典型工作任务所需具备的核心职业能力开发工学结合课程,构建课程体系。确定课程教学内容时,充分考虑职业岗位对应的职业工种的职业标准。有效利用当地农业特色资源,设计开发有特色、有内涵的休闲农业产品。③"教学对接生产",注重生产性实训教学,提升学生综合职业能力。在教学实施过程中,主要围绕休闲农业产业链中特色农旅产品的设计开发、生产管理、就地营销等开展教学及对外服务。专业课程全部建成工学结合课程,推行项目驱动或任务导向教学,注重生产性实训教学,培养学生综合职业能力及专业技能。

2018 年,江苏农林职业技术学院通过调研提出了基于教学标准制定的休闲农业专业建设的建议。①调研结果及分析。休闲农业行业发展状况:90%左右的从业人员是农民,没有接受专业的培训。企业对人才的需求。休闲农业是第一产业和第三产业的融合,需要综合性人才,主要有农业生产技术人员、农业生产管理人员、营销人员、旅游解说人员、旅游项目策划和农业科普讲师等。学校专业发展现状。以培养德智体美全面发展,具有良好职业道德和人文素养,掌握休闲农业生产、管理、建设与服务基本知识,具备园艺产品生产与营销、农业导游与接待和休闲农业园区规划设计等能力,从事休闲观光植物生产与管理、导游与接待服务、休闲农业园(景)区规划设计等工作的高素质技术技能人才为目标。各学院课程设置主要包括公共基础课和专业课程两大类。专业课一般包括专业基础课、专业核心课和专业拓展课程。②调研结论及对策建议:课程体系和课程设置建设的建议,确定了农业生产与管理、休闲农业园区、旅游接待、休闲农业园区规划与设计和休闲农业产品创意与营销等职业岗位群。公共课和专业基础课的教学内容以实用、够用为度,公共基础课要服务于专业课;增加企业锻炼的机会,缩短就业磨合期;培养创新创业人才,首先,对新生进行择业能力测试,根据每位学生的具体情况,组织教学,其次,在教学过程中,到休闲农业园区、生态农庄、采摘园等进行,增强教学的直观性和动手操作的机会,最后,探索校地结合、校企挂钩的方式来培养人才,实行校企合作办学。

2019 年,上海农林职业技术学院对高职院校休闲农业专业校外实训基地建设进行了研究。①休闲农业专业校外实训基地建设现状：北京农业职业学院等 5 所高职院校的校外实训基地建设走在了前面。第一类是实训基地建设综合实力较强的院校，以湖南生物机电学院和江苏农林职业技术学院为代表；第二类是北京农业职业技术学院实施的新型职业农民培育工程；第三类是以江苏农牧科技职业技术学院、上海农林职业技术学院为代表的院校与休闲农业企业建立了初步的合作关系。②休闲农业专业校外实训基地建设存在的问题及分析：校外实训基地建设校企融合度不够。休闲农业企业尚未意识到参与职业教育对企业发展的意义。只有在企业人才短缺的情况下才表现出对院校合作的积极主动性，这种情况下，只能解决企业需求的临时兼职。学生对企业实际的工作环境认知有限，企业并不能如愿招到满意的专业人才。高职院校休闲农业专业实训安排与企业岗位对接不紧密。一是停留在专业课程实训参观模式，浅层次的感知休闲农业园区概况，企业并没有一线工作导师来参与指导；二是顶岗实习，企业人才需求和院校培养之间依然存在脱节，学生尚未对企业形成详细的体系认知。休闲农业校外实训基地建设管理缺失。校企共建管理体系缺失，政府监管的缺失，企业和院校管理部门尚未形成足够的重视。没有形成一整套管理制度，缺少自上而下的管理体系，以及相应的管理部门。休闲农业校外实训体系不明确。校企共建没有形成严格的实训内容体系，只是院校的积极主动性较高。校企共建没有形成严格的实训流程。首先，实训时段尚未实现科学合理安排，无法体现学生的分阶段实习实训模式。其次，缺少一个实训、实践信息平台的搭建。③休闲农业专业校外实训基地建设对策。建立休闲农业校外实训基地外部保障机制。政府响应国家政策，行使政府管理监管职能促进校企深入共建，邀请行业技能考评四方合作平台。构建校外实训基地内部健全的管理体系。"休闲农业校外实训基地建设的管理问题主要是内部制度建设问题，主要从基地管理、教学管理、教师管理、学生管理等制度入手。"一个健全的休闲农业专业校外实训基地的管理构架应该有四部分内容支撑，由四大职能管理部门形成。实训基地制度建设应由校企双方的领导部门组成，实训教学管理制度应该由对应的二级学院或系部的领导和企业的主管组成，实训教师管理制度对应的是休闲农业教研室和休闲农业企业生产部门，实训学生管理制度对应的是院校的校内指导教师和企业一线技能工作人员。明确休闲农业校外实训基地建设内涵构建健全的实训内容体系。明确企业所需，帮助企业明确劳动力和技能需求，在校企合作的过程中院校应该把企业的利益需求考虑在先。引导企业意识到人才对企业发展的重要性。首先对接休闲农业企业岗位工作任务，构建实践性教学体系。其次对接休闲农业行业职业标准，开发实践性课程资源。依据休闲农业专业职业岗位培养目标。对接实训师资力量，保障实训活动的开展。对接实训方式，实现校企共赢的局面。利用企业经营的淡季开展大学一年级学生专业认知实训比较好。根据不同的合作企业在合作方式、合作内容上可采取灵活多变的形式。

2019 年，天津市农村经济与区划研究所从利益相关者理论角度进行了休闲农业女性人才培养路径的探析。①休闲农业女性人才培养存在的问题。脱产教育，主要是指对在校女大学生的培养办学目标不明确，与市场需求脱轨。一些专科院校不能准确把握休闲农业的脉搏，盲目设置课程，导致办学目标与休闲农业企业的需求错位。师资队伍良莠不齐，教育质量低下。课程设置不健全，未形成学科体系。休闲农业人才的培养集中在专科教育层次。培养目标是"宽口径、厚基础"，对专业课程产生"挤出效应"。课程开发较单一，缺少性别差异。不能体现出女性在休闲农业领域从业的优越性。在职教育存在的问题：培训形式灵活、主体多元，但培训课程设置针对性不强，培训体系松散。培训机构在师资管理方面存在缺位。培训对象众多、效果难控。农村女性积极性调动不足。②利益相关者多方联动参与休闲农业女性人才培养。根据休闲农业女性人才培养问题利益相关者，休闲农业人才培养问题利益相关者的诉求，多方联动解决休闲农业女性人才培养问题。依托相关高校，构建学科体系。针对女大学生群体贯彻"因性施教"原则，将职业角色和性别角色结合，开发专门的女性职业教育课程。完善奖励机制，鼓励在职教育。协会搭建平台，就业创业双赢。首先，通过构建"学校—政府—企业—行业协会"四方联动的学科建设体系，采用"工学结合、校企合作、顶岗实习"的模式，把女性引入职业教育平台；其次，休闲农业行业协会在做好休闲农业女性劳动力从业现状、就业需求、技能需求分析和调研的基础上，辅助高校为休闲农业相关专业的在校女大学生开设创业指导类课程；最后，联合妇联为农村女性提供休闲农业创业方面的咨询指导服务。利用新媒体，完善培养结构。

2019 年，湖南环境生物职业技术学院面向 33 家森林生态旅游企业、14 所高职院校及 284 个毕业生，针对森林生态旅游专业教学标准研制进行调研，得出了调研结论与对策建议。①调研结果及分析，主要包括了行业调研结果及分析，服务未来森林生态旅游行业的人才无论是人才数量和质量都有很大的空间；企业调研结果分析，企业对森林生态旅游专业人才培养的建议，开设专业课程，专业标准应用与参考，校企深度合作开展教学；学校调研结果及分析；毕业生对专业人才培养的反馈情况；有关研究评价机构等调研结果及分析。②调研结论：对准行业发展新业态明确人才培养面向；契合森林生态服务功能定位人才培养目标与人才培养规格；根据森林生态服务岗位能力确立课程体系与核心课程；依托森林生态发展资源优化人才培养条件。③对策建议：人才培养专业教学模式与教学方法的改革建议，要进一步加强森林生态旅游行业岗位群、职业面向分析，明确人才培养目标定位，要健全德技并修、知行合

一、工学结合的育人机制，加强理论与实践一体化教学；造就具有"双师"素质的教师队伍的改革建议；健全专业教学资源库，建立共建共享平台，扩大优质资源覆盖面的改革建议。

3.3.5 "都市农业职业教育"机电类专业专题文献选摘及要点分析

2篇有关机电类专业专题文献的著者机构都为苏州农业职业技术学院（表3-8），文中主要理论和经验、典型做法依发表时间先后提炼如下。

表3-8 有关"机电类"专业高影响值专题文献纲要及

主要论述选摘（按单篇影响值从大到小排序）

序号	篇名	作者单位	发表时间	影响值	涉及方面	纲要及主要论述选摘
1	农业高职机电类专业实施"双证书"制度探索——以苏州农业职业技术学院为例	苏州农业职业技术学院	2013-12-10	2.271 256	机电类专业	积极推进专业认知教育；优化人才培养方案；深化课程与教学改革；加快"双师型"教师培养；加强校内外实训基地建设。将"双证书"制度纳入教学计划中；借鉴国家职业资格标准设置专业课程，确定专业课程体系。课程开发主要是围绕典型产品加工案例展开，实施"订单式"培养，学生学习与实习轮替进行。把实践操作能力作为考核教师企业锻炼的重要指标，从"知识型"向"技能型"转变。创新农业高职集团化办学体制机制，合作组建省级政行校企合作平台，开展"五位一体"的产学合作
2	高职农业院校机电类专业创新教学方向的研究	苏州农业职业技术学院	2011-07-25	1.877 518	机电类专业	（1）创新教学促进培养目标的转变。（2）传统农业生产自动化改造应用层面上的技术要求分析。（3）创新教学教改项目实施过程安排。（4）教改效果的思考。（5）结论

2011年，针对传统农业生产低成本自动化改造的潜在需求，对高职农业

院校机电类专业创新教学方向进行了研究和总结。①创新教学促进培养目标的转变。发挥农业院校的农业背景优势，充分利用现有条件，积极探索传统农业生产中低成本自动化改造，在应用层面上培养学生的创新意识和创新能力，改"会用"为"会发现在什么地方可以用"。②传统农业生产自动化改造应用层面上的技术要求分析。就学生的创新教学而言，重点需要考虑的是如何在高职层次的技术层面上，进行一定程度的实用研发和改造。更着眼于能解决实际问题、低成本实现的能力。在功能设计中，不可能涉及高深技术研发，应当充分利用现有的工控产品，合理降低控制功能，在满足基本控制要求的基础上，提高控制效果。从应用实现的现实角度看，能够分解项目的技术难点，降低实现成本；还需要能够对整个器件行情有所熟悉，在满足功能的前提下，选用低价的器件，以保证低成本的需要。③创新教学教改项目实施过程安排。为尽量达到上述的知识和技术目标，在专业基础课程和专业课程教学中，进一步增加应用类知识，同时增加课外教学内容，在电子市场和数码产品市场熟悉了解行情，在各类专业网站上扩展新产品知识。组织学生以一定的形式参加教师的在研农业自动化科研项目，全程参与。通过参与实际的传统农业生产改造应用项目，开阔学生的视野。发动农村学生假期时间和"暑期三下乡"活动进行调研，发现、思考改造的可行性，提出初步方案。确定典型研发项目后，注重将典型项目的功能需求、功能设计分解引入教学环节，尤其是专业课程实训中。④教改效果的思考。高职层次的学生研发创新，主要着眼于现有技术应用、低成本实现的角度。只要方向正确，在一定的层次上就能有结果，做到哪一步就是不断积累的过程。对于较为成熟的实用项目，可以在农村以示范的形式带动一定范围的示范。

2013年，在实施"双证书"制度探索中提出要积极推进专业认知教育；优化人才培养方案；深化课程与教学改革；加快"双师型"教师培养；加强校内外实训基地建设。要借鉴国家职业资格标准设置专业课程，确定专业课程体系。课程开发主要是围绕典型产品加工案例展开，实施"订单式"培养。把实践操作能力作为考核教师企业锻炼的重要指标，从"知识型"向"技能型"转变。创新农业高职集团化办学体制机制，合作组建省级政行校企合作平台，开展"五位一体"的产学合作。

3.3.6 "都市农业职业教育"食品及生物类专业专题文献选摘及要点分析

6篇有关食品及生物类专业专题文献著者机构有苏州农业职业技术学院和南京农业大学。其中苏州农业职业技术学院4篇，南京农业大学2篇。苏州农业职业技术学院相对活跃。

表 3-9　有关"食品及生物类"专业高影响值专题文献纲要及
主要论述选摘（按单篇影响值从大到小排序）

序号	篇名	作者单位	发表时间	影响值	涉及方面	纲要及主要论述选摘
1	"复合应用型食品科学与工程"卓越农林人才培养体系构建与探索	南京农业大学	2016-08-10	1.949 211	食品及生物类专业	确立专业人才培养目标为培养一流复合应用型食品专业精英人才。 （1）推行"3+X+Y"的人才培养模式，实行本-硕贯通培养。 （2）创新培养机制，打造"双师型"师资队伍。①强化青年教师培养和使用机制，实行"双师型"职称评聘优惠政策。②完善校企深度合作办学的常态化用人机制。③完善人事制度改革，确保骨干师资队伍稳定。 （3）注重建设实效，积极探索"卓越人才"教学方式改革。①"探究式-小班化"教学方式的探索与实践。②以课程群为核心的课程体系的构建。 （4）校企联合培养，创建新型人才培养与评价机制
2	"技术管理型"食品质量与安全专业人才培养改革及实践	南京农业大学	2009-12-10	1.534 337	食品及生物类专业	（1）我国食品安全专业建立与发展现状。 （2）"技术管理型"食品安全专业的产生背景。 （3）技术管理型食品安全专业培养模式。①专业培养目标。"精食品、强检验、善管理"为人才培养目标，"技术管理型"复合人才。②课程体系建设改革与实践。课堂教学；综合实验与课程设计教学改革。 （4）"技术管理型"食品安全专业的实践技能改革与实践。①实践性教学改革。②设立国家"食品安全师"培训点。 （5）技术管理型食品安全专业师资队伍建设

（续）

序号	篇名	作者单位	发表时间	影响值	涉及方面	纲要及主要论述选摘
3	高职焙烤专业创业教育的探索与思考	苏州农业职业技术学院	2010-10-25	1.389 885	食品及生物类专业	修改培养方案、调整课程设置、改革教学方法、加强实践环节、访谈成功人士等方面总结了创业教育的实践探索。 修改培养方案，确定人才培养目标；调整课程设置，优化人才知识结构；改革教学方法，培养创业创新思维；加强实践环节，提高综合创业能力；访谈成功人士，不断增强创业信心。 "2＋0.5＋0.5"模式。 以"必需、够用"为原则设置创业课程；采取开放式、互动式、研讨式、案例式及动手式等教学方法。 创建创业教育师资团队；完善保障措施
4	食品专业校内实训基地建设的探索与实践	苏州农业职业技术学院	2009-12-26	1.379 776	食品及生物类专业	（1）实训基地建设的指导思想。 （2）校内实训基地建设的原则：真实性原则；产业化原则；技术性原则；开放性原则；工学性原则；共建原则；专业性原则；共享原则；先进性原则；创新性原则；安全性原则。 （3）校内实训基地的建设目标。①人才培养与实训基地建设。②服务区域经济与实训基地建设。 （4）食品专业校内实习实训基地的建设实践与成效。①健全制度、明确目标，保障实习基地建设的有序运行成立建设领导小组，明确建设目标。②校企合作、工学结合，确保高技能人才的培养质量。③规模生产、市场运作，创新实训基地的经营模式。④加强示范、服务地方，有效拓宽了实训基地的功能。⑤岗前培训、开放培养，做到"双师型"教师培养的多元化

（续）

序号	篇名	作者单位	发表时间	影响值	涉及方面	纲要及主要论述选摘
5	食品营养与检测专业教学改革与实践——以苏州农业职业技术学院为例	苏州农业职业技术学院	2013－03－10	1.379 748	食品及生物类专业	（1）以职业标准为基础，以岗位能力为核心，优化专业课程体系。（2）以企业实践为手段，以真实项目为载体，提高学生实践能力。（3）以人才培养为本，以能力提升为要，持续开展专业教学改革
6	"寓学寓工校企共育"创新人才培养模式的研究与实践——以苏州农业职业技术学院食品专业为例	苏州农业职业技术学院	2013－10－20	1.162 991	食品及生物类专业	基于校企合作机制。"园中校"建设，实施"1＋1＋1"三段式人才培养新方案。学院组建校企合作联盟。共建"园中校"，共同制定专业人才培养方案，共同管理教育教学过程与人才质量考核评价

　　4篇文献著者机构为苏州农业职业技术学院的文献依发表时间先后提炼文中主要理论和经验、典型做法如下。

　　2009年，对食品专业校内实训基地建设进行了探索与实践。①实训基地建设的指导思想。以培养服务地方经济建设、满足企业人才需要为根本目标，以提高学生的实际动手能力为重点，按照"源于现场、高于现场"的要求，以食品加工工艺过程为导向，参照国家职业资格标准和国际行业标准，跟踪国内外的新技术、新工艺，对准食品类职业岗位技能需求设置实训项目，充分体现实用性和先进性，满足涉及的专业技术大类和工学交替的教学需要。②校内实训基地建设的原则：真实性原则、产业化原则、技术性原则、开放性原则、工学性原则、共建原则、专业性原则、共享原则、先进性原则、创新性原则、安全性原则。③校内实训基地的建设目标：紧紧围绕培养学生的职业岗位技能，以充分发挥和完善实训基地的各类功能为根本建设目标。人才培养与实训基地建设，采取产学结合、校企合作的形式。同时，实训基地也是培训与技能鉴定中心。服务区域经济与实训基地建设，一是实训基地是服务区域经济发展的助推器；二是实训基地是工程技术研发和孵化中心。④食品专业校内实习实训基地的建设实践与成效。健全制度、明确目标，保障实习基地建设的有序运行：成立建设领导小组，明确建设目标，建设生产性实训基地、职业技能培训和鉴定中心、食品类资源共享中心、食品实用技术研发和推广示范中心。校企合作、工学结合,确保高技能人才的培养质量。探索出"前校后厂"(工厂)、"前校后所"(食品研究所)的工学交替人才培养模式。规模生产、市场运作,创新实训基地的经营模式。加强示范、服务地方,有效拓宽了实训基地的功能。岗前培训、开放培养,做到"双师型"教师培养的多元化。

2010 年,在高职焙烤专业创业教育探索中总结出了修改培养方案,确定人才培养目标;调整课程设置,优化人才知识结构;改革教学方法,培养创业创新思维;加强实践环节,提高综合创业能力;访谈成功人士,不断增强创业信心的创业教育实践做法,实行"2+0.5+0.5"培养模式,采取开放式、互动式、研讨式、案例式及动手式等教学方法。

2013 年,总结了食品营养与检测专业教学改革与实践。本着"规模适度、务实发展、精致发展"的理念,以融通"食品检验工""公共营养师"等国家职业标准,培养"懂加工、会检验、高素质"的食品检验相关人员及"会评价、能宣教"的公共营养从业人员为目标,实施了以"能力核心、课程综合、'双证'融通"三位一体的专业教学改革与实践。①以职业标准为基础,以岗位能力为核心,优化专业课程体系。以食品营养与检测专业为切入点,以岗位能力培养为核心,以"双证融通"优化课程体系为主要目标,以国家职业标准研究为重点,以校企合作为手段,开展课题研究。一方面,在原有的基础上,对食品检验工国家职业标准进行深入研究。确定了"通用能力""项目能力"和"拓展能力"。另一方面,根据社会需求及 2006 年颁布的"公共营养师"国家职业标准,研究新的专业方向,确定了食品营养与检测专业(公共营养方向)的人才培养方案。明确了职业素质和能力结构。②以企业实践为手段,以真实项目为载体,提高学生实践能力。一方面,为了深入开展工学结合的教学改革,实施"2+0.5+0.5"教学计划,另一方面,课程教学以真实项目为载体,开展体验式教学。③以人才培养为本,以能力提升为要,持续开展专业教学改革。一方面通过课程综合、顶岗实习、项目体验培养学生的职业能力;另一方面,通过企业实践、专业能力提升计划、团队建设项目等活动,加强青年教师的培养。

2013 年,在"寓学寓工校企共育"创新人才培养模式研究中提出:基于校企合作机制组建校企合作联盟。共建"园中校",共同制定实施"1+1+1"三段式人才培养新方案,共同管理教育教学过程与人才质量考核评价。

2 篇文献著者机构为南京农业大学的文献依发表时间先后提炼文中主要理论和经验、典型做法如下。

2009 年,为提高学生的专业素质的综合能力,实施了"技术管理型"食品质量与安全专业人才培养改革及实践。①我国食品安全专业建立与发展现状：重检验检测技术，轻过程控制和预防管理。食品生产是良心生产，这是食品行业和其他行业最大的不同。食品安全问题是对人的管理和对生产控制的"技术＋管理"问题。②技术管理型食品安全专业培养模式：专业培养目标，以提高学生的"创新思维、创新能力、创新精神"为宗旨，以"精食品、强检验、善管理"为人才培养目标，培养学生成为具备化学、生物学、食品科学、管理学等宽广的基础理论和基础知识，掌握现代食品质量与安全检测检验技术、过程控制和预防管理的"技术管理型"复合人才；课程体系建设改革与实践，囊括从食品原料生产到消费全过程（原料、设备、加工、检验、贮运、销售等所有环节），在学生掌握扎实的食品科学与食品安全基本理论与专业技能的基础上，注重食品分析与检测、管理学、综合技能训练三者并重，培养既懂食品安全理论，又懂安全管理并具有较强综合素质和能力的应用型、复合型人才。一是课堂教学，以学科建设的成就为基础，制定核心专业课程和特色精品课程建设的目标与措施，选用全国食品质量与安全专业骨干教师主编的教材和国家"十一五"重点教材，多数课程教学采用多媒体教学。二是综合实验与课程设计教学改革，在低年级实验课程学习的基础上，高年级开展具有综合性和连续性的综合实验，通过对某类食品的感官指标和理化指标进行全面分析和测定，培养学生掌握综合运用各种检测方法判断产品质量是否合格的技能，做到触类旁通。大四开设课程设计，培养学生综合运用管理学知识，建立食品安全质量管理体系。③"技术管理型"食品安全专业的实践技能改革与实践：包括实践性教学改革，设立国家"食品安全师"培训点。④技术管理型食品安全专业师资队伍建设，梯队构成合理而优秀的教师队伍是培养合格人才的根本保证。对青年教师，学院实行导师负责制。每学期组织教师教学观摩活动、青年教师座谈会、青年教师讲课比赛。

2016 年，对"复合应用型食品科学与工程"的卓越农林人才培养体系进行了构建与探索。①确立专业人才培养目标为围绕国家经济社会和食品产业发展的重大需求，依托食品学科的科研与教学资源优势，坚持"改革创新、突出特色、强化实践、统筹推进"的基本原则，培养个性健全、情操高尚、基础扎实、知识面广，工程设计与实践能力优良，能够跟踪应用食品产业中的新理论和新技术，着力解决食品产业面临的实际问题，富有创新精神、实践能力，兼具宽广国际视野与浓郁本土情怀的一流复合应用型食品专业精英人才。从 3 个专业大一学生中遴选了 20 名优质生源，正式组建"复合应用型"食品科学与工程卓越农林人才班，制定了人才培养方案。②推行"3＋X＋Y"的人才培养模式，实行本—硕贯通培养。因校制宜，探索校企协同育人、协同发展的人才培养模式，引入了"3＋X＋Y"联合培养机制，突出对学生"科研创新能力"和"工程实践能力"的培养。本科 4 年中，3 年时间在校内进行基础知识学习与科研创新能力训练，1 年（3＋1 模式）在企业（校外实践基地）进行生产实践能力培养。本科毕业时，考核合格的学生，可直接选择就业；考核优秀的学生，可结合自己的意愿选择就业或通过保送方式进入该专业的硕士培养阶段（3＋1＋2 模式，专业硕士；3＋1＋3 模式，学术型硕士），实现本—硕贯通培养。卓越班全面实行导师制。学院在新项目申报时给予倾斜，使学生得到更多的科研训练机会，并通过报销论文审稿费与版面费等措施，鼓励和支持学生发表科研论文。高年级学生，通过开设研讨课、组建科研兴趣小组、要求学生聆听学术报告，结合教学内容写课程论文。为培养学生的实践创新能力，卓越班实行"课程设计＋参观实习＋生产实习＋毕业设计"相结合的方式。为了确保实习效果，实习过程中实行双导师制。生产实习由企业根据学生的实习情况进行课程考核。③创新培养机制，打造"双师型"师资队伍。"校内导师＋企业导师""双师型"队伍为基础。强化青年教师培养和使用机制，实行"双师型"职称评聘优惠政策。通过分批派往企事业、国外访学研修和定期参加企业生产实践锻炼相结合等多种方式，重点提高中青年教师的生产实践能力。完善校企深度合作办学的常态化用人机制。聘请校外大型企业的具有工程设计经历的高级管理人员、工程师作兼职导师，逐步实现师资队伍中具有"双师"资格或有 2 年地方或企业实践经验的教师比率逐步提高。完善人事制度改革，确保骨干师资队伍稳定。推行按需设岗、平等竞争、择优聘任、严格考核、合约管理的人事管理制度。充分发挥聘任人才教学、科研的积极性，营造宽松的学术环境。④注重建设实效，积极探索"卓越人才"教学方式改革。"探究式——小班化"教学方式的探索与实践。专业课程全部采用小班化授课，强化学习过程考核。遵循人才成长规律，其特征是"启发式讲授、互动式交流、探究式讨论"，老师的教与学生的学是双向的、互动的，授课时常常围绕某个主题进行讨论，进行头脑风暴。可以按照学生认知能力的差异，实现学生的差异化培养、个性化发展。以学生的学习成果作为评价教学质量的终极标准。以课程群为核心的课程体系的构建。课程群实行集中备课，统一授课内容、讲解重点与难点，统一授课进度、作业、试题库和考题。建立了食品微生物与发酵工程、食品加工与贮藏、食品营养与化学、食品工程四大课程群。目前食品类课程的教学和课程建设忽略了课程间的横向联系和交叉综合，未将课程间的内容体系进行整合与优化，而课程群是解决这一问题的有效途径。课程群是几门内容有紧密联系课程的集合体，重点要能对其内容进行融合，再对内容进行重新分解，以形成新的教学模式。⑤校企联合培养，创建新型人才培养与评价机制。共同建设课程体系和教学内容，共同实施培养过程，共同评价培养质量。分别从学业评价和实践技能评价两大方面进行。学业评价重点突出"科研创新能力训练"和"课题组"在该评价体系中的作用；实践技能评价由原来的单一的

"GPA评价"改为"GPA+科研能力+实践能力"三重评价体系。科研能力和实践能力由"校内导师+企业导师"共同对学生予以评价。

3.3.7 "都市农业职业教育"计算机、信息类专业专题文献选摘及要点分析

在2篇有关计算机、信息类专业专题文献中，北京农学院、成都农业科技职业学院各有1篇（表3-10）。

表3-10 有关"计算机、信息类"专业高影响值专题文献纲要及

主要论述选摘（按单篇影响值从大到小排序）

序号	篇名	作者单位	发表时间	影响值	涉及方面	纲要及主要论述选摘
1	都市农业信息化人才需求与培养模式研究	北京农学院	2010-07-15	3.025 141	计算机信息类专业	（1）农业信息化概述。（2）农业信息化现状分析。（3）农业信息化人才现状分析。①农业信息化人才数严重缺乏。②农业信息化人才分布不合理。③农业信息化人才知识结构不合理。④农业信息化人才层次结构不合理。（4）农业信息化人才培养模式研究。①充分发挥高校在农业信息化人才培养中的主导作用，加强学科专业的融合与课程结构的调整。②充分利用各种现代化农业示范基地。③建立农业信息化专家咨询队伍。加强大学生的信息辐射作用。大力开展在职培训和职业教育。开展网络教育，实施"农民上网"工程，建立行之有效的激励机制
2	慕课视野下高职计算机应用基础教学改革研究	成都农业科技职业学院	2015-11-15	2.094 922	计算机信息类专业	（1）慕课背景。（2）计算机应用基础教学面临的现实：①教学内容不能满足不同专业需求。②教学手段不适应时代发展需要。③学生水平参差不齐，学习兴趣低。④缺少对计算机思维的培养，不适应日新月异的计算机应用世界。

（续）

序号	篇名	作者单位	发表时间	影响值	涉及方面	纲要及主要论述选摘
2	慕课视野下高职计算机应用基础教学改革研究	成都农业科技职业学院	2015 - 11 - 15	2.094 922	计算机信息类专业	（3）慕课背景下计算机应用基础教学改革的思路：①改革教材，适应学生及时代的需求。②改革教学形式，进行个性化的教学。③转变教师角色，适应慕课时代的需要。④改革考核方式。 （4）总结

2010 年，针对目前都市农业信息化人才培养存在的问题，北京农学院对都市农业信息化人才需求与培养模式进行了研究。①农业信息化人才现状分析：农业信息化人才数严重缺乏；农业信息化人才分布不合理；农业信息化人才知识结构不合理；农业信息化人才层次结构不合理。缺乏将农业信息化包括软件、产品等具体应用到农业生产，指导农业生产的应用型技术人才。②农业信息化人才培养模式研究。农业信息化建设正在步入多层次发展阶段，农业信息化建设的人才需要也越来越趋向于掌握多种专业知识尤其是农业和信息技术的"复合型"人才。在人才构成层次上，也形成了以通用型为主，开发型、研究型为辅的农业信息化人才需求的多层面格局。农业信息化人才的培养应从实际需要出发，分层次开展。在培养形式上，应采用高校教育、继续教育、社会教育、网络教育等多种方式和途径来同步进行。充分发挥高校在农业信息化人才培养中的主导作用：加强学科专业的融合与课程结构的调整。创建交叉性学科专业，在课程体系结构建立上，应以满足农业、农村发展和社会对人才的需求为基点，以职业岗位群所需知识、能力、素质分析为重心，构建以能力为本的教学内容和课程体系。充分利用各种现代化农业示范基地。建立农业信息化专家咨询队伍。北京农学院特意组建了由多个专业专家教授构成的百名专家顾问团，定期组织各专家顾问下乡指导。加强大学生的信息辐射作用。为了使大学生村官能够真正地发挥服务于农业基层的作用，加强对农口专业大学生的信息技术培训，以及非农专业大学生的农业知识培训等。大力开展在职培训和职业教育，注意中低层次农业信息人才的培养。开展网络教育，实施"农民上网"工程。建立行之有效的激励机制。

2015 年，成都农业科技职业学院对慕课视野下高职计算机应用基础教学进行了改革研究。①慕课背景：大规模、开放性，以兴趣导向，方便自由。计算机应用基础教学面临的现实：教学内容不能满足不同专业需求，侧重点不同；教学手段不适应时代发展需要；学生水平参差不齐，学习兴趣低，针对性差；缺少对计算机思维的培养，不适应日新月异的计算机应用世界。②慕课背景下计算机应用基础教学改革的思路。改革教材，适应学生及时代的需求。一是以项目为载体，整合教材内容，把知识点融入项目中。二是引入办公软件的高级内容，同时对内容进行难度分级。三是加入计算机思维的内容，作为大一学生第一门计算机类课程，努力培养他们的计算机思维是适应新时代新技术的必要工作。改革教学形式，进行个性化的教学。可以利用慕课的网络教学形式，向学生提供更多学习资源，提供学生线上线下的学习环境；录制一些微视频及授课录像，将慕课引入课堂，教师讲授与视频播放相结合；课堂教学上，综合运用多种教学方法，如翻转课堂、小组讨论法、辅导答疑法等。转变教师角色，适应慕课时代的需要。教师必须要转变观念，改变角色，从单一的讲授者变成教学的设计者、组织者和考核者。设计微视频、巧妙问题。改革考核方式，形成性考核和终结性考核两方面。

3.3.8 "都市农业职业教育"经营、管理类专业专题文献选摘及要点分析

在3篇有关经营、管理类专业专题文献中，成都农业科技职业学院、沈阳农业大学、苏州农业职业技术学院各有1篇（表3-11）。

表3-11 有关"经营、管理类"专业高影响值专题文献纲要及
主要论述选摘（按单篇影响值从大到小排序）

序号	篇名	作者单位	发表时间	影响值	涉及方面	纲要及主要论述选摘
1	基于区位优势的高职物业管理专业现代学徒制人才培养模式构建——以成都农业科技职业学院为例	成都农业科技职业学院	2017-09-10	2.493 799	经营、管理类专业	1. 物业管理行业和高职物业管理专业办学基本现状（1）物业管理行业急需专业技术人才。（2）高职院校物业管理专业招生困难。（3）物业管理专业毕业生就业质量不高。2. 物业管理专业人才培养过程中存在的问题（1）专业人才培养定位问题。（2）师资短缺问题。（3）教学实训问题。3. 物业管理专业区位优势分析（1）行业资源优势。（2）物业资源优势。（3）地理位置优势。

（续）

序号	篇名	作者单位	发表时间	影响值	涉及方面	纲要及主要论述选摘
1	基于区位优势的高职物业管理专业现代学徒制人才培养模式构建——以成都农业科技职业学院为例	成都农业科技职业学院	2017 - 09 - 10	2.493 799	经营、管理类专业	4. 区位优势下现代学徒制模式培养复合型物业管理人才的路径 （1）利用区位优势，选择优质物业企业合作。①学校主动出击，联系合作企业。②确定合作关系，共同制定人才培养方案。（2）利用现代学徒制模式，与合作企业共育专业人才。①根据物业管理工作岗位内容，选拔和聘用优秀企业员工作为师傅。②根据物业管理专业学制特点，与企业师傅共同确定培养方式。③根据物业管理工作岗位要求，与企业师傅共同确定教学内容和质量评价标准
2	农林经济管理专业方向建设思考	沈阳农业大学	2015 - 03 - 15	1.599 238	经营、管理类专业	（1）专业方向建设的提出。 （2）农林经济管理专业方向建设存在的主要问题。①部分理论课程缺乏专业训练的优秀师资。②实践教学环节针对性不强、方向性不明确。③教学实习单位和实验基地建设滞后。④部分理论课与实践课的时间安排不合理。 （3）专业方向建设、实践教学环节设置及其思路。①专业方向建设及其实践教学环节的内容构成，2010 年确定了企业管理、农村公共管理和研究创新型 3 个专业方向。②专业方向建设及其实践教学环节的具体工作。③调整适应专业方向建设及其实践教学的基本思路
3	连锁经营与管理专业工学交替人才培养模式的探索	苏州农业职业技术学院	2010 - 01 - 25	1.221 193	经营、管理类专业	（1）连锁经营与管理专业工学交替第一阶段实施方案。①认知性实习，一是岗前培训，二是顶岗实习。②体验式实习。

（续）

序号	篇名	作者单位	发表时间	影响值	涉及方面	纲要及主要论述选摘
3	连锁经营与管理专业工学交替人才培养模式的探索	苏州农业职业技术学院	2010-01-25	1.221 193	经营、管理类专业	（2）对连锁经营与管理专业工学交替第一阶段实施效果的评价。①学生通过实习对零售行业的认识发生了变化。②通过实习增强了学生学习的目的性。③通过实习对校企双方的合作管理规范提出了更高的要求。（3）对连锁经营与管理专业工学交替第一阶段实施效果的反思

2010年，苏州农业职业技术学院进行了连锁经营与管理专业工学交替人才培养模式的探索。2007年11月，苏州农业职业技术学院在充分调研和论证的基础上与华润万家（苏州）超市有限公司（以下简称华润公司）正式签订合作办学协议，并于2008年正式开设了连锁经营与管理专业，采用"订单式"人才培养模式，积极推行工学交替。①连锁经营与管理专业工学交替第一阶段实施方案。连锁经营管理专业主要培养的是能够熟练地掌握一门外语并能熟练地操作和使用计算机，具有一定的经济学、管理学理论基础，掌握现代市场营销的专业知识、方法和技能，具备经营管理专业知识和连锁门店运营管理操作技术的，适应现代连锁经营规范化、制度化和规模化要求的连锁经营管理专业高级应用型人才。认知性实习，全部参加由华润公司组织的岗前培训，一是岗前培训，二是顶岗实习；体验式实习。②对连锁经营与管理专业工学交替第一阶段实施效果进行评价。学生通过实习对零售行业的认识发生了变化。通过实习增强了学生学习的目的性。通过实习对校企双方的合作管理规范提出了更高的要求。③对连锁经营与管理专业工学交替第一阶段实施效果的反思。第一，在实习之前，学校方面需要明确学生通过实习应该达到哪些目的，并将这些目的和实习单位进行沟通，力求达成共识。第二，在实习进程中，有必要建立指导教师管理制度。第三，实习之后，需要对学生的实习过程和结果进行规范的评价。

2015年，介绍了沈阳农业大学促进农林经济管理专业方向建设的思考。①农林经济管理专业方向建设存在的主要问题：部分理论课程缺乏专业训练的优秀师资；实践教学环节针对性不强、方向性不明确；教学实习单位和实验基地建设滞后；部分理论课与实践课的时间安排不合理。②专业方向建设、实践教学环节设置及其思路：专业方向建设及实践教学环节的内容构成，2010年，确定了企业管理、农村公共管理和研究创新型 3 个专业方向。专业方向建设及实践教学环节的具体工作。在企业管理方向，增设了企业管理模拟实习和涉农企业创业管理实习。在研究创新型方向，主要依托农业经济前沿课程论文、毕业调查和毕业论文完成实践教学内容。在农村公共管理方向，整个实践安排以农业经济与农村统计实习为主体，以毕业调查及调查报告为辅。调整适应专业方向建设及实践教学的基本思路。一是在后续的培养方案修订中，增加农村公共管理、学年论文等实践教学环节。通过加强暑期社会实践与方向教学实践结合的方式来切实落实和保障。二是将现有实践课程按内容大类进行优化筛选，通过集中式管理，共享教学和学时资源，提高实践效果。三是将与理论课程衔接不合理的实践调整学期安排，同时调整部分安排不合理的实践周次。四是依托学院建设的科研平台，通过输出大学生到这些机构实现一些实践课程的开设。五是加强校内实验室、校外实习基地建设。通过外聘专家形式增强实践指导师资力量。六是建立本科生导师制。大学生要求协助教师完成一些科研项目和社会工作任务。

2017 年，成都农业科技职业学院构建了基于区位优势的高职物业管理专业现代学徒制人才培养模式。①物业管理行业和高职物业管理专业办学基本现状：物业管理行业急需专业技术人才，专科以上学历的物业管理人数不到总数的 20%；高职院校物业管理专业招生困难，报考率太低，大部分是专业调配或通过补录入学的；物业管理专业毕业生就业质量不高，晋升机会不多，导致物业管理专业毕业生离开本专业从事其他工作。②物业管理专业人才培养过程中存在的问题：专业人才培养定位问题，第一类是以服务理念作为培养模式的中心，第二类是以技能作为培养模式的中心，但培养出来的学生职业发展空间都有限，与中专生相差无几，应向以培养出"高素质、会技术、懂管理"的高端复合型物业人才为目的的方向转变；师资短缺问题；教学实训问题。③物业管理专业区位优势分析：具有行业资源优势、物业资源优势、地理位置优势。④区位优势下现代学徒制模式培养复合型物业管理人才的路径：利用区位优势，选择优质物业企业合作，学校主动出击，联系合作企业，确定合作关系，共同制定人才培养方案；利用现代学徒制模式，与合作企业共育专业人才，根据物业管理工作岗位内容，选拔和聘用优秀企业员工作为师傅，根据物业管理专业学制特点，与企业师傅共同确定培养方式，根据物业管理工作岗位要求，与企业师傅共同确定教学内容和质量评价标准。

3.3.9 "都市农业职业教育"生态、环境类专业专题文献选摘及要点分析

在 3 篇有关生态、环境类专业专题文献中，吉林大学、湖南农业大学、苏

州农业职业技术学院各有1篇。

表 3-12 有关"生态、环境类"专业高影响值专题文献纲要及

主要论述选摘（按单篇影响值从大到小排序）

序号	篇名	作者单位	发表时间	影响值	涉及方面	纲要及主要论述选摘
1	基于现代生态循环农业的大学生创新创业能力培养	吉林大学	2019-08-10	1.371 707	生态、环境类农业；就业创业	1. 现代生态循环农业的背景 一是人口压力要求发展方式转变。二是粮食短缺要求提质增效。三是资源浪费要求重复利用。四是环境危机要求重塑生态。 2. 现代生态循环农业的内涵 （1）4R原则，再利用、再循环、减量化、可控化。（2）3H特质，高产、高质、高效。（3）三性样式，即综合性、复杂性和多样性。 3. 现代生态循环农业对创新创业人才知识能力和素质的要求 （1）知识结构更加综合。（2）能力架构更加多元。（3）素质要求更加苛刻。 4. 基于现代生态循环农业的大学生创新创业能力培养 （1）先进理念是培养生态循环农业创新创业人才的思想基础。（2）优化课程体系是培养生态农业创新创业人才的根本保证。①重构课程体系。②打破专业壁垒。③采取多样化教学。④坚持选优培优。（3）贯通实践平台是培养现代生态循环农业创新创业人才的条件支撑。（4）塑造高尚品格是生态循环农业创新创业人才成长的动力源泉。（5）浓郁创业氛围是生态循环农业创新创业人才成长的肥沃土壤
2	循环农业人才培养需"三"思而行	湖南农业大学	2010-04-15	1.213 450	生态、环境类专业	（1）要跳出农业谈培养。 （2）要超越农民谈培养。①培养循环农业的管理者队伍。②培养循环农业的技术人才队伍。③培养具有循环农业意识的"新型农民"。④培养具有循环农业理念的企业家。 （3）要围绕破解"唐斯难题"谈培养

序号	篇名	作者单位	发表时间	影响值	涉及方面	纲要及主要论述选摘
3	高职院校学生顶岗实习与青年教师企业实践结合模式探索——以苏州农业职业技术学院环境类专业为例	苏州农业职业技术学院	2018-04-04	1.103 240	生态、环境类专业；校企结合	（1）学生顶岗实习期间在企业中的主要问题。①学生岗位适应能力差。②校内实训指导教师配备单薄。③在企业里缺乏专业指导。④学生不能正确对待工作中的挫折。（2）高职青年教师企业实践与学生顶岗实习的结合模式。（3）学生顶岗实习与青年教师企业实践结合模式的优势。（4）结论

2010年，湖南农业大学提出循环农业人才培养需"三"思而行。①要跳出农业谈培养。循环农业是按照循环经济理念，通过农业生态经济系统设计和管理，实现物质能量资源的多层次、多级化的循环利用。循环农业的显著特色就是资源的多级、多次利用。循环农业的目标就是少投入、少污染、多产出。要想发展循环农业，首先要发展循环农用工业。归纳为3个层次：一是思想观念与意识形态层次的培养，二是技术层次的培养，三是行为层次的培养。②要超越农民谈培养。培养循环农业的管理者队伍，培养循环农业的技术人才队伍。首先，要在这个群体之中大力宣传循环农业理念，加深对循环农业的认识。其次，如何激发他们热衷于从事循环农业技术推广服务工作，也是影响循环农业发展的关键性环节。培养具有循环农业意识的"新型农民"。培养具有循环农业理念的企业家。③要围绕破解"唐斯难题"谈培养。"唐斯难题"本是用来解释民主投票制度存在缺陷的一种理论。大意是指当投票者众多时，投票者谁也不认为自己的一票可能会起到关键性的作用从而漠视投票，进而形成民主投票的结果最终不一定能够客观真实地反映民意的一种"理性的无知"状态。要破解循环农业中的"唐斯难题"，除了要大力提升国民素质、增强资源环境意识之外，还要大力加强循环农业相关立法建设，制定循环农业相关产品的行业标准。

2018年，苏州农业职业技术学院以环境类专业为例对高职院校学生顶岗实习与青年教师企业实践结合的模式进行了探索。①学生顶岗实习期间在企业中的主要问题：学生岗位适应能力差；校内实训指导教师配备单薄；在企业里缺乏专业指导；学生不能正确对待工作中的挫折。②高职青年教师企业实践与学生顶岗实习的结合模式。刚毕业就进入教师角色的青年教师们欠缺实践案例，而企业实践锻炼是解决这一问题的途径之一。在同一家企业中既有参与企业实践的青年教师，又有本校顶岗实习的学生，两方可以形成有机联系，可以采取"导师制"或"师徒制"的模式，让青年教师也作为学生的企业指导老师，角色为校外实训指导老师（企业在职员工）的副手。与学生既是师生关系，又是同事关系，可以在企业中互相促进，共同提高。③学生顶岗实习与青年教师企业实践结合模式的优势。使教师和学生在企业实践学习过程中，能够掌握科研项目的开发规律，了解企业文化和行业动态，提高了教师理论教育教学水平，增强了学生的实践技能，切实把握现代企业中的新知识、新技能、新工艺，实现教学与企业生产实际的无缝对接，共同构建了校企产、学、研平台，可以说是学校、企业、教师和学生的"四赢"。

2019年，吉林大学提出了基于现代生态循环农业的大学生创新创业能力培养的内容和要求。①现代生态循环农业的背景：人口压力、粮食短缺、资源浪费、环境危机。②现代生态循环农业的内涵：4R原则，再利用、再循环、减量化、可控化；3H特质，高产、高质、高效；三性样式，即综合性、复杂性和多样性。③现代生态循环农业对创新创业人才知识能力和素质的要求。知识结构更加综合，现代农业创新创业人才的知识结构应分为3个梯度，精通本专业，熟悉农业全领域，了解相关学科知识。能力架构更加多元，5种能力：一是持久的学习力，二是娴熟的实践技能，三是科学的资源整合能力，四是敏锐的机会识别能力，五是组织管理及运营能力。素质要求更加苛刻。必须要有学农、事农、兴农的专业精神和情怀。④基于现代生态循环农业的大学生创新创业能力培养。先进理念是培养生态循环农业创新创业人才的思想基础。精细化本科人才培养模式已不能完全适应新时期社会经济和行业发展需要，多学科视域下"通识教育"人才培养模式成为高校，特别是世界一流高校本科人才培养的主要模式。基于专业的"通才教育"理念成为现代生态循环农业创新创业人才培养的思想基础，得到高校的普遍认同。优化课程体系是培养生态农业创新创业人才的根本保证。重构课程体系，创新创业人才需要多学科复合知识，甚至要了解全产业链、全学科领域，要覆盖生态循环农业的各个方面，切实做到精通本专业，熟悉"三农"，了解相关学科知识。打破专业壁垒。跨学科、跨专业是创新创业教育的最佳途径，因此要打破学科、专业、学院、学校等区域限制，实现课程体系全面开放，学生可自主自由慕课、自主选课、辅修专业、辅修多学位，以实现学生知识重构、一专多能、多专多能、个性化培养。采取多样化教学。师资队伍建设多元化，专兼结合，理论—实践—创业互通。建立和完善以问题为导向的学习机制，多种形式拓展学生视野。坚持选优培优。支持和鼓励学生科研创新、实践创新、范式创新。贯通实践平台是培养现代生态循环农业创新创业人才的条件支撑。对高校现有创新创业资源、实践平台、孵化平台进行重组和优化，通盘考虑，统筹安排布局，打通各领域屏障，实现各平台间有序无缝对接，构建集开放、共享、实效于一体的创新人才培养综合实训平台和运行机制。一是依托学校资源，二是依托校外资源，三是依托创业孵化器。塑造高尚品格是生态循环农业创新创业人才成长的动力源泉。一是要以文化人，二是要实践励人，三是要活动育人。浓郁创业氛围是生态循环农业创新创业人才成长的肥沃土壤。一是要构建生态循环农业创新创业舆论宣传圈，二是要构建生态循环农业创业人才培养生态圈，三是要构建生态循环农业创业人才成长学习圈。

3.3.10 "都市农业职业教育"农学、水利等专业专题文献选摘及要点分析

在4篇有关农学、水利类专业专题文献中，北京农学院、沈阳农业大学、南京农业大学、天津农学院各1篇。

表3-13 有关"农学、水利"等专业高影响值专题文献纲要及
主要论述选摘（按单篇影响值从大到小排序）

序号	篇名	作者单位	发表时间	影响值	涉及方面	纲要及主要论述选摘
1	都市型农学专业人才培养模式的形成与实践——以北京农学院农学专业为例	北京农学院	2012-02-10	1.636 586	农学专业	（1）传统农学专业人才培养方面存在的问题。①专业口径狭窄。②专业课程老化。③实践教学简化。④动手能力弱化。（2）专业方向与课程体系的改革。①调整专业方向。②构建新型专业课程体系。③增加实践教学环节。（3）都市型农学专业的建设成效
2	高职水利类专业课程设置与教学体系构建研究	沈阳农业大学	2010-05-20	1.443 635	水利专业	（1）沈阳农业大学高等职业技术学院水利类专业高职人才培养模式。（2）高职水利类专业培养目标和人才规格。①工作岗位群。②知识结构。③能力结构。（3）水利类高职教学体系的构建。①课程体系构建的基本原则，以素质为基础，以能力为本位，以社会需求为依据，以就业

（续）

序号	篇名	作者单位	发表时间	影响值	涉及方面	纲要及主要论述选摘
2	高职水利类专业课程设置与教学体系构建研究	沈阳农业大学	2010 - 05 - 20	1.443 635	水利专业	为导向，适应企业发展要求，教学内容要体现先进性，突出学生的主体地位，体现科学性和灵活性。②理论教学体系的构建，理论教学体系构建要求，制定人才培养方案。③实践教学体系的构建，实践教学环节类别，加大实践教学在教学计划中的比例，确定实践教学项目、内容，建立考核要求与标准。 （4）水利类高职专业改革实践
3	新形势下我国高等农业院校种业人才培养策略探讨	南京农业大学	2013 - 06 - 10	1.345 316	籽种专业	（1）完善人才培养目标。 （2）优化课程设置。为种业人才培养建立了"三平台必修、四类型选修"课程体系。 （3）构建人才培养质量保障体系
4	面向天津农业发展的农学专业人才培养模式研究	天津农学院	2010 - 06 - 15	1.260 006	农学专业	1. 新时期天津现代农业的主要特征 （1）产业融合性。（2）功能多样性。（3）要素集约性。（4）发展可持续性。（5）高度开放性。 2. 天津农业发展对农学专业人才培养提出的新要求 （1）培养方向拓展。（2）培养规格提升。（3）培养目标拓宽。 3. 农学专业人才培养模式的实施策略 （1）转变人才培养理念。（2）突出专业优势和地方特色。（3）形成科学化的人才培养体系。（4）实施灵活的人才培养机制。（5）保证人才培养质量

2010 年，沈阳农业大学对高职水利类专业课程设置与教学体系构建进行

了研究。①高职水利类专业培养目标和人才规格。高职水利水电工程专业的建设目标：以提高人才培养质量为目的，以培养学生的实践能力和创新意识为重点，探索并构建新的水利水电工程专业人才培养模式。包括工作岗位群、知识结构、能力结构。②水利类高职教学体系的构建。课程体系构建的基本原则：以素质为基础，以能力为本位；以社会需求为依据，以就业为导向；适应企业发展要求，教学内容要体现先进性；突出学生的主体地位，体现科学性和灵活性。理论教学体系的构建。理论教学体系构建要求：第一，发挥专业指导委员会的作用；第二，对课程进行整合、重组；第三，采用"大专业平台＋方向模块＋能力扩展模块"的教学模式。即前两年进行"专业平台"学习，后一年进行"专业方向"学习和顶岗实践，其间穿插能力扩展教育。实践教学体系的构建。实践教学环节类别：一是随课程进行的实践教学环节，二是在校内实习场所完成的工种操作实习，三是通常在校外实习基地进行的认识实习、生产实习、毕业实习。加大实践教学在教学计划中的比例。确定实践教学项目、内容，建立考核要求与标准。

2010 年，天津农学院对面向天津农业发展的农学专业人才培养模式进行了系统研究，提出了新形势下农学专业人才培养模式的实施策略。①新时期天津现代农业的主要特征：产业融合性，贸工农一体化、产供销一条龙协调发展的开放式农业。功能多样性，体现在生产、生活、生态和服务的多功能协调发展。要素集约性，具有资本、技术、装备和人才等要素资源高度集约性特征。发展可持续性，坚持资源节约型和环境友好型循环农业发展方向。高度开放性，在生产、流通等各个环节全方位开放。②天津农业发展对农学专业人才培养提出的新要求：培养方向拓展、培养规格提升、培养目标拓宽。要面向"三农"，体现"高素质""应用型"。③农学专业人才培养模式的实施策略。转变人才培养理念。要从实施科教兴国战略、推动产业结构调整、服务地方经济发展和提高劳动者素质的战略高度来认识人才培养的重要性与紧迫性。强调人才的全面素质培养是人的全面发展的基础。突出专业优势和地方特色。体现沿海都市型农学专业特色。形成科学化的人才培养体系。以天津区域社会发展对农学专业人才所具备的知识、能力和素质要求为原则，以课程为载体，第一课堂与第二课堂有机结合，建立融传授知识、培养能力、提高素质为一体的人才培养体系。课程体系与教学内容方面，重组教学内容与课程体系，调整基础课、专业基础课和专业课的比例结构；实践教学体系方面，使课程教学与生产实习结合；教学方法与手段方面，实施主体性教学。实施灵活的人才培养机制。农学专业要采取产学研结合方式，要将知识化的人才评价机制向能力化转变。保证人才培养质量。建立多元化的质量标准，要形成完善的教学质量监控和保障体系。

2012 年，北京农学院总结了都市型农学专业人才培养模式的形成与实践。①传统农学专业人才培养方面存在的问题：专业口径狭窄，专业课程老化，实践教学简化，动手能力弱化。②专业方向与课程体系的改革。提出了"适合北京需求，培养都市型农业人才"的原则，修订人才培养方案，调整专业方向，构建课程体系，增加实践环节，争创特色专业。调整专业方向，农学专业包括"种子科学与工程"和"观光农业"两个学习方向，形成了培养北京都市型农业中籽种农业、观光农业两个核心产业所需人才的新型农学专业。构建新型专业课程体系。增加实践教学环节。将农业生产中常用的技能作为农学专业的一门必修课，形成实践课程《农事学》教学体系。目前，该课程改名为《植物科技技能训练》。对专业课学习增加实践环节。原则是专业课学时不变，调整实验课时和增加教学实习天数，同时安排一些科研实践、生产训练和创新竞赛等活动，培养学生的动手能力。农学专业已经形成了以校内外实践教学基地为基础，有一定理论体系和实用价值的实践教学体系。③都市型农学专业的建设成效。初步形成了"厚基础、宽口径、有特长、强实践"都市型现代农业人才培养模式。

2013 年，南京农业大学对新形势下我国高等农业院校种业人才培养策略进行了探讨。①完善人才培养目标。"培养符合市场经济和科技发展需要，德、智、体、美全面发展，掌握种子科学与工程技术等方面的基本理论、基本知识和基本技能，能在种业相关部门或单位从事教学与科研，技术与设计，推广与开发，经营与管理等工作的学术研究型人才和复合应用型人才"。②优化课程设置。为种业人才培养建立了"三平台必修、四类型选修"课程体系，即通修课、科类基础课和专业核心课 3 个必修课平台，公共选修课、科类选修课、专业选修课和科类方向选修课 4 种选修课类型。通过开设综合性和设计性实验、学生研究培训（student research training，SRT）项目和科研基础训练等，培养学生的创新能力；通过社会实践和其他课外活动，提高学生的综合素质。③构建人才培养质量保障体系。包括课程建设、教学方式、人才培养质量评价等是提高种子科学与工程专业人才培养质量的有力措施。

3.4 "都市农业职业教育"农民培训专题文献选摘及要点分析

15 篇有关农民培训的专题文献中，发文作者单位分布较为分散，北京农业职业学院、成都农业科技职业学院各 2 篇，其他 11 家作者机构各有 1 篇（表 3 - 14、图 3 - 8）。

表 3-14　有关"农民培训"高影响值专题文献纲要及
主要论述选摘（按单篇影响值从大到小排序）

序号	篇名	作者单位	发表时间	影响值	涉及方面	主要论述和观点选摘
1	农民专业合作社科技人才培养机制探析——以天津市武清区为例	天津科技大学	2014-04-20	3.504 395	农民培训、人才培养	1. 农民专业合作社科技人才培养必要性及现状分析 （1）农民专业合作社科技人才培养必要性分析。①都市型农业发展需要农民专业合作社支撑。②科技人才缺乏成为农民专业合作社发展瓶颈。③武清区都市型农业建设急需适合农民专业合作社的科技人才。（2）武清区农民专业合作社科技人才培养现状。 2. 发达国家农民专业合作社科技人才培养机制借鉴 （1）日本农协科技人才培养机制。（2）美国农民专业合作社科技人才培养机制。（3）韩国农协科技人才培养机制。（4）经验借鉴。 3. 武清区农民专业合作社科技人才培养机制设想 （1）动力机制：转变思想观念；需求动力；利益驱动。（2）操作运行机制：定向培养模式；人才基地培养模式；创新模式，"干中学"模式，大学生村官领办、参办合作社模式，"科技特派员"模式。（3）外部保障机制：政府支持；激励因素；营造文化环境

(续)

序号	篇名	作者单位	发表时间	影响值	涉及方面	主要论述和观点选摘
2	浅析高等农业院校在培育新型职业农民中的作用	沈阳农业大学	2014 - 02 - 26	3.058 897	新型职业农民培育	（1）新型职业农民的内涵。 （2）我国新型职业农民培育现状。①我国农村劳动力文化程度低，以小学、初中为主，与发达国家相比差距很大。②大量青壮年农村劳动力转移，农村实用人才"非农化"发展，农村"能人"大量外流。③现代农业对劳动力科技文化素质要求更高。④我国目前的农民培训体制和模式不能够满足新型农民培训的需要。⑤新型职业农民培育体系不健全。 （3）高等农业院校在培育新型职业农民中的作用。①通过推广科研成果，帮助农民致富。②通过培育农民，提高农民的文化水平。③通过选派优秀的学生到农村担任村官。④通过建立综合试验示范基地，为新型职业农民的培育提供综合服务。 （4）高等农业院校加强新型职业农民培育的途径
3	天津农村人力资源素质分析及开发对策	天津农学院	2009 - 05 - 05	2.597 677	农民培训	摘要：加快农村人力资源开发，提高农村人力资源素质，是建设社会主义新农村的根本。天津农村人力资源总量大，但整体素质较低，人力资源结构不合理。造成天津农民素质较低和结构不合理的原因是多方面的，是历史、体制、政策等因素共同作用的结果。加快天津农村人力资源开发，应优先发展农村教育，完善农村教育体系，实施农民素质提高工程，全面提高农民整体素质和创业能力，健全农民教育培训体系，构建农民教育培训的长效机制。 1. 天津农村人力资源素质分析 （1）农村整体文化素质较低。 （2）科技素质偏低。（3）思想道德素质偏低：①政治意识比较淡

（续）

序号	篇名	作者单位	发表时间	影响值	涉及方面	主要论述和观点选摘
3	天津农村人力资源素质分析及开发对策	天津农学院	2009－05－05	2.597 677	农民培训	薄。②愚昧落后的封建习俗。③法治观不强。④家族观念仍然存在。（4）经营管理素质差。（5）人力资源结构不合理。 2.天津农村人力资源素质现状的原因探寻 （1）观念误区：①投资理念偏差。②认识偏差。③对农村人力资源开发重要性认识的偏差。（2）制度障碍与政策失误：①城乡"二元结构"的制约。②人口政策失误。（3）政府财政对农村教育投资不足。（4）农村教育体系不完善。（5）农民个人或家庭缺乏教育投资的动力和能力。 3.加快天津市农村人力资源开发的对策 （1）优先发展农村教育。（2）完善农村教育体系：①对农村未来预备劳动力进行文化知识教育，努力提高国民受教育的年限。②对已成为现实劳动力的农民进行农村教育，要充分发挥农民成人教育机构——农业广播电视学校和远程教育的作用，整合教育资源。③大力发展农村职业教育，适度发展农村高等职业教育。（3）实施农民素质提高工程：①农村劳动力转移培训，农业富余劳动力转移培训，非农产业职业技能提高培训，旅游服务人员执业技能培训，农村经纪人提升培训。②基层管理人员培训，万名农村青年人才培养，村干部岗位提高培训。③涉农产业人才培训，涉农产业人员职业技能培训，农民大中专学历证书教育，万名女带头人培训。④农民思想道德素质培训。（4）健全农民教育培训体系。（5）构建农民教育培训长效机制

（续）

序号	篇名	作者单位	发表时间	影响值	涉及方面	主要论述和观点选摘
4	国（境）外农业教育体系研究	教育部职业技术教育中心研究所	2015－04－21	2.448 240	农民培训；各国职教	1. 农业教育体系建立的经济社会背景 （1）农业政策经历了重大调整。（2）农业在产业结构中的比重大幅下降。（3）农业劳动力受教育水平逐步提高。（4）农业劳动力的收入水平相对较低。 2. 农业教育体系的历史与现状 （1）教育、科研和推广"三位一体"的农业教育体系。（2）农业职业教育在农业教育体系中占据重要位置。（3）非学历农业教育是农业教育体系的重要组成部分。（4）重视基础教育阶段的农业教育。 3. 农业教育的制度与环境保障 （1）通过立法和政策保障农业教育发展。（2）教育部门和农业部门协同培养农业后继者。（3）农业教育和农业创业的经费投入机制。（4）建立和完善职业资格证书制度。 4. 农业教育实施及其质量保障 （1）以需求为导向的专业与课程设置。（2）形式多样的实践教学模式。（3）高素质的师资队伍建设。（4）农业教育的信息化建设 5. 农业教育的经验和启示 （1）不断完善法律法规与政策体系，推动并保障农业教育的有效实施。（2）构建完善的农业教育体系，满足多层次、多类型的农业人才培养需求。（3）实施政府主导、多方参与的管理与运行机制，促进农业教育可持续发展。（4）建立并完善资格证书制度，规范农业教育的标准与质量。

（续）

序号	篇名	作者单位	发表时间	影响值	涉及方面	主要论述和观点选摘
4	国（境）外农业教育体系研究	教育部职业技术教育中心研究所	2015－04－21	2.448 240	农民培训：各国职教	（5）突出实践教学，注重农业教育、科研和实践一体化发展。 （6）适应社会发展与时代变革，促进传统农业教育向现代农业教育转型
5	都市农业发展中新型职业农民培训的绩效评估与分析——基于规模示范合作社农户的实地调查	温州科技职业学院	2017－04－06	2.338 290	农民培训	职业培训在提高生产技能与致富方面发挥重要作用。政府应加快建立健全职业技能培训开发体系，着重构建以学员为核心的培训需求与以满意度为出发点的职业农民培训绩效评估体系。 首先要强化政府职责，建立新型职业农民培训的供求动态管理模式，着力构建以需求为基础、职业培训菜单为抓手、课证为支撑的"三位一体"的新型职业农民培训模式，"职业培训菜单化、授课考评实践化、课证互认模式化"，建立健全农村新型职业农民信息库建设管理，健全职业培训评价标准体系，创建培训专家库，编制菜单化培训教材，实行不同层次分阶段教学培训，逐步建立职业农民终身培训制度。 互动性的授课方式是农民最愿意的学习方式；政府出面请专家围绕区域主产业组织农民免费培训呼声较高。 培训最佳组织形式是集中面授、个人指导、各种形式相结合。 第一，提供免费培训；第二，提供培训经费补贴；第三，制定针对性培训。 政府应加快建立健全职业技能培训开发体系，着重构建以学员为核心的培训需求与以满意度为出发点的新型职业农民培训绩效评估体系。 确定培育新型职业农民作为推进现代农业建设的核心和基础地位

（续）

序号	篇名	作者单位	发表时间	影响值	涉及方面	主要论述和观点选摘
6	现代职业农民培养的苏南模式	苏州农业职业技术学院	2014-02-01	2.090 873	农民培训	（1）实现三位一体。 （2）革新三项措施。①政校联盟、定向选拔的招生与就业措施，招生措施，就业措施。②联合培养、双向双行的培养措施，联合培养措施，双向双行措施，双办学主体，双学习地点，双班主任，双任课教师，半农半读，农学融合，区域特色，国际视野，教学内容双并重，双教学方式并行，双考核方式并用。③项目推进、校地融合的管理措施。 （3）实施六项改革。①培养模式改革。②管理方式改革。③课程体系改革。④教学方法改革。⑤教学手段改革。⑥考核评价改革
7	"都市圈"发展与农村职业教育——发达国家的启示	上饶师院教育科学学院	2010-08-15	1.995 434	农民培训	1.发达国家的"都市圈"建设与农村职业教育 （1）农村职业教育为"都市圈"中农村劳动力的就地转移，实现短半径就业服务。（2）强化区域性农村职业教育，是发达国家促进"都市圈"建设的有效途径。（3）"都市圈"形成中的农民社会角色转变与农村职业教育。（4）农村职业教育内容与"都市圈"发展的需要相适应。 2.我国"都市圈"的发展与农村职业教育的优化 （1）强化农村职业教育中的非农产业就业培训，为"都市圈"发展背景下的农村城镇化建设提供人力资源保障。（2）提升农村职业教育的文化内涵，优化农民从业人员的整体素质。（3）农村职业教育应实现"离土不离乡"，就地培养适应区域经济与社会发展所需人才的转变。（4）进一步推进农村职业教育社会化，充分

(续)

序号	篇名	作者单位	发表时间	影响值	涉及方面	主要论述和观点选摘
7	"都市圈"发展与农村职业教育——发达国家的启示	上饶师院教育科学学院	2010-08-15	1.995 434	农民培训	发挥地方行业和企业在农职教中的作用。(5)"都市圈"建设中仍应高度重视农村的农业职业教育,切不可削弱我国农业经济的发展
8	城镇化过程中城郊农民继续教育意识的培养	郑州大学	2017-03-21	1.581 629	农民培训	1. 城镇化进程中城郊农民继续教育的必要性 (1)经济社会发展的现实要求。(2)城郊农民自身生存发展的需要。 2. 城郊农民继续教育中存在的问题 (1)城郊农民综合文化素养还需提高。(2)受教群体得到继续教育机会不平衡。(3)部分城郊农民就业意愿不高。(4)继续教育与就业岗位不一致,继续教育的方向性和实效性不强。 3. 积极推进城郊农民继续教育的有效路径 (1)创新城郊农民继续教育的途径、内容和方式。(2)完善继续教育奖惩机制。(3)加强城郊农民的就业宣传教育和推动机制。(4)整合优化各类继续教育资源
9	现代都市农业发展需求视域下的职业农民培育路径	天津社会科学院城市经济研究所	2015-08-26	1.581 602	农民培训	职业农民是具有新理念、新技能,全职务农、高素质和高收入,以及社会责任的农民群体。 提高对职业农民培育问题的认识,建立科学合理的职业农民培育体系;紧密联系市场需求,创新职业农民培育模式;以创业带动就业,以"农业项目"提升农民职业教育水平;扩大职业农民培训生源渠道,为都市农业可持续发展提供稳定的人力资源支撑。

（续）

序号	篇名	作者单位	发表时间	影响值	涉及方面	主要论述和观点选摘
9	现代都市农业发展需求视域下的职业农民培育路径	天津社会科学院城市经济研究所	2015-08-26	1.581 602	农民培训	设立服务于现代都市农业的职业农民培育体系，要从顶层认识到农村职业教育的重要性；需要政策跟进和制度安排来为实践创造条件，要变单一办学体制为多元化办学体制，要建立城乡平等的职业教育制度，建立与现代化的都市农业相匹配的农村教育体系。 通过院校培育、远程教育和产教融合等形式，为职业农民培育提供更为丰富的教育资源。 要将教室设在田间地头，利用"互联网＋"时代网络资源的便利性
10	关于新型职业农民队伍建设的思考	北京农业职业学院	2012-07-20	1.536 995	新型职业农民培育	（1）新型职业农民的内涵及培养意义。 （2）新型职业农民队伍建设存在的问题。①农村职业教育经费投入严重不足。②职业农民队伍建设制度体系不完善。③教育资源配置与农村职业教育需求不相适应。④农民科技文化素质偏低，培养难度大。 （3）新型职业农民队伍建设的思考。①加大对农村职业教育的投入是新型职业农民队伍建设的基础。②完善农村职业教育制度和立法是新型职业农民队伍建设的动力，制定政府财政补贴和投入制度，制定新型职业农民建设的相关制度，加强农业职业教育法制建设。③加强农村职业教育体系建设是新型职业农民队伍建设的保障，明确新型职业农民培养对象，明确新型职业农民培养目标，建立新型职业农民培养的教育体系，提高新型职业农民培养的有效性

（续）

序号	篇名	作者单位	发表时间	影响值	涉及方面	主要论述和观点选摘
11	北京市农民科技素质及影响因素的实证研究	北京市农林科学院农业综合发展研究所	2009-03-15	1.443 499	农民培训	巩固和加强农村基础教育，不断加大投资，大力发展农村职业教育、技术培训及推广，促进教育结构和教育投资结构的合理化。还要按照市场需求，进行职业教育具体专业设置，并加强对高素质教师的引进和培训，先进教学设备的购置等方面的投资。扩增农村技术人员数量，并着力快速更新技术人员的知识，增加这方面投资；还应继续加强和完善农村技术培训与推广的基层结构设置。 设置职业教育的专业结构，着眼于培养高素质劳动者和技能型人才，坚持中等职业教育与高等职业教育并举，学历证书与职业技能证书并重，职前培养与职后培训相衔接，构建政府主导、社会参与、适应市场、灵活多样的办学体制和机制，进一步提高职业教育的办学水平和效益
12	SWOT 分析视角下新型职业农民高职教育研究	北京农业职业学院	2018-12-15	1.439 631	农民培训	（1）新型职业农民高职学历班招生背景和基本情况。 （2）农业职业学院开展新型职业农民高职教育的 SWOT 分析。①优势因素分析，学院办学理念先进，办学思路清晰；学院具有改革招生就业制度，实施多种形式办学满足农村人才需要的丰富经验；学院积累了开展"半农半读，农学结合"办学经验，可以有效解决职业农民生产与学习的时间冲突问题；学院整合资源，具有开展新型职业农民高职学历教育的资源和体系优势。②劣势因素分析，专业设置与新型职业农民高职教育要求匹配度有待提高；教师胜任新型职业农民培育需要提升自身素质；产教融合、双元制培养的基地和实践指导教

（续）

序号	篇名	作者单位	发表时间	影响值	涉及方面	主要论述和观点选摘
12	SWOT分析视角下新型职业农民高职教育研究	北京农业职业学院	2018 - 12 - 15	1.439 631	农民培训	师缺乏。③机遇因素分析，乡村振兴战略需要激活内生力量；新型职业农民培育亟待创新；新型职业农民和乡村干部具有提升学历能力的迫切愿望；教育部门对职业教育改革和人才培养模式创新提出了新的要求。④威胁因素分析，新型职业农民高职教育的制度性壁垒没有破除；面向新型职业农民培育的供给主体增多，吸引和分流了部分生源；学生的功利性和参差不齐的素质和对实现办学目标有一定挑战。 　（3）对策。①抓住机遇，发挥优势，创新教育机制，建设北京乡村发展学院，建设专业群，构建职业教育和培训"立交桥"，培育新型职业农民和乡村治理人才。②协同创新，开展紧密型产教融合、校企合作，补偿自身劣势。深化产教融合校企合作，建立实验实训基地，建立专兼职教师队伍。③基于培育过程，提高人才培养质量。改革招生制度，做到旺而不乱。积极探索人才培养机制，改革教学模式，做到活而有序。改革考核和毕业生评价制度，做到宽进严出。做好学生毕业后的后续跟踪扶持。④创新现代农业职业教育治理体系避免风险。推进农民教育培训立法，保障农民教育培训权益。北京市需要率先通过职业教育体制机制改革，深化现代职业教育的综合治理和科学治理，从而形成引领和示范效应。依托乡村振兴、京津冀协同发展、精准扶贫政策和"一带一路"政策，创新农业职业教育机制，通过多元化的手段，有效化解北京市过剩的职业教育培养能力，提高北京农业职业教育资源的利用效率

（续）

序号	篇名	作者单位	发表时间	影响值	涉及方面	主要论述和观点选摘
13	培养具备可持续发展能力的新型职业农民新思考——以成都农业科技职业学院畜牧兽医专业为例	成都农业科技职业学院	2014-07-20	1.417 309	农民培训，畜牧兽医人才培养	在培养新型职业农民的新定位下，农业高职教育必须在培养学生可持续发展能力方面加以思考。 实现农民的职业化，培养更多高素质的家庭农场主、新型农业经营主体领办人和专业合作组织经纪人。 1. 培养学生可持续发展能力的有效路径 （1）加强引导宣传，树立终身学习理念。畜牧兽医专业人才的培养应以素质教育为中心，以课程教学模式改革为突破口，立足当前，着眼长远，创新人才培养模式，构建专业课程新体系，培养有文化、懂技术、会经营的未来新型职业农民，为现代畜牧业发展培养生力军，为推动现代农业发展注入活力。将人的可持续发展和终身学习理念贯穿在教育实施过程中，旨在提高人才培养质量，营造良好学习环境氛围，挖掘学习潜能，教会学习方法。 （2）针对社会需求，完善人才培养方案仍然是高等教育的薄弱环节，目前的方案存在发展极不平衡，吸引力不强，质量特色还不能很好地适应经济发展方式转变的需要等问题。养殖生产环节是整个畜牧产业链中最薄弱环节，也是发展畜禽生产的最关键环节。应重点扶持家庭农场、专业大户、农民合作社、产业化龙头企业等新型主体，鼓励涉农院校的毕业生回乡创办家庭农场和经营农业企业，培育新型职业农民。 （3）改进教学方法，创新教学模式。根据职业活动内容、环境和过程，改革人才培养模式，实施工学结合、理实结合，做到学思结合、行知统一，紧跟生产过程进行教学模式改革。

（续）

序号	篇名	作者单位	发表时间	影响值	涉及方面	主要论述和观点选摘
13	培养具备可持续发展能力的新型职业农民新思考——以成都农业科技职业学院畜牧兽医专业为例	成都农业科技职业学院	2014-07-20	1.417 309	农民培训，畜牧兽医人才培养	创设竞争性团队的实践活动，培养学生的竞争意识和团结协作意识，锻炼心理承受能力、应变能力和自我保护能力，提高竞争能力、合作能力和自我发展能力。倡导合作讨论式和项目参与式的教学方法。教师授课时运用"问题导学法"与"课后作业探究法"。 （4）建立平台体系，培养学生自主学习能力。建立信息化网络平台和实习实训基地。以学习能力、职业能力和综合素质为评价核心。多元考核评价方式。 2.培养高职学生可持续发展能力的教改方案 （1）充分调研，准确定位，确立培养目标。需求与培养质量跟踪评价年度报告。明确畜牧兽医专业是为畜牧行业的生产、管理、销售及服务一线各工作岗位培养具有畜牧生产管理、动物健康养殖、动物疫病防控、疾病诊断治疗、饲料兽药、生产、产品质量检测、农牧产品营销与技术服务推广等畜牧兽医实际工作能力，同时具备良好的适应能力、职业道德和就业创业能力的高等技术应用型专门人才。 （2）立足生产，面向未来，构建课程体系。立足现代畜牧业生产，针对畜牧、兽医、饲料、兽药生产与临床实践工作岗位与岗位群的工作任务筛选典型工作任务。依据职业成长及认知规律递进重构行动领域，将其转换为课程，再将课程分为基本素质课程模块、职业能力课程模块、素质拓展课程模块和能力提升课程模块四部分构成课程体系。确立养

（续）

序号	篇名	作者单位	发表时间	影响值	涉及方面	主要论述和观点选摘
13	培养具备可持续发展能力的新型职业农民新思考——以成都农业科技职业学院畜牧兽医专业为例	成都农业科技职业学院	2014－07－20	1.417 309	农民培训、畜牧兽医人才培养	猪与猪病防治、养禽与禽病防治、草食动物养殖与疾病防治、宠物饲养与美容保健技术、饲料生产工艺与质量检测技术、兽药制剂工艺与药品检验技术 6 门专业核心课程。 （3）注重能力，校企合作，改革教学模式。以能力为本位，以应知岗位需要为准绳，突出教学的针对性与实用性，将素质教育贯穿人才培养全过程。围绕动物安全健康养殖生产过程和产品生产工艺流程，结合高等职业教育规律。按照"教师互兼互聘，教学资源共享，学生共同培养"思路构建"校企合作，双元互动"的工学结合人才培养模式，实行"理论（课堂教学）—实践（校内实习实训）—理论（总结提升）—实践（综合实训）—再理论（专题讲座）—再实践（顶岗实习）"的工学结合的校企双元指导教学模式。教师在产教结合、理实结合中提高教学智慧与教育教学水平。学生通过工学交替、理实结合、教师的指导与考核评价、校企多次互动循环，在教学与生产结合、学习过程与生产过程结合、育人与社会结合、知识与劳动结合中递进式内化知识。 （4）能力递进，人才共育，提高学习能力。实施"三段育人，逐步推进，校企互动，工学交替"人才培养。第一阶段学校主导，完成基础能力培养，第二阶段校企双元主导，完成专业能力培养，第三阶段企业主导，完成职业能力培养。在工学结合中激发潜在学习动力，提高自主学习能力，增长才干，提升素质，主动完成学业。通过校企双方互动循环递进式的人才培养。

（续）

序号	篇名	作者单位	发表时间	影响值	涉及方面	主要论述和观点选摘
13	培养具备可持续发展能力的新型职业农民新思考——以成都农业科技职业学院畜牧兽医专业为例	成都农业科技职业学院	2014-07-20	1.417 309	农民培训，畜牧兽医人才培养	（5）搭建平台，活动育人，培养发展能力。以学生社团和动物保健协会为中心，以校内外实验实训基地为场所，以校内图书馆和数字信息化教学资源为平台，实现学生的自主学习、继续教育培训等多方位需求，实现职业教育与终身学习有效对接。以容易操作的小动物生产性课程（如养禽与禽病防治）改革为重点，以学生为主体，专业教师作指导，融教学、科研、生产与创业为一体，强化学生能力培养，以提高学生职场适应力为重点，围绕"校企合作，双元互动"工学结合人才培养模式深化改革。新型职业农民是集经营管理、生产示范、技术服务为一体的农村规模化、专业化和产业化经营的新一代劳动者。探讨培养新型职业农民解决未来"谁来养殖"和"怎样养殖"的根本问题
14	用全纳教育理念指导农业职业培训	成都农业科技职业学院	2013-09-20	1.341 799	农民培训	（1）尝试的路径。（2）关注职业培训。（3）职业培训社会化。①涉外职业培训。②农业专业技术人员继续教育培训。③农村实用技术培训。④残疾人（大学生）创业培训。⑤个性化教育培训，充分尊重学生的个人兴趣特点、能力意愿等开展实施的、重视个性化教育的人才培养形式。在非学历的职业培训工作中，同样重视个性化培养。⑥特殊人群技能培训
15	如何搞好都市现代农业中的农民技能培训工作	天津市农业广播电视学校	2013-02-01	1.173 016	农民培训	推广"村头讲课，田头示范"的模式，打破传统集中授课的培训方式。务求集中授课与分散培训形式的有机结合。从顺应农民的生产和生活习惯出发，尽可能地就近培训或送出培训，服务上

（续）

序号	篇名	作者单位	发表时间	影响值	涉及方面	主要论述和观点选摘
15	如何搞好都市现代农业中的农民技能培训工作	天津市农业广播电视学校	2013-02-01	1.173 016	农民培训	门。要以面对面、手把手地教为主要形式。紧紧围绕农民生产需要、工种技术需要、企业人才需要设置课程，实行"院校企业合作培训""订单农业生产培训""单位定向需要培训""供应需求方式洽谈培训"等形式，推行脱产理论培训、现场实际培训、网络电话培训、送教入企培训、送教下乡培训，拓展各个培训领域，扩大培训规模。 　　强化培训组织机制，发挥农民证书资格作用；培训力求实用，突出解决实际问题；调动农民积极性，使农民培训由"被迫学"到"主动学"

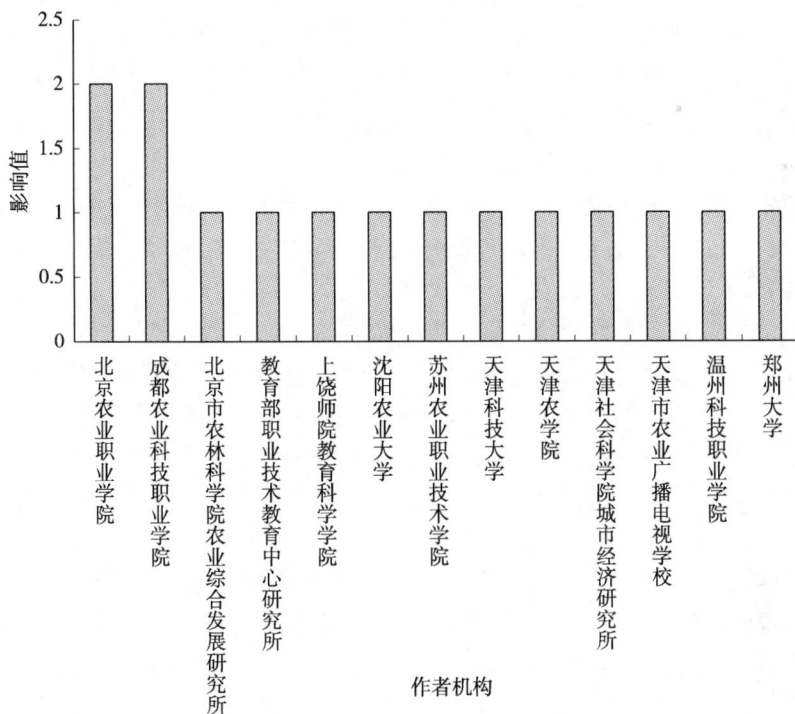

图 3-8　有关"农民培训"高影响值专题文献的作者机构发文量分布

相关文献中的主要理论和经验、典型做法依发表时间先后提炼如下。

2012年，北京农业职业学院总结了对新型职业农民队伍建设有关基础、动力和保障等问题的思考。①新型职业农民的内涵及培养意义。广义的新型职业农民的概念，是指从事农业活动，并将农业作为职业的一类人群。"新型职业农民"与"传统农民"的区别：来源多样化；在文化知识、职业技能、经营管理等方面有较高的素质要求，具有约束性；从事农业生产经营活动是市场行为，具有自主选择性，不同于传统农民是"世袭"的。需要有效解决当前我国农业发展中存在的突出问题：一是农业劳动力素质偏低；二是农业科技成果推广应用难，农业生产经营粗放、效益偏低的问题。②新型职业农民队伍建设存在的问题。农村职业教育经费投入严重不足；职业农民队伍建设制度体系不完善，缺乏有力的法律和制度保障；教育资源配置与农村职业教育需求不相适应，目前我国教育资源配置主要以满足城镇人才需要为目标，缺乏对农村职业教育发展需求的安排；农民科技文化素质偏低，培养难度大。③新型职业农民队伍建设的思考。加大对农村职业教育的投入是新型职业农民队伍建设的基础。主要是加大农村教育基础设施建设和开展农村职业农民教育经费的投入。完善农村职业教育制度和立法是新型职业农民队伍建设的动力。制定政府财政补贴和投入制度。把农业职业教育（职业高中的农业部分）纳入农村义务教育，把农业职业教育（职业高中的农业部分）纳入农村义务教育，建立政府财政补贴与农业职业资格证书挂钩制度。制定新型职业农民建设的相关制度。一是加快户籍制度改革，让农民身份与居民身份可以自由转变；二是规范土地流转制度，使土地流转在自愿、平等、有偿的原则下按市场机制运行；三是加快农村房屋和宅基地制度、集体经济制度、农村社会保障制度等的综合配套改革，消除农民的后顾之忧。加强农业职业教育法制建设。通过农业职业教育立法，明确教育和培训机构及农业企业在农业职业教育方面应承担的义务。加强农村职业教育体系建设是新型职业农民队伍建设的保障。明确新型职业农民培养对象。新型职业农民培养对象的重点应该是农村地区的初、高中毕业生；中、高等农业职业院校农科专业的毕业生；农民专业合作组织的农村青年经营者；农业社会化服务组织的农村青年服务者；农村种植和养殖承包大户、科技示范户；家庭农场的青年继承人；在农村进行农业科技开发和农业创业的青年人；其他农村非农户口者和城镇居民投身于农业生产和经营的青年人。明确新型职业农民培养目标。目标是把现代农民和潜在农民培养成有知识、有文化、懂技术、会经营，热爱农业并愿意投身现代农业事业，以农业为职业的人。建立新型职业农民培养的教育体系。机构主要包括农业大学、高、中等农业职业院校、农业广播电视学校、各类培训机构、农业（畜牧、水产、农机）技术推广站等。提高新型职业农民培养的有效性。新型职业农民培养应通过学历教育和短期技能培训等多层次、多方式进行。

2018年，北京农业职业学院从SWOT（优势—劣势—机遇—挑战）分析视角对新型职业农民高职教育进行了研究。①新型职业农民高职学历班招生背景和基本情况。如何培养一大批以农业为职业、具有一定专业技能、收入主要来自农业的现代农业从业者和乡村基层干部，解决好北京郊区"谁来种地""如何种地"的问题，并为乡村治理提供强有力的高素质人力人才保障。新型职业农民培育需要构建新体系、以专项培训、专门培养和系统培育拓展人才培育新路径，同时创新"半农半读、农学结合"新模式。提出招收新型职业农民参加全日制高等职业教育学习，开辟新型职业农民学历、能力双提升渠道。提出了新型职业农民学历提升工程，以现代农艺方向、休闲农庄经营管理、家庭农场经营与管理、农民合作社运营与管理、村务管理5个专业招生。②农业职业学院开展新型职业农民高职教育的SWOT分析。借鉴企业战略规划中SWOT分析框架。优势因素分析：学院办学理念先进，办学思路清晰；学院具有改革招生就业制度，实施多种形式办学满足农村人才需要的丰富经验；学院积累了开展"半农半读，农学结合"办学经验，可以有效解决职业农民生产与学习的时间冲突问题；学院整合资源，具有开展新型职业农民高职学历教育的资源和体系优势，学院具有雄厚的教学资源优势和农业广播电视学校四级办学体系相结合的优势。劣势因素分析：专业设置与新型职业农民高职教育要求匹配度有待提高；教师需要提升自身素质，以胜任新型职业农民培育；产教融合、双元制培养的基地和实践指导教师缺乏。机遇因素分析：乡村振兴战略需要激活内生力量，培养更多当地的农民，破解农村基层选人用人难的问题，激活乡村振兴的内生力量尤为重要，做到外来人才的吸引和当地农民培养相结合；新型职业农民培育亟待创新；新型职业农民和乡村干部具有提升学历能力的迫切愿望；教育部门对职业教育改革和人才培养模式创新提出了新的要求，如何推动专业人才培养与乡村振兴战略人才需求相衔接，人才培养链和一、二、三产业相融合的都市农业产业链融合，深化新型职业农民培育模式显得格外重要。威胁因素分析：新型职业农民高职教育的制度性壁垒没有破除，北京面向农民的教育培训资源隶属不同部门和地区，各自为战；面向新型职业农民培育的供给主体增多，吸引和分流了部分生源；学生的功利性和参差不齐的素质对实现办学目标有一定挑战。③对策。抓住机遇，发挥优势，创新教育机制。建设北京乡村发展学院。立足北京乡村振兴，打破原来的系部专业定位和办学特色，优化教育供给机制，建设跨产业的涉农专业，优化专业布局。构建专题培训、专门培养、系统培育为一体，完整的、开放的都市型现代农业职业教育和培训体系。建设专业群。以农业产业链为主线，延伸设置专业，调整专业和课程。在此基础上，整合专业建设农业专业群，建立"宽口径、活模块"的课程体系。构建职业教育和培训"立交桥"，培育新型职业农民和乡村治理人才。通过改革招生录取方式，改变学历资历分离倾向，创新资格证书和学历证书对等认证、转换的标准、机制；改革学习方式，通过工学交替、双元制、学徒制、半工半读、远程教育等各种灵活学习方式提供终身学习机会。协同创新，开展紧密型产教融合、校企合作，补偿自身劣势。深化产教融合校企合作。建立实验实训基地。建立专兼职教师队伍。基于培育过程，提高人才培养质量。改革招生制度，做到旺而不乱。通过提前招生参加大专和本科学习的招生制度，并逐步取消学制年限和学龄限制。积极探索人才培养机制，改革教学模式，做到活而有序。创新"产教融合、校企合作、工学结合"的人才培养机制。改革考核和毕业生评价制度，做到宽进严出。全面实行学分制，建立学员学分银行，实行学分转换。建立考教分离、行业为主的外部考试评价认证方式，构建基于工作过程的综合考试模式。做好学生毕业后的后续跟踪扶持。创新现代农业职业教育治理体系，避免风险。推进农民教育培训立法，保障农民教育培训权益。北京需要率先通过职业教育体制机制改革，深化现代职业教育的综合治理和科学治理，从而形成引领和示范效应。依托乡村振兴、京津冀协同发展、精准扶贫政策和一带一路政策，创新农业职业教育机制，通过多元化的手段，有效化解北京过剩的职业教育培养能力，提高北京农业职业教育资源的利用效度。

2013年，成都农业科技职业学院提出了用全纳教育理念来指导农业职业培训的思考尝试。①尝试的路径。针对社会不同人群的职业知识技能需求，广泛开展不同层次、不同内容、不同形式的职业培训工作。②关注职业培训。在重视学历职业教育的基础上，还应关注非学历职业教育培训。按照全纳教育的理念，学校和社会培训机构应为广大民众提供有质量的职业培训。③职业培训社会化：涉外职业培训，为援助非洲的农业科技项目作双向职业教育培训；农业专业技术人员继续教育培训，持续开展现代农业理念和新技术的继续教育培训；农村实用技术培训，采用"走出去、请进来"的办法，大量地培训农村实用技术，同时对农村富余人员进行劳动力转移培训，并与农业科技推广结合起来；残疾人（大学生）创业培训，配合各级残疾人联合会，积极主动开展残疾大学生的创业教育培训；个性化教育培训，充分尊重学生的个人兴趣特点、能力意愿等开展实施的、重视个性化教育的人才培养形式，在非学历的职业培训工作中，同样重视个性化培养；特殊人群技能培训，关注服刑或刑满释放人员等特殊人群。

2014年，成都农业科技职业学院总结了培养具备可持续发展能力的新型职业农民新思考。在培养新型职业农民的新定位下，农业高职教育必须在培养学生可持续发展能力方面加以思考。实现农民的职业化，培养更多高素质的家庭农场主、新型农业经营主体领办人和专业合作组织经纪人。①培养学生可持续发展能力的有效路径：加强引导宣传，树立终身学习；针对社会需求，完善人才培养方案仍然是高等教育的薄弱环节；改进教学方法，创新教学模式，根据职业活动内容、环境和过程改革人才培养模式，实施工学结合、理实结合；创设竞争性团队的实践活动，倡导合作讨论式和项目参与式的教学方法，教师授课时运用"问题导学法"与"课后作业探究法"；建立平台体系，培养学生自主学习能力，采用多元考核评价方式。②培养高职学生可持续发展能力的教改方案：充分调研，准确定位，确立培养目标，明确畜牧兽医专业实际工作能力；立足生产，面向未来，构建课程体系，依据职业成长及认知规律递进重构行动领域，将其转换为课程，再由四部分课程模块构成课程体系，确立 6 门专业核心课程；注重能力，校企合作，改革教学模式，以能力为本位，以岗位需要为准绳，突出教学的针对性与实用性，将素质教育贯穿人才培养全过程，按照"教师互兼互聘，教学资源共享，学生共同培养"思路构建"校企合作，双元互动"的工学结合人才培养模式；能力递进，人才共育，提高学习能力，实施"三段育人，逐步推进，校企互动，工学交替"人才培养；以容易操作的小动物生产性课程（如养禽与禽病防治）改革为重点，围绕"校企合作，双元互动"工学结合人才培养模式深化改革。

2009 年，北京市农林科学院农业综合发展研究所在北京农民科技素质及影响因素的实证研究中提出：要巩固和加强农村基础教育、不断加大投资，大力发展农村职业教育、技术培训及推广，促进教育结构和教育投资结构的合理化。扩增农村技术人员数量，并着力快速更新技术人员的知识，并增加这方面投资；还应继续加强和完善农村技术培训与推广的基层结构设置。坚持中等职业教育与高等职业教育并举，学历证书与职业技能证书并重，职前培养与职后培训相衔接，构建政府主导、社会参与、适应市场、灵活多样的办学体制和机制，进一步提高职业教育的办学水平和效益。

2009 年天津农学院对天津农村人力资源素质分析并提出了开发对策。①天津农村人力资源素质分析：农村整体文化素质较低；科技素质偏低；思想道德素质方面存在政治意识比较淡薄、愚昧落后的封建习俗、法治观不强、家族观念仍然存在的问题；经营管理素质差；人力资源结构不合理。②天津农村人力资源素质现状的原因。存在观念误区：投资理念偏差；认识偏差，在整个教育体系中重国民教育，轻培训教育，在国民教育中重普通教育，轻职业教育，在普通教育中重理论教育，轻应用教育，在职业教育中重城镇居民教育，轻农民教育等，而农村人力资源开发正是以培训教育、职业技术教育和农村教育为主；对农村人力资源开发重要性认识的偏差。制度障碍与政策失误：城乡

"二元结构"的制约，人口政策失误。政府财政对农村教育投资不足。农村教育体系不完善。农民个人或家庭缺乏教育投资的动力和能力。③加快天津市农村人力资源开发的对策。优先发展农村教育。农村教育在全面建设小康社会中具有基础性、先导性和全局性的重要作用。完善农村教育体系。对农村未来预备劳动力进行文化知识教育，努力提高国民受教育的年限。对已成为现实劳动力的农村教育，要充分发挥农民成人教育机构——农广校和远程教育的作用，整合教育资源。大力发展农村职业教育，适度发展农村高等职业教育。实施农民素质提高工程。农村劳动力转移培训：农业富余劳动力转移培训、非农产业职业技能提高培训、旅游服务人员执业技能培训、农村经纪人提升培训。基层管理人员培训。万名农村青年人才培养、村干部岗位提高培训。涉农产业人才培训：涉农产业人员职业技能培训、农民大中专学历证书教育、万名女带头人培训。农民思想道德素质培训。健全农民教育培训体系。农民教育培训要按照"依照农民意愿开班、依据市场订单开课、依托市场机制培训、依靠社会广泛参与"的思路。一是农民的培训需求和培训机构的培训能力相衔接，二是短期和中长期培训相衔接，三是涉农部门和培训机构的衔接。构建农民教育培训长效机制。一是强化农民教育培训公共平台建设，二是积极培育以农民教育为主业的市场主体，三是完善培训考核评价机制，加强对各级政府及其工作部门、各类培训机构的考核评价，四是创新农民教育培训制度。

2010 年，上饶师院教育科学学院根据发达国家的启示提出了我国"都市圈"发展与农村职业教育的优化。①发达国家的"都市圈"建设与农村职业教育。农村职业教育为"都市圈"中农村劳动力的就地转移，实现短半径就业服务。强化区域性农村职业教育，是发达国家促进"都市圈"建设的有效途径。学区制职教管理，因"赠地运动"而开办的众多社区学院。"都市圈"形成中的农民社会角色转变与农村职业教育。农村职业教育内容与"都市圈"发展的需要相适应。以"都市圈"的建设助推农村城镇化的发展，是发达国家现代化过程中的共同特点。②我国"都市圈"的发展与农村职业教育的优化。强化农村职业教育中的非农产业就业培训，为"都市圈"发展背景下的农村城镇化建设提供人力资源保障。提升农村职业教育的文化内涵，优化农民从业人员的整体素质。农村职业教育应实现"离土不离乡"，就地培养适应区域经济与社会发展所需人才的转变。农村职业教育应逐步摒弃劳动力输出型的培训方式。进一步推进农村职业教育社会化，充分发挥地方行业和企业在农职教中的作用。"都市圈"建设中仍应高度重视农村的农业职业教育，切不可削弱我国农业经济的发展。形成"种养加""产供销"的现代农业产业链。

2013 年，天津市农业广播电视学校在天津市涉农产业职业技能培训工程实践中按照"根据需求定工种，突出技能搞培训，学习理论上水平"的总体要求。采用开办田间学校、农民夜校、跟踪教学、技能比赛、典型讲座、走出去请进来等多种形式，取得了很好的成效。天津市农业广播电视学校在都市现代农业中的农民技能培训工作方面，推广"村头讲课，田头示范"的模式，打破传统集中授课的培训方式。务求集中授课与分散培训形式的有机结合。从顺应农民的生产和生活习惯出发，尽可能地就近培训或送出培训，服务上门。实行"院校企业合作培训""订单农业生产培训""单位定向需要培训""供应需求方式洽谈培训"等形式，推行脱产理论培训、现场实际培训、网络电话培训、送教入企培训、送教下乡培训，拓展各个培训领域，扩大培训规模。

2014 年，苏州农业职业技术学院创造性地提出了现代职业农民培养的苏南模式，绘制了农业高职教育改革与现代职业农民培养的"336"改革路线图。①实现三位一体。其总体思路是：围绕培养现代职业农民的人才培养定位，政校生三位一体，通过定向选拔、联合培养和双向管理 3 项措施，实施培养模式、管理方式、课程体系、教学方法、教学手段和考核评价 6 项改革，有效地解决现代职业农民培养的问题。实现作为人才需求方的地方政府、人才培养方的学院和培养对象的学生三者之间的目标高效一致。有效克服了"校企合作"或"政校企合作"的弊端，让培养对象成为教育改革的积极参与者和受益者，从而使农业人才甘愿留在农村，真正为当地现代农业发展和新农村建设服务。②革新 3 项措施。政校联盟、定向选拔的招生与就业措施。招生措施，学校联合太仓，由太仓市政府资助学费。就业措施，学生毕业后，作为农业专业技术人员统一调配到太仓基层农村、合作农场和农业园区，实行人事代理，工资待遇参照所在村（社区）定工干部副职。联合培养、双向双行的培养措施。联合培养措施，双方联合制定"定向培养、双向双行，分段教学、农学融合"的项目化、菜单式人才培养方案，采用"5W＋双向双行"的分段培养模式。双向双行措施：双办学主体；双学习地点；双班主任；双任课教师（专业核心课程）；半农半读，农学融合；区域特色，国际视野；教学内容双并重，做到生产技术与经营管理并重、信息智能与现代装备并重、专业技术与职业素养并重、专业学习与岗前培训并重；双教学方式并行，专业课程以项目化的方式进行教学；双考核方式并用，专业课程全部采用社会化考核。项目推进、校地融合的管理措施。专门成立"现代职业农民定向培养工程领导小组"和"现代农业太仓班项目管理办公室"，实行项目化管理。③实施 6 项改革。培养模式改革，采取"定向培养、双向双行，分段教学、农学融合"的职业化人才培养模式。管理方式改革，单独作为一个教育改革项目，进行专项管理。课程体系改革，与职业岗位相对应，设计了五大模块：生产技术模块、经营管理模块、现代装备模块、职业素质模块、生态休闲模块。每个模块均由 5～8 门课程和 1～n 项专业实践或专题培训组组成。专业课程还专门设置了综合实践课程群。教学方法改革，实行项目化教学。教学手段改革，将教学手段信息化。考核评价改革，实行社会化考核，部分专业课程完全采用以证代考。

2014年，沈阳农业大学介绍了新型职业农民的内涵，并从我国新型职业农民培育现状分析入手，探索了高等农业院校培育新型职业农民的途径。①新型职业农民的内涵。主要包含以下3类人才：农业产业化组织带头人，农村技能服务型人才，农村生产经营型人才。有如下特征：一是具有继承性和发展性，二是具有区域性和层次性，三是具有变革性和阶段性。②我国新型职业农民培育现状。我国农村劳动力文化程度低，以小学、初中为主，与发达国家相比差距很大。大量青壮年农村劳动力转移，农村实用人才"非农化"发展，农村"能人"大量外流。现代农业对劳动力科技文化素质要求更高。我国目前的农民培训体制和模式不能够满足新型农民培训的需要：一方面，培训内容不能够满足现代农业的科技化、产业化、规模化及市场化的需求；另一方面，政府各级部门是在被动地、应付式地实施新型农民培育工程。新型职业农民培育体系不健全。③高等农业院校在培育新型职业农民中的作用。通过推广科研成果，帮助农民致富。通过培育农民，提高农民的文化水平。农业院校通过专门的学历教育和各种职业培训来培育新型农民。通过选派优秀的学生到农村担任村官。通过建立综合试验示范基地，为新型职业农民的培育提供综合服务。④高等农业院校加强新型职业农民培育的途径。一是高等农业院校应肩负起为农业现代化和新农村建设培养专业人才的重任，深化体制改革，拓宽直接面向农民的高等教育办学领域，着力培养新农村建设急需的理论与应用型人才；二是高等农业院校应对基础研究和应用研究采取"两手抓，两手都要硬"的策略，打造真正具有先进科技理念、掌握先进知识、熟练运用先进技术的新型职业农民；三是高等农业院校应建立多层次、多渠道的培训模式，促进农村干部队伍及农业带头人业务素质、管理水平和决策能力的提高；四是结合新型职业农民在新农村建设过程中的具体需求，进一步完善高等农业院校服务新农村建设的内部机制，锻炼科研队伍，促进学校教学观念的改革。

2014年，天津科技大学以天津市武清区为例，对农民专业合作社科技人才培养机制进行了探析。①农民专业合作社科技人才培养必要性及现状分析。必要性分析：都市型农业发展需要农民专业合作社支撑，农民专业合作社等形式的合作组织取代"小农户"成为主体；科技人才缺乏成为农民专业合作社发展瓶颈；武清区都市型农业建设急需为农民专业合作社培养科技人才。武清区农民专业合作社科技人才培养现状通过多种途径对农民专业合作社人才进行培训，但仍然受到科技人才数量不足、质量不高、队伍不稳定等因素的制约，还需通过创新培养模式，拓宽培养渠道，进一步培养开发合作社科技人才。②发达国家农民专业合作社科技人才培养机制借鉴："教育、科研与推广""三位一体"的职业教育体系。经验借鉴：首先政府要给予重视和支持；其次要建立完善的合作社科技人才培训体系；再次是区分培训对象，有针对性地开展培训。③武清区农民专业合作社科技人才培养机制设想。动力机制，从思想观念、内在动力和利益驱动 3 个方面构建合作社与科技人才之间的动力机制。操作运行机制：定向培养模式，2008 年，我国首家合作社学院在青岛农业大学揭牌成立，其次，合作社可以选择相应的高校实行订单培养合作；人才基地培养模式；创新模式，"干中学"模式，大学生村官领办、参办合作社模式，"科技特派员"模式。外部保障机制：政府支持、激励因素、营造文化环境。

2015 年，教育部职业技术教育中心研究所对国（境）外农业教育体系进行系统研究。①农业教育体系建立的经济社会背景：农业政策经历了重大调整；农业在产业结构中的比重大幅下降；农业劳动力受教育水平逐步提高；农业劳动力的收入水平相对较低。②农业教育体系的历史与现状：教育、科研和推广"三位一体"的农业教育体系；农业职业教育在农业教育体系中占据重要位置；非学历农业教育是农业教育体系的重要组成部分；重视基础教育阶段的农业教育。③农业教育的制度与环境保障：通过立法和政策保障农业教育发展；教育部门和农业部门协同培养农业后继者；农业教育和农业创业的经费投入机制；建立和完善职业资格证书制度。④农业教育实施及其质量保障：以需求为导向的专业与课程设置；形式多样的实践教学模式；高素质的师资队伍建设；农业教育的信息化建设。⑤农业教育的经验和启示：不断完善法律法规与政策体系，推动并保障农业教育的有效实施；构建完善的农业教育体系，满足多层次、多类型的农业人才培养需求，衔接性、开放性与特色性也是各国在农业教育体系不断完善中所形成的突出特点；实施政府主导、多方参与的管理与运行机制，促进农业教育可持续发展，大多数国家和地区对农业培训管理归属农业部门，对学校农业教育的管理归属教育部门；建立并完善资格证书制度，规范农业教育的标准与质量；突出实践教学，注重农业教育、科研和实践一体化发展；适应社会发展与时代变革，促进传统农业教育向现代农业教育转型。

2015 年，天津社会科学院城市经济研究所在探索培育符合现代都市农业发展需求的职业农民路径中提出：要设立服务于现代都市农业的职业农民培育体系；要变单一办学体制为多元化办学体制，要建立与现代化的都市农业相匹配的农村教育体系。通过院校培育、远程教育和产教融合等形式，为职业农民培育提供更为丰富的教育资源。

2017 年，郑州大学阐述了城镇化过程中对城郊农民继续教育意识培养的有效路径。①城镇化进程中城郊农民继续教育的必要性。经济社会发展的现实要求，城郊农民的就业问题是城镇化建设进程中的关键。培育城郊农民的继续教育素养成为解决城郊农民融入城市并实现就业的关键途径。城郊农民自身生存发展的需要，城郊农民的可持续发展和生活保障成为亟待解决的社会重点问题。开展城郊农民的继续教育和再就业工作是解决这一社会问题的关键。②城郊农民继续教育中存在的问题。城郊农民综合文化素养还需提高。首先，城中村转制的城郊农民大专文化程度以上的所占比重不大；其次，城郊失地农民中初中文化、小学及以下的文化程度要比城中村转制的城郊农民所占比重大；最后，转制的城郊农民和失地的城郊农民两者接受继续教育培养的意愿不强、机会不多，后续仅靠土地补偿款难以长久持续保障高质量生活。受教群体得到继续教育机会不平衡。远郊农民由于受经济社会发展程度所限制，以及基层政府公共服务建制不完善，远郊农民的继续教育培养途径相比于近郊农民来说要有限得多。部分城郊农民就业意愿不高。城郊农民关注的是最为直接、最为现实性的问题，即其接受培养后能否满足预定可期收入目标。继续教育与就业岗位不一致，继续教育的方向性和实效性不强。继续教育培养能力比较差，不能够解决城郊农民的就业和生活问题。③积极推进城郊农民继续教育的有效路径。创新城郊农民继续教育的途径、内容和方式。首先，采用建立专门继续教育机构和聘请专门教师展开长期性继续教育培养工作为主要途径，以当地社会培养机构、学校和企事业单位采用专门性、有针对性的继续教育培养为辅助途径；其次，按照城郊农民文化素养程度而展开，内容兼顾文化素养要求不同的岗位加强继续教育培养；最后，采用教师传授式和长期指导、短期集中强化培养、在职专业性跟踪培养等形式。完善继续教育奖惩机制，专拨一定的继续教育培养资金。加强城郊农民的就业宣传教育和推动机制。可以与一些经营效益强和待遇好的公司企业建立专门性的劳动就业合作关系，聘请公司企业的人事人员或者专门性的岗位工人深入走进城郊农民群体之中。采用专门走访公司企业的形式，深入了解公司的经营项目和发展前景。整合优化各类继续教育资源。首先，要制定完善法律法规，规范引导继续教育市场运作；其次，审核继续教育机构资格；再次，对于继续教育培养的单位和机构，从政策上、制度上和财政上给予一定补贴；最后，要建立公共服务平台转化管理职能强化服务意识。

2017年，温州科技职业学院在对都市农业发展中新型职业农民培训的绩效评估与分析中指出：政府应加快建立健全职业技能培训开发体系，着重构建以学员为核心的培训需求与以满意度为出发点的职业农民培训绩效评估体系。着力构建以需求为基础、职业培训菜单为抓手、课证为支撑的"三位一体"的新型职业农民培训模式，建立健全农村新型职业农民信息库建设管理，健全职业培训评价标准体系，创建培训专家库，编制菜单化培训教材，实行不同层次分阶段教学培训，逐步建立职业农民终身培训制度。确定培育新型职业农民作为推进现代农业建设的核心和基础地位。政府应提供免费培训并提供培训经费补贴，制定针对性培训。

3.5 "都市农业职业教育"专题文献评述

通过对"都市农业职业教育"相关 170 篇文献的通览和分析，总体来说，如将 1992 年国务院颁布《关于大力发展职业技术教育的决定》作为我国职业教育起步期的开始，我国职业教育至今发展已近 28 年。尤其是 1999 年国务院发布《关于深化教育改革全面推进素质教育的决定》以来，职业教育进入快速发展期。至今已经建立起从中职、高职到本科不同层次，较为全面的"都市农业职业教育"培养体系。各个农业职业学校也基本都形成了校企结合，产学研一体，加强校内外实践基地建设，加大和增强实践能力训练的时间和力度，教学安排契合相关行业生长和发展阶段特点，注重对师生"双师""双证书""学徒制""订单式""工学交替"的特色化人才能力培养模式，达成培养目标为应用型、复合型人才的共识。

同时也应看到，都市农业职业教育与现实需求仍有较大差距。具体表现在都市农业职业教育培育的人才从数量到质量还不能充分满足需求，尤其是农村基层一线所急需的实用技术人才依然紧缺，缺少复合型人才。培养的人才专业覆盖面仍较窄，实际操作能力不足，对就业岗位适应的灵活性和匹配度不够。另外，都市农业职业教育校企合作的深度仍不够，校企融合仍以学校为主导，企业方面的积极性和参与度还不够。都市农业职业教育的课程设置科学性和职业性仍不够，还处于尝试摸索中。另外，由于受高考制度制约，都市农业职业学校的招生也受到限制，影响生源质量。

综上，造成目前都市农业职业教育的这些问题原因是多方面的。应当看到，这些问题既是都市农业职业教育发展到特定阶段中会遇到的问题，也与我国职业教育所产生、孕育和发展的特定外部环境和机制中的先天不足因素有关。西方国家的职业教育发展历史较久，发展较为成熟。由于普通教育与职业教育并行发展，职业教育的外部环境和内部机制都相对完善，因此西方国家职业教育存在的问题相对就少得多。而对于我国来说，职业教育存在先天不足的缺欠。由于我国的职业教育基本都是脱胎于普通教育，或从原有的中专、成人教育转制而来，整体的国民教育体系主体仍然是传统普通教育，广大民众的基本判断标准也仍然是传统普通本科院校高于高职院校，加上高考这一条"招生指挥棒"，导致高职院校成为了高考生源分层中靠下游的分流对象，生源先天不足（自主招生这条新路径由于存在变数，标准要求相对弹性过大，暂不讨论）。再加上高职院校自身办学理念和机制、办学条件的先天不足，存在不少不规范、违反教育发展规律的想法和做法，教学成效和办学效益不佳。此外，吴学军在《高等农业职业教育课程创新研究——以成都农业科技职业学院为例》一文中指出：由于近来对"实用为主，够用为度"原则的片面理解，过于强调实用技术和实践训练，导致出现淡化理论教学、简化理论考试、课程评价单一的问题，由于职业教育本身还存在课程建设不力、评价体系单一、实践性教学跟不上的问题，直接导致毕业生水平"双差"：专业基础薄弱，学习能力差；专业技能操作不熟练，动手能力差。应当指出，职业教育院校注重实用技术教学和实践训练本身是没有问题的，但关键在于能否扎实的把技术本领和岗位能力学深、学透，无缝对接市场需要。而理论教学是否应淡化和简化还有待商榷，学生的创新能力很大程度上取决于扎实的理论素养，否则谈不上厚积薄发的灵活运用和创造。再一个问题就是职业教育一定要坚持面向就业的培养原则，那么拓宽专业面，以适应现实中存在多种可能的、需要复合型知识的岗位要求就显得很重要，过于狭窄的专业面显然不利于就业。培养紧密对接市场，具有较为灵活多面的专业面，同时具有扎实的实用技术和实践能力，有扎实基础理论又有强动手能力的复合型、应用型人才是职业教育的目标所在。

职业教育起源于工业化和城市化的发展，职业教育理念来自于西方发达国家。我国的职业教育仍处于对前人和职业教育发达的国家的学习模仿、消化基础上结合自身情况的改造、升级的阶段，尚没有形成具有自身特色的完整、成熟、系统的体系，还处于摸索、尝试、探索、试错的阶段。另外，由于我国社会主义初级阶段的发展特点，整体来说广大农村地区（包括都市圈农村地区）产业化、工业化程度仍然较低，受宏观政策环境不完善的影响，校企之间合作、产学研结合仍然缺乏内生动力和紧密双向联系，学校和市场间互动仍需要政府加强政策引导和扶持。在现阶段政府行为和宏观政策导向仍然起着非常重要的作用，需要政府主渠道的积极作用。

在目前中国新型城镇化、培育新型职业农民，加快建设新农村的重要历史阶段中，一方面，因发展阶段不成熟，可能存在一定的不稳定性和不确定性，都市农业职业教育在尝试和摸索中遇到挫折和反复的概率和成本比较高；另一方面，由于我国经济发展潜力较大，尤其是都市圈农村地区有着巨大的发展机遇，都市农业必将在大都市圈蓬勃发展。这同时意味着对都市农业职业教育有巨大的需求，也为其提供了创新发展机会。我国的都市农业职业教育应当紧密贴近现实需求，牢牢把握住发展机遇，密切跟踪职业教育发展态势，把握好都市农业全方位市场需求，注重练好"内功"，提升学生岗位能力和实用技术，大力抓好体制机制和教育教学全方位改革，加大校企合作，提高活力，走出特色发展之路，培育出更多适合都市农业市场需求的高级农业职业人才。

3.6 问题及改进

由于著者、课题研究者时间、人力、水平等所限，本研究还存在的主要问题及其改进措施说明如下。

①由于各专门问题专题文献内容庞杂，分类和数量较多，以及人力、时间和精力所限，本研究只是对资料内容进行了浅层次的系统梳理、总结、归纳和提炼，还没有对各类文献进行深层次的内容分析、综合和挖掘工作。需要在今后的研究中对资料进行深入联系、剖析、比较、综合分析和知识挖掘，形成各类型专门问题文献综述以及更有针对性、对都市农业职业教育更有启发和现实参考价值的意见和结论，提升信息产品价值。

②文献资料收集及主题范围应随研究内涵进一步调整扩充。由于数据量较大，对数据进行处理、汇总、归纳、提炼消耗了大量的时间和精力，已经不允许再扩大资料收集范围，因此本研究的文献收集范围仅限于中国知网期刊。后续研究中，应当扩大研究范围，将其他数据库、其他文献类型纳入研究范围，使这一研究更有代表性和规律性。

③对检索词及检索策略还需进一步调整：本研究中，文献检索结果中出现的非相关性文献占有一定比例，在今后的研究中，如何缩小检索的非相关性结果，增加检准率，在检全率与检准率之间取得较好的平衡是应当继续努力地方向。但这涉及对"都市农业"及"职业教育"核心内涵的理解，对外延准确、适当的定义和防止外延含义蔓延，以及增加有效的限制条件等问题，还需要进一步深入探究。

④本研究初步完成了对单篇文献影响因子的数字化评价，包括了文献的内在和外在因素，使得文献排序更加科学规范，更有代表性。但是对于指标体系中前人做的一些主观性指标，比如对内容价值的同行评议，本研究暂没有条件和能力施行，可以说是个欠缺。另外，对于由影响值构成指标的权重值还需进行进一步探讨、优化，从检索结果中对照，找寻偏差并进行微调，以使最终计算值更加贴近实际。

附录一
"都市农业职业教育"期刊专题文献目录

（按单篇文献影响值 T 降序排序）

序号	篇名	作者	刊名（核心刊）	发表时间	被引	下载	期刊复合影响因子	影响值 T
1	基于 AHP 法的我国农业高等职业院校大学生创业能力评价	何忠伟；任钰；郭君平；陈艳芬	农业技术经济	2010 - 12 - 26	22	701	3.606	4.888 996
2	农民专业合作社科技人才培养机制探析——以天津市武清区为例	张颖；李丽君	科技管理研究	2014 - 4 - 20	15	290	1.604	3.504 395
3	强化产学研结合 突出高职教育特色	王秀清；马俊哲	中国职业技术教育	2007 - 3 - 11	23	194	1.135	3.394 375
4	高等职业院校学生顶岗实习的探索与实践	伊丽丽；刘春鸣；刘爱军；欧雅玲	中国林业教育	2009 - 1 - 15	34	530	0.462	3.375 930
5	浅析高等农业院校在培育新型职业农民中的作用	李澎；王铁良；岳喜庆；王海龙	农业科技管理	2014 - 2 - 26	21	429	1.049	3.058 897
6	都市农业信息化人才需求与培养模式研究	段延娥；张威	现代教育技术	2010 - 7 - 15	6	293	3.046	3.025 141
7	高职院校中外合作办学的人才培养模式创新——以北京农业职业学院为例	杨欣；赵庶吏；李英军；徐江	教育理论与实践	2014 - 1 - 25	10	586	0.844	2.909 536
8	创新"3+1"人才培养模式，强化都市农业人才实践能力	王慧敏；范双喜；沈文华	高等农业教育	2012 - 10 - 15	17	290	0.645	2.834 622
9	构建以技术专业能力为本位的项目课程体系	王秀娟；李永晶	黑龙江高教研究	2008 - 6 - 5	15	187	0.887	2.658 527

（续）

序号	篇名	作者	刊名（核心刊）	发表时间	被引	下载	期刊复合影响因子	影响值T
10	关于高等职业院校校园文化建设的实践与思考	赵章彬	中国职业技术教育	2017-2-1	10	387	1.135	2.613 364
11	天津农村人力资源素质分析及开发对策	田玉敏	中国农学通报	2009-5-5	7	208	1.069	2.597 677
12	基于区位优势的高职物业管理专业现代学徒制人才培养模式构建——以成都农业科技职业学院为例	艾斌发	职业技术教育	2017-9-10	7	183	0.964	2.493 799
13	园林测量课程项目化教学实践	仇恒佳；单建明；戴群	中国职业技术教育	2012-8-11	9	190	1.135	2.482 069
14	高等农业职业教育人才培养模式的创新与实践	郝婧	职业技术教育	2010-5-1	5	252	0.964	2.458 287
15	设施园艺产业发展与人才培养	杨振超；邹志荣；屈锋敏；李建明	农业工程技术（温室园艺）	2007-1-15	25	561	0.070	2.450 347
16	设施农业科学与工程专业建设的探索与实践	裴孝伯；单国雷；李绍稳；朱世东	安徽农业科学	2009-11-1	9	358	0.443	2.448 837
17	国（境）外农业教育体系研究	刘立新；刘杰	中国职业技术教育	2015-4-21	7	264	1.135	2.448 240
18	项目教学法在高职旅游规划课程中的应用	王娜	中国职业技术教育	2013-1-11	10	302	1.135	2.445 462
19	都市农业发展中新型职业农民培训的绩效评估与分析——基于规模示范合作社农户的实地调查	刘益曦；胡春；于振兴；谢志远；张呈念	江苏农业科学	2017-04-06	8	395	0.687	2.338 290
20	农业高职机电类专业实施"双证书"制度探索——以苏州农业职业技术学院为例	时忠明	职业技术教育	2013-12-10	5	43	0.964	2.271 256
21	辽宁新农村建设对农业高职教育人才需求的调查与分析	张英；田洪彦	辽宁教育研究	2006-8-25	6	219	1.476	2.255 627
22	我院"一二三四"式实践教学体系的构建	梁秀文；郭玉梅	中国职业技术教育	2007-8-1	8	227	1.135	2.254 466
23	我国南方园艺专业复合型人才培养模式改革研究	黄建昌；周厚高；刘念	安徽农业科学	2011-3-10	7	319	0.443	2.233 351

（续）

序号	篇名	作者	刊名（核心刊）	发表时间	被引	下载	期刊复合影响因子	影响值 T
24	都市型高等农业院校人才培养模式的改革与实践	王有年；杜晓林；范双喜	高等农业教育	2009-01-15	20	357	0.645	2.233 265
25	北京农村职业教育实践中存在的问题及对策建议	陶春；吴智泉	资源与产业	2011-5-20	1	41	1.503	2.213 677
26	高职设施农业技术专业实施工学结合、联合培养模式的实践探索	王秀娟	中国职业技术教育	2008-1-11	8	133	1.135	2.208 285
27	农林院校产教融合服务乡村振兴战略的探索与实践	李振陆；叶琦；尹江海	中国农业教育	2018-6-10	12	547	0.522	2.134 534
28	内蒙古农牧业科技园区休闲农业建设的实践与探索	王怀栋；李明；郝拉柱；葛茂悦	湖北农业科学	2012-1-20	5	183	0.508	2.127 093
29	"双线四段、筑园塑人"人才培养模式的创新与实践	周军；成海钟；钱剑林；潘文明；李臻	中国职业技术教育	2015-6-11	4	196	1.135	2.119 525
30	设施农业科学与工程专业人才培养模式研究与实践	高洪波；张广华；吴晓蕾；李敬蕊；李守勉	河北农业大学学报（农林教育版）	2007-12-15	13	442	0.608	2.116 218
31	慕课视野下高职计算机应用基础教学改革研究	叶煜；邹承俊；雷静	当代职业教育	2015-11-15	18	143	0.316	2.094 922
32	现代职业农民培养的苏南模式	马国胜；李振陆；邱学林	中国职业技术教育	2014-2-1	4	264	1.135	2.090 873
33	日本农业职业教育的做法与启示	杜保德；李玉冰；赵素英；胡天苍；李志勇	北京农业职业学院学报	2008-1-20	18	380	0.498	2.021 769
34	农业高校在服务都市农业中提升核心竞争力研究	赵向华；张文峰	江苏高教	2017-3-5	——	130	1.598	2.016 920
35	农业职业教育服务新农村建设的探索和实践	李凌	教育与职业	2007-7-11	6	150	0.744	2.006 427
36	"都市圈"发展与农村职业教育——发达国家的启示	范安平；张挚	继续教育研究	2010-8-15	8	156	0.655	1.995 434
37	关于高职涉农专业学生职业素质培养的实践——以观光农业专业为例	邱迎君；易官美	职教论坛	2011-10-15	4	134	1.002	1.964 898

（续）

序号	篇名	作者	刊名（核心刊）	发表时间	被引	下载	期刊复合影响因子	影响值T
38	"复合应用型食品科学与工程"卓越农林人才培养体系构建与探索	辛志宏；董洋；徐幸莲	中国农业教育	2016-8-10	10	226	0.522	1.949 211
39	设施农业科学与工程专业实践教学体系的建设与改革	张保仁；曹慧；李媛媛；姜倩倩	中国农业教育	2012-12-10	11	233	0.522	1.945 758
40	21世纪的农业与高等农业教育的人才培养	许祥云；彭泰中	高等农业教育	2000-5-30	12	208	0.645	1.941 461
41	基于沿海都市型现代农业需求的人才培养对策	张雅光	广东农业科学	2011-9-10	6	158	0.755	1.931 142
42	创新设施农业技术专业人才培养模式	祁连弟；赵永旺；张琨；徐艳玲；康丽敏	中国职业技术教育	2014-3-11	4	95	1.135	1.923 494
43	"互联网＋"视域下农业职业教育教学改革路径探索与实践	李辉；任华；罗敏	中国农业教育	2017-4-10	10	137	0.522	1.905 486
44	建立适应都市型农业的高等农业职业教育体系	庄连雄	教育发展研究	1999-12-30	2	111	1.893	1.896 748
45	创建福建地域特色设施农业科学与工程专业的思考	郑诚乐；林义章；林碧英；吴少华；郝志龙	福建农林大学学报（哲学社会科学版）	2008-3-5	10	217	0.843	1.884 195
46	高职农业院校机电类专业创新教学方向的研究	陶杰；夏春风；沈长生；马燕平	中国农机化	2011-7-25	2	55	0.784	1.877 518
47	都市型现代农业高技能人才培养改革与实践	王晓华；崔砚青；王振如；王福海；崔坤	中国职业技术教育	2015-9-11	0	200	1.135	1.813 191
48	农业现代化进程中农科高职专业课程转型升级的实践探索	李振陆；赵茂锦；夏红；束剑华；尤伟忠	中国职业技术教育	2017-11-11	2	82	1.135	1.804 747
49	学分制下设施农业科学与工程专业课程体系建设	陈友根；王冬良；陶鸿；裴孝伯；单国雷	安徽农业科学	2010-5-10	6	187	0.443	1.799 691
50	北京农业职业教育发展对策研究	杜保德；李凌	中国职业技术教育	2008-8-11	3	78	1.135	1.795 891

（续）

序号	篇名	作者	刊名（核心刊）	发表时间	被引	下载	期刊复合影响因子	影响值 T
51	《都市农业装备应用技术》高职专业课程研究	吕亚州；蒋晓	中国农机化学报	2019-11-15	—	11	0.784	1.785 718
52	服务都市型现代农业发展 培养应用型专门人才	郑文堂；华玉武；高建伟	中国高等教育	2013-9-18	2	144	1.465	1.777 177
53	旅游管理（游憩与公园管理）专业本科人才培养思考	罗芬；钟永德；罗明春；胡旭辉；袁建琼	中南林业科技大学学报（社会科学版）	2014-12-15	1	140	1.884	1.765 349
54	浅谈高等农业职业教育人才培养模式的变革与特征	李秀华；郝婧	中国职业技术教育	2011-6-11	—	140	1.135	1.763 831
55	农业高职院校服务北京新农村建设的思考及策略	郝婧	中国职业技术教育	2009-9-21	1	57	1.135	1.757 953
56	突出职教特色 走产学研一体化办学之路——苏州农业职业技术学院校办产业模式的实践探索	石丽敏；叶琦	中国职业技术教育	2008-12-11	2	134	1.135	1.746 328
57	"工学研融合、四段递进式"人才培养模式的研究与实践——以成都农业科技职业学院为例	周路	黑龙江畜牧兽医	2016-07-29	4	152	0.334	1.745 764
58	都市型农业与都市型农业院校创新人才培养	王会文	安徽农业科学	2011-5-20	2	89	0.443	1.734 982
59	高职园艺技术专业"六园一体"校内生产性实训基地建设的探索与实践——以苏州农业职业技术学院为例	李寿田；钱剑林；唐蓉；钱兰华；汪成忠	职教通讯	2013-5-20	14	231	0.229	1.705 263
60	基于沿海都市型现代农业背景下的"三创一基"人才培养——以天津农学院为例	王立春；马文芝；卢绍娟	安徽农业科学	2011-3-20	4	134	0.443	1.703 856
61	农业职业教育服务现代都市农业研究	杨长荣；周瑾	中国职业技术教育	2012-1-21	1	173	1.135	1.688 413
62	设施农业科学与工程本科专业实践教学的改革与创新——以华中农业大学为例	黄远；程菲；张俊红；李国怀；张余洋	高等农业教育	2017-2-15	9	383	0.645	1.672 794
63	关于天津沿海都市型现代农业人才培养的探讨	郑亚勤	天津农学院学报	2007-12-31	9	186	0.585	1.671 410
64	经济发达地区涉农企业对农科人才需求结构调查及高校教育策略分析	张天保；李俊龙；吴彦宁；王恬；胡锋	高等农业教育	2012-3-15	2	182	0.645	1.667 618

（续）

序号	篇名	作者	刊名（核心刊）	发表时间	被引	下载	期刊复合影响因子	影响值T
65	园艺专业创新型人才培养模式研究与实践	李贺；刘月学叶雪凌；王春夏李天来	沈阳农业大学学报（社会科学版）	2015-11-15	7	250	0.377	1.662 065
66	北京农业职业教育人才培养的主要问题及改进建议	冯学会	中国职业技术教育	2017-12-21	—	78	1.135	1.648 633
67	都市型农学专业人才培养模式的形成与实践——以北京农学院农学专业为例	谢皓；潘金豹；陈学珍	中国农业教育	2012-2-10	9	175	0.522	1.636 586
68	都市农业背景下农业院校学科建设的策略	赵向华	高等农业教育	2014-5-15	2	116	0.645	1.635 193
69	以特色促发展 建设都市型现代农林大学	王慧敏	中国高等教育	2013-12-3	1	107	1.465	1.617 841
70	扎实推进示范建设 创建一流农业职业学院	崔砚青；王振如	中国高等教育	2011-3-18	1	101	1.465	1.614 893
71	沿海都市型农业院校本科专业人才培养方案适应性调整的思考——以天津农学院为例	边立云；马文芝；田健；刘慧	广东农业科学	2012-2-10	1	117	0.755	1.609 978
72	农林经济管理专业方向建设思考	江金启；张广胜；刘强；吴东立	沈阳农业大学学报（社会科学版）	2015-3-15	6	279	0.377	1.599 238
73	构建推广教授体系，服务北京都市现代农业	王慧敏；范双喜；沈文华	高等农业教育	2012-8-15	2	127	0.645	1.598 421
74	动物科学与医学专业创新创业教学体系思考	李林；何剑斌；董婧；杨淑华白文林	沈阳农业大学学报（社会科学版）	2016-11-15	7	118	0.377	1.597 216
75	城镇化过程中城郊农民继续教育意识的培养	张迪	中国成人教育	2017-03-21	1	87	0.817	1.581 629
76	现代都市农业发展需求视域下的职业农民培育路径	许爱萍	农业科技管理	2015-8-26	3	75	1.049	1.581 602
77	农业职业院校"植物生长周期循环"人才培养模式的探索与实践	赵晨霞；冯社章王春玲；毕红艳	中国职业技术教育	2011-3-1	—	111	1.135	1.580 879

（续）

序号	篇名	作者	刊名（核心刊）	发表时间	被引	下载	期刊复合影响因子	影响值 T
78	北京农业类高职专业发展现状的思考	郭玉梅；梁秀文	中国职业技术教育	2009-4-11	—	83	1.135	1.567 123
79	都市农业背景下的农业高职教育教学改革	方蕾	中国成人教育	2010-11-30	2	71	0.817	1.566 877
80	新型农业经营体系构建与农业高职教育专业体系优化	束剑华；刘海明；邬雨刚；许乃霞；仲子平	江苏农业科学	2014-9-25	1	89	0.687	1.564 467
81	深化内涵育人才 彰显特色惠"三农"——苏州农业职业技术学院升格高职院10周年巡礼	解鹏；郭志海	中国职业技术教育	2012-1-1	—	65	1.135	1.558 280
82	试论北京农业职业教育	李秀华；	中国职业技术教育	2007-11-11	—	64	1.135	1.557 789
83	浙江休闲农业人才培养规范发展探讨	张建国	浙江农业科学	2015-03-02	10	299	0.479	1.546 730
84	为都市农业培养创业型园艺人才的实践与思考	顾勤；朱士农；王春彦；罗羽洧	金陵科技学院学报	2010-3-30	7	247	0.390	1.540 520
85	关于新型职业农民队伍建设的思考	张耀川；马俊哲；李凌	北京农业职业学院学报	2012-7-20	11	361	0.498	1.536 995
86	绿色发展理念下京郊生态农业人才培养体系创新研究	李婷君；华玉武	农业展望	2017-1-28	1	207	1.142	1.535 731
87	"技术管理型"食品质量与安全专业人才培养改革及实践	辛志宏；史秋峰；胡秋辉；陆兆新	中国农业教育	2009-12-10	9	389	0.522	1.534 337
88	黑龙江农业工程职业学院"校农联合双主体"人才培养模式	程宇	职业技术教育	2010-10-10	4	116	0.964	1.532 519
89	办好农业专家大院 推进产学结合——农业高职院校服务社会主义新农村建设的探索	卢晓东	中国职业技术教育	2008-2-11	1	100	1.135	1.524 382
90	都市型高等农业院校人才培养模式研究与实践	范双喜；董跃娴；吴晓玲	高等农业教育	2009-1-15	11	194	0.645	1.523 596
91	涉农专业中高职衔接的思考——以成都农业科技职业学院畜牧兽医类专业为例	邓继辉；姜光丽；黄雅杰；张平	黑龙江畜牧兽医	2015-11-20	2	89	0.334	1.496 580

（续）

序号	篇名	作者	刊名（核心刊）	发表时间	被引	下载	期刊复合影响因子	影响值T
92	高职创新创业人才培养要向绿色职教转型	丁继安；方东傅	职业技术教育	2013-12-25	1	127	0.964	1.478 062
93	农业职业人才供求：北京样本	李秀华	职业技术教育	2011-8-25	1	32	0.964	1.473 566
94	经济新常态下服务都市型农业高校人才培养的思考	刘慧；田秀平	继续教育研究	2017-6-15	—	71	0.655	1.463 219
95	"五位一体"：高职教育科学发展机理研究——基于职教转型视角的实践创新	杜保德；李凌；王力红	高等农业教育	2014-5-15	—	78	0.645	1.462 375
96	都市园艺及其人才需求分析	何金明；肖艳辉	高等农业教育	2010-7-15	8	445	0.645	1.457 861
97	动植物检疫专业实践教学体系的构建研究	尹荣焕；刘宝山；韩小虎；原婧；尹荣兰	黑龙江畜牧兽医	2015-10-10	1	104	0.334	1.448 782
98	打造高素质的"双师型"教学团队以促进高等职业教育科学发展——师资队伍建设系列研究之一	张平；邓继辉	黑龙江畜牧兽医	2013-11-20	5	115	0.334	1.444 091
99	高职水利类专业课程设置与教学体系构建研究	张玉福；左宏明；肇承琴；黄晓辉；崔瑞	辽宁高职学报	2010-5-20	8	58	0.126	1.443 635
100	北京市农民科技素质及影响因素的实证研究	陈俊红；王爱玲；周连第	北京市经济管理干部学院学报	2009-3-15	7	111	0.235	1.443 499
101	SWOT分析视角下新型职业农民高职教育研究	李凌	高等农业教育	2018-12-15	4	99	0.645	1.439 631
102	励志耕耘惠"三农"融入国际育人才	成海钟；顾金峰	中国职业技术教育	2007-4-11	1	46	1.135	1.433 769
103	培养具备可持续发展能力的新型职业农民新思考——以成都农业科技职业学院畜牧兽医专业为例	邓继辉	黑龙江畜牧兽医	2014-7-20	1	125	0.334	1.417 309
104	高职专业教学资源库建设与实践——以成都农业科技职业学院畜牧兽医及相关专业为例	尹洛蓉	黑龙江畜牧兽医	2015-12-20	1	117	0.334	1.412 992

(续)

序号	篇名	作者	刊名（核心刊）	发表时间	被引	下载	期刊复合影响因子	影响值T
105	观光农业专业教学中存在的问题与改革措施	李发生；田凯先	安徽农业科学	2009 - 12 - 31	2	98	0.443	1.405 491
106	都市型现代农业园艺人才培养的探索与实践——以金陵科技学院为例	宰学明；朱士农；崔群香；王春彦	宁夏农林科技	2011 - 10 - 10	7	189	0.223	1.391 863
107	高职焙烤专业创业教育的探索与思考	华景清；蔡健；徐良	农产品加工（学刊）	2010 - 10 - 25	5	65	0.589	1.389 885
108	食品专业校内实训基地建设的探索与实践	王薇	农业科技管理	2009 - 12 - 26	5	201	1.049	1.379 776
109	食品营养与检测专业教学改革与实践——以苏州农业职业技术学院为例	夏红；刘桂香；王波	四川烹饪高等专科学校学报	2013 - 3 - 10	5	199	0.336	1.379 748
110	基于现代生态循环农业的大学生创新创业能力培养	周靓；田进；饶家辉	黑龙江畜牧兽医	2019 - 8 - 10	—	104	0.334	1.371 707
111	提升理念重内涵 突出特色谋发展——北京农业职业学院办学实践	崔砚青；王振如	中国职业技术教育	2008 - 4 - 11	—	66	1.135	1.366 520
112	高职园林技术专业"1+1+1"工学结合人才培养模式研究	黄顺；潘文明；唐蓉；尤伟忠	现代农业科技	2009 - 9 - 10	12	141	0.183	1.358 888
113	服务 走出一片天——北京农业职业学院服务"三农"侧记	刘红；	中国职业技术教育	2007 - 3 - 11	—	46	1.135	1.356 694
114	高职院校开展职业技能竞赛的探索与实践	王晶；崔宝发；张满清；李桂伶	黑龙江畜牧兽医	2015 - 1 - 20	2	134	0.334	1.350 369
115	服务成都都市现代农业，建设特色休闲农业专业——以成都农业科技职业学院休闲农业专业建设为例	熊丙全；杨铱；阳淑；万群	中国农业教育	2018 - 2 - 10	3	101	0.522	1.348 277
116	以科普文化平台为载体强化品牌专业的内涵建设——以苏州农业职业技术学院园艺技术专业为例	韩鹰；陈军；束剑华	中国农业教育	2017 - 2 - 10	3	97	0.522	1.346 312
117	新形势下我国高等农业院校种业人才培养策略探讨	王州飞；张红生	中国农业教育	2013 - 6 - 10	4	109	0.522	1.345 316
118	基于高职"理实一体化"的动物繁殖课程设计的几点思考	付静涛；乔利敏；韩杰；肖西山	黑龙江畜牧兽医	2017 - 5 - 20	—	46	0.334	1.343 213
119	用全纳教育理念指导农业职业培训	毛建；易林；曾红；郑光树	成人教育	2013 - 9 - 20	3	29	0.854	1.341 799

（续）

序号	篇名	作者	刊名（核心刊）	发表时间	被引	下载	期刊复合影响因子	影响值T
120	高职院校现代学徒制试点教育现状分析——以成都农业科技职业学院为例	罗丹丹；张平；杨洋；陈艳	中国农业教育	2017-2-10	3	160	0.522	1.335 086
121	休闲农业女性人才的培养路径探析——基于利益相关者理论的思考	董霞；郭华	农业展望	2019-10-28	—	18	1.142	1.323 628
122	农业高职院校的定位、特色与发展	许亚东	高等农业教育	2011-9-15	10	70	0.645	1.321 518
123	高等院校动植物检疫专业人才培养方案的比较研究	尹荣焕；白文林；原婧；刘宝山；韩杰	黑龙江畜牧兽医	2018-7-20	—	87	0.334	1.321 179
124	沿海都市型现代农业发展视域下天津农林高校大学生创新能力培养模式探究	杜丽华；沈高峰	天津农业科学	2018-1-1	3	64	0.649	1.305 053
125	工学结合模式下实训基地建设的探索与实践——以北京农业职业学院为例	王晶；王晓华；程文华；崔坤	黑龙江畜牧兽医	2014-6-20	1	65	0.334	1.303 480
126	改革农业职业教育 服务休闲农业产业发展——从休闲农业的发展谈职业教育的改革创新	谈再红；姚季伦	湖南农业科学	2014-1-28	3	175	0.510	1.295 062
127	高等农业职业教育课程创新研究——以成都农业科技职业学院为例	吴学军	高等农业教育	2007-12-15	7	85	0.645	1.288 276
128	以高技能型人才培养为目标建设实训基地	周广和；崔坤	北京农业职业学院学报	2009-1-20	8	222	0.498	1.279 658
129	农科教融合培养都市园艺人才的探索与实践	宰学明；朱士农；孙丽娟；王春彦	安徽农业科学	2012-11-1	3	187	0.443	1.269 670
130	面向天津农业发展的农学专业人才培养模式研究	陈宏涛；吴锡冬；曹丽颖	山西农业大学学报（社会科学版）	2010-6-15	1	124	0.909	1.260 006
131	四川农业大学森林资源保护与游憩本科专业人才培养目标探析	李梅；万英平；郭东力；沈迪玉	四川农业大学学报	2004-12-30	5	195	0.888	1.259 468
132	高校远程教学联盟平台及课程资源共享建设探索——以南京农业大学继续教育学院为例	徐凤国；单正丰	中国农业教育	2012-12-10	4	164	0.522	1.245 808

（续）

序号	篇名	作者	刊名（核心刊）	发表时间	被引	下载	期刊复合影响因子	影响值 T
133	苏州农业职业技术学院专业建设的实践与思考	蔡健；王薇	农业科技管理	2009 - 2 - 26	4	75	1.049	1.240 799
134	北京农业职业学院中外合作办学实践与思考	赵庶吏；李英军	北京农业职业学院学报	2012 - 9 - 20	9	58	0.498	1.233 986
135	高等农业职业教育的发展现状与对策研究	王福海；马俊哲；李凌	北京农业职业学院学报	2013 - 11 - 20	7	89	0.498	1.221 595
136	连锁经营与管理专业工学交替人才培养模式的探索	殷志扬	科技情报开发与经济	2010 - 1 - 25	5	111	0.360	1.221 193
137	循环农业人才培养需"三"思而行	刘纯阳	湖南农业大学学报（社会科学版）	2010 - 4 - 15	2	170	1.766	1.213 450
138	基于校企合作背景下学生职业素质教育探析——以成都农业科技职业学院畜牧兽医分院为例	姜光丽；唐阗勇	当代职业教育	2011 - 9 - 15	9	182	0.316	1.209 915
139	关于京津冀都市型现代农业职业教育协同发展的思考	鄢毅平	北京农业职业学院学报	2017 - 3 - 20	3	88	0.498	1.204 154
140	都市型农业背景下农业院校研究生实践能力的培养——以兽医学为例	崔君；周庆强；金天明；马吉飞	天津农学院学报	2019 - 6 - 30	2	45	0.585	1.188 757
141	校企共建养猪专业学院深化人才培养模式初探	邓继辉	黑龙江畜牧兽医	2013 - 12 - 10	—	30	0.334	1.187 302
142	建设设施农业科学与工程专业的思考	王丽娟；边珮璐；王学利；李树和；刘海荣	天津农学院学报	2012 - 12 - 31	1	195	0.585	1.185 762
143	现代学徒制模式在本科院校人才培养实践中的借鉴与探索——以沈阳农业大学为例	韩杰；白文林；尹荣焕；原婧；陈晓月	畜牧与饲料科学	2017 - 11 - 03	2	62	0.360	1.176 391
144	如何搞好都市现代农业中的农民技能培训工作	高佳	天津农业科学	2013 - 2 - 1	3	52	0.649	1.173 016
145	园艺园林类高职在校大学生创业现状调查及对策研究——以苏州农业职业技术学院为例	戴培培；尤伟忠；陈君君；李寿田	学理论	2011 - 12 - 10	5	114	0.156	1.169 580

（续）

序号	篇名	作者	刊名（核心刊）	发表时间	被引	下载	期刊复合影响因子	影响值 T
146	"寓学寓工 校企共育"创新人才培养模式的研究与实践——以苏州农业职业技术学院食品专业为例	李海林；许建生；尤荣；胡强	农产品加工（学刊）	2013-10-20	1	59	0.589	1.162 991
147	高职院校种子种苗生产技术课程改革探讨	靳晓翠	园艺与种苗	2012-6-15	4	33	0.171	1.144 068
148	中国与加拿大小动物医学专业高等职业教育的思考——以北京农业职业学院与加拿大圣力嘉学院为例	李志；刘朗	黑龙江畜牧兽医	2012-12-20	—	92	0.334	1.131 770
149	高职园林工程专业人才培养目标和教学改革探讨——以成都农业科技职业学院园林工程技术专业为例	王占锋；苏婷婷	现代园艺	2011-7-25	2	160	0.600	1.126 117
150	基于教学标准制定的休闲农业专业调研报告	许建民；颜志明；熊丙全；陈彦汝；左宏琴	高等农业教育	2018-10-15	—	80	0.645	1.121 998
151	动物医学专业人才培养模式探讨	于立辉；赵玉军；张文亮；刘明春；陈晓月	沈阳农业大学学报（社会科学版）	2005-12-30	7	251	0.377	1.118 150
152	高职水产养殖专业现代学徒制人才培养模式的实践	李成伟；李月英；吴宏伟；刘海燕；姜光丽	职业教育研究	2019-3-8	1	34	0.425	1.115 914
153	高职院校学生顶岗实习与青年教师企业实践结合模式探索——以苏州农业职业技术学院环境类专业为例	于淼；李冠华	教育教学论坛	2018-4-4	2	88	0.176	1.103 240
154	广州等市城郊型农村职业技术教育的改革	梁友君；	人民教育	1992-10-27	1	22	0.450	1.102 096
155	设施农业科学与工程专业发展探析	侯金锋；袁凌云；陈国户；汪承刚；朱世东	现代农业科技	2018-11-20	2	235	0.183	1.094 375
156	高职院校农业类专业创业教育的探索与实践——以成都农业科技职业学院为例	万群；阳淑；熊丙全	职业教育研究	2015-9-8	1	64	0.425	1.088 476

（续）

序号	篇名	作者	刊名（核心刊）	发表时间	被引	下载	期刊复合影响因子	影响值 T
157	提高人才培养质量的思考——以苏州农业职业技术学院为例	蔡健	农产品加工（学刊）	2012-6-25	—	40	0.589	1.076 582
158	以都市应用为目标的园艺专业人才培养模式探索	姚岭柏；韩海霞	安徽农业科学	2017-01-21	1	107	0.443	1.075 831
159	引入市场机制，构建高职设施农业专业校内实践教学新模式	费显伟；张立今；王国东；富新华	高等农业教育	2003-4-30	—	71	0.645	1.075 786
160	高职《水生生物》课程信息化教学改革与实践	刘海燕；吴宏伟；李月英；李成伟；陈淼	畜牧与饲料科学	2018-01-26	6	74	0.360	1.072 321
161	跨区域合作办学的理念创新与实践探索——以北京农业职业学院为个案的研究	马俊哲；李凌	北京农业职业学院学报	2012-1-20	4	115	0.498	1.045 320
162	高职院校课堂教学质量评价体系的改进与实践——以北京农业职业学院为例	杨学坤；刘琳	北京工业职业技术学院学报	2019-11-25	—	99	0.256	1.034 029
163	森林生态旅游专业教学标准研制调研报告	屈中正；李蓉；郑新红	湖南生态科学学报	2019-12-25	—	42	0.494	1.032 815
164	以科技项目为载体，培养都市农业创新型园艺人才	纪易凡；宰学明；孙丽娟；朱士农	中国园艺文摘	2013-1-26	1	126	0.320	1.028 113
165	都市型农业及其人才培养问题	卜妙金	仲恺农业技术学院学报	2001-3-30	1	136	0.570	1.023 242
166	森林资源保护与游憩专业人才培养目标与人才培养模式探讨	周梅；刘殿国；丛林；段科德；刘尧	中国林业教育	2003-7-20	8	184	0.462	1.009 750
167	高职院校休闲农业专业校外实训基地建设研究	蔡会敏	高等农业教育	2019-10-15	—	13	0.645	1.004 729
168	高职院校《观光农业概论》课程教学改革探讨	吴松芹；陈素娟	园艺与种苗	2015-10-15	1	49	0.171	1.004 670
169	高等职业教育设施农业专业人才培养目标和培养模式的构建	费显伟；周贵平；富新华	高等农业教育	1999-7-30	5	77	0.645	1.003 667
170	论都市型现代农业人才培养创新——以北京农学院为例	白艳娟；刘蓬勃；刘芳	安徽农业科学	2014-12-12	1	128	0.443	1.002 182

（续）

序号	篇名	作者	刊名（核心刊）	发表时间	被引	下载	期刊复合影响因子	影响值T
171	基于高职院校新型职业农民培训模式的实践与思考——以苏州农业职业技术学院为例	姚芹；宋浩	江苏第二师范学院学报	2015-6-25	5	107	0.154	0.999 613
172	设施农业领域硕士研究生人才培养模式的改革——以农业建筑工程专业方向为例	马惠彪	高等建筑教育	2015-8-15	—	78	0.473	0.998 518
173	推进教育创新，培养一线创新人才的实践与探索——以成都农业科技职业学院近30年的教育创新实践为例	鲁健生	高等农业教育	2008-9-15	5	65	0.645	0.997 772
174	休闲农业课程体系构建	蒲亚锋；陈红武；裘丽娟；弋顺超	安徽农业科学	2013-7-20	1	111	0.443	0.993 830
175	论高等农业院校服务珠三角都市农业发展的基本途径——以仲恺农业工程学院为例	曾书琴	高等农业教育	2015-09-25	2	88	0.645	0.988 342
176	高职计算机应用技术专业人才培养创新研究	李兴鹏；曹彦婷；赵军；倪鹭	南宁职业技术学院学报	2010-9-30	3	75	0.228	0.987 716
177	迎名校建设工程之东风，筑都市农业创新创业教育体系	龚良玉；翟崑；王峰；王国辉；于蕾	高等农业教育	2016-8-15	2	80	0.645	0.984 412
178	设施农业工程类专业实践教学质量监控体系构建	高青海；陆晓民；金光明；钱立生	大学教育	2017-1-1	4	100	0.293	0.984 010
179	创新实践模式 推行现代学徒制——以北京农业职业学院汽车检测与维修技术专业为例	叶克；陆静兵；诸刚；王芳	北京农业职业学院学报	2016-11-20	4	160	0.498	0.982 689
180	农业高职院校物联网技术课程教学研究	耿铭慈；聂爱丽	物联网技术	2015-7-20	3	47	0.503	0.978 963
181	宁夏大学森林资源保护与游憩专业的发展	刘丽丹；赖声渭	农业科学研究	2007-3-25	1	129	0.478	0.976 841
182	都市农业及其人才培养的探讨	王凤华；李光远	高教论坛	2011-1-20	6	190	0.303	0.976 550

(续)

序号	篇名	作者	刊名（核心刊）	发表时间	被引	下载	期刊复合影响因子	影响值 T
183	"双师"素质培养模式下设施农业科学与工程专业课程大纲研发	武春成；曹霞；孙成振；宋士清	安徽农业科学	2018－03－28	—	58	0.443	0.974 683
184	都市型现代农业实践教学体系的构建与实践	安健；王志芳；周锦燕	高等农业教育	2016－8－15	2	56	0.645	0.972 621
185	新农村建设中山西省城郊农民教育问题研究	梁剑峰；白亚锋	山西高等学校社会科学学报	2011－10－25	1	69	0.261	0.972 558
186	高职"园艺技术实训"课程教学改革的思考	崔海	中国园艺文摘	2013－12－26	2	26	0.320	0.971 707
187	农业高职院校"教赛研一体化"推进课程改革的探索与实践——以苏州农业职业技术学院为例	夏红；李振陆；赵茂锦；束剑华	中国农业教育	2019－6－20	—	62	0.522	0.971 364
188	"完全学分制"教学管理制度的构建与实践——以沈阳农业大学为例	刘亚超；段玉玺；李国杰	中国农业教育	2015－4－10	2	166	0.522	0.969 224
189	高校观光农业园区规划分析与思考——以云南农业职业技术学院农业园区为例	杨晓帆	美与时代（城市版）	2015－3－25	5	304	0.146	0.966 132
190	农业高职院校农学类专业办学研究——以玉溪农业职业技术学院为例	李明福；李玉萍；张丽芬；徐琼华；冯桂琴	西南农业大学学报（社会科学版）	2013－1－15	4	157	0.370	0.964 004
191	高职院校"冠名＋订单"工学交替培养模式的实践与思考——以苏州农业职业技术学院连锁经营管理专业为例	殷志扬；林德明；程培堽	武汉职业技术学院学报	2010－8－15	1	158	0.209	0.949 823
192	高职院校创业教育的探索与实践	尚虹；唐阆勇	当代职业教育	2010－6－15	6	113	0.316	0.944 792
193	构建闽台"校校企"休闲农业专业人才培养模式研究	周国红	科技创业月刊	2014－5－10	5	158	0.250	0.943 357
194	高职农业类专业设置的就业导向分析	曾洪学	安徽农学通报	2019－3－30	—	27	0.217	0.938 268
195	福建省休闲农业学科建设与发展研究	范水生；朱朝枝；江敏；邱生荣；潘国亮	海峡科学	2015－1－15	6	218	0.190	0.937 537
196	农业类高职院校特色文化育人思考与实践——以苏州农业职业技术学院为例	陈迪辉；汤易；肖阳	江苏农业科学	2019－04－01	1	99	0.687	0.936 285

（续）

序号	篇名	作者	刊名（核心刊）	发表时间	被引	下载	期刊复合影响因子	影响值T
197	高职设施农业技术专业建设配套建筑材料课程改革的思路	陈瑾	科教导刊（上旬刊）	2013-8-5	1	35	0.126	0.934 988
198	都市型高等农业院校教材建设的实践与探索——以北京农学院为例	范双喜；乌丽雅斯	高等农业教育	2015-09-11	3	71	0.645	0.930 536
199	深化"产教科"融合，推进高职办学水平高质量发展——以苏州农业职业技术学院为例	李克俭；胡捷；仇恒佳；司文会	沙洲职业工学院学报	2018-12-15	1	89	0.240	0.930 015
200	基于职业教育专业特点对现代学徒制的可行性探索——以成都农业科技职业学院种子生产与经营专业为依托	张彭良	教育教学论坛	2017-2-8	1	57	0.176	0.926 583
201	高职院校公选课助推复合型创新人才培养的策略研究——以成都农业科技职业学院为例	陈艳；杨洋；张平；蒋红丽；姜光丽	教育教学论坛	2017-2-8	1	55	0.176	0.925 600
202	都市农业背景下高等农业院校教学质量监控保障体系的构建与实践——以青岛农业大学为例	刘焕奇；刘家尧；隋仁东；张妮妮；和法华	高等农业教育	2016-8-15	1	116	0.645	0.925 023
203	浅谈都市农业发展与职业教育创新	黄春来；黎定军	当代教育论坛（上半月刊）	2009-5-8	3	69	0.815	0.924 974
204	"双主体"模式培养职业院校设施农业创新创业人才的实践	芦燕；王晶；潘静；张芳	教育教学论坛	2018-7-13	1	33	0.176	0.914 792
205	都市农林复合应用型人才培养路径的研究与探索	范双喜；乌丽雅斯；宋微	高等农业教育	2016-8-15	1	92	0.645	0.913 232
206	高职园艺专业"六园一体 技艺三进"式人才培养模式的构建与实践——以苏州农业职业技术学院园艺专业为例	金立敏；唐蓉	科教导刊（下旬）	2017-5-25	—	57	0.126	0.910 512
207	职业资格认证推动型设施农业科学与工程专业实践教学的探索	范晶晶；张保仁；曹慧	科教导刊（中旬刊）	2017-1-15	—	49	0.126	0.906 581
208	高等职业院校课堂教学质量评价的现状分析与对策研究——以北京农业职业学院机电工程学院为例	杨学坤	高等农业教育	2016-10-15	2	91	0.645	0.905 463

（续）

序号	篇名	作者	刊名（核心刊）	发表时间	被引	下载	期刊复合影响因子	影响值 T
209	天津都市型现代农业背景下卓越农林人才需求分析及协同培养机制探讨	张乃楠	天津农林科技	2014 - 4 - 15	5	196	0.170	0.902 759
210	新形势下北京郊区农村实用人才队伍建设问题研究	周洪生	北京农业职业学院学报	2018 - 3 - 20	3	151	0.498	0.901 193
211	高职院校专业教学团队建设的微观思考——以苏州农业职业技术学院食品营养与检测专业为例	夏红	四川烹饪高等专科学校学报	2012 - 5 - 10	1	102	0.336	0.897 265
212	院企合作共建畜牧兽医专业生产性实训基地的研究与实践	许亚东；姜光丽；周光荣	高等农业教育	2009 - 9 - 15	3	165	0.645	0.892 751
213	沿海都市型农业院校创新人才培养的探究	王会文	高等农业教育	2011 - 4 - 15	2	63	0.645	0.892 094
214	促进中高职教育有效衔接的关键课程与教学模式研究——以园艺园林、观光农业专业为例	张霞	继续教育研究	2013 - 4 - 15	3	146	0.655	0.888 086
215	上海农业信息化人才的分析与培养	张海娜	安徽农业科学	2015 - 03 - 03	3	83	0.443	0.884 278
216	设施农业科学与工程专业大数据观人才培养模式改革与探索	王德信；樊庆忠	菏泽学院学报	2019 - 2 - 25	—	80	0.223	0.882 756
217	动植物检疫特设专业实践创新教学体系的探索研究——基于沈阳农业大学的实践	尹荣焕；原婧；韩小虎；刘宝山；韩杰	黑龙江畜牧兽医	2016 - 06 - 14	3	96	0.334	0.881 940
218	从高职旅游管理专业毕业实习调查谈教学改革	耿红莉；贾艳琼	北京农业职业学院学报	2017 - 5 - 20	1	75	0.498	0.878 411
219	高职院校园林技术专业群构建方案研究	黄顺；潘文明；孙雪；梁铮	职业教育研究	2009 - 6 - 8	4	182	0.425	0.875 442
220	高职园艺植物病虫害防治教学改革探索与实践	申海香；马尚盛	卫生职业教育	2015 - 1 - 25	7	56	0.181	0.866 737
221	四位一体的农业实践教学基地建设研究——以成都农业科技职业学院为例	吴珊	教育教学论坛	2018 - 12 - 12	—	85	0.176	0.863 264
222	高等职业教育中设施园艺专业人才培养探讨	佟凤琴	农业技术与装备	2016 - 2 - 25	1	53	0.130	0.860 960

（续）

序号	篇名	作者	刊名（核心刊）	发表时间	被引	下载	期刊复合影响因子	影响值T
223	浙江省职业教育人才培养与农业产业转型升级的对接路径分析	吴业东	继续教育研究	2013-10-15	1	135	0.655	0.855 061
224	"分校式"校企合作模式研究与实践——以宁夏农业学校"兰一分校"为例	宋伶英；赵晓瑞；范为群	宁夏农林科技	2015-2-20	—	22	0.223	0.854 261
225	中高职分段培养园林技术专业衔接课程"一体化"设计	黄顺；周军；朱志钦	安徽农业科学	2014-7-20	4	118	0.443	0.852 405
226	园艺师实训课程观赏园艺内容的扩展	田佶	安徽农学通报	2019-9-15	—	21	0.217	0.850 968
227	高职设施农业技术专业"创业实训课"改革研究	代玉荣	黑龙江科学	2016-3-23		26	0.115	0.847 969
228	基于都市农业背景下高等农业院校非农学科发展对策研究	袁友芹；孙守钧；石广东；程宝乐	高等农业教育	2008-11-15	1	119	0.645	0.842 531
229	都市型现代农业园艺人才培养模式的改革与实践——以北京农学院为例	宋备舟；许馨月；张杰	教育教学论坛	2019-10-2	—	37	0.176	0.839 682
230	设施农业科学与工程专业人才培养方案研究与实践	孙光闻；刘厚诚；宋世威；陈日远；骆芙蓉	教书育人	2010-6-25	6	179	0.190	0.832 385
231	都市型园艺专业学位研究生人才培养探讨——以北京农学院为例	郭家选	现代农业科技	2012-2-20	1	111	0.183	0.830 239
232	都市农业环境下动物医学（兽医）专业人才培养的思考——以北京为例	李焕荣；孙英健	教育教学论坛	2012-10-17	4	147	0.176	0.826 321
233	实训示范园基地建设探析——以职业技术院校观光农业专业为例	刁家文；徐莲；翟晓岚	宁夏农林科技	2013-7-20	1	65	0.223	0.826 319
234	产学研服一体化：职业院校产学研的独特定位和逆向设计	杜保德	北京教育（高教版）	2010-2-10	7	91	0.332	0.826 278
235	都市园艺专业学生就业现状分析及对策	于红茹；张文新；张爱华；高丹	辽宁农业职业技术学院学报	2019-1-15	—	115	0.155	0.826 020

（续）

序号	篇名	作者	刊名（核心刊）	发表时间	被引	下载	期刊复合影响因子	影响值T
236	高职教育参与农村劳动力转移培训研究	乔莉莉	职业教育研究	2008-12-8	5	96	0.425	0.824 275
237	校企合作培养模式下设施农业科学与工程专业综合实习的研讨	李琛；边卫东；武春成；王东升；王帅	科教文汇（中旬刊）	2019-1-20	—	57	0.115	0.821 022
238	产业发展主导下高职涉农专业教学改革——基于德国职业教育的启示	夏红	中国农业教育	2016-4-10	2	120	0.522	0.820 096
239	高职园艺技术专业"六园一体"校内生产性实训基地建设模式的探索实践	李寿田；钱剑林；唐蓉；钱兰华；顾国海	职业教育研究	2013-11-8	2	123	0.425	0.818 835
240	都市型园艺人才培养模式初探——以金陵科技学院为例	罗羽洵	园艺与种苗	2012-9-15	1	99	0.171	0.818 740
241	休闲时代下旅游职业教育改革探析	张颖；庞鸿藻	天津商务职业学院学报	2015-10-15	—	49	0.202	0.815 543
242	设施农业科学与工程专业创新应用型人才培养研究	范晶晶；张保仁；曹慧；李媛媛	现代农业科技	2014-05-19		144	0.183	0.811 553
243	关于北京都市型现代农业对高端技术技能人才需求的思考	胡鑫；郑伯坤；马俊哲	北京农业职业学院学报	2016-1-20	2	110	0.498	0.803 975
244	浅谈高职院校基础部师资队伍建设	倪赟；华景清	湖北广播电视大学学报	2013-5-1	1	35	0.202	0.801 774
245	以科技项目促进高职学生创新创业能力培养的作用和方法——以北京农业职业学院为例	刘春平	宁波职业技术学院学报	2018-12-25	—	74	0.144	0.800 740
246	高职院校培养农业环境保护高技能人才策略探讨——以苏州市为例	陈英；杨伟球；邱学林	现代农业科技	2014-01-03	—	34	0.183	0.799 688
247	开放大学设施农业产业人才培养研究	隋友华	农业科技与装备	2017-12-20	—	14	0.201	0.797 881
248	都市型农业院校计算机专业人才培养现状及对策	兰彬	现代农业科技	2012-1-10	1	44	0.183	0.797 323
249	北京农业职业学院的国际合作办学实践及思考	付宁花；梁秀文	北京农业职业学院学报	2012-3-20	3	110	0.498	0.797 084

（续）

序号	篇名	作者	刊名（核心刊）	发表时间	被引	下载	期刊复合影响因子	影响值 T
250	上海现代农业职业教育集团运行机制的实践探索	郑江平；辛雅芬；张和平；贾慧	安徽农业科学	2013-11-20	2	61	0.443	0.796 781
251	水利高职院校设施农业技术专业课程体系建设探索	陈海生	安徽农学通报（上半月刊）	2013-2-10	5	60	0.217	0.795 448
252	珠三角现代农业发展与高等农业教育的变革	胡民强	高等农业教育	2010-4-15	3	97	0.645	0.795 260
253	培养创新人才视角下都市农业课程教学改革的思考	林争春；陈清西	福建农业科技	2015-12-28	—	44	0.154	0.790 672
254	高职农业经济管理专业特色与教改原则分析——以北京农业职业学院为例	罗斌	高等农业教育	2015-3-15	1	80	0.645	0.780 808
255	高职院校新专业申报与建设研究——以湖南生物机电职业技术学院休闲农业专业为例	陈一鑫	教育观察（上半月）	2016-08-30	2	117	0.253	0.777 357
256	职业技能大赛对机电一体化专业教学改革意义与实践研究	张盛勇	机械	2016-6-25	3	89	0.434	0.776 763
257	创新人才培训模式 培养新型"蓝领农民"	李国杰；杨印山	农民科技培训	2009-6-1	8	71	0.080	0.775 848
258	都市农业职业教育集团的合作治理与管理创新	杜晓林	北京农业职业学院学报	2014-3-20	3	65	0.498	0.774 976
259	高等农业职业教育人才培养模式的改革与实践	郝婧	北京农业职业学院学报	2010-5-20	1	119	0.498	0.773 885
260	高等农业院校实践教学基地建设探索与实践——以北京农学院为例	马洪艳；白宝良；刘芳	教育教学论坛	2014-1-8	4	210	0.176	0.772 919
261	试论都市型高等农业院校本科专业的建设与改造——以北京农学院为例	杜晓林；董磊	高等农业教育	2010-5-15	2	74	0.645	0.770 969
262	上海农业类高职生择业倾向调查研究——以上海农林职业技术学院为例	陈婷婷；高东菊；孔德颖	科教导刊（上旬刊）	2018-12-5	—	30	0.126	0.770 718
263	高职院校设施农业技术专业《设施园艺》教学改革探索	陈海生；吕乐燕	安徽农学通报	2013-5-25	3	57	0.217	0.766 353

(续)

序号	篇名	作者	刊名（核心刊）	发表时间	被引	下载	期刊复合影响因子	影响值 T
264	都市农业中培养创新型园艺人才的实践与思考——以宣化科技职业学院园艺技术专业为例	王维；吕丽霞；徐秋云；杜利林；杜晓鸣	现代园艺	2018 - 9 - 25	—	71	0.600	0.762 650
265	高等农业院校创新人才的培养	孙玲	北京农学院学报	2009 - 7 - 15	2	78	0.619	0.760 793
266	高职种植类专业实践教学体系改革与实践——基于成都农业科技职业学院教学改革实际	叶少平；韩春梅；阳淑；陈华；舒彬	科教导刊（上旬刊）	2013 - 10 - 5	1	22	0.126	0.759 897
267	创新"自主创业型"实践教学模式——设施农业技术专业实践教学改革案例	谢红；王秀娟	黑龙江生态工程职业学院学报	2018 - 1 - 20	—	62	0.205	0.759 247
268	基于 VBSE 跨专业综合实训平台的经管类专业实践教学研究——以苏州农业职业技术学院为例	王志斌	西部素质教育	2016 - 9 - 25	4	178		0.758 976
269	农学专业实践教学新模式的构建与实践——以天津农学院为例	王金龙；边立云；张乃楠；陈宏涛；吴锡冬	课程教育研究	2015 - 10 - 5	2	47	0.180	0.751 053
270	苏南地区高职院校环境工程技术专业现代学徒制实践研究	卢利；杨伟球；李庆魁；黄小洋；黄维民	现代农业科技	2019 - 02 - 25	2	121	0.183	0.746 633
271	高职院校专业教学团队建设的探索与实践——以苏州农业职业技术学院计算机多媒体技术专业为例	陈桂珍；曹彦婷；唐丽丽；朱晓礼	九江职业技术学院学报	2012 - 12 - 15	—	56	0.220	0.743 422
272	德国农业职业教育	刘永功；李小云；王德海	世界农业	1994 - 3 - 10	—	108	1.286	0.740 606
273	浅谈基于"3+1"培养模式下的顶岗实习质量控制——以设施农业科学与工程专业为例	高青海；陆晓民；贾双双	大学教育	2017 - 10 - 1	1	75	0.293	0.740 503
274	以能力本位为导向的高职《水力水文计算》课程整合研究	杨林林；王成志	北京农业职业学院学报	2012 - 3 - 20	2	60	0.498	0.737 621
275	本科层次休闲农业与乡村旅游服务员的校企联合培养构想	周杰；吴红梅；蒋天天	农村经济与科技	2017 - 7 - 30	2	34	0.223	0.722 571

（续）

序号	篇名	作者	刊名（核心刊）	发表时间	被引	下载	期刊复合影响因子	影响值T
276	对"园艺植物生长周期循环"人才培养模式的研究	赵晨霞；冯社章；王春玲	北京农业职业学院学报	2010-3-20	2	114	0.498	0.721 974
277	职教师资本科人才培养方案的思考——以设施专业为例	贺桂欣；王久兴；宋士清	科技视界	2015-8-5	1	62	0.260	0.718 706
278	基于学分制的《园艺设施学》课程教学改革	陈友根；王冬良；陶鸿；裴孝伯；单国雷	农业工程技术（温室园艺）	2010-5-10	4	112	0.070	0.717 450
279	以制定学校"十三五"事业发展规划为契机，不断提高现代都市型农业人才培养质量	赵辉	高等农业教育	2016-8-15	—	101	0.645	0.714 050
280	设施农业科学与工程专业教学改革的认识与探讨	马钊；王丽娟；刘少梅	中国电力教育	2014-10-13	3	84	0.074	0.712 84
281	协同育人对应用型本科院校亚热带农业产业专业群建设的意义	曾小飚；马博	安徽农学通报	2017-12-30	1	81	0.217	0.707 961
282	高等职业教育服务"三农"形式及对策研究	苟鸿娅；易志清；张亚	中国商贸	2014-4-11	2	35	0.370	0.707 742
283	地方农业院校服务都市农业发展的路径选择——基于仲恺农业工程学院的实践与探索	骆少明	高等农业教育	2016-8-15	—	86	0.645	0.706 681
284	高职院校公选课的现状及对策研究——以苏州农业职业技术学院为例	何钢；蔡健；肖刚；经莉；孙晨露	学理论	2011-6-30	2	149	0.156	0.705 991
285	我国乡村旅游继续教育新体系构建研究	张龙	中国商论	2019-01-18	—	76	0.370	0.699 877
286	关于高职会展农业专业建设的思考	马俊哲；鄢毅平；李凌	北京农业职业学院学报	2012-7-20	1	51	0.498	0.698 301
287	农业高职院校提升科技创新能力的探索与实践——基于苏州农业职业技术学院的实践	李庆魁	中国多媒体与网络教学学报（中旬刊）	2019-12-11	—	—	—	0.697 140
288	北京农业职业学院开放办学实践与探索	赵庶吏	北京农业职业学院学报	2013-1-20	2	60	0.498	0.695 445

（续）

序号	篇名	作者	刊名（核心刊）	发表时间	被引	下载	期刊复合影响因子	影响值 T
289	基于农村电商创新创业人才的高职教育培养模式研究——以成都农业科技职业学院创客学院为例	李敏；邹承俊；文燕；陈琳；叶煜	中国商论	2019-10-15	—	150	0.370	0.694 056
290	高职院校连锁经营专业人才培养模式的探讨——以苏州农业职业技术学院连锁经营管理专业为例	冯琳	科教文汇（中旬刊）	2012-12-20	—	55	0.115	0.693 897
291	农业高职学院学生课外科技创新活动的实践与探索——以成都农业科技职业学院为例	尚虹；吴学军；闫益友；方秉兆	当代职业教育	2010-4-15	3	70	0.316	0.692 442
292	服务都市农业的高等农业院校教学管理机制创新	张晓慧；王健敏	高等农业教育	2016-8-15	—	48	0.645	0.688 012
293	《花卉生产技术》课程教学改革探索与创新	苏小霞；耿丽丽；卢宝伟；唐翠	黑龙江生态工程职业学院学报	2010-3-20	2	61	0.205	0.685 640
294	高职设施农业技术专业《设施蔬菜生产技术》课程教学改革	谢红	职业技术	2009-5-10	4	93	0.101	0.680 416
295	信息环境下农业类高职院校计算机专业网络教学模式的研究与实践	强鹤群；钱春花；王锋	科技资讯	2013-12-3	1	15	0.500	0.678 891
296	数控加工类课程教学项目的整合实践	蒋三生	北京农业职业学院学报	2015-1-20	2	25	0.498	0.678 250
297	高职园艺专业服务区域农业产业案例探索	陈素娟；陈国元；朱旭东	安徽农业科学	2014-10-20	—	129	0.443	0.676 039
298	高端技术技能人才贯通培养试验项目的探索——以北京农业职业学院为例	熊建清；赵庶吏；高世吉；李英军	北京教育（高教）	2018-2-10	1	68	0.332	0.670 924
299	结合地方茶产业的农业高职茶果专业教学改革探索	陈君君；郭益红；俞文生	现代农业科技	2011-9-10	—	31	0.183	0.669 027
300	新常态下中职观光农业经营专业人才培养应对措施	赵乐	新课程研究（中旬刊）	2017-1-11	3	44	0.104	0.664 635
301	以集团化办学推进现代职业教育发展	杜晓林	北京教育（高教）	2015-6-10	4	50	0.332	0.658 877

（续）

序号	篇名	作者	刊名（核心刊）	发表时间	被引	下载	期刊复合影响因子	影响值 T
302	高职计算机类专业人才培养模式的改革研究与实践——以成都农业科技职业学院为例	邹承俊	工业和信息化教育	2013-11-15	2	43	0.335	0.653 152
303	设施农业科学与工程专业应用型人才培养下实践教学体系的构建与实施	曹慧；张保仁；李媛媛；姜倩倩；崔英	科技创新导报	2017-11-1	1	67	0.104	0.648 314
304	突出能力培养 构建农业高职实践教学新模式	费显伟；张立今；王国东；富新华	辽宁高职学报	2003-10-20	2	60	0.126	0.648 257
305	基于本科生关键能力的人才培养研究——以动植物检疫专业为例	韩杰；尹荣焕；潘树德；原婧；陈晓月	畜牧与饲料科学	2016-08-24	——	63	0.360	0.646 645
306	水利背景下的设施农业高技能人才培养模式研究	童正仙	安徽农学通报	2014-6-15	1	28	0.217	0.640 133
307	农业高职院校校企合作长效机制的研究实践——以苏州农业职业技术学院为例	何钢；汤瑾	学理论	2014-2-20	2	100	0.156	0.639 742
308	新时期下高职《节水灌溉技术》课程改革探讨	杨林林；韩敏琦；张海文；杨胜敏；王成志	北京农业	2016-2-15	——	34	0.280	0.637 215
309	增厚基础，拓宽专业口径——城郊型农业院校人才培养模式改革的思考	程治山；乔秀柏；吴锡冬；刘先觉	高等农业教育	1999-10-30	3	36	0.645	0.637 124
310	现代学徒制"双边融合一体化"人才培养模式实践探索——以成都农业科技职业学院2017级饲料与动物营养专业为例	王利琴；齐慧；陈晓春；李雪梅；李娟	农业开发与装备	2018-11-28	2	80	0.078	0.635 281
311	高职《设施果树生产技术》优质核心课程建设探索	潘静；智红宁；王晶	中国校外教育	2019-4-17	1	38	0.280	0.631 903
312	农业现代化背景下新型职业农民培训方案及课程体系的改革研究——以商丘职业技术学院为例	崔保伟；刘全永	乡村科技	2017-12-10	1	109	0.020	0.629 721

（续）

序号	篇名	作者	刊名（核心刊）	发表时间	被引	下载	期刊复合影响因子	影响值 T
313	构建设施园艺专业教材体系	沈秀兰	中国职业技术教育	1998 - 3 - 5	—	24	1.135	0.628 824
314	沿海都市型农业背景下天津市现代高等农业职业教育改革探析	沈高峰	现代农业科技	2018 - 03 - 01	2	38	0.183	0.621 504
315	对"理实一体化"教学的探索与实践——以北京农业职业学院液压与气动技术课程为例	杨佳慧；叶克；杨学坤	职业教育（中旬刊）	2016 - 12 - 20	2	38	0.083	0.616 982
316	休闲农业专业现代学徒制"四轮交替，实操递进"人才培养模式实践探析	吴琼峰；程晓琳；黄晓梅	现代农业科技	2020 - 01 - 10	—	84	0.183	0.616 482
317	设施农业技术专业教学内容和课程改革初探	祁连弟；康丽敏；徐艳玲	南方农业	2014 - 11 - 25	—	34	0.590	0.613 660
318	高职休闲农业专业产教研融合机制研究	陈一鑫	内江科技	2018 - 7 - 25	2	36	0.079	0.612 493
319	高等职业教育在乡村休闲农业发展中的作用	杜晓林	北京农业职业学院学报	2014 - 7 - 20	1	48	0.498	0.612 475
320	丰富职教内涵 延长职教链条——以北京农业职业学院为例	崔坤	北京教育（高教）	2017 - 5 - 10	1	32	0.332	0.611 062
321	高职非计算机专业计算机基础教学改革探索——以北京农业职业学院为例	刘红梅；高倩；王官云	北京农业职业学院学报	2013 - 5 - 20	1	24	0.498	0.600 684
322	高职设施农业技术专业"建筑材料"课程教学改革探析	陈瑾	职教通讯	2014 - 2 - 28	1	22	0.229	0.600 612
323	高职园林工程专业园林植物系列课程改革与实践——以成都农业科技职业学院为例	杨丽琼；王占锋	课程教育研究	2013 - 4 - 15	1	67	0.180	0.599 838
324	"都市圈"的兴起与中等职业教育发展的新路径	韩园林	当代职业教育	2012 - 10 - 15	2	36	0.316	0.598 664
325	中职设施农业生产技术专业学生顶岗实习管理探究	王转莉；张娟	中国校外教育	2013 - 11 - 10	1	27	0.400	0.598 570
326	会计专业人才培养的需求分析——以北京农业职业学院为例	李春华；张弸泽	会计师	2019 - 3 - 25	1	96	0.232	0.595 806

（续）

序号	篇名	作者	刊名（核心刊）	发表时间	被引	下载	期刊复合影响因子	影响值T
327	强化专业建设 开拓后示范校建设的新路径——以北京农业职业学院畜牧兽医系专业建设为例	曹授俊；钱静	北京农业职业学院学报	2012-7-20	1	139	0.498	0.593 098
328	浅析河北森林生态旅游人才培养	王金凤	河北林业科技	2010-4-28	2	101	0.232	0.591 371
329	把脉现代农业产业园区 促成现代农业转型升级	杨益花；袁卫明；韩仲伟；李庆魁	农村经济与科技	2013-1-15	2	108	0.223	0.590 607
330	职业教育视角下现代农业职业教育生态体系构建——以四川现代农业职业教育集团为例	金瑾	农村经济与科技	2018-2-20	1	93	0.223	0.590 129
331	高职机电专业顶岗实习质量保障调查与研究——以苏州农业职业技术学院为例	夏春风；陶杰；吴凡；姚睿；胡成波	职业教育研究	2013-12-8	1	66	0.425	0.587 228
332	设施农业与装备专业工作过程系统化课程体系的构建与实施	申海香；晏素珍；银春花；龚建军；蔡飞	甘肃农业	2018-8-25	—	68	0.137	0.587 141
333	基于工作过程的观光农业专业课程体系开发	陈素娟；陈国元；汪成忠	安徽农业科学	2013-8-1	1	47	0.443	0.586 300
334	中等职业学校观光农业经营专业实训基地建设	赵乐	广西农学报	2016-2-29	—	37	0.167	0.585 920
335	农业高职院校对接新型职业农民培养模式研究——以包头轻工职业技术学院为例	祁连弟；侯俊林；王凤梅；刘爱霞；张丽芳	现代农业	2018-9-1	—	60	0.140	0.584 611
336	苏州农业职业技术学院 农科教＋产学研 力促农民致富	顾金峰；钱剑林	职教论坛	2004-11-25	—	59	1.002	0.583 911
337	高职院校专业教学团队建设的实践与成效——以苏州农业职业技术学院生物技术及应用专业为例	李克俭；阙小峰；司文会	吉林省教育学院学报（上旬）	2014-7-5	2	83	0.144	0.583 610
338	协同发展背景下人才培养改革的探索	宋微；张喜春；刘京国	教育现代化	2017-10-30	2	29	0.107	0.581 592

（续）

序号	篇名	作者	刊名（核心刊）	发表时间	被引	下载	期刊复合影响因子	影响值T
339	依托专业办产业 办好产业促专业——北京农业职业学院产学一体化的成功探索	郝婧	职教论坛	2005-10-25	—	49	1.002	0.578 998
340	高职院校市场营销公选课改革与实践——从苏州农业职业技术《市场营销学案例》公选课谈起	贾婷婷；何钢	学理论	2011-4-10	2	58	0.156	0.576 931
341	江苏农博园依托农业院校优势建设生态农业示范园的探讨	戴金平；汤荣娣	浙江农业科学	2014-5-11	—	144	0.479	0.573 691
342	都市型农业院校人才培养的创新实践	王有年；杜晓林；范双喜	北京教育（高教版）	2009-12-10	2	102	0.332	0.572 837
343	高职院校"学农教育"综合育人模式创新与实践的研究	高琼；程文华；钱多；崔宝发；吕炯璋	大学教育	2019-2-1	—	131	0.293	0.564 412
344	关于休闲农业人才培养的思考	陈丽平；赵方贵	人才资源开发	2015-12-23	2	160	0.117	0.563 610
345	试论本科水平职教师资培养方案的开发——以设施专业为例	贺桂欣；王久兴；宋士清；尚玉峰	现代交际	2015-5-15	—	42	0.110	0.561 759
346	强化多环境实践教学推动设施园艺物联网人才培养	张爱慧；朱士农	产业与科技论坛	2017-2-1	—	56	0.360	0.558 853
347	园校融合共建高职园艺类专业实践教学体系	唐蓉；李寿田；朱广慧；汪成忠；顾国海	教育教学论坛	2013-8-14	1	69	0.176	0.556 777
348	高职与本科分段培养衔接体系的构建——以生物技术及应用专业为例	高岳；金小花；司文会	西部素质教育	2016-12-5	1	63	—	0.555 606
349	农业现代化视域下涉农专业电工电子课程改革与实践	顾诚甦；戴国平；李莉	教育现代化	2018-8-6	—	24	0.107	0.551 515
350	高职院校专业化服务工作的创新实践——以北京农业职业学院奶牛产学研服工作室为例	邓志峰	北京农业职业学院学报	2010-9-20	1	51	0.498	0.549 865
351	农职院校推进新农村建设的举措	石丽敏	现代农业科技	2010-1-10	1	44	0.183	0.547 763

（续）

序号	篇名	作者	刊名（核心刊）	发表时间	被引	下载	期刊复合影响因子	影响值T
352	职业教育与都市型农业互动关系刍议	孙孟侠	高等函授学报（哲学社会科学版）	2007-9-25	1	34	0.360	0.541 153
353	乡村振兴战略背景下的农业院校旅游管理专业人才培养探讨	丁新军	经济研究导刊	2019-10-15	—	66	0.310	0.540 417
354	设施农业科学与工程专业应用型本科人才培养模式探讨	徐巍；刘慧英；史为民；崔金霞；孙钦明	当代教育实践与教学研究	2017-03-27	1	84	0.116	0.535 741
355	基于"理实一体"的高职"双证"技能体系的构建与实现——以苏州农业职业技术学院信息类专业为例	赵军	湖北科技学院学报	2013-2-15	—	75	0.241	0.533 272
356	建设有特色的农业类高职软件技术专业	周洪林；邹承俊；雷文全；尹华国；雍涛	职业教育研究	2013-10-8	—	27	0.425	0.533 170
357	乡村振兴战略下农村经营管理类人才培养路径研究——以浙江经贸职业技术学院为例	张溯；周茜	乡村科技	2019-1-20	1	83	0.020	0.532 595
358	校企合作农业物联网技术人才培养课程体系建设探索	钱春花；强鹤群；王锋	电子制作	2013-12-19	1	172	0.107	0.530 323
359	苏州市高职院校校际特色共享选修课教学管理中存在的问题及对策	姚芹；邹雨刚；杨洪涛；顾艳艳	江苏第二师范学院学报	2016-12-25	—	22	0.154	0.530 304
360	探索新思想，开创新局面，争取新突破——谱写都市型农业高等教育新篇章	庄菊明；付燕凤；沈建英；高贵临	高等农业教育	1998-12-30	—	27	0.645	0.529 645
361	基于现代农业产教融合的高职《营销策划》课程改革的探索与实践——以成都农业科技职业学院为例	晏志谦；郑佳	教育科学论坛	2018-1-30	—	86	0.175	0.529 376
362	农业高职学院为新农村信息技术服务的实践探索	周洪林；邹承俊；雷文全	职业教育研究	2014-4-8	—	19	0.425	0.529 239
363	高职设施农业专业"双体系"教学模式的探索	郑玉艳	辽宁农业职业技术学院学报	2016-11-15	1	33	0.155	0.528 897

（续）

序号	篇名	作者	刊名（核心刊）	发表时间	被引	下载	期刊复合影响因子	影响值 T
364	台湾地区农业与技职教育发展对大陆农业类高职院校的启示——兼谈赴台交流学习体会	王海丽	农业与技术	2016-01-10	1	71	0.115	0.528 887
365	"五服务、五融合"生态养殖基地建设的实践与思考	华勇谋	北京农业职业学院学报	2013-7-20	—	31	0.498	0.527 048
366	农科教合作培养都市园艺专业人才模式研究	王胜男；郑毅；刁毅；黄为；程江珂	现代农业科技	2016-12-12	—	79	0.183	0.527 015
367	高职水利与建筑工程专业实践教学体系构建	杨爱荣	北京农业职业学院学报	2011-11-20	—	29	0.498	0.526 066
368	关于组建北京现代农业职教集团的思考	鄢毅平	北京农业职业学院学报	2014-1-20	—	28	0.498	0.525 574
369	"双元制"在都市型现代农业高职教育中的应用研究	孙曦；周志恩；李鹏；赵宇昕	赤子（中旬）	2014-7-15	1	23	0.240	0.521 888
370	设施农业科学与工程专业"信息类"专业课程设置现状和教学改革初探	郝振萍；王长义；宰学明；朱士农	兰州教育学院学报	2016-1-30	—	85	0.157	0.520 480
371	关于都市型高等农业院校农学类专业改革的探讨	罗峰；孙守钧；丁得亮；王金龙；臧凤艳	教育教学论坛	2014-12-24	—	46	0.176	0.510 578
372	农业类高职院校"双主体四体系"人才培养模式的探索——以成都农业科技职业学院为例	周路	西部素质教育	2019-1-25	—	42		0.510 391
373	构建都市型高等农业教育体系的实践与探索	—	北京教育（高教版）	2006-9-10	3	74	0.332	0.509 627
374	高职设施农业与装备专业校企对接途径研究	梁巧玲；王华；刘忠权	科技创新导报	2018-3-1	—	16	0.104	0.504 007
375	为都市农业培养创业型园艺人才的实践与思考	王伟	时代农机	2017-8-28	—	20	0.270	0.499 139
376	职业中专乡村旅游课程体系建设的探究	邢艳	教育现代化	2019-1-8	1	16	0.107	0.498 130

（续）

序号	篇名	作者	刊名（核心刊）	发表时间	被引	下载	期刊复合影响因子	影响值T
377	高职农畜特产品加工专业实践教学体系的构建与运行模式	王丽琼	职业教育研究	2011-11-8	—	41	0.425	0.497 871
378	园艺生物技术实训基地建设的实践与思考	朱旭东；钱剑林；李庆魁	科技信息	2008-9-10	2	126	—	0.495 313
379	物联网应用技术专业现代学徒制实践与探索——以成都农业科技职业学院为例	谢忠敏；叶煜；张清丰；刘和文；邹承俊	教育科学论坛	2019-10-30	—	16	0.175	0.494 987
380	基于创新人才培养的都市农业教材评价研究	王立春；卢绍娟	科技资讯	2010-12-3	—	53	0.50	0.493 956
381	基于"双创"能力培养的农科类专业多维实践平台的创建——以设施农业科学与工程专业为例	闫娜；宋洁明；宰学明；王燕青	现代农业科技	2020-2-10	—	6	0.183	0.493 810
382	服务沿海都市农业产后领域 建设食品科学国家特色专业	司懿敏；刘金福；马俪珍	中国商界（上半月）	2010-6-8	1	101	—	0.490 309
383	基于SWOT分析的非学历教育发展策略——以苏州农业职业技术学院为例	秦昌友	黑龙江教育学院学报	2015-12-15	—	63	0.198	0.486 641
384	"3+2"高职与本科分段培养教学经验初探——以苏州科技大学生物技术及应用专业为例	金珏；董延茂；陈佳佳	当代教育实践与教学研究	2018-9-10	—	51	0.116	0.484 630
385	基于联盟办学的就业创业教育体系研究	沈长生；孔婷婷；刘海明	职教通讯	2015-7-20	—	15	0.229	0.477 536
386	重视高职水利人才培养，加快农业水利工程建设	杨艳；邹进	农村经济与科技	2013-9-15	1	34	0.223	0.477 177
387	探析乡村振兴背景下高职旅游教育的创新与改革	李萍萍	教育现代化	2019-5-21	—	43	0.107	0.476 497
388	开放大学设施农业产业人才培养的若干思考	林青；祁芳斌；王慰娟；张先佶	福建广播电视大学学报	2017-12-25	—	47	0.190	0.475 045
389	适应天津沿海都市型现代农业发展的食品专业大学生创新能力培养研究	蔚晓庆；司懿敏；刘金福	教育现代化	2018-2-19	—	40	0.107	0.475 023

（续）

序号	篇名	作者	刊名（核心刊）	发表时间	被引	下载	期刊复合影响因子	影响值T
390	基于跨界融合的农业物联网课程体系建设——以成都农业科技职业学院为例	陈琳；李敏；刘和文	福建电脑	2017-2-25	—	54	0.139	0.474 936
391	以社会需求为导向，科学搭建"3+1"人才培养平台	宋微；张喜春；刘京国	课程教育研究	2017-4-14	—	48	0.180	0.470 866
392	高职课程项目化教学实施要点——以"设施农业工程"课程为例	郭旭新；赵英；高志永；宁翠萍	新课程研究（中旬刊）	2017-10-11	—	31	0.104	0.469 200
393	提升理念 创新模式 完善机制 服务京郊新农村建设	崔砚青	北京农业职业学院学报	2006-12-20	—	39	0.498	0.466 895
394	高职院校课程中设施果树栽培技术教学方法初探	马红军	现代园艺	2010-10-10	1	45	0.600	0.466 381
395	案例融合在设施蔬菜栽培学教学中的应用效果	李杰；杨萍；张德刚；苏一兰；王卫疆	科技经济导刊	2018-8-15	—	41	0.085	0.465 240
396	加快实现"两个转变"努力争创一流职业学院——北京农业职业学院"两个转变"研讨会综述	马俊哲；宋晓华；胡鑫；任卫娜	北京农业职业学院学报	2003-12-30	—	30	0.498	0.462 473
397	中高职衔接办学模式实践探索——以昆山第二中等专业学校园林技术专业为例	王兰英	山西农经	2016-1-26	—	30	—	0.462 319
398	休闲农业专业学生职业素养的培养	程晓琳；吴琼峰	广东蚕业	2019-6-15	1	8	0.038	0.461 978
399	高职院校中外合作办学模式探析——以苏州农业职业技术学院为例	张小宁	经济研究导刊	2014-8-5	—	75	0.310	0.460 872
400	浅谈新疆休闲农业现状与人才培养	马婷	新疆农业科技	2018-10-15	—	25	0.180	0.459 567
401	观光农业专业教育发展研究	翟赛亚；姚会敏	河南农业	2019-4-15	—	49	0.140	0.452 678
402	高职设施农业技术专业课的新课导入	智红宁	课程教育研究	2018-1-5	—	16	0.180	0.452 487
403	现代学徒制教学在园林工程专业教学环节中的实践研究	史伟；汪源；舒晓霞；王占锋	住宅与房地产	2018-1-15	2	45	—	0.452 475

（续）

序号	篇名	作者	刊名（核心刊）	发表时间	被引	下载	期刊复合影响因子	影响值 T
404	高职机电类专业维修电工技能人才的培养与探索——以苏州农业职业技术学院为例	赵亚平；张琴；翁芸娴	科技信息	2012-11-15	2	33	—	0.449 624
405	高职会展营销课程教学方法探析——以苏州农业职业技术学院为例	陈姝	人才资源开发	2017-2-23	1	78	0.117	0.446 249
406	农机专业实践教学体系的构建——以南京农业大学工学院为例	徐功迅；余洪锋；窦祥林；邱威；郑广隶	高校实验室工作研究	2018-12-31	—	75	—	0.442 251
407	浅谈设施农业与装备专业的创新创业人才培养	芦燕；吴博；王璐；智红宁	广东蚕业	2017-11-15	—	24	0.038	0.434 941
408	四川藏区畜牧兽医专业中、高职衔接课程体系的构建与实践——以成都农业科技职业学院畜牧兽医专业为例	黄雅杰；邓继辉；孟频	河南农业	2019-8-25	—	12	0.140	0.434 501
409	职业院校师资队伍建设探索——以北京农业职业学院为例	王敏	山西煤炭管理干部学院学报	2011-2-25	1	52	0.110	0.433 251
410	高职《节水灌溉技术》课程教学改革探索	韩敏琦；杨林林；张海文；杨胜敏	中国校外教育	2014-12-30	—	42	0.280	0.430 651
411	观光农业专业建设与湖南人才需求研究	陈一鑫；李翠芳	旅游纵览（下半月）	2015-4-23	—	65	0.163	0.427 464
412	发展北京农村职业教育的意义与对策研究	吴智泉；陶春	中国电力教育	2010-9-20	—	58	0.074	0.426 666
413	成人专科学历教育校企合作的实践与探索——以苏州农业职业技术学院为例	顾晖	太原城市职业技术学院学报	2017-11-28	—	15	0.112	0.422 899
414	政府推动下的现代学徒制探索——以中高职衔接园林技术专业（现代农业方向）为例	朱志钦	山西农经	2015-12-15	—	119	—	0.419 033
415	高职院校《畜禽繁育》课程的教学改革与实践	乔利敏	山东畜牧兽医	2013-10-15	2	28	0.120	0.417 214

（续）

序号	篇名	作者	刊名（核心刊）	发表时间	被引	下载	期刊复合影响因子	影响值 T
416	农业高职学院计算机专业师资队伍的建设	邹承俊；周洪林；尹华国	教育教学论坛	2013-7-31	—	20	0.176	0.413 453
417	旅游管理专业基于校企合作基础上的工学结合、半工半读人才培养模式探索	陈卉；王诗洋	旅游纵览（下半月）	2014-11-23	1	46	0.163	0.411 239
418	DACUM图表在农业高等职业教育中的应用	王雪梅，黄晓波	高等农业教育	1999-7-30	—	36	0.645	0.405 899
419	高职计算机应用专业课程体系分析与设置	密君英；刘海明；邹珺	中国科技信息	2009-1-15	—	67	0.197	0.404 173
420	谈川中丘陵地区循环型现代农业技术集成人才机制	汤雪梅；邓自圆；王斌	现代农业科技	2009-3-10	—	80	0.183	0.404 022
421	浅议西藏高等农业院校设施农业专业的建设	刘林；张良英	安徽农学通报（上半月刊）	2009-10-10	—	46	0.217	0.403 196
422	构建基于工作过程学习领域课程的思考	曹凤云	林区教学	2009-12-15	1	34	0.063	0.402 460
423	荷兰农业职业教育的特点及对我国职业教育的启示	曹允	山东畜牧兽医	2015-6-15	1	100	0.120	0.395 394
424	"互联网＋"产业高技能人才培养探索	钱春花；强鹤群；杨娟	科技风	2018-2-9	—	61		0.390 539
425	高职机电专业校外顶岗实习基地现状调查与思考——以苏州农业职业技术学院机电专业为例	夏春风；吴凡；陶杰；姚睿；胡成波	科技信息	2013-2-5	1	65		0.388 270
426	职业教育与农村发展研究	杨晓辉；杨吉东	乡村科技	2017-11-10	—	28	0.020	0.386 324
427	设施农业发展与人才培养探究	施灿林	农业教育研究	2012-6-15	1	54		0.382 866
428	中职设施农业专业学生综合技能训练的探究	张文华；丁金英；张娟	科技创新导报	2014-4-11	—	25	0.104	0.382 286
429	都市型现代农业特色教材建设的探索与思考	乌丽雅斯；范双喜；沈文华；董跃娴	世纪桥	2011-4-10	—	91	0.120	0.380 007
430	现代农业园区与高职园艺技术专业实践教学关系的思考	宋金东；韩蓉；王百祥；付宏岐	现代农村科技	2016-5-30	—	31	0.183	0.377 924

（续）

序号	篇名	作者	刊名（核心刊）	发表时间	被引	下载	期刊复合影响因子	影响值 T
431	基于协同创新的农业高职院校实训基地建设与管理探索——以苏州农业职业技术学院为例	李庆魁；孙化祝；霍尧	科技风	2019 - 12 - 20	—	29	—	0.377 475
432	发达国家"再工业化"对都市型农业院校人才培养的启示	王建利	中国电力教育	2013 - 09 - 23	—	43	0.074	0.377 120
433	论学生课题研究促进制度在专业顶岗实习中的实施	杨胜龙	商业文化（下半月）	2011 - 10 - 25	1	42	停刊	0.376 971
434	以农业供给侧结构性改革构成都新型农业职业教育体系	康乐	经贸实践	2017 - 12 - 15	—	33	—	0.376 783
435	高等职业教育中创新校企合作培养模式的思考	张平；邓继辉；周光荣；姜光丽	中国畜禽种业	2010 - 11 - 15	—	82	0.110	0.370 915
436	基于北京农业职业教育市场现状与发展规划	张满清	中国校外教育	2009 - 4 - 20	—	90	0.280	0.367 222
437	浅析天津市涉农产业职业技能培训工程	孟庆霞	天津农林科技	2012 - 2 - 15	—	15	0.170	0.366 018
438	基于工作室为基础的环境艺术设计专业顶岗实习模式的创新——以苏州农业职业技术学院为例	余俊；周军；赵茂锦；梁丹妮	现代装饰（理论）	2014 - 11 - 15	1	62	—	0.364 889
439	高职院校实践课程量化考核体系研究——以苏州农业职业技术学院食品烘焙技术课程为例	李克俭；徐良；胡强；司文会	科技信息	2014 - 5 - 5	—	88	—	0.364 671
440	高职《特种经济动物养殖与疾病防治》课改的实践	杨霞；黎丽；李月英；唐丽江	中国畜牧兽医文摘	2013 - 7 - 26	—	47	0.130	0.363 060
441	茶文化的教育功能对设施农业科学与工程专业综合型创新人才培养的启迪与借鉴	宋世威；曹潘荣	福建茶叶	2018 - 6 - 11	—	66	0.099	0.354 874
442	"双主体"模式培养农业创新创业人才的实践探索	康忠宝	职业技术	2012 - 9 - 10	—	49	0.101	0.350 500
443	发挥职业教育优势 服务新农村建设	崔砚青	北京教育（高教版）	2008 - 2 - 10	1	55	0.332	0.346 143

（续）

序号	篇名	作者	刊名（核心刊）	发表时间	被引	下载	期刊复合影响因子	影响值T
444	抓住农业转型契机 造就跨世纪农科人才——创建都市型农科大学的新思路	张德永	中国农业教育信息	1996-8-15	—	23	0.522	0.342 074
445	休闲农业专业高职学生开展茶文化创业的机遇和思考	史伟	福建茶叶	2018-6-11		34	0.099	0.339 152
446	强化继续教育 推进农业现代化	钱建中；郝福星；奚照寿；丁丽军	江苏农村经济	2013-10-10	2	28	0.157	0.328 232
447	构建三个体系 探索都市型现代农业高等教育办学模式	王慧敏	北京教育（德育）	2012-11-25	1	47	0.163	0.327 377
448	践行"四大办学理念"推进学院健康发展——北京农业职业学院办学理念的创新与实践	崔砚青	北京教育（高教）	2014-10-10		37	0.332	0.324 309
449	职业院校教师培训创新机制探索——以北京农业职业学院为例	王敏；吕嘉	中国商界（上半月）	2010-7-8		71	—	0.314 143
450	设施农业创新型人才培养方案的改革	苏蔚；宋世威；陈日远；孙光闻；刘厚诚	教书育人（高教论坛）	2014-8-25	—	97	0.190	0.287 475
451	协同创新 内涵发展 建设都市型现代农林大学	王慧敏	北京教育（高教）	2013-5-10		87	0.332	0.284 790
452	打造三个体系 实现特色发展——地方农业高校实现科学发展路径的探索	王慧敏	北京教育（高教）	2010-8-10		53	0.332	0.268 086
453	以实践教学为主体 强化职业能力培养	崔砚青	北京教育（高教）	2012-10-10		32	0.332	0.257 769
454	立足"三农"服务京郊 创出特色	王振如；宋丽润	北京教育（高教版）	2005-8-25		17	0.332	0.250 400
455	践行"北京精神"办好首都高等农业教育	郑文堂	北京教育（德育）	2012-3-25		47	0.163	0.250 303

（续）

序号	篇名	作者	刊名（核心刊）	发表时间	被引	下载	期刊复合影响因子	影响值T
456	培育一代新型农民 建设现代都市农业——关于实施"专业农民"培训若干问题的思考	王信泰；谷淑萍；徐本仁	上海农村经济	2006-9-20	—	96	0.225	0.239 244
457	湘西民族职业技术学院高职生创业研究——以"寻乡梦"家庭生态休闲农场项目为例	向晓寒；王霞	农家参谋	2018-10-5	—	46	—	0.234 733
458	北京农业科技园区的发展给职业教育的启示	孙孟侠	职教通讯	2004-2-29	—	45	0.229	0.216 057
459	努力办成培养现代农业技术人才的摇篮——上海农林职业技术学院的实践与展望	卓丽环	上海农村经济	2009-6-20	—	40	0.225	0.211 732
460	园艺专业教学改革硕果累累——记苏州农业职业技术学院园艺与园林系	唐蓉	中国花卉园艺	2007-11-15	1	71	—	0.198 966
461	融汇产学新优势 架起三农致富桥——苏州农业职业技术学院科技为农服务纪实	袁卫明；杨益花；李庆魁；韩仲伟	江苏农村经济	2011-9-10	—	54	0.157	0.186 856
462	创新设施农业技术专业人才培养方法	吐尔逊阿依·买合买提	农民致富之友	2015-1-25	—	45	0.200	0.179 588
463	"都市农业"的发展与人才培训	王祥瑞；钟惠美；龙兴桂	山东省农业管理干部学院学报	2000-8-15	—	39	0.141	0.172 015
464	应用型人才培养模式下设施农业专业教学改革初探	张玉苗；刘俊华；许卉；刘涛	中国农村教育	2019-3-30	—	56	—	0.153 654
465	高职院校如何适应都市农业的发展	许小青	新农村	2011-6-10	—	26	0.050	0.123 133
466	项目课程开发与应用实践初探	康忠宝	职业技术	2013-5-10	—	21	0.101	0.121 566
467	高职涉农专业课程评估的研究——以北京农业职业学院为例	许红春；崔坤；迟全勃；韩杰	内蒙古教育（职教版）	2013-1-25	—	48	—	0.110 592
468	发挥专业优势 科研服务"三农"——记苏州农业职业技术学院园艺中心	姜红卫	中国花卉园艺	2007-11-15	—	44	—	0.108 627

（续）

序号	篇名	作者	刊名（核心刊）	发表时间	被引	下载	期刊复合影响因子	影响值 T
469	在育人兴农中不断发展	许亚东；鲁健生	中国农村教育	2007 - 9 - 15	—	15	—	0.094 380

说明：

1. 检索时间为 2020 年 4 月。

2. 数据来源：中国知网（期刊全文库）。

3. 构建专业检索式进行专业检索，总结果数 469 条。其中单篇影响值＞1（均值）的有 170 条，作为本研究数据来源。

4. 单篇影响值 T 的计算见正文 2.4.3。

5. 此排序为本研究成果之一的单篇文献影响力计算结果排序，仅供参考。

附录二
"都市农业职业教育"影响值较高（T＞1）的期刊专题文献题录及文摘

（按单篇文献影响值 T 降序排序）

1. 何忠伟，任钰，郭君平，陈艳芬．基于 AHP 法的我国农业高等职业院校大学生创业能力评价 ［J］．农业技术经济，2010（12）：111-117.

ISSN：1000-6370

关键词：AHP 法，农业高职院校，创业能力，评价

机构：北京农学院经管学院

摘要：通过对我国部分省、市农业高等职业院校进行抽样调查，同时结合德尔菲法构建了农业高职院校大学生的创业能力指标评价体系，运用 AHP 法对北京农学院城乡发展学院和北京农业职业学院的大学生创业能力进行评价，并提出基于创业孵化器建设的提升策略。

中图分类号：G718.5

2. 张颖，李丽君．农民专业合作社科技人才培养机制探析——以天津市武清区为例 ［J］．科技管理研究，2014，34（8）：148-152.

ISSN：1000-7695

关键词：农业，农民专业合作社，科技人才，培养机制

机构：天津科技大学经济与管理学院；天津市武清区区委

摘要：在分析科技人才对合作社的意义以及天津市武清区合作社科技人才培养现状的基础上，借鉴发达国家的相关经验，探索针对武清区合作社科技人才的培养机制。

中图分类号：F321.42；C964.2

3. 王秀清，马俊哲．强化产学研结合突出高职教育特色 ［J］．中国职业技术教育，2007（8）：11-12.

ISSN：1004-9290

关键词：产学研结合，高职教育特色，教育教学改革，科研工作

机构：北京农业职业学院

摘要：文章分析了高职院校产学研结合的特征，全面介绍了北京农业职业学院在多年的办学实践中，探索出的适合自身发展情况的产学研结合形式，及其对学院发展起到的促进作用。

中图分类号：G718.5

4. 伊丽丽，刘春鸣，刘爱军，欧雅玲. 高等职业院校学生顶岗实习的探索与实践［J］. 中国林业教育，2009，27（1）：60–62.

ISSN：1001–7232

关键词：职业院校，人才培养，顶岗实习

机构：北京农业职业学院

摘要：顶岗实习是高等职业教育实践性教学环节的重要组成部分，在人才培养中有着十分重要的作用。科学设计、合理安排、精心组织、规范管理是提高顶岗实习效果的关键。文章分析了高等职业院校实行顶岗实习的意义及在顶岗实习中存在的主要问题，阐述了如何提高顶岗实习效果的策略。北京农业职业学院施行顶岗实习的探索实践表明，顶岗实习是实现高等职业院校培养目标、提高学生的职业素质、缩短工作适应期和提高就业率的有效途径。

中图分类号：G712.4

5. 李澎，王铁良，岳喜庆，王海龙. 浅析高等农业院校在培育新型职业农民中的作用［J］. 农业科技管理，2014，33（1）：80–82.

ISSN：1001–8611

关键词：高等农业院校，新型职业农民，培育途径，新农村建设，农民科技文化素质

机构：沈阳农业大学

摘要：全面提高农民科技文化素质，培育新型职业农民是新农村建设的迫切要求。高等农业院校具有科技、信息和人才资源优势，在农村教育科技培训体系中发挥着龙头作用。文章介绍了新型职业农民的内涵，并从我国新型职业农民培育现状分析入手，探索了高等农业院校培育新型职业农民的途径。

中图分类号：G725；S–4

6. 段延娥，张威. 都市农业信息化人才需求与培养模式研究［J］. 现代教育技术，2010，20（S1）：172–174.

ISSN：1009–8097

关键词：都市农业，信息化，人才培养，农业院校

机构：北京农学院计算机与信息工程系；河北工业大学能源与环境工程学院

摘要：针对目前都市农业信息化人才培养存在的问题，分析了都市农业信

息化建设现状及意义，结合目前农业信息化技术的发展与人才需求现状，给出了都市农业信息化人才培养的模式及层次结构，并详细介绍了高等农业院校在都市农业信息化人才培养中的作用和应开展的主要工作。

中图分类号：F320.1

7. 杨欣，赵庶吏，李英军，徐江．高职院校中外合作办学的人才培养模式创新——以北京农业职业学院为例［J］．教育理论与实践，2014，34（3）：16－18.

ISSN：1004－633X

关键词：高职院校，中外合作办学，人才培养模式，北京农业职业学院

机构：北京农业职业学院国际教育学院；山西省教育科学研究院

摘要：北京农业职业学院以办学实践为基础，对中外合作办学的人才培养模式进行了创新，提出了"学生本位"的教育理念，创设了"职业化、国际化"的课程体系，加入了外方管理元素，并确立了"英语模块化、专业双语化"的教学模式，值得学习借鉴。

中图分类号：G712

8. 王慧敏，范双喜，沈文华．创新"3＋1"人才培养模式，强化都市农业人才实践能力［J］．高等农业教育，2012（10）：3－5.

ISSN：1002－1981

关键词："3＋1"，培养模式，都市农业，实践能力

机构：北京农学院

摘要："3＋1"人才培养模式，是北京农学院适应农业生产实践特点，强化农业高校学生实践能力，培养都市农业应用型复合型人才的改革举措。其内涵是以"卓越农艺师""卓越兽医师"培养计划为载体，整体优化课程体系，改革教学内容，将学生全程、多角度、多方位置身于都市现代农业产业链中实践锻炼，促使其主动适应社会，有效提高分析解决实际问题能力。

中图分类号：G642.0

9. 王秀娟，李永晶．构建以技术专业能力为本位的项目课程体系［J］．黑龙江高教研究，2008（6）：134－135.

ISSN：1003－2614

关键词：高职工作过程，能力本位，项目课程

机构：黑龙江农业工程职业学院

摘要：项目课程是针对我国职业教育所面临的现实问题所构建的一个理论新框架。黑龙江农业工程职业学院设施农业技术专业积极进行课程模式改革的实践探索，构建了能力本位的项目课程体系；以工作过程为导向，开发与设计项目式课程，实现课程结构模块化、课程内容综合化、课程实施一体化，从而

促进学生职业能力的发展。

中图分类号：G712.3

10. 赵章彬. 关于高等职业院校校园文化建设的实践与思考［J］. 中国职业技术教育，2017（4）：79－82.

ISSN：1004－9290

关键词：高职教育，校园文化，核心价值观，劳动文化，专业文化体系

机构：北京农业职业学院

摘要：从理论和实践两个层面，对高等职业院校校园文化建设进行了分析，结合北京农业职业学院校园文化建设实践，提出了在高职院校应打造以社会主义核心价值观为核心，以劳动文化为重点，以专业文化为支撑的校园文化体系的观点，并对"十三五"时期高职院校校园文化建设提出了建议。

中图分类号：G711

11. 田玉敏. 天津农村人力资源素质分析及开发对策［J］. 中国农学通报，2009，25（9）：299－304.

ISSN：1000－6850

关键词：天津，农村人力资源，农村教育，新型农民

机构：天津农学院人文社会科学系

摘要：加快农村人力资源开发，提高农村人力资源素质，是建设社会主义新农村的根本。天津农村人力资源总量大，但整体素质较低，人力资源结构不合理。造成天津农民素质较低和结构不合理的原因是多方面的，是历史、体制、政策等因素共同作用的结果。加快天津农村人力资源开发，应优先发展农村教育，完善农村教育体系，实施农民素质提高工程，全面提高农民整体素质和创业能力，健全农民教育培训体系，构建农民教育培训的长效机制。

中图分类号：F323.6

12. 艾斌发. 基于区位优势的高职物业管理专业现代学徒制人才培养模式构建——以成都农业科技职业学院为例［J］. 职业技术教育，2017，38（26）：23-26.

ISSN：1008－3219

关键词：区位优势，物业管理专业，现代学徒制，人才培养

机构：成都农业科技职业学院

摘要：物业管理行业急需专业技术人才，但是高职院校在物业管理办学过程中遇到了招生困难，人才培养过程中师资短缺、实训实践条件不足等问题，导致物业管理专业毕业生难以满足行业市场需求。现代物业服务业对物业从业人员素质提出了新的要求，高职院校应利用区位优势，选择优质物业服务企业合作，采用现代学徒制，明确人才培养目标，与企业共同确定教学内容和质量

评价标准。

中图分类号：G712

13. 仇恒佳，单建明，戴群. 园林测量课程项目化教学实践［J］. 中国职业技术教育，2012（23）：14－16.

ISSN：1004－9290

关键词：项目教学，园林测量

机构：苏州农业职业技术学院

摘要：基于工作过程的项目化教学能调动学生学习的积极性与主动性，提高教学效率和质量。本文介绍了苏州农业职业技术学院园林测量课程的项目化教学实践，包括项目化教学任务的确定、教学过程设计、教学方法以及具体实施效果。

中图分类号：TU198.2－4

14. 郝婧. 高等农业职业教育人才培养模式的创新与实践［J］. 职业技术教育，2010，31（13）：62－64.

ISSN：1008－3219

关键词：高等农业职业教育，人才培养模式，创新，实践

机构：北京农业职业学院

摘要：在传统农业向都市现代农业转变的过程中，农业发展对农村高素质技能人才提出了数量上的需求和质量上的要求。随着高等农业职业教育人才培养模式不断创新，9所农业类高职示范院校的人才培养模式实践取得一定成效，主要表现在促使办学理念由封闭转向开放，遵循农作物生长规律，强调岗位实践职业特色，将多种教法引入教学环节等方面。

中图分类号：G718.5

15. 杨振超，邹志荣，屈锋敏，李建明. 设施园艺产业发展与人才培养［J］. 农业工程技术（温室园艺），2007（1）：15－17.

ISSN：1673－5404

关键词：设施农业，产业发展，温室，人才培养

机构：西北农林科技大学园艺学院

摘要：针对中国设施园艺产业的发展现状及存在的问题进行了分析，得出设施农业相关高级人才的缺乏是限制产业进一步发展的关键因素，设施农业科学与工程大学本科专业的创建满足了中国设施园艺产业发展的形势需要，并对新专业的"三位一体"人才培养模式和课程设置进行了详细阐述。

中图分类号：S62－4

16. 裴孝伯，单国雷，李绍稳，朱世东. 设施农业科学与工程专业建设的探索与实践［J］. 安徽农业科学，2009，37（31）：15537－15538，15540.

ISSN：0517-6611

关键词：设施农业，专业建设，实践

机构：安徽农业大学园艺学院；安徽农业大学信息与计算机学院

摘要：通过普通高等农业院校设施农业科学与工程专业建设的实践，从学校办学定位、专业建设的目标、专业建设的内容以及专业建设的主要措施，分析了设施农业科学与工程专业的专业现状与专业建设实践，对培养多学科交叉的应用型、复合型高级专门设施农业人才进行了有益探索。

中图分类号：S2-4

17. 刘立新，刘杰. 国（境）外农业教育体系研究［J］. 中国职业技术教育，2015（12）：20-29.

ISSN：1004-9290

关键词：国（境）外，农业教育，教育体系，比较

机构：教育部职业技术教育中心研究所；教育部职业教育与成人教育司农村处

摘要：在工业化和农业现代化进程中，美国、德国、法国、英国、荷兰、以色列、乌克兰、日本、韩国、中国台湾等国家和地区出现过农业在国民经济中的比重迅速下降，农业从业人员大幅减少，农民的知识和技能不适应技术进步和生产方式变化的情况。为了应对变化，这些国家和地区通过完善农业教育的法规、加大经费投入与补贴、严格的职业资格准入制度、加强师资队伍建设、丰富实践教学模式、注重培养农业后继者等措施和手段，构建了各具特色的农业教育体系。

中图分类号：S-4；G511

18. 王娜. 项目教学法在高职旅游规划课程中的应用［J］. 中国职业技术教育，2013（2）：73-76.

ISSN：1004-9290

关键词：项目教学法，旅游规划课程，方案设计，可视化成果，展示

机构：广西生态工程职业技术学院

摘要：在阐述项目教学法内涵及特点的基础上，结合高职旅游规划课程教学中存在的问题，探讨高职旅游规划课程实施项目教学法的过程及方法，指出该门课程实施项目教学法应注意的问题。

中图分类号：F590-4；G712.4

19. 刘益曦，胡春，于振兴，谢志远，张呈念. 都市农业发展中新型职业农民培训的绩效评估与分析——基于规模示范合作社农户的实地调查［J］. 江苏农业科学，2017，45（6）：332-337.

ISSN：1002-1302

关键词：职业农民，教育培训，绩效评估，培训需求，示范合作社

机构：温州科技职业学院/温州市农业科学研究院；山东省青岛第二中学；温州职业技术学院

摘要：通过对浙江温州 206 名规模以上市级示范合作社负责人进行新型职业农民问卷调查和深度访谈，并对原始基础数据进行量化统计分析，结合农业行业与岗位特点，系统分析了新型职业培训的现状、培训意愿、培训需求、培训方式与效果等内容。实证研究结果表明：职业培训在提高生产技能与致富方面发挥了重要作用。政府应加快建立健全职业技能培训开发体系，着重构建以学员为核心的培训需求与以满意度为出发点的新型职业农民培训绩效评估体系。在培训中更加注重实际应用技能培训，强化技能培训的针对性与实践性，强化对培训机构的考核和绩效评价。

中图分类号：F323.6；G725

20. 时忠明. 农业高职机电类专业实施"双证书"制度探索——以苏州农业职业技术学院为例［J］. 职业技术教育，2013，34（35）：11‐13.

ISSN：1008‐3219

关键词：高职院校，双证书制度，机电类专业

机构：苏州农业职业技术学院

摘要："双证书"制度的实施对于促进职业教育发展起到了重要的促进作用，但在实施中，特别是对于农业类高职院校，还存在教学与职业技能鉴定相脱节、学生考证选择避难就易、专业职业技能资格证书与专业特色不匹配等问题。这有社会和学生自身原因，但更主要在于学校层面原因。为了保证"双证书"制度的有效实施，学校应努力从优化人才培养方案、加快"双师型"教师培养、推进校内外实训基地建设等方面着力。

中图分类号：TH‐39；G712

21. 张英，田洪彦. 辽宁新农村建设对农业高职教育人才需求的调查与分析［J］. 辽宁教育研究，2006（8）：54‐56.

ISSN：1002‐8609

关键词：新农村建设，农业高职教育，人才需求

机构：辽宁农业职业技术学院

摘要：根据对辽宁农业和农村经济发展现状及高职院校涉农专业开设情况的调查结果，分析了辽宁建设新农村所需要的农业人才类型，提出了农业高职教育人才培养应对辽宁新农村建设需求的建议。

中图分类号：G718.5

22. 梁秀文，郭玉梅. 我院"一二三四"式实践教学体系的构建［J］. 中国职业技术教育，2007（22）：17‐19.

ISSN：1004-9290

关键词：农业高职教育，实践教学体系，"一二三四"式

机构：北京农业职业学院

摘要：从内涵与基本框架、实践教学体系的构建以及构建中应注意的几个问题等方面对北京农业职业学院以"一条主线、两种证书、三个层次岗位能力、四个方面保障与管理"为核心内容的"一二三四"式实践教学体系的构建进行了初步的探讨，并为其他农业高职院校实践教学体系的构建与完善提供了借鉴。

中图分类号：G712.4

23. 黄建昌，周厚高，刘念. 我国南方园艺专业复合型人才培养模式改革研究［J］. 安徽农业科学，2011，39（8）：4979-4981.

ISSN：0517-6611

关键词：园艺专业，人才培养，复合应用型人才，专业特色

机构：仲恺农业工程学院园艺园林学院

摘要：针对园艺产业化和都市园艺的发展现状，依据地方经济和园艺产业发展的特点及社会需求的变化，开展人才培养模式改革，突出南方园艺特色，为现代产业园艺和都市园艺培养复合应用型人才。

中图分类号：S6-4

24. 王有年，杜晓林，范双喜. 都市型高等农业院校人才培养模式的改革与实践［J］. 高等农业教育，2009（1）：15-18.

ISSN：1002-1981

关键词：都市型农业，高等农业教育，人才培养模式，办学特色

机构：北京农学院

摘要：人才培养是大学的根本职能。北京农学院在长期的办学实践中，准确定位，主动适应北京经济社会发展需求，创新都市型高等农业教育理念，改革人才培养模式，在构建都市农业学科体系，突出特色农科专业，科学制订实施人才培养方案，强化实验实践教学，提高学生综合素质和创新创业能力等方面形成了自己的办学特色。

中图分类号：G642.0

25. 陶春，吴智泉. 北京农村职业教育实践中存在的问题及对策建议［J］. 资源与产业，2011，13（S1）：70-73.

ISSN：1673-2464

关键词：农村职业教育，新农村，教育资源

机构：中国地质大学地球科学与资源学院；北京联合大学应用性高等教育发展研究中心

摘要：北京新农村建设颇有成效和特色，但也存在农村职业教育队伍不稳定、教育过程缺乏系统性、教育内容缺乏针对性、教育方式难以调动学习自主性、教育发展研究不足等问题。迫切需要政府部门制定城乡职业教育体系统筹发展战略，制定农村职业教育多元化、分层化的发展策略，创新农村职业教育模式与机制。利用和发挥好农村职业教育资源在北京新农村建设中的作用。

中图分类号：G719.2

26. 王秀娟. 高职设施农业技术专业实施工学结合、联合培养模式的实践探索［J］. 中国职业技术教育，2008（2）：21-22.

ISSN：1004-9290

关键词：高职，设施农业技术，工学结合，培养模式

机构：黑龙江农业工程职业学院

摘要：黑龙江农业工程职业学院设施农业技术专业通过实施"工学结合、联合培养"模式，构建突出实践能力培养的课程体系，增强了学生的专业实践能力，较好地实现了高职教育人才培养目标。

中图分类号：S316-4

27. 李振陆，叶琦，尹江海. 农林院校产教融合服务乡村振兴战略的探索与实践［J］. 中国农业教育，2018（3）：10-14，92.

ISSN：1009-1173

关键词：农林院校，产教融合，乡村振兴，人才培养

机构：苏州农业职业技术学院

摘要：乡村振兴战略是新时代"三农"工作的总抓手，农林院校是推动乡村振兴的重要力量，必须充分认识自身的使命、职责和服务乡村振兴战略的内在意义。农林院校要围绕科教兴农主线，积极推进办学体制机制创新，优化专业结构和办学布局，深化人才培养模式改革，合作共建协同育人平台载体，强化科技集成创新和示范推广，建设专家服务队伍，把产教融合贯穿服务乡村振兴的全过程，为乡村振兴有力提供了智力支持、科技支撑和服务保障。

中图分类号：F320；G648.2

28. 王怀栋，李明，郝拉柱，葛茂悦. 内蒙古农牧业科技园区休闲农业建设的实践与探索［J］. 湖北农业科学，2012，51（2）：412-414.

ISSN：0439-8114

关键词：内蒙古，农牧业，科技园区，休闲农业，实践

机构：内蒙古农业大学职业技术学院

摘要：介绍了内蒙古农牧业科技园区的基本情况及在休闲农业方面所做的实践，对取得的一些经验进行了总结，提出科技园区进一步建设和发展休闲农业的一些思路。

中图分类号：F592.7；F323.3

29. 周军，成海钟，钱剑林，潘文明，李臻，赵茂锦，黄顺，杨小平，闵小勇，梁铮．"双线四段、筑园塑人"人才培养模式的创新与实践［J］．中国职业技术教育，2015（17）：96－100.

ISSN：1004－9290

关键词：双线四段，筑园塑人，人才培养模式，创新与实践

机构：苏州农业职业技术学院园林工程学院；苏州农业职业技术学院园林规划设计研究所

摘要：当前高职教育改革和发展进程中，校企合作紧密度不够，冷热不均，形式化问题依然十分突出。近年来，苏州农业职业技术学院深入贯彻"以服务赢得信任、以信任开展合作、以合作实现共赢"的办学理念，园林工程学院成立了专业群建设理事会，创新构建了"双线四段、筑园塑人"的人才培养模式，通过多年实践，人才培养质量显著提高，毕业生就业创业能力明显增强，专业服务产业能力不断提升。

中图分类号：G712.0

30. 高洪波，张广华，吴晓蕾，李敬蕊，李守勉，李政红．设施农业科学与工程专业人才培养模式研究与实践［J］．河北农业大学学报（农林教育版），2007（4）：112－115.

ISSN：1008－6927

关键词：设施农业科学与工程，人才培养模式，研究，实践

机构：河北农业大学园艺学院

摘要：针对中国设施农业产业的发展现状及存在的问题进行了分析，提出设施农业相关高级人才的缺乏是限制产业进一步发展的关键因素。结合河北农业大学的情况，就设施农业科学与工程本科专业的开设背景，人才培养方案设计的指导思想、教学基本条件、教学实验实习基地、课程体系构建及方案的可行性等方面进行了探讨与总结。

中图分类号：S-4

31. 叶煜，邹承俊，雷静．慕课视野下高职计算机应用基础教学改革研究［J］．当代职业教育，2015（11）：53－55.

ISSN：1674－9154

关键词：慕课，高职院校，计算机应用基础，教学改革

机构：成都农业科技职业学院

摘要：信息技术的飞速发展，出现了慕课这样一种全新的教学模式，深刻影响了传统的学校教育，也代表了教育未来的发展方向。计算机应用基础作为高职院校的公共基础课，为了适应新时代背景，对教育教学方式进行改革势在

必行。通过讨论传统计算机应用基础教学的不足，针对这些不足，提出了慕课背景下计算机应用基础教学的改革方向和改革措施。

中图分类号：G712；TP3－4

32. 马国胜，李振陆，邱学林. 现代职业农民培养的苏南模式［J］. 中国职业技术教育，2014（4）：72－75.

ISSN：1004－9290

关键词：农业高职教育改革，现代职业农民培养，苏南模式，336改革路线图

机构：苏州农业职业技术学院

摘要：苏州农职院通过太仓班改革实践，围绕培养现代职业农民的人才培养定位，创新了改革思路，创造性地提出了现代职业农民培养的苏南模式，绘制了农业高职教育改革与现代职业农民培养的"336"改革路线图，有效破解高职院校农业类专业招生难、就业难和基层农村人才短缺的三大困境。

中图分类号：G725；F323.6

33. 杜保德，李玉冰，赵素英，胡天苍，李志勇，邱强，马思亿，李国营. 日本农业职业教育的做法与启示［J］. 北京农业职业学院学报，2008（1）：3－6.

ISSN：1671－7252

关键词：农业职业教育，理论教学，实践教学，日本

机构：北京农业职业学院

摘要：为借鉴日本农业职业教育的经验，北京农业职业学院组织专门学习考察团，于2007年10月赴日本考察了日本的农业职业教育情况。日本是一个职业教育较为发达的国家，立足日本农业劳动者队伍的特点，开展农业职业教育；从国情出发，建立日本青年农民教育体系；政府和社会各界高度重视农民科技教育工作。日本农业职业教育重视理论教学，更重视实践教学，特别注重培养学生的实际操作能力和适应社会能力，值得我们学习。

中图分类号：G719.313

34. 赵向华，张文峰. 农业高校在服务都市农业中提升核心竞争力研究［J］. 江苏高教，2017（3）：51－53.

ISSN：1003－8418

关键词：农业高校，学科建设，人才培养，校园文化

机构：仲恺农业工程学院研究生处

摘要：都市农业的发展对于我国经济发展具有重要意义。与传统农业相比，都市农业具有高度融合性、知识密集性、集约性、市场性等特点，需要农业院校为之提供相应的人才保障与科技支撑。因此，农业高校应在学科建设、

人才培养、校园文化、创新管理等方面着力打造自身特色，在服务都市农业的同时提升自身核心竞争力。

中图分类号：F323；G649.2

35. 李凌. 农业职业教育服务新农村建设的探索和实践［J］. 教育与职业，2007（20）：50－52.

ISSN：1004－3985

关键词：农业职业教育，新农村建设，服务

机构：北京农业职业学院职业教育研究所

摘要：农业职业教育与新农村建设具有相互影响、相互制约的互动关系。文章考察分析了国内部分农业职业院校在服务新农村建设中所进行的办学理念、服务体制、服务机制的理论探索和实践，提出了农业职业教育要充分利用政策因素，营造良好环境，提高服务农村发展的水平和综合效能，构建内外利益主体服务新农村建设的有效参与途径和方法。

中图分类号：G719.2

36. 范安平，张挚. "都市圈"发展与农村职业教育——发达国家的启示［J］. 继续教育研究，2010（8）：34－35.

ISSN：1009－4156

关键词：都市圈，农村职业教育，发达国家，启示，研究

机构：上饶师院教育科学学院；赣南师院研究生处

摘要：发达国家在都市圈建设中注重强化区域性农村职业教育，为农民社会角色的转变、农村富余劳动力的就地转移，实现短半径就业服务；我国"都市圈"发展背景下的农村职业教育应努力提升农村职业教育的文化内涵，推进农村职业教育社会化，为农村城镇化建设提供人力资源保障，同时还应高度重视农业职业教育，切不可削弱我国农业经济的发展。

中图分类号：G725

37. 邱迎君，易官美. 关于高职涉农专业学生职业素质培养的实践——以观光农业专业为例［J］. 职教论坛，2011（29）：50－52.

ISSN：1001－7518

关键词：观光农业，职业素质，平台建设

机构：宁波城市职业技术学院

摘要：高职学生的职业素质培养是当前职业技术院校的首要任务。根据观光农业专业的特点，结合院校职业素质养成工作实际，对观光农业专业学生的职业素质培养过程中的职业理想、职业道德和职业技能养成等方面进行了一些探索，旨在为我国高职相关专业的学生职业素质培养提供一些新的思路和方法。

中图分类号：S-4；G712

38. 辛志宏，董洋，徐幸莲．"复合应用型食品科学与工程"卓越农林人才培养体系构建与探索［J］．中国农业教育，2016（4）：30-35.

ISSN：1009-1173

关键词：复合应用型，卓越农林人才，培养体系，食品科学与工程

机构：南京农业大学

摘要："卓越农林人才教育培养计划"是我国为推进高等农林教育综合改革而推行的一项优秀人才培养计划。"复合应用型食品科学与工程"卓越农林人才的培养采用"3＋X＋Y"培养模式，突出对学生"科研创新能力"与"工程实践能力"的培养，对卓越农林人才培养过程中"双师型"师资队伍建设、导师制、校企协同育人、教学方式改革、国际化视野培养等方面开展了探索与实践。

中图分类号：TS20-4；G642

39. 张保仁，曹慧，李媛媛，姜倩倩．设施农业科学与工程专业实践教学体系的建设与改革［J］．中国农业教育，2012（6）：71-73，93.

ISSN：1009-1173

关键词：设施农业科学与工程，实践教学，人才培养，教学基地

机构：潍坊学院

摘要：实践教学是设施农业科学与工程专业教学的重要环节。通过增加实践教学学时，优化实践教学课程设置，修订实践教学课程教学大纲，进一步完善了专业人才培养方案；加大资金投入力度，建设校内实践教学基地，加强校企合作，强化校外实践教学基地建设，为学生实践教学提供了良好场所；改革实践教学考核评价机制，实施校基"双考核"制度。以上措施可有效提高实践教学效果，增强学生的创新意识和实践能力，全面提高人才培养质量。

中图分类号：S316-4；G642

40. 许祥云，彭泰中．21世纪的农业与高等农业教育的人才培养［J］．高等农业教育，2000（5）：24-27.

ISSN：21-1088/G4

关键词：21世纪农业，高等农业教育，人才培养

机构：江西农业大学

摘要：21世纪的农业和农业科技将呈现新的发展态势，知识化农业将成为未来农业的主题。高等农业教育如何立足于21世纪，培养、造就适应新世纪农业发展方向的高科技人才，已成为亟待解决的重要课题。本文结合21世纪农业和农业科技的发展方向，就高等农业教育的学科体系建设、知识化农业人才的培养等问题提出了一些观点

中图分类号：G640

41. 张雅光. 基于沿海都市型现代农业需求的人才培养对策［J］. 广东农业科学，2011，38（17）：179－181.

ISSN：1004－874X

关键词：沿海都市型现代农业，人才需求，人才培养模式

机构：天津农学院人文社会科学系

摘要：沿海都市型现代农业发展的人才需求，主要有经济功能类人才、生态功能类人才和服务功能类人才三大类型。高等农业院校应适应沿海都市型现代农业发展对人才培养提出的新要求，更新人才培养理念、完善人才培养模式、调整学科专业结构、以能力培养为核心、以素质养成为保证、改革教育教学模式。

中图分类号：F323.6

42. 祁连弟，赵永旺，张琨，徐艳玲，康丽敏. 创新设施农业技术专业人才培养模式［J］. 中国职业技术教育，2014（8）：71－73.

ISSN：1004－9290

关键词：创新，设施农业技术专业，人才培养模式，课程体系，改革

机构：包头轻工职业技术学院

摘要：本文阐述在现有办学基础上，通过开展专业建设和教学改革试点，以"职业技能培养为核心，以职业素养养成为主线，以知识教育为支撑"，构建新的人才培养模式，根据岗位需求构建课程体系、设计教学过程，加强"双师型"教师队伍建设，校企共建实训基地。进一步在专业培养目标、学生的知识结构以及能力与素质结构、课程开发、教材建设、教学方法改革、产学研合作以及"双证书"制的实施等方面，进行全面、系统、深入的探索与实践。

中图分类号：G712

43. 李辉，任华，罗敏. "互联网＋"视域下农业职业教育教学改革路径探索与实践［J］. 中国农业教育，2017（2）：41－45.

ISSN：1009－1173

关键词："互联网＋"，农业职业教育，教学改革

机构：成都农业科技职业学院；四川水利职业技术学院

摘要：随着"互联网＋"国家战略行动计划的迅猛发展和广泛推进，传统农业产业急需变革与发展，相应地，农业职业教育也面临着新的问题与挑战。结合成都农业科技职业学院的实践，提出"互联网＋"视野下农业职业教育教学改革新举措：优化专业结构与内容、促进专业融合与发展，推进"互联网＋教育"优质教育教学平台和资源建设，创新信息化教学模式与方法，提升师资队伍信息化水平，加强"互联网＋产学研"创新创业能力培养。

中图分类号：G712.0；S-4

44. 庄连雄. 建立适应都市型农业的高等农业职业教育体系［J］. 教育发展研究，1999（S1）：78-80.

ISSN：1008-3855

关键词：高等农业职业教育，上海市，都市型农业，都市农业，上海农学院，农业中专

机构：上海农学院学生处

中图分类号：G718.5

45. 郑诚乐，林义章，林碧英，吴少华，郝志龙. 创建福建地域特色设施农业科学与工程专业的思考［J］. 福建农林大学学报（哲学社会科学版），2008（2）：91-93.

ISSN：1671-6922

关键词：设施农业科学与工程，现代农业，人才培养

机构：福建农林大学园艺学院

摘要：从设施农业与我国现代农业的关系，设施农业的迅猛发展与人才匮乏之间的矛盾等方面，结合福建的地域特点进行简单分析，提出了具有福建地域特色的设施农业科学与工程专业人才培养的目标与课程体系设置构想，并对未来发展方向提出思考与建议。

中图分类号：S-4

46. 陶杰，夏春风，沈长生，马燕平. 高职农业院校机电类专业创新教学方向的研究［J］. 中国农机化，2011（4）：137-139.

ISSN：1006-7205

关键词：传统农业生产，低成本自动化改造，高职农业院校，机电类专业，创新教育

机构：苏州农业职业技术学院

摘要：针对传统农业生产低成本自动化改造的潜在需求，将其作为农业高职院校机电专业创新教学的一个研究方向，通过分析在高职技术层面上创新的技术要求，设计一套教改方案，将可行的改造项目融入主要教学环节，并对教育教学效果做了一定的思考和总结。

中图分类号：TH-39

47. 王晓华，崔砚青，王振如，王福海，崔坤，张京生，郝婧，张晖. 都市型现代农业高技能人才培养改革与实践［J］. 中国职业技术教育，2015（26）：68-72.

ISSN：1004-9290

关键词：都市型现代农业，高技能人才，职业教育

机构：北京农业职业学院

摘要：围绕都市型现代农业发展对高技能人才需求，从专业人才培养模式改革、师资队伍能力提升、校企合作创新、服务"三农"等方面进行了深入的研究与实践。在农业科技推广与应用，服务都市型现代农业产业化发展等方面取得了显著的社会和经济效益。

中图分类号：G712.0；S-4

48. 李振陆，赵茂锦，夏红，束剑华，尤伟忠，刘海明. 农业现代化进程中农科高职专业课程转型升级的实践探索［J］. 中国职业技术教育，2017（32）：118-120.

ISSN：1004-9290

关键词：现代农业，专业，课程，转型升级

机构：苏州农业职业技术学院

摘要："四化同步"战略推动农业转型升级，农业现代化进程中必然要求专业课程转型升级。苏州农业职业技术学院通过打造"接二连三"专业体系、践行"五位一体"协同育人、构建农学结合课程体系、实施"项目载体"课程教学等举措，进行了专业课程转型升级的实践探索，取得了显著成效。

中图分类号：G712.3

49. 陈友根，王冬良，陶鸿，裴孝伯，单国雷，朱世东. 学分制下设施农业科学与工程专业课程体系建设［J］. 安徽农业科学，2010，38（14）：7184-7185，7188.

ISSN：0517-6611

关键词：学分制，设施农业科学与工程，课程体系建设

机构：安徽农业大学园艺学院

摘要：针对学分制下课程设置多样化、小型化等特点，结合社会对设施农业人才需求的现状，在设施农业科学与工程专业课程体系建设时精心安排和优化，理论教学与实践能力培养并重，经过近5年的专业建设，课程体系日益完善，达到专业人才培养的目的。

中图分类号：G642.4

50. 杜保德，李凌. 北京农业职业教育发展对策研究［J］. 中国职业技术教育，2008（23）：20-22.

ISSN：1004-9290

关键词：新农村建设，农业职业教育，发展对策

机构：北京农业职业学院

摘要：北京都市型现代农业、现代农业的发展和新农村建设要求农业职业职业教育做出相应的适应和调整，但是北京农业职业教育存在政府重视不够、

教育资源配置不合理、办学体制不顺、机制僵化、投入不足等问题；必须以强化政府行为为核心，加强统筹力度，调整投入结构与方式，促进农业职业教育更好地服务于北京经济社会发展。

中图分类号：G719.2

51. 吕亚州，蒋晓.《都市农业装备应用技术》高职专业课程研究［J］.中国农机化学报，2019，40（11）：220-225.

ISSN：2095-5553

关键词：都市农业装备，应用技术，高职，课程研究

机构：北京农业职业学院机电工程学院

摘要：北京都市现代农业的发展理念是"创新、协调、绿色、开放、共享"，突出农业生态、生活、生产、示范的四大首都功能定位，现代农业装备技术是实现北京农业功能定位的必须生产工具，因此，北京农业职业学院于2009年向北京市教委备案了目录外高职专业《都市农业装备应用技术》（国内首创），并于2010年开始面向北京招生。为做好专业建设，调研北京都市农业装备技术发展及从业人员现状，分析得知从业人员呈现出文化程度低、年龄偏大、综合素质较低的缺陷，已不能满足北京都市现代农业发展的需要。经过人才需求分析，确定专业面向的技术领域和岗位群，制定人才培养方案的课程设置等内容，为人才培养打好基础。

中图分类号：S22-4；G712.3

52. 郑文堂，华玉武，高建伟.服务都市型现代农业发展培养应用型专门人才［J］.中国高等教育，2013（18）：55-57.

ISSN：1002-4417

关键词：应用型专门人才，北京，学校，都市型现代农业，人才培养方案

机构：北京农学院党委；北京农学院

中图分类号：G712；F320-4

53. 罗芬，钟永德，罗明春，胡旭辉，袁建琼，刘江龙，严伟宾，刘艳.旅游管理（游憩与公园管理）专业本科人才培养思考［J］.中南林业科技大学学报（社会科学版），2014，8（6）：267-269.

ISSN：1673-9272

关键词：旅游管理，游憩与公园管理，本科专业，人才培养

机构：中南林业科技大学旅游学院

摘要：2012年国家教育部对森林资源保护与游憩本科专业进行了调整，如何在新的专业目录下继续发挥该专业的优势与特点是众多学校需要共同面对的一个任务之一。在借鉴美国游憩专业的教育历史、定位、服务与课程体系的基础上，以中南林业科技大学为研究对象，在强化基本、专业、沟通与创新4

种能力下，将原森林资源保护与游憩本科专业定位为旅游管理本科专业下的游憩与公园管理方向，从本科人才培养目标、基本要求、课程设置、主要实践环节等方面进行了思考。

中图分类号：G642；F590－4

54. 李秀华，郝婧. 浅谈高等农业职业教育人才培养模式的变革与特征[J]. 中国职业技术教育，2011（17）：40－43.

ISSN：1004－9290

关键词：高等农业职业教育，人才培养模式，产教结合

机构：北京农业职业学院

摘要：本文在对高等农业职业教育发展的重要标志性事件进行梳理的基础上，将高等农业职业教育划分为4个阶段，即起步期、调整期、转型期、示范期，并对不同阶段的人才培养模式基本特征进行了简要分析。

中图分类号：G718.5

55. 郝婧. 农业高职院校服务北京新农村建设的思考及策略[J]. 中国职业技术教育，2009（27）：39－41.

ISSN：1004－9290

关键词：农业高职院校，新农村建设，区域差异，对策

机构：北京农业职业学院

摘要：北京郊区不同区域新农村建设有不同的侧重点，农业职业院校要细化要求，针对不同的区域特点采取不同对策，找准路径，提供差异性服务。

中图分类号：G718.5

56. 石丽敏，叶琦. 突出职教特色走产学研一体化办学之路——苏州农业职业技术学院校办产业模式的实践探索[J]. 中国职业技术教育，2008（35）：14－16.

ISSN：1004－9290

关键词：职业教育，产学研一体化，校办产业

机构：苏州农业职业技术学院

摘要：本文介绍了苏州农业职业技术学院根据自身专业优势，遵照产学研一体化的要求，逐渐形成了具有特色的以基地为核心载体的校办产业办学模式，有效地实现了高职产学研一体化办学的教育价值、经济价值和社会价值。

中图分类号：G719.2

57. 周路. "工学研融合、四段递进式"人才培养模式的研究与实践——以成都农业科技职业学院为例[J]. 黑龙江畜牧兽医，2016（14）：240－242.

ISSN：1004－7034

关键词：畜牧兽医专业，工学研融合，四段递进式，人才培养模式，实践

机构：四川建筑职业技术学院

摘要："工学研融合、四段递进式"人才培养模式是高等职业技术学院培养高技术技能型人才的有效模式，是产学研合作教育方式的升华。成都农业科技职业学院畜牧兽医专业通过深化课程改革、拓展行校企合作、培养"双师双能型"教师队伍、建立综合性科研平台等环节构建"工学研融合、四段递进式"人才培养模式；并借助该模式培养了基础理论扎实、专业技能过硬的高素质应用型人才，提升畜牧兽医专业的综合实力，为涉农院校人才培养模式提供有益的借鉴。

中图分类号：S85‐4；G712

58．王会文．都市型农业与都市型农业院校创新人才培养［J］．安徽农业科学，2011，39（15）：9435‐9437．

ISSN：0517‐6611

关键词：都市型农业，创新人才，培养

机构：天津农学院教务处

摘要：针对都市型农业的特点及其对人才的需求类型，得出高等农业教育与农业建设密不可分的结论。对各高等农业院校的创新人才培养途径进行了阐述，并对培养创新人才的具体措施和所取得的成绩进行了简要介绍。

中图分类号：G649.2；F327

59．李寿田，钱剑林，唐蓉，钱兰华，汪成忠，顾国海．高职园艺技术专业"六园一体"校内生产性实训基地建设的探索与实践——以苏州农业职业技术学院为例［J］．职教通讯，2013（14）：30‐34．

ISSN：1674‐7747

关键词：高职，园艺技术专业，六园一体，校内生产性实训基地

机构：苏州农业职业技术学院

摘要：建设一流的校内生产性实训基地是高职院校推进工学结合人才培养模式改革、彰显高职办学特色、提升高职教学质量和深化专业内涵建设的基本环节和重要举措。结合苏州农业职业技术学院园艺技术专业"六园一体"校内生产性实训基地的建设，提出通过加大生产性实训基地建设投入、加强校企合作互惠共赢、为学生提供真实的职业实践环境、充实园艺技术专业"双师"师资结构的建议，使校内生产性实训基地建设走出一条具有典型区域特色之路。

中图分类号：G717；S6‐4

60．王立春，马文芝，卢绍娟．基于沿海都市型现代农业背景下的"三创一基"人才培养——以天津农学院为例［J］．安徽农业科学，2011，39（9）：5581‐5582．

ISSN：0517‐6611

关键词：沿海都市型现代农业，三创一基，人才培养，实践与探索

机构：天津农学院教务处

摘要：对天津沿海都市型农业人才的现状及需求进行了分析，在此基础上，以天津农学院为例，研究了新背景下农业专业人才的培养模式。

中图分类号：G642.4

61. 杨长荣，周瑾. 农业职业教育服务现代都市农业研究 ［J］. 中国职业技术教育，2012（3）：50-56.

ISSN：1004-9290

关键词：现代都市农业，农业职业教育

机构：武汉都市农业培训学院；武汉市农业学校

摘要：现代都市农业发展方兴未艾，给农业职业教育提供了广阔的发展前景，农业学校和农业培训学院在从服务传统农业到服务现代都市农业的转型过程中，要着力转变教育观念，找准办学定位，发挥自身优势，对接都市农业实际需要，通过实施政策性的保障措施，使农业职业教育在服务现代都市农业中发挥更大的作用。

中图分类号：G719.21

62. 黄远，程菲，张俊红，李国怀，张余洋，别之龙. 设施农业科学与工程本科专业实践教学的改革与创新——以华中农业大学为例 ［J］. 高等农业教育，2017（1）：68-71.

ISSN：1002-1981

关键词：设施农业科学与工程，实践教学，改革，人才培养

机构：华中农业大学

摘要：针对设施农业科学与工程本科专业应用性强，但人才培养中存在实践动手能力不强、部分实践教学环节与社会需求脱节等较为突出的问题，本项目以培养和提高学生的实践动手和创新能力为目标，通过修订人才培养方案、建设高水平教学团队、改革和更新实践教学内容、构建实践教学体系、建设校内外实践教学基地、课程和教材建设，创新了校企联合培养人才模式，构建了六段式"梯阶式渐进型"实践教学体系，提高了设施农业科学与工程专业同学的实践动手能力。提出了"学科建设—专业建设—创新能力培养"三位一体的新思路，将教学和科研进行有机结合，依托园艺学科科研平台，提高了学生的科技创新能力。

中图分类号：S-4；G642

63. 郑亚勤. 关于天津沿海都市型现代农业人才培养的探讨 ［J］. 天津农学院学报，2007（4）：62-64.

ISSN：1008-5394

关键词：沿海都市型现代农业，创新人才，培养，探讨

机构：天津农学院动物科学系

摘要：天津农业发展的战略定位是建设沿海都市型现代农业，争取在全国率先基本实现农业现代化。要实现这一目标，关键是要加快建造天津农业人才基地，营造优秀人才成长的环境与条件，充分利用天津高等教育资源培养涉农专业人才资源，培养出适应天津沿海都市型现代农业发展需求的创新人才，为实现农业转型、建设农业科技强市提供人才保障。

中图分类号：F323.6

64. 张天保，李俊龙，吴彦宁，王恬，胡锋. 经济发达地区涉农企业对农科人才需求结构调查及高校教育策略分析［J］. 高等农业教育，2012（3）：21－24.

ISSN：1002－1981

关键词：涉农企业，农科人才，需求，人才培养

机构：南京农业大学

摘要：如何适应当前我国经济和社会发展需要，针对农业生产发展实际，培养大批面向农村、服务农业、贴近农民，直接服务于农业生产一线的生产、管理和科技服务等方面的应用型人才是我国高等农业教育迫切需要解决的现实问题。以经济发达地区涉农企业为研究对象，对农科人才需求结构进行了详细分析，并结合企业对农科人才培养工作的评价，为农业高校人才培养工作提出对策建议。

中图分类号：G642.0

65. 李贺，刘月学，叶雪凌，王春夏，李天来，冯辉. 园艺专业创新型人才培养模式研究与实践［J］. 沈阳农业大学学报（社会科学版），2015，17（6）：677－681.

ISSN：1008－9713

关键词：园艺专业，创新型人才，培养模式，卓越农林人才，沈阳农业大学

机构：沈阳农业大学园艺学院

摘要：目前全国高等农业院校园艺专业培养存在人才培养模式趋同与流俗，课程设置缺乏系统性和综合性，亟待提高实践教学质量与水平，仍延续单一、死板的教学模式与方法，缺失健全的考核体系制度和激励机制等问题，结合园艺专业的教学实践，提出创新型人才培养目标，设立研究创新型人才培养方向，全面修订培养计划和教学大纲，引入导师制形成个性化培养方案，鼓励大学生积极参与创新创业项目，改革创新教学模式与教学方法，全面加强实验实践条件建设，构建能切实提高园艺专业教学质量的创新型人才培养模式。

中图分类号：G642；S6-4

66. 冯学会. 北京农业职业教育人才培养的主要问题及改进建议 ［J］. 中国职业技术教育，2017（36）：109-111.

ISSN：1004-9290

关键词：职业教育，都市农业，人才培养

机构：北京农业职业学院

摘要：本文从农业职业教育人才培养的视角，对北京农业职业教育存在的问题进行了较为系统和全面的分析探讨，提出了改进北京农业职业教育人才培养的意见和建议，对于高等职业院校校园人才培养工作具有一定的指导意义。

中图分类号：G712

67. 谢皓，潘金豹，陈学珍. 都市型农学专业人才培养模式的形成与实践——以北京农学院农学专业为例 ［J］. 中国农业教育，2012（1）：53-56.

ISSN：1009-1173

关键词：都市型农业，农学专业，人才培养，课程体系

机构：北京农学院

摘要：为培养都市型现代农业需要的人才，北京农学院对传统农学专业进行了深度改革，通过调整专业方向、构建新型专业课程体系和增加实践教学环节等一系列措施，初步形成了北京都市型农学专业人才的培养模式，取得了一定教学效果，提高了学生的专业素质。

中图分类号：S-4

68. 赵向华. 都市农业背景下农业院校学科建设的策略 ［J］. 高等农业教育，2014（5）：33-37.

ISSN：1002-1981

关键词：农业院校，学科建设，都市农业，人才培养，协同

机构：仲恺农业工程学院

摘要：都市农业是一种以高科技、规模化、集约化和高度开放性为主要特征的农业，其发展需要多学科的研究成果和多类型、多层次的人才协同推进。农业院校以服务农业为己任，针对都市农业背景下学科建设中存在的问题，可以采取调整优化学科结构、凝练学科方向、强化学科平台建设、加强学科队伍建设以及完善学科建设制度等策略，构建符合都市农业发展的学科体系，促进都市农业科学快速发展，并在服务中发展、壮大自己。

中图分类号：G647

69. 王慧敏. 以特色促发展建设都市型现代农林大学 ［J］. 中国高等教育，2013（23）：53-56.

ISSN：1002-4417

关键词：都市型现代农业，都市农业发展，学校，人才培养定位

机构：北京农学院

中图分类号：G649.2

70. 崔砚青，王振如. 扎实推进示范建设创建一流农业职业学院〔J〕. 中国高等教育，2011（6）：53－54.

ISSN：1002－4417

关键词：职业学院，示范校，人才培养模式，涉农专业，园艺技术专业，农业

机构：北京农业职业学院党委；北京农业职业学院

中图分类号：G718.5

71. 边立云，马文芝，田健，刘慧. 沿海都市型农业院校本科专业人才培养方案适应性调整的思考——以天津农学院为例〔J〕. 广东农业科学，2012，39（3）：187－188，193.

ISSN：1004－874X

关键词：沿海都市型农业院校，人才培养方案，调整

机构：天津农学院教务处

摘要：人才培养方案是组织教学过程、安排教学任务的基本依据，是实现培养目标的关键。培养高素质人才，促进现代农业发展是当前地方农业院校的责任所在，基于学校人才培养面临的内外部环境，需进一步明确人才培养方案的指导思想、基本原则和发展现代农业需要的人才素质要求，调整人才培养定位、培养理念、人才质量观、培养目标、教学内容和课程体系、教学方法等，以适应社会经济发展需要。

中图分类号：G642.0

72. 江金启，张广胜，刘强，吴东立. 农林经济管理专业方向建设思考〔J〕. 沈阳农业大学学报（社会科学版），2015，17（2）：171－174.

ISSN：1008－9713

关键词：高等学校，专业方向建设，实践教学环节设置，农林经济管理专业，沈阳农业大学

机构：沈阳农业大学经济管理学院

摘要：市场人才需要的差异性和多变性，要求专业必须通过专业方向建设来增强人才培养的市场适应性。以沈阳农业大学农林经济管理专业的教学实践为依据，分析表明，存在部分理论课程缺乏师资储备、实践教学环节方向性不强、实践教学条件建设滞后及课程学时体系安排不合理是专业方向建设存在的问题。因此，农林经济管理专业必须通过建立本科生导师制、增强方向特色实践教学内容设置、加强实践教学基地建设、优化实践教学学时安排等措施来促

进专业方向建设，进而提升农林经济管理专业的社会影响力，强化农林经济管理专业发展方向和特色。

中图分类号：F30-4；G642.3

73. 王慧敏，范双喜，沈文华．构建推广教授体系，服务北京都市现代农业［J］．高等农业教育，2012（8）：3-5.

ISSN：1002-1981

关键词：都市农业，推广教授，卓越农林人才，推广绩效

机构：北京农学院

摘要：构建农业推广教授体系，对健全北京农业技术推广体系、培养卓越现代都市农林人才具有重要意义。北京农学院积极争取政府支持，多部门联动，完善创新机制，构建了农业推广教授新体系，进一步推动了"政产学研推"有机结合，为地方院校拓展服务区域经济和社会发展职能，提供了新思路。

中图分类号：G647；F327

74. 李林，何剑斌，董婧，杨淑华，白文林．动物科学与医学专业创新创业教学体系思考［J］．沈阳农业大学学报（社会科学版），2016，18（6）：725-728.

ISSN：1008-9713

关键词：动物医学，动物科学，创新，创业，教育理念

机构：沈阳农业大学畜牧兽医学院

摘要：随着社会的发展和进步，人们对动物科学与医学专业有了更深刻的认识。如何提高动物科学与医学专业大学生的创新创业能力，强化其综合素质，培养专业实践和特色创新技能，使之成为全面发展的复合型人才，是高等学校动物科学与医学专业培养大学生成才的重要工作。沈阳农业大学畜牧兽医学院树立高等教育的现代理念，建立深度的校企合作机制，强化教育教学的创新创业意识，构建科学的专业人才培养方案，采用多元化创新创业实践模式，完善综合性的评价反馈机制，这一有益经验将为高等学校更多地培养具备创新创业能力的复合型应用人才提供借鉴和参考。

中图分类号：G647.38；G642；S85-4

75. 张迪．城镇化过程中城郊农民继续教育意识的培养［J］．中国成人教育，2017（3）：155-157.

ISSN：1004-6577

关键词：农村城镇化，城郊农民，继续教育

机构：郑州大学西亚斯国际学院

摘要：城镇化是一个国家经济社会发展到一定程度中不可避免的阶段，是

人类追求高度文明发展的产物，是人类社会发展必经的一种社会现象。城镇化建设中失地城郊农民问题成为新的社会问题，他们能否顺利地实现身份转化和就业以融入城市新的生活状态，已经成为城镇化建设成败与否的关键性问题，而解决这一问题的关键就在于培养农民继续教育意识以实现其再就业。

中图分类号：G725

76. 许爱萍. 现代都市农业发展需求视域下的职业农民培育路径［J］. 农业科技管理，2015，34（4）：59-62.

ISSN：1001-8611

关键词：都市农业，职业农民，现代化，培育

机构：天津社会科学院城市经济研究所

摘要：现代都市农业的发展需要一定数量、高质量的职业农民，要求职业农民具有较高的科学素质与经营管理才能。而现阶段农村职业教育发展内驱力不足、教育体系不健全和教育内容脱离实际需求等问题严重阻碍了职业农民的培育。为此，文章提出通过设立科学合理的职业教育体系、创新职业农民培养模式和探索新的培养方式方法等路径，为我国都市农业的可持续发展提供相匹配的人力资源保障。

中图分类号：G725

77. 赵晨霞，冯社章，王春玲，毕红艳. 农业职业院校"植物生长周期循环"人才培养模式的探索与实践［J］. 中国职业技术教育，2011（7）：90-92.

ISSN：1004-9290

关键词：植物生长周期，人才培养模式，特色创新

机构：北京农业职业学院

摘要：北京农职院园艺技术专业适应时代的要求，创新形成了"植物生长周期循环"人才培养模式。文章论述了模式构建思路、模式内涵、模式运行特色以及模式运行的效果。

中图分类号：G719.2

78. 郭玉梅，梁秀文. 北京农业类高职专业发展现状的思考［J］. 中国职业技术教育，2009（11）：23-25.

ISSN：1004-9290

关键词：都市农业，专业调整

机构：北京农业职业学院

摘要：本文认为，随着北京都市农业的发展，农业类高职需要在数量上适度增加，同时应采取加大专业结构的调整等有效措施，以满足新农村建设的需要。

中图分类号：G718.5

79. 方蕾. 都市农业背景下的农业高职教育教学改革 [J]. 中国成人教育，2010（22）：75－77.

ISSN：1004－6577

关键词：都市农业，农业高职，教学改革

机构：苏州农业职业技术学院

摘要：随着中国经济的腾飞，都市农业在全国迅速兴起并日益繁荣。都市农业的特点及其功能对从业者的要求发生了很大变化，农业高职院校必须及时进行与之相适应的教育教学改革，以满足都市农业发展对人才的需求。

中图分类号：G712

80. 束剑华，刘海明，邬雨刚，许乃霞，仲子平. 新型农业经营体系构建与农业高职教育专业体系优化 [J]. 江苏农业科学，2014，42（9）：468－470.

ISSN：1002－1302

关键词：新型农业经营体系，农业高职教育，专业体系优化

机构：苏州农业职业技术学院

摘要：新型农业经营体系的构建将推动农业生产集约化、农业经营一体化、农业服务社会化和农业管理信息化等方面的快速发展，农业高职院校应从优化专业结构、拓宽服务面向，创新体制机制、推进合作教育，改革培养模式、培养实用人才等方面入手，主动适应农业经营体系创新的新要求。

中图分类号：G712；F30－4

81. 解鹏，郭志海. 深化内涵育人才彰显特色惠"三农"——苏州农业职业技术学院升格高职院10周年巡礼 [J]. 中国职业技术教育，2012（1）：67－69.

ISSN：1004－9290

关键词：升格，高职教育，现代农业

机构：苏州农业职业技术学院

摘要：2001年以来，苏州农业职业技术学院以完善条件为重点，着力增强办学能力；以提高质量为核心，着力深化办学内涵；以社会服务为载体，着力彰显办学特色；以党的建设为保证，着力构建和谐校园，各项工作取得了显著成效。

中图分类号：G718.5

82. 李秀华. 试论北京农业职业教育 [J]. 中国职业技术教育，2007（32）：43，45.

ISSN：1004－9290

关键词：北京，农业职业教育

机构：北京农业职业学院北京农业职业教育研究所

摘要：随着人们对健康、饮食、休闲等多功能农业的关注，农业职业教育

的重要作用也越来越明显，作为首都和大城市，农业的建设与发展有其自身的特点，农业职业教育也要积极进行改革，以跟上农业经济的发展趋势。

中图分类号：G719.2

83. 张建国. 浙江休闲农业人才培养规范发展探讨［J］. 浙江农业科学，2015，56（2）：274-276，282.

ISSN：0528-9017

关键词：人才培养，质量提升，休闲农业，转型发展，浙江

机构：浙江农林大学风景园林与建筑学院旅游与健康学院

摘要：浙江休闲农业的规模扩张与内涵提升在人才需求方面产生了量和质的新需求。以全日制、自学考试和短期培训为主的3个层次构成了浙江休闲农业人才培养体系，整体上不同程度地存在着层次低、规模小和管理不规范等问题。浙江休闲农业人才培养方面面临着行业有需求，政府有要求和投入有保障等诸多利好，应多元并举加快推进人才培养体系的高效规范发展。

中图分类号：F323.4；C964.2

84. 顾勤，朱士农，王春彦，罗羽洦. 为都市农业培养创业型园艺人才的实践与思考［J］. 金陵科技学院学报，2010，26（1）：73-76.

ISSN：1672-755X

关键词：创业，园艺，人才培养，都市农业

机构：金陵科技学院园艺学院

摘要：通过对创业型园艺人才培养的实践，探讨了其在都市农业中的作用。都市农业的发展离不开创业型园艺人才。培养创业型园艺人才，要从培养创业意识开始，结合职业生涯规划、社会实践、问卷走访、参与教师课题、组织参加创业活动、加强实践教学、模拟创业等多途径进行创业教育。最终根据都市农业的发展要求，完善创业型园艺人才教育体系。

中图分类号：S6-4

85. 张耀川，马俊哲，李凌. 关于新型职业农民队伍建设的思考［J］. 北京农业职业学院学报，2012，26（4）：55-58.

ISSN：1671-7252

关键词：新型职业农民，农村职业教育，队伍建设

机构：北京农业职业学院

摘要：新型职业农民队伍建设是一个系统工程，其建设还存在很多问题，加大对农村职业教育的投入是新型职业农民队伍建设的基础，完善农村职业教育制度和立法是新型职业农民队伍建设的动力，加强农村职业教育体系建设是新型职业农民队伍建设的保障。

中图分类号：G719.2

86. 李婷君，华玉武. 绿色发展理念下京郊生态农业人才培养体系创新研究［J］. 农业展望，2017，13（1）：49－53.

ISSN：1673－3908

关键词：绿色发展理念，生态农业，生态农业人才，人才培养体系

机构：北京农学院经济管理学院

摘要：京郊农业是北京农业的重要构成，而京郊农业可持续发展的关键在于培养创新农业人才，尤其是秉持绿色发展理念的生态农业人才。以"人与自然和谐"为出发点的生态农业，其发展定位将直接影响北京农业绿色发展总体进程。以京郊生态农业人才培养为出发点，引入培训机构人才培养方式，以生态农业人才培养为目标，运用 IDO 工作方法构建 PDCA 生态农业人才培养体系。

中图分类号：F327

87. 辛志宏，史秋峰，胡秋辉，陆兆新."技术管理型"食品质量与安全专业人才培养改革及实践［J］. 中国农业教育，2009（6）：25－28.

ISSN：1009－1173

关键词：食品质量与安全，技术管理，培养模式，改革实践

机构：南京农业大学

摘要：食品质量与安全专业是我国高校为解决食品安全领域的突出问题而新增设立的专业，该专业的专业定位和培养模式的改革与实践应从"技术管理型"食品质量与安全专业的培养目标、课程体系、实践教学、培养模式、师资培养等方面着手，以提高学生的专业素质的综合能力。

中图分类号：TS201.6－4

88. 程宇. 黑龙江农业工程职业学院"校农联合双主体"人才培养模式［J］. 职业技术教育，2010，31（29）：1.

ISSN：1008－3219

关键词：黑龙江农业工程职业学院，专业能力，人才培养模式，生产实训

机构：无

摘要：黑龙江农业工程职业学院设施农业技术专业充分利用哈尔滨市农业科学院先进的现代农业设施条件和技术力量，与其携手构建"校农联合双主体"人才培养模式，即"学校培养＋农科院培养＋企业顶岗实习"培养模式，双方均为育人主体，利益共享，责任共担，资源共用，人才共育，共同培养有社会责任感和较强工作技能的工厂化农业人才。

中图分类号：G719.2

89. 卢晓东. 办好农业专家大院推进产学结合——农业高职院校服务社会主义新农村建设的探索［J］. 中国职业技术教育，2008（5）：12－15.

ISSN：1004-9290

关键词：农业专家大院，专业建设，成都农业科技职业学院，产学结合，农业，社会主义新农村建设，高职院校，高等职业院校

机构：成都农业科技职业学院

中图分类号：G718.5

90. 范双喜，董跃娴，吴晓玲. 都市型高等农业院校人才培养模式研究与实践 ［J］. 高等农业教育，2009（1）：44-46.

ISSN：1002-1981

关键词：高等农业院校，人才培养模式，研究与实践

机构：北京农学院

摘要：北京农学院为适应21世纪农业科技的发展趋势及社会对人才的素质要求，构建了学分制下"平台＋模块"人才培养模式。"平台＋模块"的基本框架是："三个体系、两种类型、三个平台、两个模块"。模式的实施是以学分制灵活的教学管理制度为保障。"平台＋模块"人才培养模式的构建，为培养厚基础、宽口径、复合型人才提供了基础的平台支持，形成了比较成熟的既适应社会发展需要又符合学校自身实际的具有明显特色的创新人才培养模式。

中图分类号：G642.0

91. 邓继辉，姜光丽，黄雅杰，张平. 涉农专业中高职衔接的思考——以成都农业科技职业学院畜牧兽医类专业为例 ［J］. 黑龙江畜牧兽医，2015（22）：181-182.

ISSN：1004-7034

关键词：畜牧兽医类专业，中高职衔接，现代职教体系，课程衔接，招生制度改革，思考

机构：成都农业科技职业学院

摘要：中高职有效衔接有利于职业教育系统功能整合，可增强职业教育的吸引力，促进社会公平及人的可持续发展。畜牧兽医类专业是传统专业，与改善民生关系密切，在构建现代职教体系中，分析畜牧兽医类专业在中高职衔接中存在的主要问题，并提出提高认识，整体谋划；统筹规划，健全课程衔接体系；加强指导，推进招生政策改革的主要对策，为推进中高职衔接工作提供借鉴。

中图分类号：G712；S85-4

92. 丁继安，方东傅. 高职创新创业人才培养要向绿色职教转型 ［J］. 职业技术教育，2013，34（36）：65-67.

ISSN：1008-3219

关键词：创新创业人才，高职创业教育，实训基地，都市农业，都市型农

业，长三角地区

机构：湖州职业技术学院；湖州职业技术学院教务处

中图分类号：G717.38

93. 李秀华. 农业职业人才供求：北京样本［J］. 职业技术教育，2011，32（24）：66-69.

ISSN：1008-3219

关键词：农业，职业人才，畜牧业，牧业，农业职业教育，北京市，人才供求

机构：北京农业职业技术学院北京农业职业教育研究所

中图分类号：G719.2

94. 刘慧，田秀平. 经济新常态下服务都市型农业高校人才培养的思考［J］. 继续教育研究，2017（6）：107-109.

ISSN：1009-4156

关键词：经济新常态，都市型农业，高校人才培养，本科生教育

机构：天津农学院教务处；天津农学院学科建设与研究生管理办公室

摘要："速度变化、动力转化、结构优化"是经济新常态下我国经济发展的主要特点。习近平总书记在多次重要讲话中都特别强调，在经济新常态发展背景下，加强高等教育的发展和注重人力资本素质的全面提升迫在眉睫。农业是我国第一大产业，是其他产业的支柱，根据时代的进程和社会的发展，重塑人才培养的新理念，重构人才培养的新模式，提升服务都市型农业高校本科生培养模式的社会适应性，在社会转型中谋求和实现新的发展，无疑是一项极具挑战性的战略课题。

中图分类号：G642

95. 杜保德，李凌，王力红. "五位一体"：高职教育科学发展机理研究——基于职教转型视角的实践创新［J］. 高等农业教育，2014（5）：7-10.

ISSN：1002-1981

关键词：职教转型，理念创新，五位一体

机构：北京农业职业学院

摘要：高职教育的科学发展需要从外延上处理好开放度不够（职业教育发展目标与区域发展需求对接不够）的问题，在内涵上处理好互动性不够（人才培养、科学研究与社会服务三者之间在目标、内容、过程与绩效方面的互动性不够）的问题，在主体上处理好开发度不够（师资队伍的专业素质、业务能力、带动作用不够）的问题。建立"五位一体"（人才培养、科学研究、社会服务、区域经济社会发展、双能力队伍的培养）的科学发展机制成为必然和现实的选择。

中图分类号：G717

96. 何金明，肖艳辉．都市园艺及其人才需求分析［J］．高等农业教育，2010（7）：53－55．

ISSN：1002－1981

关键词：都市园艺，市场，人才培养

机构：韶关学院

摘要：在论述都市园艺的含义、特点的基础上，分析了我国都市园艺潜在的市场空间和人才需求空间，为我国园艺专业人才培养方向调整，以满足都市发展的需求提供了依据。

中图分类号：S6－4

97. 尹荣焕，刘宝山，韩小虎，原婧，尹荣兰，王小齐，傅俊范，何剑斌，白文林．动植物检疫专业实践教学体系的构建研究［J］．黑龙江畜牧兽医，2015（19）：257－259．

ISSN：1004－7034

关键词：实践教学，动植物检疫专业，人才培养，构建，体系

机构：沈阳农业大学畜牧兽医学院；吉林省畜牧兽医科学研究院；沈阳农业大学植物保护学院

摘要：动植物检疫专业培养的是复合应用型人才，因此实践能力的培养就显得尤为重要，而实践教学工作应当围绕本专业实践能力的培养要求展开。沈阳农业大学动植物检疫专业是为了满足社会需求而新申办的专业，已经建立了实践教学的人才培养方案。文章分析了动植物检疫专业出现的历史背景及实践教学能力培养的重要性，同时提出了沈阳农业大学动植物检疫专业实践教学体系的基本模式，指出其不足，以期为其他高等农业院校动植物检疫专业高素质人才的培养提供参考。

中图分类号：G642；S40－4

98. 张平，邓继辉．打造高素质的"双师型"教学团队以促进高等职业教育科学发展——师资队伍建设系列研究之一［J］．黑龙江畜牧兽医，2013（22）：47－48．

ISSN：1004－7034

关键词："双师型"，高等职业教育，高等职业技术教育，兼职教师，教学团队，畜牧兽医，专业教师，职业教育教师，成都农业科技职业学院

机构：成都农业科技职业学院

中图分类号：G715.1

99. 张玉福，左宏明，肇承琴，黄晓辉，崔瑞，王庭栋，左秀丽．高职水利类专业课程设置与教学体系构建研究［J］．辽宁高职学报，2010，12（5）：

18 - 20.

ISSN：1009 - 7600

关键词：高职教育，水利类专业，培养模式，人才规格，课程设置，教学体系

机构：沈阳农业大学高等职业技术学院

摘要：进行教学模式改革，构建符合高职特色的课程体系，突出核心课程的教学，是高职水利水电专业人才培养的需要。对于高职水利水电专业，要根据人才培养目标和行业特点，在办学体制、教学管理、培养过程、课程设置、教育手段、教学方式等方面进行创新，合理设置课程，构建科学的理论教学和实践教学体系，建立以能力为导向的教学评价标准，才能培养水利行业需要的技术应用性人才。

中图分类号：TV7 - 4

100. 陈俊红，王爱玲，周连第. 北京市农民科技素质及影响因素的实证研究［J］. 北京市经济管理干部学院学报，2009，24（1）：13 - 17.

ISSN：1008 - 7222

关键词：北京，农民科技素质，素质教育，公共投资

机构：北京市农林科学院农业综合发展研究所

摘要：对北京农民的科技素质、素质教育、教育投资需求等进行调查和实证分析后表明，北京农民科技基础知识和科技意识较高，但驾驭市场和持续增收能力较弱；城市近郊基础教育好于远郊；农民对职业教育认可程度不高，虽接受技能培训机会多，但囿于空闲时间和费用限制；北京农村教育收益率高于全国及世界上发展中国家。在以上研究基础上，文章提出了北京应继续加大农村基础教育投资，巩固农村基础教育核心地位，大力发展农村职业教育、科技培训和推广工作，以完善教育体制和促进公共投资结构合理化的对策建议。

中图分类号：F323.6

101. 李凌. SWOT 分析视角下新型职业农民高职教育研究［J］. 高等农业教育，2018（6）：109 - 114.

ISSN：1002 - 1981

关键词：新型职业农民，乡村振兴，学历提升，精准定位

机构：北京农业职业学院

摘要：以北京农业职业院校开展新型职业农民高职教育为案例，从SWOT 视角进行分析，认为该创新的优势在于办学理念先进、有"半农半读，农学结合"办学经验、可以整合资源、体系健全；但存在专业设置有待优化、教师执教能力不足、缺乏产教融合基地等劣势；机遇在于乡村振兴战略需要激活内生力量、新型职业农民培育亟待创新、农民具有提升学历能力的迫切愿望

等，但也存在一定挑战。为此，需要抓住机遇，发挥优势，创新教育机制，加强专业群建设，构建职业教育和培训"立交桥"；协同创新，开展紧密型产教融合、校企合作，补偿自身劣势；基于培育过程，提高人才培养质量；创新现代农业职业教育治理体系避免风险。

中图分类号：G725

102.成海钟，顾金峰.励志耕耘惠"三农"融入国际育人才［J］.中国职业技术教育，2007（11）：56-57.

ISSN：1004-9290

关键词：实训基地，农业，兼职教师，苏州农业职业技术学院，骨干专业

机构：苏州农业职业技术学院

摘要：苏州农业职业技术学院面向"三农"，围绕行业与区域的发展，坚持校内与校外结合、国内与国外结合，走产学研结合办学道路，在教学、科研和社会服务中均取得了显著的成绩。1996年被省教育部门确定为全省现代农业类专业现代化建设试点牵头学校；2001年6月经相关部门批准升格为苏州农业职业技术学院，成为省属全日制普通高等学校；2003年7月被定为"全国农业职业教育能力建设"25所试点院校之一。

中图分类号：G719.28

103.邓继辉.培养具备可持续发展能力的新型职业农民新思考——以成都农业科技职业学院畜牧兽医专业为例［J］.黑龙江畜牧兽医，2014（14）：4-6.

ISSN：1004-7034

关键词：新型职业农民，可持续发展能力，农业现代化，人才培养，教学模式，课程体系

机构：成都农业科技职业学院

摘要：全面深化农村改革，推进农业现代化，培养造就新型职业农民，为农业的现代化建设和农业持续健康发展提供坚实的人力基础与保障，是涉农畜牧兽医专业高职教育面临的新形势和新任务。在培养新型职业农民的新定位下，农业高职教育必须在培养学生可持续发展能力方面加以思考。文章以成都农业科技职业学院为例分析了培养学生可持续发展能力的现实意义，总结了培养学生可持续发展能力的有效途径和教育改革方法，以期为其他高职院校提供可借鉴的经验。

中图分类号：G725；S85-4

104.尹洛蓉.高职专业教学资源库建设与实践——以成都农业科技职业学院畜牧兽医及相关专业为例［J］.黑龙江畜牧兽医，2015（24）：194-195.

ISSN：1004-7034

关键词：高等职业教育，教学资源库，畜牧兽医，教学改革，信息化教育技术

机构：成都农业科技职业技术学院畜牧兽医分院

摘要：通过分析当前高职专业教学资源库建设现状、建设思路和建设标准，探究和思考高职院校"五库架构"的共享型畜牧兽医专业教学资源库的构建方法，总结高职院校专业教学资源库建设的意义和经验。

中图分类号：G712；S85‐4

105. 李发生，田凯先. 观光农业专业教学中存在的问题与改革措施［J］. 安徽农业科学，2009，37（36）：8338，8345.

ISSN：0517‐6611

关键词：高职院校，观光农业，观光农业专业，教学改革

机构：鹰潭职业技术学院

摘要：介绍了观光农业专业教学中存在的问题，并提出了一系列改革措施，包括改革课程体系，加强实践教学，加强师资队伍建设，改革学业评价体系。

中图分类号：F590‐4

106. 宰学明，朱士农，崔群香，王春彦. 都市型现代农业园艺人才培养的探索与实践——以金陵科技学院为例［J］. 宁夏农林科技，2011，52（10）：99‐101.

ISSN：1002‐204X

关键词：都市型现代农业，园艺人才，探索，实践

机构：金陵科技学院园艺学院

摘要：根据都市型现代农业对农业人才的需求，设置了富有特色的园艺专业课程体系，构建了"三结合"的实践教学体系，制定了适应都市型农业园艺人才的培养方案；坚持高等学历教育与现代农业职业素能教育的有机结合，培养了"双证型"应用型人才；建设了都市型农业园艺人才培养的校内外实践基地，以教师科研项目、为"三农"服务及大学生实践创新训练计划为纽带，搭建学生创新、创业教育平台，学生创新、创业能力明显提高。

中图分类号：F327

107. 华景清，蔡健，徐良. 高职焙烤专业创业教育的探索与思考［J］. 农产品加工（学刊），2010（10）：107‐108，111.

ISSN：1671‐9646

关键词：高职，焙烤专业，创业教育，探索思考

机构：苏州农业职业技术学院食品系

摘要：高职院校开展创业教育是高职教育改革与未来发展的目标之一。结

合苏州农业职业技术学院创建创业教育示范院校的建设实际，探讨了高职创业教育的内涵和开展创业教育的必要性。以焙烤专业为例，从修改培养方案、调整课程设置、改革教学方法、加强实践环节、访谈成功人士等方面，总结了创业教育的实践探索，简要分析了高职创业教育中应把握的关键问题。

中图分类号：TS20‐4

108. 王薇. 食品专业校内实训基地建设的探索与实践［J］. 农业科技管理，2009，28（6）：47‐49.

ISSN：1001‐8611

关键词：食品专业，实训基地，建设，实践

机构：苏州农业职业技术学院

摘要：食品专业校内实训基地建设是高职院校核心竞争力的主要方面，创建校内实训教学基地是一个系统工程。文章从实训基地建设的指导思想及校内实训基地建设的原则入手，提出了校内实训基地的建设目标，探索出了健全的制度、明确的目标，保障实习基地建设的有序运行；校企合作、工学结合，确保高技能人才的培养质量；规模生产、市场运作，创新实训基地的经营模式；加强示范、服务地方，有效拓宽实训基地的功能；岗前培训、开放培养，做到"双师型"教师培养的多元化等食品专业校内实习实训基地建设的有效途径。

中图分类号：TS20‐4

109. 夏红，刘桂香，王波. 食品营养与检测专业教学改革与实践——以苏州农业职业技术学院为例［J］. 四川烹饪高等专科学校学报，2013（2）：76‐78，82.

ISSN：1008‐5432

关键词：食品营养与检测专业，"双证"融通，教学改革

机构：苏州农业职业技术学院；苏州市疾病预防控制中心

摘要：苏州农业职业技术学院食品营养与检测专业是在原有的农产品贮藏与加工类专业的基础上提升而成。近年来，在省级特色专业建设及教改课题研究的推动下，开展了"能力核心、课程综合、'双证'融通"的专业教学改革与实践，以国家职业标准为基础，以岗位能力为核心，优化专业课程体系；以企业实践为手段，以真实项目为载体，提高师生实践能力。开展顶岗实习、项目训练，培养"懂加工、会检验、高素质"的食品检验相关人员及"会评价、能宣教"的公共营养从业人员。

中图分类号：TS207‐4；G712

110. 周靓，田进，饶家辉. 基于现代生态循环农业的大学生创新创业能力培养［J］. 黑龙江畜牧兽医，2019（15）：163‐166.

ISSN：1004‐7034

关键词：生态循环农业，大学生，人才培养，创新创业，能力培养

机构：吉林大学

摘要：建设现代生态循环农业是我国可持续发展战略的重要内容，培养大批现代生态循环农业创新创业人才是高校应有之责。我国农业领域工作条件相对艰苦，赢利小、风险大、周期长、见效慢，具有相对独立的创新创业体系和特殊的人才素质要求，大学生不愿、不敢、不会在此领域创新创业的现象还比较突出。因此，更新高校人才培养理念、改革教育教学方式、改善创新创业生态，教育引导学生立足现代生态循环农业，坚定信心，重构知识体系，培养综合素质，持续提升创新创业能力是我国实现生态农业的当务之急，也是发展之势。

中图分类号：G642；S-4

111. 崔砚青，王振如．提升理念重内涵突出特色谋发展——北京农业职业学院办学实践［J］．中国职业技术教育，2008（11）：59-60．

ISSN：1004-9290

关键词：北京农业职业学院，实训基地建设，北京市

机构：北京农业职业学院

中图分类号：G719.2

112. 黄顺，潘文明，唐蓉，尤伟忠．高职园林技术专业"1+1+1"工学结合人才培养模式研究［J］．现代农业科技，2009（17）：353-354．

ISSN：1007-5739

关键词：高职园林技术专业，人才培养模式，工学结合，"1+1+1"

机构：苏州农业职业技术学院园艺与园林系

摘要：为了提高人才对社会需求的适应能力，以职业为导向，以能力为本位，以任务为载体，以苏州农业职业技术学院3年制高职园林技术重点专业建设为例，积极探索和研究工学结合人才培养模式在专业建设上的创新思路及主要实施途径。

中图分类号：TU986-4

113. 刘红．服务走出一片天——北京农业职业学院服务"三农"侧记［J］．中国职业技术教育，2007（8）：44-46．

ISSN：1004-9290

关键词：北京农业职业学院，农民，劳动者，农业职业教育，农职，京郊农村，服务"三农"

机构：无

摘要：京郊有一所热衷于为农民送"免费午餐"的职业学院——北京农业职业学院。近几年来，他们设立"专家咨询热线"，组织"科技大篷车"下乡，

免费发放科技资料 10 万余份，无偿提供图书 10 万余册，赠送光盘 2000 多张，专家免费科技下乡 120 多人次。

中图分类号：G719.2

114. 王晶，崔宝发，张满清，李桂伶．高职院校开展职业技能竞赛的探索与实践 [J]．黑龙江畜牧兽医，2015（2）：139-140.

ISSN：1004-7034

关键词：高职院校，职业技能，竞赛，探索，实践

机构：北京农业职业学院

摘要：技能竞赛引领了职业院校教学改革和技术创新，成为促进职业教育发展的重要手段。北京农业职业学院围绕职业技能竞赛，从管理机制保障、竞赛立项与实施、构建校园文化、深化赛企合作等方面进行了实践与探索，对于促进实践教学质量提高，实现人才培养模式的改革创新有着重要意义。

中图分类号：G712

115. 熊丙全，杨铱，阳淑，万群．服务成都都市现代农业，建设特色休闲农业专业——以成都农业科技职业学院休闲农业专业建设为例 [J]．中国农业教育，2018（1）：27-30，93.

ISSN：1009-1173

关键词：都市现代农业，休闲农业，专业建设

机构：成都农业科技职业学院

摘要：《国家中长期教育改革和发展规划纲要（2010—2020 年)》指出，把职业教育纳入经济社会发展和产业发展规划，促使职业教育规模、专业设置与经济社会发展需求相适应，文章以成都农业科技职业学院休闲农业专业建设为例，分析专业设置的产业背景及服务区域内专业人才需求情况，根据职业岗位需求构建课程体系，实施特色化专业建设，实现专业与产业的对接。

中图分类号：G712.3

116. 韩鹰，陈军，束剑华．以科普文化平台为载体强化品牌专业的内涵建设——以苏州农业职业技术学院园艺技术专业为例 [J]．中国农业教育，2017（1）：74-77.

ISSN：1009-1173

关键词：科普文化，品牌专业，内涵

机构：苏州农业职业技术学院

摘要：通过科普文化平台的搭建、科普展品的创作、科普宣传以及科普平台的管理，可以加强高职院校品牌专业的内涵建设，以此提高师生的专业实践技能、创新能力，促进政行校企合作交流，提高品牌专业的社会影响力。实践证明，科普文化平台不仅是高职院校社会服务的组成部分，也是高职院校品牌

专业内涵建设的重要载体。

中图分类号：S6-4；G712.3

117. 王州飞，张红生. 新形势下我国高等农业院校种业人才培养策略探讨 [J]. 中国农业教育，2013 (3)：41-43.

ISSN：1009-1173

关键词：种业人才，课程设置，培养策略

机构：南京农业大学

摘要：种业人才是保障我国种业快速健康发展的基础。高等农业院校应从完善人才培养目标、优化课程设置、构建人才培养质量保障体系等几方面提高人才培养质量，加快种子专业建设，更好地为种业发展服务。

中图分类号：G642；S-4

118. 付静涛，乔利敏，韩杰，肖西山. 基于高职"理实一体化"的动物繁殖课程设计的几点思考 [J]. 黑龙江畜牧兽医，2017 (10)：229-230.

ISSN：1004-7034

关键词：理实一体化，高职，动物繁殖，课程设计，思考，优化

机构：北京农业职业学院

摘要：动物繁殖课程是北京农业职业学院畜牧兽医专业主要专业课程之一，为了优化该课程标准及程序，实现"理实一体化"的教学目的，文章论述了北京农业职业学院动物繁殖"理实一体化"课程设计的几点思考，重点阐述优化课程标准，优化程序对"理实一体化"课程设计的重要性，为培养更加优秀的高端技能型专门人才奠定坚实的基础。

中图分类号：G712.3；S814-4

119. 毛建，易林，曾红，郑光树. 用全纳教育理念指导农业职业培训 [J]. 成人教育，2013，33 (9)：32-34.

ISSN：1001-8794

关键词：全纳教育，指导，职业培训

机构：成都农业科技职业学院

摘要：用全纳教育理念指导农业职业培训，是职业教育社会化的一种尝试，也是现代职业教育的发展趋势。提倡容纳所有学习者，反对歧视排斥，体现教育培训的公平、公正。农业高职院校在快速发展的基础上，应深入理解、融入扩展了的全纳教育理念，用全纳教育的原则指导农业职业教育培训工作，为助力解决"农业、农村、农民"问题和社会可持续发展服务；顺应现代教育的发展趋势，结合院校工作实际，积极探索、实践全纳教育理念，推进职业教育社会化，实现人口素质和生活质量的整体提高，为我国建设生态、经济、政治、文化、社会五位一体发展的社会主义强国出力。

中图分类号：G769.2；G729.2

120. 罗丹丹，张平，杨洋，陈艳. 高职院校现代学徒制试点教育现状分析——以成都农业科技职业学院为例［J］. 中国农业教育，2017（1）：78‐82.

ISSN：1009‐1173

关键词：职业教育，现代学徒制试点，专业特色

机构：成都农业科技职业学院

摘要：在当今形势下，高职院校实行现代学徒制教育具有非常重要的意义，不仅有利于高素质技能型人才的培养，更有利于促进校企之间的深度合作、促进就业和改善民生，实现学校、企业、社会等多方互利共赢。2015年5月，成都农业职业科技学院被教育部纳入全国首批现代学徒制试点单位，10个专业进行了各种形式的学徒制探索与实践，虽取得一定的基础经验和成绩，但仍需积极探索符合本专业特色的"个性化定制"的现代学徒制发展模式，推进现代职业教育长效发展。

中图分类号：G712

121. 董霞，郭华. 休闲农业女性人才的培养路径探析——基于利益相关者理论的思考［J］. 农业展望，2019，15（10）：108‐112.

ISSN：1673‐3908

关键词：休闲农业，女性人才，培养路径，利益相关者理论

机构：天津市农村经济与区划研究所

摘要：女性作为休闲农业从业人员的主力军，其职业素养水平不仅关系到个人的发展，更影响到休闲农业的整体发展进程。结合天津地区休闲农业女性人才培养中存在的主要问题，基于利益相关者理论，根据各利益主体的权利和利益水平，建立多方联动的培养机制，深入探讨了休闲农业女性人才多模式培养的路径。

中图分类号：F323

122. 许亚东. 农业高职院校的定位、特色与发展［J］. 高等农业教育，2011（9）：10‐12.

ISSN：1002‐1981

关键词：定位，特色，发展

机构：成都农业科技职业学院

摘要：农业高职院校置身于我国高等教育的大格局中，置身于现代农业发展的大背景中，需要从自身的实际情况出发，准确定位，形成不可替代的特色，避免同质化，在传承历史经验的基础上不断创新，推动学院持续发展，办成人民满意的高职学院。结合成都农业科技职业学院的办学实践，提出了农业高职院校的办学定位、特色与发展思路。

中图分类号：G718.5

123. 尹荣焕，白文林，原婧，刘宝山，韩杰，尹荣兰，韩小虎，何剑斌．高等院校动植物检疫专业人才培养方案的比较研究［J］．黑龙江畜牧兽医，2018（14）：238－239.

ISSN：1004－7034

关键词：动植物检疫专业，培养方案，人才培养，比较，专业建设

机构：沈阳农业大学畜牧兽医学院；吉林省畜牧兽医科学研究院

摘要：教育教学工作应当围绕社会对专业的需求展开，动植物检疫专业的特点决定其培养方向为应用复合型人才，所以其培养体系是否适应时代需求就显得尤为重要。沈阳农业大学动植物检疫专业于 2013 年开始招生，为推进专业建设，文章通过对比研究分析了其与几所不同高校动植物检疫专业培养方案的区别，以期为不同高等农业院校完善动植物检疫专业培养方案提供参考。

中图分类号：G642；S40－4

124. 杜丽华，沈高峰．沿海都市型现代农业发展视域下天津农林高校大学生创新能力培养模式探究［J］．天津农业科学，2018，24（1）：43－46.

ISSN：1006－6500

关键词：沿海都市型现代农业，创新能力，培养模式

机构：天津农学院马克思主义学院；天津农学院农学与资源环境学院

摘要：传统农业专业技术人才已难以适应沿海都市型现代农业发展需求，而具有创新能力的复合型人才需求则显著增加。面对形势需要，天津农林高校必须尝试人才培养模式改革。文章从创新教育理念，明确天津农林高校办学定位、创新教学内容、优化教学结构，创新"应用研究性"课程体系和多途径、多层次打造创新人才平台等方面探析了天津农林高校大学生创新能力培养模式。

中图分类号：G642

125. 王晶，王晓华，程文华，崔坤．工学结合模式下实训基地建设的探索与实践——以北京农业职业学院为例［J］．黑龙江畜牧兽医，2014（12）：135－137.

ISSN：1004－7034

关键词：工学结合，农业，实训基地，建设，探索与实践

机构：北京农业职业学院

摘要：根据北京农业职业学院农业类专业的特点，介绍了按照工学结合人才培养方案来建设实训基地的指导思想和实施成效，以及在探索建设具有特色的校内实训基地、校企合作、工学结合等方面的一些初步做法，使校内外实训效果得到明显提高。

中图分类号：G717

126. 谈再红，姚季伦. 改革农业职业教育服务休闲农业产业发展——从休闲农业的发展谈职业教育的改革创新［J］. 湖南农业科学，2014（2）：82－84.

ISSN：1006－060X

关键词：职业教育，休闲农业，创新改革

机构：湖南生物机电职业技术学院

摘要：城市居民生态环保意识的觉醒催生了休闲农业的发展，休闲农业产业的快速发展呼唤着职业教育的强力跟进。农业职业教育必须适应现代农业发展需要，围绕新型产业开发特色专业，走专业对接产业的人才培养之路。阐述了休闲农业的基本概念，分析了湖南休闲农业发展现状，归纳了休闲农业的五大人才需求类型，结合未来湖南休闲农业人才需求，以湖南生物机电职业技术学院休闲农业专业办学为案例，提出了农业职业教育改革创新要以服务行业发展、促进农村建设为目标，与行业发展协同规划，设立新专业，建设新课程，培育双师队伍等建议。

中图分类号：G719.2

127. 吴学军. 高等农业职业教育课程创新研究——以成都农业科技职业学院为例［J］. 高等农业教育，2007（12）：74－76.

ISSN：1002－1981

关键词：高等农业职业教育，课题研究，课程，创新

机构：成都农业科技职业学院

摘要：在由求规模、数量发展转向求内涵、质量发展的关键时期，课程改革与创新成为高等农业职业教育提升办学质量、丰富内涵的关键。以课题研究为平台，强调课程的实践性、过程性是高职教育课程创新的逻辑起点。高等农业职业教育课程创新体现在课程目标、编制主体、课程资源、课程实施及评价等方面。

中图分类号：G712.3

128. 周广和，崔坤. 以高技能型人才培养为目标建设实训基地［J］. 北京农业职业学院学报，2009，23（1）：8－11.

ISSN：1671－7252

关键词：高技能型人才培养，实训基地建设，职业教育

机构：北京农业职业学院

摘要：实训基地是高等职业院校学生参加校内外实习和社会实践的重要场所。高职院校要实现高素质、技能型人才培养目标，就必须在广泛开辟校外实训基地的同时，建设和完善校内实训基地。农业职业学院的校内实训基地建设既要体现现代职业教育的理念，适应专业培养目标和要求，又要突出学院的办

学特色，体现职业性、生产性和示范性，满足基于工作过程模式的实践教学改革的需要。

中图分类号：G712.0

129. 宰学明，朱士农，孙丽娟，王春彦．农科教融合培养都市园艺人才的探索与实践［J］．安徽农业科学，2012，40（31）：15532-15534.

ISSN：0517-6611

关键词：农科教，都市园艺人才，实践探索

机构：金陵科技学院园艺学院

摘要：基于金陵科技学院坚持走农科教融合、产学研合作培养人才的经验做法，探索了都市园艺人才培养的新模式，提出了加强政府引导作用、建立技术创新和人才培养平台来推进农科教融合、产学研合作的意见和建议。

中图分类号：S6-4

130. 陈宏涛，吴锡冬，曹丽颖．面向天津农业发展的农学专业人才培养模式研究［J］．山西农业大学学报（社会科学版），2010，9（3）：318-320.

ISSN：1671-816X

关键词：农业，农学专业，人才培养模式

机构：天津农学院农学系

摘要：介绍了天津沿海都市型现代农业的主要特征及天津农业发展对农学专业人才培养提出的新要求，并从转变人才培养理念、突出专业优势和地方特色、形成科学化的人才培养体系、实施灵活的人才培养机制、保证人才培养质量5个方面提出了新形势下农学专业人才培养模式的实施策略。

中图分类号：G642.0

131. 李梅，万英平，郭东力，沈迪玉．四川农业大学森林资源保护与游憩本科专业人才培养目标探析［J］．四川农业大学学报，2004（S1）：14-16.

ISSN：1000-2650

关键词：森林资源保护与游憩专业，本科人才，培养目标

机构：四川农业大学林学园艺学院，四川农业大学教务处

摘要：森林资源保护与游憩专业是在高等林业教育拓展传统林学专业，亦是在生态旅游业蓬勃发展的新形式下应运而生的一个新兴专业。森林资源保护与游憩专业本科人才培养目标的地位体现为服从于教育目标，又指导着各课程目标，特点表现为稳定性、层次性、灵活性等，内涵主要包括培养具有开拓创新意识和较强实际沟通能力，具有"大保护"意识，能较好地协调森林资源保护与游憩开发利用关系，具备一定的森林资源保护与生态旅游经营管理基本理论和实践技能的本科人才。

中图分类号：S788.2

132. 徐凤国，单正丰. 高校远程教学联盟平台及课程资源共享建设探索——以南京农业大学继续教育学院为例［J］. 中国农业教育，2012（6）：39-42.

ISSN：1009-1173

关键词：继续教育，远程教学，联盟平台，课件资源

机构：南京农业大学

摘要：南京农业大学继续教育学院积极构建高校远程教学与培训联盟平台，整合共享多方优质课件资源，搭建学分互认和学习支持系统，完善教学联盟平台长效管理机制，这些举措可以为服务"三农"的远程教学和培训工作提供模板和帮助。

中图分类号：G434

133. 蔡健，王薇. 苏州农业职业技术学院专业建设的实践与思考［J］. 农业科技管理，2009，28（1）：26-28.

ISSN：1001-8611

关键词：专业建设，人才培养，实践

机构：苏州农业职业技术学院

摘要：专业建设是高职院校工作的核心，是提高学校整体实力和办学水平的客观要求，主动适应经济建设和社会发展的需要，搞好专业建设已成为高职院校面临的重要任务之一。文章结合苏州农业职业技术学院专业建设的现状，提出了专业建设改革的几点措施。首先，要结合自身实际，完善专业的设置和调整；其次，确定专业人才培养目标，改革人才培养模式和改革教学模式；再次，要加强师资队伍建设，加大专业经费投入，完善实验实训基地；最后，要加强教材建设，尽快建立符合专业自身培养目标所需的教材体系。

中图分类号：G718.5

134. 赵庶吏，李英军. 北京农业职业学院中外合作办学实践与思考［J］. 北京农业职业学院学报，2012，26（5）：63-66.

ISSN：1671-7252

关键词：中外合作办学，办学特色，北京农业职业学院

机构：北京农业职业学院

摘要：北京农业职业学院在与加拿大圣力嘉学院、英国南兰克郡学院合作办学过程中，引进了优质的职业教育资源，引进了先进的职业教育理念，培养了具备双语能力的师资队伍，创新了中外合作办学的教学管理。但也存在一些问题，为此，项目开发引进上要强调资源优势的互补，课程引进上强调国际化和本土化的融合，教师培养上强调外籍与中方教师的协作，教学模式上强调双语与分层教学的探索，课程考核要采用过程性与终结性的结合。

中图分类号：G719.2

135. 王福海，马俊哲，李凌．高等农业职业教育的发展现状与对策研究［J］．北京农业职业学院学报，2013，27（6）：5-10.

ISSN：1671-7252

关键词：高等农业职业教育，办学水平，宏观指导，人才培养模式

机构：北京农业职业学院

摘要：高等农业职业教育发展机遇良好，为地方经济社会发展做出了贡献，但存在政策及管理体制障碍、教师专业化中成长和人才质量提高受到制约、办学水平和服务地方能力难以适应农村经济社会发展的需要等问题，农科专业弱化，去农现象严重。加快发展高等农业职业教育，建议做好以下工作：加强宏观指导，调整优化教育结构和布局，创新农业人才培养模式，完善人才培养质量标准体系等。

中图分类号：G719.2；S-4

136. 殷志扬．连锁经营与管理专业工学交替人才培养模式的探索［J］．科技情报开发与经济，2010，20（3）：194-195.

ISSN：1005-6033

关键词：连锁经营与管理专业，工学交替，人才培养模式

机构：苏州农业职业技术学院

摘要：介绍了苏州农业职业技术学院连锁经营与管理专业工学交替第一阶段的实施方案，对该实施方案进行了评价，并提出了改进意见。

中图分类号：F717-4

137. 刘纯阳．循环农业人才培养需"三"思而行［J］．湖南农业大学学报（社会科学版），2010，11（2）：4-8，1.

ISSN：1009-2013

关键词：循环经济，现代农业，低碳农业，替代技术，循环农业，人才培养，技术支撑体系，生态农业

机构：湖南农业大学；湖南循环经济研究会

摘要：结合"两型"社会及现代农业建设的需求，湖南农业大学学报联合湖南省循环经济研究会围绕"循环经济与现代农业"主题，组织了这次笔谈。李明贤教授就我国低碳农业发展面临的技术锁定与替代策略展开探讨，她在分析低碳农业内涵及发展背景的基础上指出，我国在发展低碳农业时，各种替代技术受到农业边缘化、农业生产经营组织形式、人地矛盾等方面的制约，需要借助外部效应，引入以利益为主的外生变量，才能实现低碳替代技术的推广应用。刘纯阳教授则基于我国循环农业人才供给不足的现实提出，我国要跳出狭义农业和农民的框框，围绕破解"唐斯难题"来加强循环农业及人才培养，包括培养循环农业的管理者、技术人才和具有循环农业理

念的企业家。蔡立湘研究员结合南方丘陵区自然条件，提出要着重解决稻田系统循环、稻田系统外循环和区域系统循环 3 个循环层级的关键技术，以及提高能量利用率、饲料报酬率，降低污染物排放等产业链环接口技术，构建南方丘陵区循环农业发展的技术支撑体系。黄璜教授则分析了湖南生态农业建设的难点，认为在进一步强化社会各界特别是农民建设生态农业理念的同时，政府要对生态农业建设进行全面规划，完善其研究与服务体系，提高农业产业绿色水平。

中图分类号：F323.22

138. 姜光丽，唐阚勇. 基于校企合作背景下学生职业素质教育探析——以成都农业科技职业学院畜牧兽医分院为例 ［J］. 当代职业教育，2011（9）：9－12.

ISSN：1674－9154

关键词：校企合作，职业素质教育

机构：成都农业科技职业学院

摘要：在对成都农业科技职业学院部分涉农专业学生问卷和访问等调查的基础上，对校企合作背景下成都农业科技职业学院畜牧兽医分院学生职业素质教育实践探索方式进行了研究。研究表明，通过学校教育与企业培训相结合、育人与教学改革相结合、第一课堂与第二课堂相结合方式提升学生职业素质，与没有接受过校企合作培养的学生相比，学生职业理想较为明确，专业兴趣、职业能力和职业素质明显提高。

中图分类号：G718.5

139. 鄢毅平. 关于京津冀都市型现代农业职业教育协同发展的思考 ［J］. 北京农业职业学院学报，2017，31（2）：73－77.

ISSN：1671－7252

关键词：职业教育，都市型现代农业，京津冀

机构：北京农业职业学院

摘要：目前，京津冀三地都市型现代农业职业教育协同发展的前提条件已经具备，都市型现代农业职业教育可能在京津两市周边交通方便的农村地区以及石家庄、保定等河北大城市郊区的部分农村协同发展起来。北京可以利用自身优势发展都市型现代农业职业教育，带动周边都市型现代农业的发展。建议建立京津冀都市型现代农业职教集团，制定三地联合培养都市型现代农业职业人才的计划，打破招生界限。

中图分类号：G719.2

140. 崔君，周庆强，金天明，马吉飞. 都市型农业背景下农业院校研究生实践能力的培养——以兽医学为例 ［J］. 天津农学院学报，2019，26（2）：

106-108.

ISSN：1008-5394

关键词：兽医学，研究生，实践能力，都市型农业，导师团队，产学研

机构：天津农学院动物科学与动物医学学院

摘要：研究生实践能力培养为农业院校研究生步入社会、融入社会、服务社会提供了多方面的贡献。文章以兽医学研究生实践能力培养为例，从实践能力全新概念的引入，结合都市型农业背景、导师团队建设和产学研联合办学3个角度阐释兽医学研究生实践能力培养的新契机、新模式、新方法，为农业院校研究生实践能力的培养提供新的思路和方向。

中图分类号：G643；S85-4

141. 邓继辉. 校企共建养猪专业学院深化人才培养模式初探［J］. 黑龙江畜牧兽医，2013（23）：171-173.

ISSN：1004-7034

关键词：专业学院，人才培养模式，体制机制

机构：成都农业科技职业学院

摘要：提高人才培养质量是高等职业教育改革发展的核心任务，人才培养模式是高等职业教育的基本问题，是教育改革的关键，主要解决"培养什么人才"和"怎样培养人才"的问题。成都农业科技职业学院畜牧兽医类专业紧跟产业发展和社会的需要，不断调整专业人才培养方案，加强与行业企业联系，共建专业学院，搭建开放式人才培养平台，创新办学体制机制，深化"校企合作，双元互动"工学结合的人才培养模式，探索校企合作一体化办学的有效路径。

中图分类号：G712；S828-4

142. 王丽娟，边珮璐，王学利，李树和，刘海荣. 建设设施农业科学与工程专业的思考［J］. 天津农学院学报，2012，19（4）：55-57.

ISSN：1008-5394

关键词：设施农业科学与工程，专业，建设

机构：天津农学院园艺系

摘要：设施农业科学与工程专业是一个农科与工科相融合的专业，是天津设施农业向现代化方向发展的一个必然产物。文章结合天津设施农业的特点，对天津农学院设施农业科学与工程专业师资、课程、人才培养等方面的建设进行了初步探讨，以期为进一步构建更加合理的教学体系提供参考。

中图分类号：S316-4；G642

143. 韩杰，白文林，尹荣焕，原婧，陈晓月，韩小虎，刘宝山，刘丽霞.现代学徒制模式在本科院校人才培养实践中的借鉴与探索——以沈阳农业大学

为例［J］. 畜牧与饲料科学，2017，38（10）：84-86.

ISSN：1672-5190

关键词：现代学徒制，实践教学，人才培养，本科院校

机构：沈阳农业大学畜牧兽医学院

摘要：现代学徒制是通过加强学校和企业的联系，以培养学生实践技能为主要目标的一种新型人才实践培养方式，对解决学生"就业难"和企业"用人难"等问题具有现实指导意义。主要借鉴了高职院校在推行现代学徒制中积累的经验并结合高等教育人才培养的自身特点，探索并发展出具有本科人才实践能力培养特点的现代学徒制。

中图分类号：G642

144. 高佳. 如何搞好都市现代农业中的农民技能培训工作［J］. 天津农业科学，2013，19（2）：75-77.

ISSN：1006-6500

关键词：都市现代农业，农民，培训

机构：天津市农业广播电视学校

摘要：针对天津市开展农民职业技能培训工作的现状，指出了在培训办学实践中发现的问题和不足，并提出了保证农民培训工作顺利开展的办法。

中图分类号：F323.6；G725

145. 戴培培，尤伟忠，陈君君，李寿田. 园艺园林类高职在校大学生创业现状调查及对策研究——以苏州农业职业技术学院为例［J］. 学理论，2011（34）：104-105.

ISSN：1002-2589

关键词：高职生，创业现状，创业教育

机构：苏州农业职业技术学院

摘要：对园艺园林类高职在校大学生创业现状进行了调查，认为当前学生具有一定的创业意识，但缺乏主动性，且学生创业能力、基本技能和实际参与能力方面还有待提高，并在此基础上提出相应对策。

中图分类号：G717.38

146. 李海林，许建生，尤荣，胡强. "寓学寓工校企共育"创新人才培养模式的研究与实践——以苏州农业职业技术学院食品专业为例［J］. 农产品加工（学刊），2013（19）：81-83.

ISSN：1671-9646

关键词：政行校企，寓学寓工，校企共育，人才培养

机构：苏州农业职业技术学院；苏州市食品行业协会；苏州好利来食品有限公司

摘要：培养高素质高技能人才是确保高等职业教育可持续发展的关键。以苏州农业职业技术学院食品专业校企合作为例，就基于校企合作机制驱动下"寓学寓工、校企共育"创新人才培养模式的内涵和行动方案进行探讨。

中图分类号：TS201-4

147. 靳晓翠. 高职院校种子种苗生产技术课程改革探讨［J］. 园艺与种苗，2012（6）：48-49，61.

ISSN：2095-0896

关键词：种子种苗生产技术，课程改革，设施农业技术

机构：浙江同济科技职业学院

摘要：根据高职院校种子种苗生产技术课程特点，从课程改革目标、改革内容及特色与创新方面对该课程教学改革进行了分析，并以"植物组织培养"项目为例探讨了改革过程中的一些问题。

中图分类号：S316

148. 李志，刘朗. 中国与加拿大小动物医学专业高等职业教育的思考——以北京农业职业学院与加拿大圣力嘉学院为例［J］. 黑龙江畜牧兽医，2012（24）：52-53.

ISSN：1004-7034

关键词：圣力嘉学院，宠物医生，兽医技术员，动物医院，北京农业职业学院，加拿大，北美洲

机构：北京农业职业学院；北京伴侣动物医院

中图分类号：S85-4；G712

149. 王占锋，苏婷婷. 高职园林工程专业人才培养目标和教学改革探讨——以成都农业科技职业学院园林工程技术专业为例［J］. 现代园艺，2011（11）：25-26.

ISSN：1006-4958

关键词：高职，园林工程技术专业，人才培养目标，教学改革

机构：成都农业科技职业学院

摘要：以成都农业科技职业学院为例，浅析了该院园林工程技术专业人才培养目标是培养德、智、体、美全面发展，适应社会竞争需求，以"四条能力"主线为核心，能从事园林工程规划设计、园林工程施工、园林工程项目管理及园林植物栽植与养护的应用型高级技术人才。围绕这一目标，从课程设置、教学方法、教学条件、师资培养等方面对高职学院园林工程技术专业人才培养和教学改革进行了探讨。

中图分类号：TU986-4

150. 许建民，颜志明，熊丙全，陈彦汝，左宏琴. 基于教学标准制定的

休闲农业专业调研报告［J］. 高等农业教育，2018（5）：63–67.

ISSN：1002–1981

关键词：休闲农业专业，教学标准，调研

机构：江苏农林职业技术学院；成都农业科技职业学院；湖南生物机电职业技术学院；上海农林职业技术学院

摘要：国家级教学标准的制定能有效提升高等职业教育人才培养专业化和规范化水平。为了更好地把握休闲农业教学标准的制定，项目组在全国范围内就休闲农业的发展、职业院校开办本专业的整体情况和休闲农业专业毕业生就业情况，对休闲农业行业企业、职业院校和休闲农业专业毕业生进行了抽样调查，结果显示，休闲农业行业发展迅猛，人才需求旺盛，从业人员岗位多样化。在教学标准的制定中应注重核心能力和课程的把握及创业创新教育的全过程融入。

中图分类号：G712；F304.1–4

151. 于立辉，赵玉军，张文亮，刘明春，陈晓月，董维国，李伟. 动物医学专业人才培养模式探讨［J］. 沈阳农业大学学报（社会科学版），2005（S1）：29–30.

ISSN：1008–9713

关键词：动物医学，人才培养，培养模式

机构：沈阳农业大学畜牧兽医学院

摘要：随着我国经济建设和社会发展，兽医教育和人才培养模式已经跟不上时代的需要。为此，在兽医专业课体系和人才培养模式的改革中，必须首先转变教育思想和更新教育观念，把严格的专业"对口观念"转变为"适应观念"。人才培养不论从招生和师资培训，还是从课程结构内容、考核方法及教学管理方面都要为适应培养具备这种综合素质人才进行调整和改革。

中图分类号：S852–4

152. 李成伟，李月英，吴宏伟，刘海燕，姜光丽. 高职水产养殖专业现代学徒制人才培养模式的实践［J］. 职业教育研究，2019（3）：27–30.

ISSN：1672–5727

关键词：现代学徒制，水产养殖技术专业，课程设计

机构：成都农业科技职业学院

摘要：在高职水产养殖技术专业的现代学徒制教学模式实践中，确立了校企合作双主体育人，"学校理论学习—企业生产实训"3次循环提升的人才培养方案与相关课程体系；校企双方联合制定教师、师傅、学生（徒）考核管理办法。经过3年实践，毕业生对教学满意度高，就业率、就业满意度及创业能力等方面取得了良好的效果。

中图分类号：S9-4；G712

153. 于淼，李冠华. 高职院校学生顶岗实习与青年教师企业实践结合模式探索——以苏州农业职业技术学院环境类专业为例［J］. 教育教学论坛，2018（14）：3-5.

ISSN：1674-9324

关键词：高职院校，青年教师，企业实践，顶岗实习，教学改革

机构：苏州农业职业技术学院环境工程学院；江苏康达检测技术股份有限公司

摘要：高职学生顶岗实习作为当前职业教育推行的一种教育方式，随着运作领域的扩大和深入，涌现出的问题也逐步多样化，对顶岗实习的进一步有效运作提出了挑战。而青年教师企业实践是其成长过程中必不可少的环节，同时也体现出双师型教师是高职师资队伍建设的一大特色，使青年教师能及早地适应职业教育"工学结合、校企合作、顶岗实习"的人才培养模式，以便更好地服务于职业教育。文章分析了在同一家企业中，学生顶岗实习和青年教师企业实践相结合模式的优势，并提出自己的策略分析，为教学改革和校企合作方面提供了新思路与新途径。

中图分类号：G712.44

154. 梁友君. 广州等市城郊型农村职业技术教育的改革［J］. 人民教育，1992（10）：19-21.

ISSN：0448-9365

关键词：职业技术教育，产业，办学，非学历教育，城郊型农村，职业技术学校，广州，广东

机构：无

155. 侯金锋，袁凌云，陈国户，汪承刚，朱世东. 设施农业科学与工程专业发展探析［J］. 现代农业科技，2018（20）：276-277.

ISSN：1007-5739

关键词：设施农业科学与工程，社会认知，调研分析，人才培养

机构：安徽农业大学园艺学院

摘要：设施农业科学与工程专业人才的培养对于我国设施农业发展具有重要意义，但人们对该专业的认知程度较低，且存在一定的认知偏差。因此，应加大对该专业的宣传，并针对课程设置、人才培养目标等中可能存在的不足进行改革，以促进高校设施农业科学与工程专业的良性发展。

中图分类号：S316-4；G642

156. 万群，阳淑，熊丙全. 高职院校农业类专业创业教育的探索与实践——以成都农业科技职业学院为例［J］. 职业教育研究，2015（9）：40-43.

ISSN：1672－5727

关键词：高职院校，创业教育，培养途径，培养效果

机构：成都农业科技职业学院

摘要：介绍了高职农业类专业开展创业教育的必要性，从课程、师资、实训条件等方面探究了高职农业类专业如何开展创业教育及学生创业效果。

中图分类号：G717.38；S－4

157. 蔡健. 提高人才培养质量的思考——以苏州农业职业技术学院为例[J]. 农产品加工（学刊），2012（6）：129－131.

ISSN：1671－9646

关键词：人才培养，质量，思考

机构：苏州农业职业技术学院

摘要：我国高等职业教育在经历了多年的发展后，取得了突破性的进展，但在如何更好地提高人才培养的质量方面，仍然在不断探索。高职人才培养目标是真正体现以市场为导向，本着以人为本的理念，培养出高素质的技能型人才。提出了提高人才培养质量的措施是明确培养目标，加强专业建设；加大课改力度，做实课程建设；加强团队建设，提高双师素质；加大教学投入，不断改善基础实施；推进教育创新，深化教学改革。

中图分类号：G712.0

158. 姚岭柏，韩海霞. 以都市应用为目标的园艺专业人才培养模式探索[J]. 安徽农业科学，2017，45（1）：253－254.

ISSN：0517－6611

关键词：都市应用，园艺专业，人才培养，探索

机构：集宁师范学院生物系

摘要：以集宁师范学院园艺专业人才培养实践为基础，分析了在以都市应用为目标的人才培养模式下进行创新人才培养的必要性。围绕适应市场需求的核心课程、核心技能的设置与培养方式的研究，建立了优秀的师资队伍培养体系，引进高水平的应用型人才、建设人才培养的实践基地，搭建学生创新和创业的教育平台。

中图分类号：S6－4；G652

159. 费显伟，张立今，王国东，富新华. 引入市场机制，构建高职设施农业专业校内实践教学新模式[J]. 高等农业教育，2003（4）：87－89.

ISSN：1002－1981

关键词：高等职业教育，设施农业专业，实践教学

机构：辽宁农业职业技术学院

摘要：能力培养是高等职业教育的核心，实践教学是培养学生能力必不可

少的重要环节。针对传统实践教学模式不能适应高职教育人才培养目标需求的状况，以引入市场机制为核心，构建了高职教育设施农业专业校内实践教学新模式，提高了学生综合职业能力，促进了双师型师资队伍的建设，改善了校内实习基地条件，实现了办学质量和办学效益的共同提高，为农业高职教育注入了新的生机和活力。

中图分类号：G712

160. 刘海燕，吴宏伟，李月英，李成伟，陈淼，张平. 高职《水生生物》课程信息化教学改革与实践［J］. 畜牧与饲料科学，2018，39（1）：86-88.

ISSN：1672-5190

关键词：《水生生物》课程，信息化，教学改革，实践

机构：成都农业科技职业学院畜牧兽医分院

摘要：《水生生物》是成都农业科技职业学院水产养殖技术专业的基础课程之一，在生产应用中十分重要。应水产养殖专业的"现代学徒制"模式紧密结合现代信息化技术和生产一线教学模式的需要，以浮游植物——蓝藻门为例探索了信息化教学改革路径。经过调查实践表明，采用现代信息化教学模式学习效率高，有利于培养学生的自学能力、提高其对该课程的学习兴趣及知识的深入掌握，教学效果显著。

中图分类号：G434；S917-4

161. 马俊哲，李凌. 跨区域合作办学的理念创新与实践探索——以北京农业职业学院为个案的研究［J］. 北京农业职业学院学报，2012，26（1）：59-63.

ISSN：1671-7252

关键词：跨区域合作办学，合作办学理念，合作办学模式

机构：北京农业职业学院

摘要：北京农业职业学院跨区域合作办学的动力为践行办学理念，创建国家级示范性高职院校和承担社会责任，在"资源共享、双向互动、互惠互利、共同发展"的合作办学中，逐渐形成了"政策引领型""资源支持型""交流聚合型"3种类型的跨区域合作办学模式。为了促进职业教育的可持续发展，建议将跨区域合作办学纳入国家教育发展战略，支持和引导职业教育跨区域合作与发展；在合作中兼顾各方利益，完善制度、不断创新，注重合作的监测与评估；在合作中以人才培养、教师专业化成长和管理水平提升为重点，谋求共赢，促进共同发展。

中图分类号：G719.2

162. 杨学坤，刘琳. 高职院校课堂教学质量评价体系的改进与实践——以北京农业职业学院为例［J］. 北京工业职业技术学院学报，2019，18（4）：

71－75.

ISSN：1671－6558

关键词：高职院校，课堂教学质量评价，评价指标，效果导向

机构：北京农业职业学院

摘要：教学质量是衡量院校综合竞争力的关键要素，课堂教学质量评价是有效的测量手段。以北京农业职业技术学院为例，在对现行的课堂教学质量评价体系进行分析的基础上，基于利益相关者和多元智能理论，对课堂教学质量评价体系进行重构和优化。评价结果更为客观完善，可以及时地反馈课堂教学质量，并用于教学的调整优化，为人才培养质量的提升提供有效依据。

中图分类号：G712.4

163. 屈中正，李蓉，郑新红. 森林生态旅游专业教学标准研制调研报告［J］. 湖南生态科学学报，2019，6（4）：60－68.

ISSN：2095－7300

关键词：森林生态旅游，专业教学标准，调研报告

机构：湖南环境生物职业技术学院园林学院

摘要：森林生态旅游专业教学标准研制调研是高等职业院校森林生态旅游专业教学标准制订工作的关键性环节。面向33家森林生态旅游企业、14所高职院校及284个毕业生进行调研，从行业、企业、学校、毕业生及有关研究评价机构5个方面形成调研结果，并得出了调研结论与对策建议。

中图分类号：G712；F590－4

164. 纪易凡，宰学明，孙丽娟，朱士农. 以科技项目为载体，培养都市农业创新型园艺人才［J］. 中国园艺文摘，2013，29（1）：187－188.

ISSN：1672－0873

关键词：科技项目，创新，人才培养，都市农业

机构：金陵科技学院园艺学院

摘要：都市农业的发展离不开创新型园艺人才。文章以教师的科技项目、学生的科技创新立项、及毕业设计（论文）为载体，并结合初步实践，探讨都市农业园艺人才创新能力的培养。

中图分类号：S60－4；G642

165. 卜妙金. 都市型农业及其人才培养问题［J］. 仲恺农业技术学院学报，2001（1）：41－46.

ISSN：1006－0774

关键词：都市型农业，高等院校，人才培养

机构：仲恺农业技术学院

摘要：都市型农业是以满足大型中心城市现代化建设和高品位消费需求为

导向的新型农业。其构建与发展要求农业高校、科研机构提供高素质创新人才及成果支持。以都市型农业教育定位的高校，要依据都市现代化进程对都市农业产业的创建、生产与经营管理的特殊要求，确定人才培养规格，据此调整学科专业结构，优化课程体系，充分发挥区位和资源优势，建立与都市农业产业密切结合的"产学研"人才培养模式和机制。

中图分类号：S-0；G64

166. 周梅，刘殿国，丛林，段科德，刘尧. 森林资源保护与游憩专业人才培养目标与人才培养模式探讨［J］. 中国林业教育，2003（4）：17-18.

ISSN：1001-7232

关键词：森林资源保护，学科，森林游憩业，旅游管理专业，国家森林公园，人才培养模式

机构：内蒙古农业大学林学院

摘要：根据教育部1998年颁布的普通高等学校本科专业目录，森林资源保护与游憩专业首次列入森林资源类学科，这说明我国急需这一领域的高级专门人才。内蒙古农业大学林学院从1999年开始在该专业招生，并根据新的专业目录制定了该专业的人才培养目标和人才培养模式。

中图分类号：F590-4

167. 蔡会敏. 高职院校休闲农业专业校外实训基地建设研究［J］. 高等农业教育，2019（5）：106-110.

ISSN：1002-1981

关键词：高职院校，休闲农业，校外实训基地，建设问题，对策

机构：上海农林职业技术学院

摘要：休闲农业是一个新的业态，行业发展迅猛，迫切需要复合型技能人才，但院校人才培养与行业人才短缺、失衡。校企深度融合是解决问题的关键，为此，通过分析休闲农业校企合作实训基地共建存在的问题，提出构建有效的内外保障机制，来寻求解决休闲农业人才供需的瓶颈问题，以期实现多方共赢的结果。

中图分类号：G712；S-4

168. 吴松芹，陈素娟. 高职院校《观光农业概论》课程教学改革探讨［J］. 园艺与种苗，2015（10）：52-54.

ISSN：2095-0896

关键词：观光农业概论，教学改革，课程

机构：苏州农业职业技术学院

摘要：以苏州农业职业技术学院为例，分析了高职院校《观光农业概论》课程的教学过程中存在的诸多问题，如多学科融合不足、多元化差异与课程建

设的矛盾、课程设置与市场人才需求间的矛盾等，并提出了设置教学内容、改进教学方法、完善教学团队、激发创业热情的改革措施。

中图分类号：G712；F323.4-4

169. 费显伟，周贵平，富新华. 高等职业教育设施农业专业人才培养目标和培养模式的构建 [J]. 高等农业教育，1999（7）：78-80.

ISSN：1002-1981

关键词：高等职业教育，设施农业，专业培养目标，培养模式

机构：辽宁熊岳农业高等专科学校

摘要：发展农业高等职业教育是农村经济和社会发展的客观要求，文章通过研究和制订具有高等职业教育特色的设施农业专业教学计划，对农业高等职业教育以技术应用能力为培养主线，为农业生产一线培养具有成熟技术和较强实践能力的高级应用型人才途径进行了探索

中图分类号：G718.5

170. 白艳娟，刘蓬勃，刘芳. 论都市型现代农业人才培养创新——以北京农学院为例 [J]. 安徽农业科学，2014，42（35）：12759-12760.

ISSN：0517-6611

关键词：都市型现代农业，人才，培养创新

机构：北京农学院经济管理学院

摘要：以北京农学院为例，探讨了高等农业院校在培养都市型现代农业人才中的模式创新，以更好地适应大都市市场多元化高层次农业的发展要求。

中图分类号：G642；S-4

说明：

1. 检索时间为 2020 年 4 月。

2. 数据来源：中国知网（期刊全文库）。

3. 构建专业检索式进行专业检索，取其中单篇影响值大于 1（均值）的 170 条作为数据来源。

4. 单篇影响值 T 的计算见正文 2.4.3。

5. 此排序为本研究成果之一的单篇文献影响力计算结果排序，仅供参考。

附录三
北京农业职业学院"都市农业职业教育"专题期刊文献目录

（按单篇文献影响值 T 降序排序）

序号	篇名	作者	刊名	发表时间	被引频次	下载频次	影响值 T
1	强化产学研结合突出高职教育特色	王秀清；马俊哲	中国职业技术教育	2007-3-11	23	194	3.394 375
2	高等职业院校学生顶岗实习的探索与实践	伊丽丽；刘春鸣；刘爱军；欧雅玲	中国林业教育	2009-1-15	34	530	3.375 930
3	高职院校中外合作办学的人才培养模式创新——以北京农业职业学院为例	杨欣；赵庶吏；李英军；徐江	教育理论与实践	2014-1-25	10	586	2.909 536
4	关于高等职业院校校园文化建设的实践与思考	赵章彬	中国职业技术教育	2017-2-1	10	387	2.613 364
5	高等农业职业教育人才培养模式的创新与实践	郝婧	职业技术教育	2010-5-1	5	252	2.458 287
6	我院"一二三四"式实践教学体系的构建	梁秀文；郭玉梅	中国职业技术教育	2007-8-1	8	227	2.254 466
7	日本农业职业教育的做法与启示	杜保德；李玉冰；赵素英；胡天苍；李志勇	北京农业职业学院学报	2008-1-20	18	380	2.021 769
8	农业职业教育服务新农村建设的探索和实践	李凌	教育与职业	2007-7-11	6	150	2.006 427
9	都市型现代农业高技能人才培养改革与实践	王晓华；崔砚青；王振如；王福海；崔坤	中国职业技术教育	2015-9-11	0	200	1.813 191

（续）

序号	篇名	作者	刊名	发表时间	被引频次	下载频次	影响值 T
10	北京农业职业教育发展对策研究	杜保德；李凌	中国职业技术教育	2008‑8‑11	3	78	1.795 891
11	《都市农业装备应用技术》高职专业课程研究	吕亚州；蒋晓	中国农机化学报	2019‑11‑15	—	11	1.785 718
12	浅谈高等农业职业教育人才培养模式的变革与特征	李秀华；郝婧	中国职业技术教育	2011‑6‑11	—	140	1.763 831
13	农业高职院校服务北京新农村建设的思考及策略	郝婧	中国职业技术教育	2009‑9‑21	1	57	1.757 953
14	北京农业职业教育人才培养的主要问题及改进建议	冯学会	中国职业技术教育	2017‑12‑21	—	78	1.648 633
15	扎实推进示范建设创建一流农业职业学院	崔砚青；王振如	中国高等教育	2011‑3‑18	1	101	1.614 893
16	农业职业院校"植物生长周期循环"人才培养模式的探索与实践	赵晨霞；冯社章；王春玲；毕红艳	中国职业技术教育	2011‑3‑1	—	111	1.580 879
17	北京农业类高职专业发展现状的思考	郭玉梅；梁秀文	中国职业技术教育	2009‑4‑11	—	83	1.567 123
18	试论北京农业职业教育	李秀华；	中国职业技术教育	2007‑11‑11	—	64	1.557 789
19	关于新型职业农民队伍建设的思考	张耀川；马俊哲；李凌	北京农业职业学院学报	2012‑7‑20	11	361	1.536 995
20	农业职业人才供求：北京样本	李秀华	职业技术教育	2011‑8‑25	1	32	1.473 566
21	"五位一体"：高职教育科学发展机理研究——基于职教转型视角的实践创新	杜保德；李凌；王力红	高等农业教育	2014‑5‑15	—	78	1.462 375
22	SWOT分析视角下新型职业农民高职教育研究	李凌	高等农业教育	2018‑12‑15	4	99	1.439 631
23	提升理念重内涵突出特色谋发展——北京农业职业学院办学实践	崔砚青；王振如	中国职业技术教育	2008‑4‑11	—	66	1.366 520
24	高职院校开展职业技能竞赛的探索与实践	王晶；崔宝发；张满清；李桂伶	黑龙江畜牧兽医	2015‑1‑20	2	134	1.350 369
25	基于高职"理实一体化"的动物繁殖课程设计的几点思考	付静涛；乔利敏；韩杰；肖西山	黑龙江畜牧兽医	2017‑5‑20	—	46	1.343 213
26	工学结合模式下实训基地建设的探索与实践——以北京农业职业学院为例	王晶；王晓华；程文华；崔坤	黑龙江畜牧兽医	2014‑6‑20	1	65	1.303 480

（续）

序号	篇名	作者	刊名	发表时间	被引频次	下载频次	影响值 T
27	以高技能型人才培养为目标建设实训基地	周广和；崔坤	北京农业职业学院学报	2009-1-20	8	222	1.279 658
28	北京农业职业学院中外合作办学实践与思考	赵庶吏；李英军	北京农业职业学院学报	2012-9-20	9	58	1.233 986
29	高等农业职业教育的发展现状与对策研究	王福海；马俊哲；李凌	北京农业职业学院学报	2013-11-20	7	89	1.221 595
30	关于京津冀都市型现代农业职业教育协同发展的思考	鄢毅平	北京农业职业学院学报	2017-3-20	3	88	1.204 154
31	中国与加拿大小动物医学专业高等职业教育的思考——以北京农业职业学院与加拿大圣力嘉学院为例	李志；刘朗	黑龙江畜牧兽医	2012-12-20	—	92	1.131 770
32	跨区域合作办学的理念创新与实践探索——以北京农业职业学院为个案的研究	马俊哲；李凌	北京农业职业学院学报	2012-1-20	4	115	1.045 320
33	高职院校课堂教学质量评价体系的改进与实践——以北京农业职业学院为例	杨学坤；刘琳	北京工业职业技术学院学报	2019-11-25	—	99	1.034 029
34	创新实践模式推行现代学徒制——以北京农业职业学院汽车检测与维修技术专业为例	叶克；陆静兵；诸刚；王芳	北京农业职业学院学报	2016-11-20	4	160	0.982 689
35	高等职业院校课堂教学质量评价的现状分析与对策研究——以北京农业职业学院机电工程学院为例	杨学坤	高等农业教育	2016-10-15	2	91	0.905 463
36	从高职旅游管理专业毕业实习调查谈教学改革	耿红莉；贾艳琼	北京农业职业学院学报	2017-5-20	1	75	0.878 411
37	产学研服一体化：职业院校产学研的独特定位和逆向设计	杜保德	北京教育（高教版）	2010-2-10	7	91	0.826 278
38	关于北京都市型现代农业对高端技术技能人才需求的思考	胡鑫；郑伯坤；马俊哲	北京农业职业学院学报	2016-1-20	2	110	0.803 975
39	以科技项目促进高职学生创新创业能力培养的作用和方法——以北京农业职业学院为例	刘春平	宁波职业技术学院学报	2018-12-25	—	74	0.800 740

（续）

序号	篇名	作者	刊名	发表时间	被引频次	下载频次	影响值 T
40	北京农业职业学院的国际合作办学实践及思考	付宁花；梁秀文	北京农业职业学院学报	2012-3-20	3	110	0.797 084
41	高职农业经济管理专业特色与教改原则分析——以北京农业职业学院为例	罗斌	高等农业教育	2015-3-15	1	80	0.780 808
42	都市农业职业教育集团的合作治理与管理创新	杜晓林	北京农业职业学院学报	2014-3-20	3	65	0.774 976
43	高等农业职业教育人才培养模式的改革与实践	郝婧	北京农业职业学院学报	2010-5-20	1	119	0.773 885
44	以能力本位为导向的高职《水力水文计算》课程整合研究	杨林林；王成志	北京农业职业学院学报	2012-3-20	2	60	0.737 621
45	对"园艺植物生长周期循环"人才培养模式的研究	赵晨霞；冯社章；王春玲	北京农业职业学院学报	2010-3-20	2	114	0.721 974
46	关于高职会展农业专业建设的思考	马俊哲；鄢毅平；李凌	北京农业职业学院学报	2012-7-20	1	51	0.698 301
47	北京农业职业学院开放办学实践与探索	赵庶吏	北京农业职业学院学报	2013-1-20	2	60	0.695 445
48	数控加工类课程教学项目的整合实践	蒋三生	北京农业职业学院学报	2015-1-20	2	25	0.678 250
49	高端技术技能人才贯通培养试验项目的探索——以北京农业职业学院为例	熊建清；赵庶吏；高世吉；李英军	北京教育（高教）	2018-2-10	1	68	0.670 924
50	以集团化办学推进现代职业教育发展	杜晓林	北京教育（高教）	2015-6-10	4	50	0.658 877
51	新时期下高职《节水灌溉技术》课程改革探讨	杨林林；韩敏琦；张海文；杨胜敏；王成志	北京农业	2016-2-15	—	34	0.637 215
52	对"理实一体化"教学的探索与实践——以北京农业职业学院液压与气动技术课程为例	杨佳慧；叶克；杨学坤	职业教育（中旬刊）	2016-12-20	2	38	0.616 982
53	高等职业教育在乡村休闲农业发展中的作用	杜晓林	北京农业职业学院学报	2014-7-20	1	48	0.612 475
54	丰富职教内涵延长职教链条——以北京农业职业学院为例	崔坤	北京教育（高教）	2017-5-10	1	32	0.611 062

（续）

序号	篇名	作者	刊名	发表时间	被引频次	下载频次	影响值T
55	高职非计算机专业计算机基础教学改革探索——以北京农业职业学院为例	刘红梅；高倩；王官云	北京农业职业学院学报	2013-5-20	1	24	0.600 684
56	会计专业人才培养的需求分析——以北京农业职业学院为例	李春华；张弼泽	会计师	2019-3-25	1	96	0.595 806
57	强化专业建设开拓后示范校建设的新路径——以北京农业职业学院畜牧兽医系专业建设为例	曹授俊；钱静	北京农业职业学院学报	2012-7-20	1	139	0.593 098
58	依托专业办产业办好产业促专业——北京农业职业学院产学一体化的成功探索	郝婧	职教论坛	2005-10-25	——	49	0.578 998
59	高职院校"学农教育"综合育人模式创新与实践的研究	高琼；程文华；钱多；崔宝发；吕炯璋	大学教育	2019-2-1	——	131	0.564 412
60	高职院校专业化服务工作的创新实践——以北京农业职业学院奶牛产学研服工作室为例	邓志峰	北京农业职业学院学报	2010-9-20	1	51	0.549 865
61	"五服务、五融合"生态养殖基地建设的实践与思考	华勇谋	北京农业职业学院学报	2013-7-20	——	31	0.527 048
62	高职水利与建筑工程专业实践教学体系构建	杨爱荣	北京农业职业学院学报	2011-11-20	——	29	0.526 066
63	关于组建北京现代农业职教集团的思考	鄢毅平	北京农业职业学院学报	2014-1-20	——	28	0.525 574
64	高职农畜特产品加工专业实践教学体系的构建与运行模式	王丽琼	职业教育研究	2011-11-8	——	41	0.497 871
65	提升理念创新模式完善机制服务京郊新农村建设	崔砚青	北京农业职业学院学报	2006-12-20	——	39	0.466 895
66	加快实现"两个转变"努力争创一流职业学院——北京农业职业学院"两个转变"研讨会综述	马俊哲；宋晓华；胡鑫；任卫娜	北京农业职业学院学报	2003-12-30	——	30	0.462 473
67	职业院校师资队伍建设探索——以北京农业职业学院为例	王敏	山西煤炭管理干部学院学报	2011-2-25	1	52	0.433 251
68	高职《节水灌溉技术》课程教学改革探索	韩敏琦；杨林林；张海文；杨胜敏	中国校外教育	2014-12-30	——	42	0.430 651

附录三　北京农业职业学院"都市农业职业教育"专题期刊文献目录

序号	篇名	作者	刊名	发表时间	被引频次	下载频次	影响值 T
69	高职院校《畜禽繁育》课程的教学改革与实践	乔利敏	山东畜牧兽医	2013 - 10 - 15	2	28	0.417 214
70	荷兰农业职业教育的特点及对我国职业教育的启示	曹允	山东畜牧兽医	2015 - 6 - 15	1	100	0.395 394
71	基于北京农业职业教育市场现状与发展规划	张满清	中国校外教育	2009 - 4 - 20	—	90	0.367 222
72	发挥职业教育优势服务新农村建设	崔砚青	北京教育（高教版）	2008 - 2 - 10	1	55	0.346 143
73	践行"四大办学理念"推进学院健康发展——北京农业职业学院办学理念的创新与实践	崔砚青	北京教育（高教）	2014 - 10 - 10	—	37	0.324 309
74	职业院校教师培训创新机制探索——以北京农业职业学院为例	王敏；吕嘉	中国商界（上半月）	2010 - 7 - 8	—	71	0.314 143
75	以实践教学为主体强化职业能力培养	崔砚青	北京教育（高教）	2012 - 10 - 10	—	32	0.257 769
76	立足"三农"服务京郊创出特色	王振如；宋丽润	北京教育（高教版）	2005 - 8 - 25	—	17	0.250 400
77	高职涉农专业课程评估的研究——以北京农业职业学院为例	许红春；崔坤；迟全勃；韩杰	内蒙古教育（职教版）	2013 - 1 - 25	—	48	0.110 592

说明：

1. 检索时间为 2020 年 4 月。

2. 数据来源：中国知网（期刊全文库）。

3. 构建专业检索式进行专业检索，选其中第一作者机构为"北京农业职业学院"的条目作为本研究数据来源。

4. 单篇影响值 T 的计算见正文 2.4.3 节。

5. 此排序为本研究成果之一的单篇文献影响力计算结果排序，仅供参考。

附录四
"都市农业职业教育"
学位论文专题文献目录

序号	篇名	作者	学位类型	授予单位	导师	年份	页数
1	都市型现代农业背景下北京农业职业教育供求分析——以北京农业职业学院为例	李秀华	硕士	中国人民大学	周立	2011	65
2	上海农业职业技术教育实训基地建设的研究	朱繁	硕士	浙江大学	黄冲平；方志权	2006	44
3	农林职业院校旅游专业人才培养模式研究——基于休闲农业与乡村旅游的分析	刘梅	硕士	南京农业大学	刘庆友	2016	71
4	都市型农业背景下农民专业合作社科技人才培养机制研究——以天津市武清区为例	张颖	硕士	天津科技大学	李丽君	2014	70
5	设施农业科学与工程专业人才培养体系探索	屈锋敏	硕士	西北农林科技大学	邹志荣	2005	41
6	农业职业院校学生服务新农村建设的意愿及影响因素研究——供给视角下基于成都农业科技职业学院的调研	闫益友	硕士	四川农业大学	吴平	2010	47
7	成都农业科技职业学院网络教学平台设计与实现	郑洪凯	硕士	电子科技大学	杨军；谢建强	2013	92
8	高等职业院校课堂教学质量评价体系的研究与实践	许红春	硕士	中国农业大学	陈青云；王福海	2006	60
9	农业职业院校在农村社区发展中的作用——北京农业职业学院对农村社区发展服务的案例研究	迟全勃	硕士	中国农业大学	王德海；王福海	2004	40
10	河北省应用型本科专业课程体系开发研究——以设施农业科学与工程专业为例	翟陆陆	硕士	河北科技师范学院	路宝利	2017	70
11	农业职业技术学校农业推广服务研究——以盐城市为例	束秀玉	硕士	南京农业大学	李群	2011	60
12	北京农业企业科技人才现状与培养模式研究	潘昕	硕士	中国地质大学（北京）	雷涯邻	2009	61

（续）

序号	篇名	作者	学位类型	授予单位	导师	年份	页数
13	农中职教育中开展研究性学习的初探	刘超	硕士	北京师范大学	王磊；王美文	2005	67
14	浙江省中职果蔬花卉生产专业发展现状与改进措施	陆冬梁	硕士	浙江大学	柴明良；张志友	2015	74
15	农业现代化进程中的科技人才培养机制研究	柳晓冰	博士	中国海洋大学	田建国	2011	121
16	农业创业培训供需均衡实证及其政策原因解析——以武汉市为例	钟小斌	硕士	中南民族大学	柳劲松	2014	57
17	高职院校开展新生代农民工教育培训的研究	邱锐	硕士	西南财经大学	张智勇	2015	60
18	河南省镇平县新型职业农民培育问题研究	闫小泽	硕士	河南师范大学	杨玉珍	2017	55
19	25所高校森林资源保护与游憩专业发展趋势分析	王均	硕士	四川农业大学	李梅	2010	40
20	北京市农村实用人才资源开发研究	顾崇华	硕士	中国人民大学	刘昕	2006	55

说明：

1. 检索时间为 2020 年 4 月。

2. 数据来源：万方数据（学位论文库）。

3. 构建专业检索式进行专业检索，从结果中人工筛选相关性较强的条目数据作为数据来源（此处仅列表以方便相关研究，本研究未涉及）。

4. 此列表仅供参考。

附录五
"都市农业职业教育"会议论文专题文献目录

序号	篇名	作者	作者单位	会议名称	出处	年份	页码
1	对北京发展都市型现代农业若干问题的思考	马俊哲	北京农业职业学院，北京，100093	2006全国都市农业与新农村建设高层论坛	全国都市农业与新农村建设高层论坛论文汇编	2006	90～93
2	对创新首都农业院校经济法律人才培养的思考——以都市型现代农业发展为背景	李蕊；佟占军	北京农学院人文社会科学学院，北京，102206	2011首都论坛	2011首都论坛论文集	2011	350～354
3	浅谈因人施教在现代农业园区人才培养中的运用	刘列平	宝鸡市渭滨区农业局，陕西宝鸡，721006	陕西现代农业园区论坛	陕西现代农业园区论坛论文集	2012	299～302
4	职业教育与都市型农业互动关系刍议	孙孟侠	北京教科院职业教育与成人教育研究所，北京，100021	北京教育科学研究院2007年度学术年会	北京教育科学研究院2007年度学术年会论文集	2008	394～402
5	都市型现代农业卓越农林人才培养——北京农学院卓越农林人才教育培养计划阶段性总结报告	—	—	第六届全国高等农林院校教育教学改革与创新论坛	第六届全国高等农林院校教育教学改革与创新论坛论文集	2015	314～324
6	论农业高职教育和都市型现代农业发展的有机接轨——以北京市为例	钱静	北京农业职业学院，北京，102441	第九届华北六省、市、自治区农学会学术年会	第九届华北六省、市、自治区农学会学术年会论文集	2010	67～70
7	加强现代农业园区人才培养建立园区农业人才队伍建设长效机制	樊军	澄城县园艺站，陕西澄城，715200	陕西现代农业园区论坛	陕西现代农业园区论坛论文集	2012	273～276

（续）

序号	篇名	作者	作者单位	会议名称	出处	年份	页码
8	面向都市型现代农业开展园艺技术专业教学改革初探	郑志勇；冯社章；王德芳	北京农业职业学院，北京房山，102442	第十一届中国科协年会	第十一届中国科协年会论文集	2009	1～3
9	发展都市型现代农业教育的探讨	李兴稼；张子睿	北京农学院，北京，102206	2008年都市型现代农业暨都市农业学科建设研讨会	2008年都市型现代农业暨都市农业学科建设研讨会论文集	2007	320～324
10	加强人才队伍建设促进现代农业园区持续发展	李伟	凤翔县冯家山灌区灌溉管理站，陕西凤翔，721400	陕西现代农业园区论坛	陕西现代农业园区论坛论文集	2012	296～298
11	都市型现代农业创新人才培养模式探索与思考	杜晓林；范双喜；沈文华	北京农学院，北京，102206	2010年全国高等农林院校教育教学改革与创新论坛	2010年全国高等农林院校教育教学改革与创新论坛论文集	2010	29～36
12	都市农业人才培养与人力资源开发研究	吴春霞	北京农学院经济贸易系，北京，102206	2008年都市型现代农业暨都市农业学科建设研讨会	2008年都市型现代农业暨都市农业学科建设研讨会论文集	2007	298～303
13	北京都市农业装备现状与人才需求分析	汪金营；张耀川	北京农业职业学院，北京，102208	第九届全国都市型现代农业发展学术研讨会	第九届全国都市型现代农业发展学术研讨会论文集	2010	83～87
14	高职园林技术专业"1＋1+1"工学结合人才培养模式研究	黄顺；潘文明；唐蓉；尤伟忠	苏州农业职业技术学院，江苏苏州，215008	中国农学会教育专业委员会第四届第二届年会	中国农学会教育专业委员会第四届第二届年会论文集	2010	46～49
15	北京农业职业学院动物医学专业岗位化课程体系研究实践	侯引绪；齐军哲；张永东；王振玲；张繁建；关文怡；蔡泽川；王明利；张浩；刘洪超	北京农业职业学院，北京，102442	第五届北京畜牧兽医领域青年科技工作者"新思想、新观点、新方法"论坛	第五届北京畜牧兽医领域青年科技工作者"新思想、新观点、新方法"论坛论文集	2009	323～326
16	创新高校服务途径助推现代农业发展——苏州农业职业技术学院服务"三农"的探索与实践	袁卫明；李庆魁；杨益花；韩仲伟	苏州农业职业技术学院，苏州，215008	首届全国一县一业（一乡一品、特色农业）发展与农民增收论坛	首届全国一县一业（一乡一品、特色农业）发展与农民增收论坛论文集	2010	47～49

（续）

序号	篇名	作者	作者单位	会议名称	出处	年份	页码
17	以服务为引领，促进高职院校科研与社会服务融合发展	杜保德；邓志峰	北京农业职业学院，北京房山，102442	2011年第十三届中国科协年会第17分会——城乡一体化与"三农"创新发展研讨会	2011年第十三届中国科协年会第17分会——城乡一体化与"三农"创新发展研讨会论文集	2011	6~9
18	大力开展职业农民培训服务现代农业园区建设——蓝田华秦现代农业园区培训职业农民的实践探索	惠军涛	蓝田县农业技术推广中心，陕西蓝田，710500	陕西现代农业园区论坛	陕西现代农业园区论坛论文集	2012	287~289
19	工学结合"岗位轮动"人才培养模式的实践研究	杨久仙；张孝和；张京和；周珍辉	北京农业职业学院，北京房山，102442	第三届京津冀畜牧兽医科技创新研讨会暨"瑞普杯"新思想、新方法、新观点论坛	第三届京津冀畜牧兽医科技创新研讨会暨"瑞普杯"新思想、新方法、新观点论坛论文集	2012	96~99
20	成都农业科技职业学院院长刘智慧演讲	Liu Zhihui	Chengdu Agricultural College, Cheng du, 610000	2012亚洲教育论坛年会	2012亚洲教育论坛年会论文集	2012	88~90
21	成都农业科技职业学院人才队伍建设的探索与实践	熊德凤	成都农业科技职业学院，四川成都，611130	四川省高等教育学会2008年学术年会	四川省高等教育学会2008年学术年会论文集	2008	272~276
22	对连锁经营与管理专业工学交替人才培养方案执行过程中的反思	殷志扬	苏州农业职业技术学院，江苏苏州，215008	中国农学会教育专业委员会第四届第三届年会	中国农学会教育专业委员会第四届第三届年会论文集	2011	91~96
23	面向区域经济北京高职院校办学特色的SWOT研究和案例分析	梁燕，孙毅颖	北京联合大学，北京，100101	2012海峡两岸教学卓越学术研讨会	2012海峡两岸教学卓越学术研讨会论文集	2012	411~421
24	试论沿海都市型农业的发展与地方农业高校的学科专业建设	孙守钧，田健	天津农学院，天津，300384	全国高等农业教育研究会2010年年会	全国高等农业教育研究会2010年年会论文集	2010	1~3
25	不断推进教育创新培养一线创新人才——成都农业科技职业学院近30年的教育创新实践与探索	鲁健生	成都农业科技职业学院，四川成都，611130	四川省高等教育学会2008年学术年会	四川省高等教育学会2008年学术年会论文集	2008	267~271

（续）

序号	篇名	作者	作者单位	会议名称	出处	年份	页码
26	湖南省创意休闲农业发展潜力评价与对策研究	刘军	湖南省农业科学院农经区划所，湖南长沙，410125	中国农业资源与农业区划学会2014年学术年会	中国农业资源与农业区划学会2014年学术年会论文集	2014	1～10
27	加强技术人才培训建设现代农业园区——谈如何建立长效人才培训机制	顾红博，王晓华	蓝田县园艺站，陕西西安，710500	陕西现代农业园区论坛	陕西现代农业园区论坛论文集	2012	277～279
28	"岗位轮动式"人才培养模式的探索与实践	杨久仙，李玉冰，曹授俊，张孝和	北京农业职业学院畜牧兽医系，北京，102442	第五届北京畜牧兽医领域青年科技工作者"新思想、新观点、新方法"论坛	第五届北京畜牧兽医领域青年科技工作者"新思想、新观点、新方法"论坛论文集	2009	313～317
29	北京市农业科技人才培养方式初步构想	傅正华，雷涯邻	北京信息科技大学，北京，100085；中国地质大学，北京，100083	首届中国科技政策与管理学术研讨会	首届中国科技政策与管理学术研讨会论文集	2005	119～130
30	成都农业科技职业学院专业教学资源共享技术平台建设	—	—	第十四届中国教育信息化创新与发展论坛	第十四届中国教育信息化创新与发展论坛论文集	2014	309～311
31	知用教育助力成都农业科技职业学院构建区域化云教学平台	—	—	第十四届中国教育信息化创新与发展论坛	第十四届中国教育信息化创新与发展论坛论文集	2014	424～426
32	深化改革突出特色完善与创新都市型高等农业教育体系	范双喜，沈文华，乌丽雅斯	北京农学院，北京，102206	2010年全国高等农林院校教育教学改革与创新论坛	2010年全国高等农林院校教育教学改革与创新论坛论文集	2010	105～115
33	建设农村青年中心推动外来农民工培训	张子睿，许大德，赵岩	北京农学院，北京，102206	2006全国都市农业与新农村建设高层论坛	全国都市农业与新农村建设高层论坛论文汇编	2006	116～119
34	基于农科创新人才培养的"三结合"实践教学模式的探索与实践	王恬，李俊龙，宋菲，张天保	南京农业大学，江苏南京，210014	第五届全国高等农林院校教育教学改革与创新论坛	第五届全国高等农林院校教育教学改革与创新论坛论文集	2014	89～93
35	食品科学研究型创新人才培养模式研究与实践	乌日娜，武俊瑞，马彦令，岳喜庆，张佰清，谭洪波，吴朝霞，陶冬冰，斯琴格日乐	沈阳农业大学食品学院，辽宁沈阳，110866	辽宁省高等教育学会2016年学术年会暨第七届中青年学者论坛	辽宁省高等教育学会2016年学术年会暨第七届中青年学者论坛论文集	2016	1～5

（续）

序号	篇名	作者	作者单位	会议名称	出处	年份	页码
36	都市型科技小院理论与实践	李超	北京市土肥工作站，北京，100029	2014年度北京市土肥系统科技论文交流会	2014年度北京市土肥系统科技论文交流会论文集	2014	131~135
37	沈阳农业大学创新创业教育教学体系建立与实践探索	刘正远，袁玲，何剑斌，段玉玺	沈阳农业大学教务处，辽宁沈阳，110866	第六届全国高等农林院校教育教学改革与创新论坛	第六届全国高等农林院校教育教学改革与创新论坛论文集	2015	91~95
38	百年耕耘励志兴农	李振陆	苏州农业职业技术学院，江苏苏州，215008	中国职业技术教育学会2016年学术年会	中国职业技术教育学会2016年学术年会论文集	2016	39~41
39	办好农业专家大院推进产学研结合——农业高职院校服务社会主义新农村建设的探索	卢晓东	成都农业科技职业学院，四川成都，611130	四川省高等教育学会2007年学术年会	四川省高等教育学会2007年学术年会论文集	2007	467~471
40	加强创业教育培养创业人才	顾金峰	苏州农业职业技术学院，江苏苏州，215008	改革开放30年与建设高教强省学术研讨会	改革开放30年与建设高教强省学术研讨会论文集	2008	282~284
41	加强创业教育 培养创业人才	顾金峰	苏州农业职业技术学院，江苏苏州，215008	改革开放30年与建设高教强省论坛暨2008年学术年会	改革开放30年与建设高教强省论坛暨2008年学术年会论文集	2008	282~284
42	农业高职特色数字化校园建设的探索与思考	毛建，邹承峻，郑洪凯	成都农业科技职业学院，四川成都，611130	第九届中国教育信息化创新与发展论坛	第九届中国教育信息化创新与发展论坛论文集	2009	147~149
43	第一批卓越农林人才教育培养计划改革试点项目阶段性工作总结	—	天津农学院，天津，300384	第六届全国高等农林院校教育教学改革与创新论坛	第六届全国高等农林院校教育教学改革与创新论坛论文集	2015	325~335
44	加强"教学导"一体化教学环境建设大力推进卓越农林人才的培养	高务龙，王恬，李俊龙，胡锋	南京农业大学，江苏南京，210095	2011年全国高等农林院校教育教学改革与创新论坛	2011年全国高等农林院校教育教学改革与创新论坛论文集	2011	69~75
45	提升服务理念 创新服务机制 扎实有效地服务京郊新农村建设	崔砚青	北京农业职业学院，北京，100093	中国职业技术教育学会2006年学术年会	中国职业技术教育学会2006年学术年会论文集	2006	69~72
46	实施科教兴农提高农民素质	夏根龙，夏玉姬，金根龙	上海市奉贤区农业委员会，上海市农业广播电视学校，奉贤区分校，上海，201400	华东六省一市农学会2006年学术论坛	农业科技创新与社会主义新农村建设	2006	36~39

（续）

序号	篇名	作者	作者单位	会议名称	出处	年份	页码
47	卓越农林人才教育培养计划改革试点专业建设工作总结	—	沈阳农业大学, 辽宁沈阳, 110866	第六届全国高等农林院校教育教学改革与创新论坛	第六届全国高等农林院校教育教学改革与创新论坛论文集	2015	87~90
48	加强人才队伍建设促进农业园区大发展	蔡亚周, 李建峰, 魏宏伟	岐山县畜牧兽医技术推广站, 陕西岐山, 722400	陕西现代农业园区论坛	陕西现代农业园区论坛论文集	2012	283~286
49	30 年发展 30 年变革——记畜牧兽医分院改革发展历程	姜光丽, 周光荣, 邓继辉	成都农业科技职业学院, 四川成都, 611130	四川省高等教育学会 2008 年学术年会	四川省高等教育学会 2008 年学术年会论文集	2008	85~89
50	复合型农林人才教育培养计划改革试点项目阶段性工作总结	—	安徽农业大学, 安徽合肥, 1230036	第六届全国高等农林院校教育教学改革与创新论坛	第六届全国高等农林院校教育教学改革与创新论坛论文集	2015	186~198
51	卓越农林人才教育培养计划改革试点项目阶段性工作总结报告	—	西北农林科技大学, 陕西杨凌, 712100	第六届全国高等农林院校教育教学改革与创新论坛	第六届全国高等农林院校教育教学改革与创新论坛论文集	2015	278~287
52	北京市新型农民特征与培育途径探讨	唐衡	北京新农村建设研究基地, 北京, 102206	中国农业技术经济研究会 2008 年学术研讨会	中国农业技术经济研究会 2008 年学术研讨会论文集	2008	249~254
53	校园微服务平台助推中高本有效衔接	邹承俊	成都农业科技职业学院信息技术分院, 611130	第十八届中国教育信息化创新与发展论坛	第十八届中国教育信息化创新与发展论坛论文集	2018	1~36
54	加强安康现代农业专业技术人才队伍建设的思考	张忠民, 周长安	安康市农业技术推广站, 陕西安康, 725000	陕西现代农业园区论坛	陕西现代农业园区论坛论文集	2012	280~282
55	推进北京市农村成人教育改革发展的建议	赵志磊	职业教育与成人教育教学研究中心, 四川成都, 61000	北京教育科学研究院 2015 年学术年会	北京教育科学研究院 2015 年学术年会论文集	2015	444~448
56	上海农机化培训工作的瓶颈与对策措施	孙月星	上海市农机化中心, 上海, 201601	第八届长三角科技论坛——农业机械化分论坛	第八届长三角科技论坛——农业机械化分论坛论文集	2011	9~11

（续）

序号	篇名	作者	作者单位	会议名称	出处	年份	页码
57	建立农村科技服务新机制的实践与思考	鲁健生	成都农业科技职业学院，四川成都，611130	四川省高等教育学会2007年学术年会	四川省高等教育学会2007年学术年会论文集	2007	55～57
58	实现资源共享合作培养人才	—	贵州省林业厅，贵州贵阳，550001	院省科技合作经验交流会	院省科技合作经验交流会论文集	2012	54～55

说明：

1. 检索时间为 2020 年 4 月。

2. 数据来源：万方数据（会议论文库）。

3. 构建专业检索式进行专业检索，人工筛选结果中相关性较强的条目数据作为数据来源（此处仅列表以方便相关研究，本研究未涉及）。

4. 此列表仅供参考。

艾斌发，2017. 基于区位优势的高职物业管理专业现代学徒制人才培养模式构建——以成都农业科技职业学院为例［J］. 职业技术教育，38（26）：23-26.

白艳娟，刘蓬勃，刘芳，2014. 论都市型现代农业人才培养创新——以北京农学院为例［J］. 安徽农业科学，42（35）：12759-12760.

北京农业职业学院，2020. 北京农业职业学院简介［EB/OL］. ［2020-03-30］. https：//www. bvca. edu. cn/nzgk/xyjj. htm.

北京市人民政府，2017. 北京市"十三五"时期都市现代农业发展规划［EB/OL］. ［2017-12-22］http：//www. bjnw. gov. cn/zfxxgk/fgwj/zcxwj/201612/t20161208 _ 379050. html.

北京市人民政府，2017. 北京市国民经济和社会发展第十二个五年规划纲要［EB/OL］. ［2017-12-22］. http：//district. ce. cn/zt/zlk/bg/201205/25/t20120525 _ 1269356. shtml.

边立云，马文芝，田健，等，2012. 沿海都市型农业院校本科专业人才培养方案适应性调整的思考——以天津农学院为例［J］. 广东农业科学，39（3）：187-188，193.

卜妙金，2001. 都市型农业及其人才培养问题［J］. 仲恺农业技术学院学报（1）：41-46.

蔡会敏，2019. 高职院校休闲农业专业校外实训基地建设研究［J］. 高等农业教育（5）：106-110.

蔡健，2012. 提高人才培养质量的思考——以苏州农业职业技术学院为例［J］. 农产品加工（学刊）（6）：129-131.

陈宏涛，吴锡冬，曹丽颖，2010. 面向天津农业发展的农学专业人才培养模式研究［J］. 山西农业大学学报（社会科学版），9（3）：318-320.

陈俊红，王爱玲，周连第，2009. 北京市农民科技素质及影响因素的实证研究［J］. 北京市经济管理干部学院学报，24（1）：13-17.

陈友根，王冬良，陶鸿，等，2010. 学分制下设施农业科学与工程专业课程体系建设［J］. 安徽农业科学，38（14）：7184-7185，7188.

成海钟，顾金峰，2007. 励志耕耘惠三农融入国际育人才［J］. 中国职业技术教育（11）：56-57.

程宇，2010. 黑龙江农业工程职业学院"校农联合双主体"人才培养模式［J］. 职业技术教育，31（29）：1.

仇恒佳，单建明，戴群，2012. 园林测量课程项目化教学实践［J］. 中国职业技术教育（23）：14-16.

崔君，周庆强，金天明，等，2019. 都市型农业背景下农业院校研究生实践能力的培养——以兽医学为例［J］. 天津农学院学报，26（2）：106-108.

崔砚青，王振如，2008. 提升理念重内涵突出特色谋发展——北京农业职业学院办学实践

［J］. 中国职业技术教育 (11)：59 - 60.

崔砚青，王振如，2011. 扎实推进示范建设 创建一流农业职业学院［J］. 中国高等教育 (6)：53 - 54.

戴培培，尤伟忠，陈君君，等，2011. 园艺园林类高职在校大学生创业现状调查及对策研究——以苏州农业职业技术学院为例［J］. 学理论 (34)：104 - 105.

邓继辉，姜光丽，黄雅杰，等，2015. 涉农专业中高职衔接的思考——以成都农业科技职业学院畜牧兽医类专业为例［J］. 黑龙江畜牧兽医 (22)：181 - 182.

邓继辉，2013. 校企共建养猪专业学院深化人才培养模式初探［J］. 黑龙江畜牧兽医 (23)：171 - 173.

邓继辉，2014. 培养具备可持续发展能力的新型职业农民新思考——以成都农业科技职业学院畜牧兽医专业为例［J］. 黑龙江畜牧兽医 (14)：4 - 6.

丁继安，方东傅，2013. 高职创新创业人才培养要向绿色职教转型［J］. 职业技术教育，34 (36)：65 - 67.

董霞，郭华，2019. 休闲农业女性人才的培养路径探析——基于利益相关者理论的思考［J］. 农业展望，15 (10)：108 - 112.

杜保德，李凌，王力红，2014. "五位一体"：高职教育科学发展机理研究——基于职教转型视角的实践创新［J］. 高等农业教育 (5)：7 - 10.

杜保德，李凌，2008. 北京农业职业教育发展对策研究［J］. 中国职业技术教育 (23)：20 - 22.

杜保德，李玉冰，赵素英，等，2008. 日本农业职业教育的做法与启示［J］. 北京农业职业学院学报 (1)：3 - 6.

杜丽华，沈高峰，2018. 沿海都市型现代农业发展视域下天津农林高校大学生创新能力培养模式探究［J］. 天津农业科学，24 (1)：43 - 46.

段延娥，张威，2010. 都市农业信息化人才需求与培养模式研究［J］. 现代教育技术，20 (S1)：172 - 174.

范安平，张挚，2010. "都市圈"发展与农村职业教育——发达国家的启示［J］. 继续教育研究 (8)：34 - 35.

范双喜，董跃娴，吴晓玲，2009. 都市型高等农业院校人才培养模式研究与实践［J］. 高等农业教育 (1)：44 - 46.

方蕾，2010. 都市农业背景下的农业高职教育教学改革［J］. 中国成人教育 (22)：75 - 77.

费显伟，张立今，王国东，等，2003. 引入市场机制，构建高职设施农业专业校内实践教学新模式［J］. 高等农业教育 (4)：87 - 89.

费显伟，周贵平，富新华，1999. 高等职业教育设施农业专业人才培养目标和培养模式的构建［J］. 高等农业教育 (7)：78 - 80.

冯学会，2017. 北京农业职业教育人才培养的主要问题及改进建议［J］. 中国职业技术教育 (36)：109 - 111.

付静涛，乔利敏，韩杰，等，2017. 基于高职"理实一体化"的动物繁殖课程设计的几点思考［J］. 黑龙江畜牧兽医 (10)：229 - 230.

高飞，杨剑平，2013. "都市农业"研究文献分析报告 2012［M］. 北京：中国质检出版社.

高洪波，张广华，吴晓蕾，等，2007. 设施农业科学与工程专业人才培养模式研究与实践 ［J］. 河北农业大学学报（农林教育版）（4）：112-115.

高佳，2013. 如何搞好都市现代农业中的农民技能培训工作 ［J］. 天津农业科学，19（2）：75-77.

顾金峰，钱剑林，2004. 苏州农业职业技术学院农科教＋产学研力促农民致富 ［J］. 职教论坛（31）：23-24.

郭义亭，2017. 中文核心期刊评价指标分类研究 ［J］. 科技创新导报，14（9）：243-244，246.

郭玉梅，梁秀文，2009. 北京农业类高职专业发展现状的思考 ［J］. 中国职业技术教育（11）：23-25.

韩杰，白文林，尹荣焕，等，2017. 现代学徒制模式在本科院校人才培养实践中的借鉴与探索——以沈阳农业大学为例 ［J］. 畜牧与饲料科学，38（10）：84-86.

韩鹏鸣，2010. 期刊论文的影响力分析 ［J］. 情报科学，28（10）：1505-1508.

韩鹰，陈军，束剑华，2017. 以科普文化平台为载体强化品牌专业的内涵建设——以苏州农业职业技术学院园艺技术专业为例 ［J］. 中国农业教育（1）：74-77.

郝婧，2009. 农业高职院校服务北京新农村建设的思考及策略 ［J］. 中国职业技术教育（27）：39-41.

郝婧，2010. 高等农业职业教育人才培养模式的创新与实践 ［J］. 职业技术教育，31（13）：62-64.

何金明，肖艳辉，2010. 都市园艺及其人才需求分析 ［J］. 高等农业教育（7）：53-55.

何忠伟，任钰，郭君平，等，2010. 基于 AHP 法的我国农业高等职业院校大学生创业能力评价 ［J］. 农业技术经济（12）：111-117.

侯金锋，袁凌云，陈国户，等，2018. 设施农业科学与工程专业发展探析 ［J］. 现代农业科技（20）：276-277.

华景清，蔡健，徐良，2010. 高职焙烤专业创业教育的探索与思考 ［J］. 农产品加工（学刊），（10）：107-108，111.

黄建昌，周厚高，刘念，2011. 我国南方园艺专业复合型人才培养模式改革研究 ［J］. 安徽农业科学，39（08）：4979-4981.

黄顺，潘文明，唐蓉，等，2009. 高职园林技术专业"1＋1＋1"工学结合人才培养模式研究 ［J］. 现代农业科技（17）：353-354.

黄远，程菲，张俊红，等，2017. 设施农业科学与工程本科专业实践教学的改革与创新——以华中农业大学为例 ［J］. 高等农业教育（1）：68-71.

纪易凡，宰学明，孙丽娟，等，2013. 以科技项目为载体，培养都市农业创新型园艺人才 ［J］. 中国园艺文摘，29（1）：187-188.

江金启，张广胜，刘强，等，2015. 农林经济管理专业方向建设思考 ［J］. 沈阳农业大学学报（社会科学版），17（2）：171-174.

姜光丽，唐阙勇，2011. 基于校企合作背景下学生职业素质教育探析——以成都农业科技职业学院畜牧兽医分院为例 ［J］. 当代职业教育（9）：9-12.

解鹏,郭志海,2012.深化内涵育人才彰显特色惠三农——苏州农业职业技术学院升格高职院10周年巡礼 [J] . 中国职业技术教育(1):67-69.

靳晓翠,2012.高职院校种子种苗生产技术课程改革探讨 [J] . 园艺与种苗(6):48-49+61.

李成伟,李月英,吴宏伟,等,2019.高职水产养殖专业现代学徒制人才培养模式的实践 [J] . 职业教育研究(3):27-30.

李发生,田凯先,2009.观光农业专业教学中存在的问题与改革措施 [J] . 安徽农业科学,37(36):8338,8345.

李海林,许建生,尤荣,等,2013."寓学寓工校企共育"创新人才培养模式的研究与实践——以苏州农业职业技术学院食品专业为例 [J] . 农产品加工(学刊)(19):81-83.

李贺,刘月学,叶雪凌,等,2015.园艺专业创新型人才培养模式研究与实践 [J] . 沈阳农业大学学报(社会科学版),17(6):677-681.

李辉,任华,罗敏,2017."互联网+"视域下农业职业教育教学改革路径探索与实践 [J] . 中国农业教育(2):41-45.

李林,何剑斌,董婧,等,2016.动物科学与医学专业创新创业教学体系思考 [J] . 沈阳农业大学学报(社会科学版),18(6):725-728.

李凌,2007.农业职业教育服务新农村建设的探索和实践 [J] . 教育与职业(20):50-52.

李凌,2018.SWOT分析视角下新型职业农民高职教育研究 [J] . 高等农业教育(6):109-114.

李梅,万英平,郭东力,等,2004.四川农业大学森林资源保护与游憩本科专业人才培养目标探析 [J] . 四川农业大学学报(S1):14-16.

李澎,王铁良,岳喜庆,等.2014.浅析高等农业院校在培育新型职业农民中的作用 [J] . 农业科技管理,33(01):80-82.

李寿田,钱剑林,唐蓉,等,2013.高职园艺技术专业"六园一体"校内生产性实训基地建设的探索与实践——以苏州农业职业技术学院为例 [J] . 职教通讯(14):30-34.

李婷君,华玉武,2017.绿色发展理念下京郊生态农业人才培养体系创新研究 [J] . 农业展望,13(1):49-53.

李秀华,郝婧,2011.浅谈高等农业职业教育人才培养模式的变革与特征 [J] . 中国职业技术教育(17):40-43.

李秀华,2007.试论北京农业职业教育 [J] . 中国职业技术教育(32):43,45.

李秀华,2011.农业职业人才供求:北京样本 [J] . 职业技术教育,32(24):66-69.

李沂濛,张乐,赵良英,2018.国际化背景下人文社科期刊论文评价指标体系研究 [J] . 图书馆工作与研究(6):63-70.

李振陆,叶琦,尹江海,2018.农林院校产教融合服务乡村振兴战略的探索与实践 [J] . 中国农业教育(3):10-14,92.

李振陆,赵茂锦,夏红,等,2017.农业现代化进程中农科高职专业课程转型升级的实践探索 [J] . 中国职业技术教育(32):118-120.

李志,刘朗,2012.中国与加拿大大小动物医学专业高等职业教育的思考——以北京农业职业学院与加拿大圣力嘉学院为例 [J] . 黑龙江畜牧兽医(24):52-53.

梁秀文,郭玉梅,2007.我院"一二三四"式实践教学体系的构建 [J] . 中国职业技术教育,(22):17-19.

梁友君,1992. 广州等市城郊型农村职业技术教育的改革 [J]. 人民教育,(10):19-21.

刘纯阳,2010. 循环农业人才培养需"三"思而行 [J]. 湖南农业大学学报(社会科学版),11(2):4-8+1.

刘海燕,吴宏伟,李月英,等,2018. 高职《水生生物》课程信息化教学改革与实践 [J]. 畜牧与饲料科学,39(1):86-88.

刘红,2007. 服务走出一片天——北京农业职业学院服务"三农"侧记 [J]. 中国职业技术教育(8):44-46.

刘慧,田秀平,2017. 经济新常态下服务都市型农业高校人才培养的思考 [J]. 继续教育研究(6):107-109.

刘立新,刘杰,2015. 国(境)外农业教育体系研究 [J]. 中国职业技术教育(12):20-29.

刘益曦,胡春,于振兴,等,2017. 都市农业发展中新型职业农民培训的绩效评估与分析——基于规模示范合作社农户的实地调查 [J]. 江苏农业科学,45(6):332-337.

龙莎,葛新权,2007. 科技论文学术水平评估 [J]. 科技与管理(1):133-135+138.

卢晓东,2008. 办好农业专家大院推进产学结合——农业高职院校服务社会主义新农村建设的探索 [J]. 中国职业技术教育(5):12-15.

罗丹丹,张平,杨洋,等,2017. 高职院校现代学徒制试点教育现状分析——以成都农业科技职业学院为例 [J]. 中国农业教育(1):78-82.

罗芬,钟永德,罗明春,等,2014. 旅游管理(游憩与公园管理)专业本科人才培养思考 [J]. 中南林业科技大学学报(社会科学版),8(6):267-269.

吕亚州,蒋晓,2019.《都市农业装备应用技术》高职专业课程研究 [J]. 中国农机化学报,40(11):220-225.

马国胜,李振陆,邱学林,2014. 现代职业农民培养的苏南模式 [J]. 中国职业技术教育(4):72-75.

马俊哲,李凌,2012. 跨区域合作办学的理念创新与实践探索——以北京农业职业学院为个案的研究 [J]. 北京农业职业学院学报,26(1):59-63.

毛建,易林,曾红,等,2013. 用全纳教育理念指导农业职业培训 [J]. 成人教育,33(9):32-34.

裴孝伯,单国雷,李绍稳,等,2009. 设施农业科学与工程专业建设的探索与实践 [J]. 安徽农业科学,37(31):15537-15538,15540.

祁连弟,赵永旺,张琨,等,2014. 创新设施农业技术专业人才培养模式 [J]. 中国职业技术教育(8):71-73.

邱迎君,易官美,2011. 关于高职涉农专业学生职业素质培养的实践——以观光农业专业为例 [J]. 职教论坛(29):50-52.

屈中正,李蓉,郑新红,2019. 森林生态旅游专业教学标准研制调研报告 [J]. 湖南生态科学学报,6(4):60-68.

石丽敏,叶琦,2008. 突出职教特色走产学研一体化办学之路——苏州农业职业技术学院校办产业模式的实践探索 [J]. 中国职业技术教育(35):14-16.

时忠明，2013. 农业高职机电类专业实施"双证书"制度探索——以苏州农业职业技术学院为例［J］. 职业技术教育，34（35）：11-13.

束剑华，刘海明，邬雨刚，等，2014. 新型农业经营体系构建与农业高职教育专业体系优化［J］. 江苏农业科学，42（9）：468-470.

谈再红，姚季伦，2014. 改革农业职业教育服务休闲农业产业发展——从休闲农业的发展谈职业教育的改革创新［J］. 湖南农业科学（2）：82-84.

陶春，吴智泉，2011. 北京农村职业教育实践中存在的问题及对策建议［J］. 资源与产业，13（S1）：70-73.

陶杰，夏春风，沈长生，等，2011. 高职农业院校机电类专业创新教学方向的研究［J］. 中国农机化（4）：137-139.

田玉敏，2009. 天津农村人力资源素质分析及开发对策［J］. 中国农学通报，25（9）：299-304.

万群，阳淑，熊丙全，2015. 高职院校农业类专业创业教育的探索与实践——以成都农业科技职业学院为例［J］. 职业教育研究（9）：40-43.

王福海，马俊哲，李凌，2013. 高等农业职业教育的发展现状与对策研究［J］. 北京农业职业学院学报，27（6）：5-10.

王怀栋，李明，郝拉柱，等，2012. 内蒙古农牧业科技园区休闲农业建设的实践与探索［J］. 湖北农业科学，51（2）：412-414.

王会文，2011. 都市型农业与都市型农业院校创新人才培养［J］. 安徽农业科学，39（15）：9435-9437.

王慧敏，范双喜，沈文华，2012. 创新"3+1"人才培养模式，强化都市农业人才实践能力［J］. 高等农业教育，（10）：3-5.

王慧敏，范双喜，沈文华，2012. 构建推广教授体系，服务北京都市现代农业［J］. 高等农业教育（8）：3-5.

王慧敏，2013. 以特色促发展建设都市型现代农林大学［J］. 中国高等教育（23）：53-56.

王晶，崔宝发，张满清，等，2015. 高职院校开展职业技能竞赛的探索与实践［J］. 黑龙江畜牧兽医，（02）：139-140.

王晶，王晓华，程文华，等，2014. 工学结合模式下实训基地建设的探索与实践——以北京农业职业学院为例［J］. 黑龙江畜牧兽医，（12）：135-137.

王立春，马文芝，卢绍娟，2011. 基于沿海都市型现代农业背景下的"三创一基"人才培养——以天津农学院为例［J］. 安徽农业科学，39（9）：5581-5582.

王丽娟，边珮璐，王学利，等，2012. 建设设施农业科学与工程专业的思考［J］. 天津农学院学报，19（4）：55-57.

王娜，2013. 项目教学法在高职旅游规划课程中的应用［J］. 中国职业技术教育（2）：73-76.

王薇，2009. 食品专业校内实训基地建设的探索与实践［J］. 农业科技管理，28（6）：47-49.

王伟，2017. 为都市农业培养创业型园艺人才的实践与思考［J］. 时代农机，44（8）：146，148.

王晓华，崔砚青，王振如，等，2015. 都市型现代农业高技能人才培养改革与实践［J］. 中国职业技术教育（26）：68-72.

王秀娟，李永晶，2008. 构建以技术专业能力为本位的项目课程体系［J］. 黑龙江高教研究（6）：134-135.

王秀娟，2008. 高职设施农业技术专业实施工学结合、联合培养模式的实践探索［J］. 中国职业技术教育（2）：21-22.

王秀清，马俊哲，2007. 强化产学研结合突出高职教育特色［J］. 中国职业技术教育（8）：11-12.

王有年，杜晓林，范双喜，2009. 都市型高等农业院校人才培养模式的改革与实践［J］. 高等农业教育（1）：15-18.

王占锋，苏婷婷，2011. 高职园林工程专业人才培养目标和教学改革探讨——以成都农业科技职业学院园林工程技术专业为例［J］. 现代园艺（11）：25-26.

王州飞，张红生，2013. 新形势下我国高等农业院校种业人才培养策略探讨［J］. 中国农业教育（3）：41-43.

吴松芹，陈素娟，2015. 高职院校《观光农业概论》课程教学改革探讨［J］. 园艺与种苗（10）：52-54.

吴学军，2007. 高等农业职业教育课程创新研究——以成都农业科技职业学院为例［J］. 高等农业教育（12）：74-76.

夏红，刘桂香，王波，2013. 食品营养与检测专业教学改革与实践——以苏州农业职业技术学院为例［J］. 四川烹饪高等专科学校学报（2）：76-78，82.

谢皓，潘金豹，陈学珍，2012. 都市型农学专业人才培养模式的形成与实践——以北京农学院农学专业为例［J］. 中国农业教育（1）：53-56.

辛力春，宬铁梅，2018. "都市农业职业教育"研究文献分析报告2017［M］. 北京：光明日报出版社.

辛志宏，董洋，徐幸莲，2016. "复合应用型食品科学与工程"卓越农林人才培养体系构建与探索［J］. 中国农业教育（4）：30-35.

辛志宏，史秋峰，胡秋辉，等，2009. "技术管理型"食品质量与安全专业人才培养改革及实践［J］. 中国农业教育（6）：25-28.

熊丙全，杨铱，阳淑，等，2018. 服务成都都市现代农业，建设特色休闲农业专业——以成都农业科技职业学院休闲农业专业建设为例［J］. 中国农业教育（1）：27-30，93.

徐风国，单正丰，2012. 高校远程教学联盟平台及课程资源共享建设探索——以南京农业大学继续教育学院为例［J］. 中国农业教育（6）：39-42.

许爱萍，2015. 现代都市农业发展需求视域下的职业农民培育路径［J］. 农业科技管理，34（4）：59-62.

许建民，颜志明，熊丙全，等，2018. 基于教学标准制定的休闲农业专业调研报告［J］. 高等农业教育（5）：63-67.

许祥云，彭泰中，2000. 21世纪的农业与高等农业教育的人才培养［J］. 高等农业教育（5）：24-27.

许亚东，2011. 农业高职院校的定位、特色与发展［J］. 高等农业教育（9）：10-12.

鄢毅平，2017. 关于京津冀都市型现代农业职业教育协同发展的思考［J］. 北京农业职业学院学报，31（2）：73-77.

杨欣，赵庶吏，李英军，等，2014. 高职院校中外合作办学的人才培养模式创新——以北京农业职业学院为例［J］. 教育理论与实践，34（3）：16-18.

杨学坤，刘琳，2019. 高职院校课堂教学质量评价体系的改进与实践——以北京农业职业学院为例［J］. 北京工业职业技术学院学报，18（4）：71-75.

杨长荣，周瑾. 2012. 农业职业教育服务现代都市农业研究［J］. 中国职业技术教育，（03）：50-56.

杨振超，邹志荣，屈锋敏，等，2007. 设施园艺产业发展与人才培养［J］. 农业工程技术（温室园艺）（1）：15-17.

姚岭柏，韩海霞，2017. 以都市应用为目标的园艺专业人才培养模式探索［J］. 安徽农业科学，45（1）：253-254.

叶煜，邹承俊，雷静，2015. 慕课视野下高职计算机应用基础教学改革研究［J］. 当代职业教育，（11）：53-55.

伊丽丽，刘春鸣，刘爱军，等，2009. 高等职业院校学生顶岗实习的探索与实践［J］. 中国林业教育，27（1）：60-62.

殷志扬，2010. 连锁经营与管理专业工学交替人才培养模式的探索［J］. 科技情报开发与经济，20（3）：194-195.

尹洛蓉，2015. 高职专业教学资源库建设与实践——以成都农业科技职业学院畜牧兽医及相关专业为例［J］. 黑龙江畜牧兽医（24）：194-195.

尹荣焕，白文林，原婧，等，2018. 高等院校动植物检疫专业人才培养方案的比较研究［J］. 黑龙江畜牧兽医（14）：238-239.

尹荣焕，刘宝山，韩小虎，等，2015. 动植物检疫专业实践教学体系的构建研究［J］. 黑龙江畜牧兽医（19）：257-259.

于立辉，赵玉军，张文亮，等，2005. 动物医学专业人才培养模式探讨［J］. 沈阳农业大学学报（社会科学版）（S1）：29-30.

于淼，李冠华，2018. 高职院校学生顶岗实习与青年教师企业实践结合模式探索——以苏州农业职业技术学院环境类专业为例［J］. 教育教学论坛（14）：3-5.

宰学明，朱士农，崔群香，等，2011. 都市型现代农业园艺人才培养的探索与实践——以金陵科技学院为例［J］. 宁夏农林科技，52（10）：99-101.

宰学明，朱士农，孙丽娟，等，2012. 农科教融合培养都市园艺人才的探索与实践［J］. 安徽农业科学，40（31）：15532-15534.

张保仁，曹慧，李媛媛，等，2012. 设施农业科学与工程专业实践教学体系的建设与改革［J］. 中国农业教育，（06）：71-73，93.

张迪，2017. 城镇化过程中城郊农民继续教育意识的培养［J］. 中国成人教育（3）：155-157.

张建国，2015. 浙江休闲农业人才培养规范发展探讨［J］. 浙江农业科学，56（2）：274-276＋282.

张平，邓继辉，2013. 打造高素质的"双师型"教学团队以促进高等职业教育科学发展——师资队伍建设系列研究之一［J］. 黑龙江畜牧兽医（22）：47-48.

张天保，李俊龙，吴彦宁，等，2012. 经济发达地区涉农企业对农科人才需求结构调查及高校教育策略分析 [J]. 高等农业教育 (3)：21-24.

张雅光，2011. 基于沿海都市型现代农业需求的人才培养对策 [J]. 广东农业科学，38 (17)：179-181.

张耀川，马俊哲，李凌，2012. 关于新型职业农民队伍建设的思考 [J]. 北京农业职业学院学报，26 (4)：55-58.

张英，田洪彦，2006. 辽宁新农村建设对农业高职教育人才需求的调查与分析 [J]. 辽宁教育研究 (8)：54-56.

张颖，李丽君，2014. 农民专业合作社科技人才培养机制探析——以天津市武清区为例 [J]. 科技管理研究，34 (8)：148-152.

张玉福，左宏明，肇承琴，等，2010. 高职水利类专业课程设置与教学体系构建研究 [J]. 辽宁高职学报，12 (5)：18-20.

赵晨霞，冯社章，王春玲，等，2011. 农业职业院校"植物生长周期循环"人才培养模式的探索与实践 [J]. 中国职业技术教育 (7)：90-92.

赵庶吏，李英军，2012. 北京农业职业学院中外合作办学实践与思考 [J]. 北京农业职业学院学报，26 (5)：63-66.

赵向华，张文峰，2017. 农业高校在服务都市农业中提升核心竞争力研究 [J]. 江苏高教 (3)：51-53.

赵向华，2014. 都市农业背景下农业院校学科建设的策略 [J]. 高等农业教育 (5)：33-37.

赵章彬，2017. 关于高等职业院校校园文化建设的实践与思考 [J]. 中国职业技术教育 (4)：79-82.

郑诚乐，林义章，林碧英，等，2008. 创建福建地域特色设施农业科学与工程专业的思考 [J]. 福建农林大学学报（哲学社会科学版）(2)：91-93.

郑文堂，华玉武，高建伟，2013. 服务都市型现代农业发展培养应用型专门人才 [J]. 中国高等教育 (18)：55-57.

郑亚勤，2007. 关于天津沿海都市型现代农业人才培养的探讨 [J]. 天津农学院学报 (4)：62-64.

中共中央，国务院，2018.《乡村振兴战略规划（2018—2022年）》[EB/OL]. [2018-09-26]. http://www.gov.cn/xinwen/2018-09/26/content_5325534.htm.

周广和，崔坤，2009. 以高技能型人才培养为目标建设实训基地 [J]. 北京农业职业学院学报，23 (1)：8-11.

周军，成海钟，钱剑林，等，2015. "双线四段、筑园塑人"人才培养模式的创新与实践 [J]. 中国职业技术教育 (17)：96-100.

周靓，田进，饶家辉，2019. 基于现代生态循环农业的大学生创新创业能力培养 [J]. 黑龙江畜牧兽医 (15)：163-166.

周路，2016. "工学研融合、四段递进式"人才培养模式的研究与实践——以成都农业科技职业学院为例 [J]. 黑龙江畜牧兽医 (14)：240-242.

周梅，刘殿国，丛林，等，2003. 森林资源保护与游憩专业人才培养目标与人才培养模式

探讨 [J]．中国林业教育（4）：17－18．

庄连雄，1999．建立适应都市型农业的高等农业职业教育体系 [J]．教育发展研究（S1）：78－80．

图书在版编目（CIP）数据

"都市农业职业教育"专题文献研究：基于"知网"数字期刊文献 / 辛力春编著. —北京：中国农业出版社，2021.1

ISBN 978-7-109-27435-8

Ⅰ.①都… Ⅱ.①辛… Ⅲ.①都市农业－职业教育－文献分析－研究报告－中国 Ⅳ.①F304.5②G252.8

中国版本图书馆 CIP 数据核字（2020）第 195802 号

中国农业出版社出版

地址：北京市朝阳区麦子店街 18 号楼
邮编：100125
责任编辑：全 聪 文字编辑：黄璟冰
版式设计：李 文 责任校对：刘丽香
印刷：化学工业出版社印刷厂
版次：2021 年 1 月第 1 版
印次：2021 年 1 月北京第 1 次印刷
发行：新华书店北京发行所
开本：700mm×1000mm 1/16
印张：24.75
字数：460 千字
定价：88.00 元